陆永耕　编著

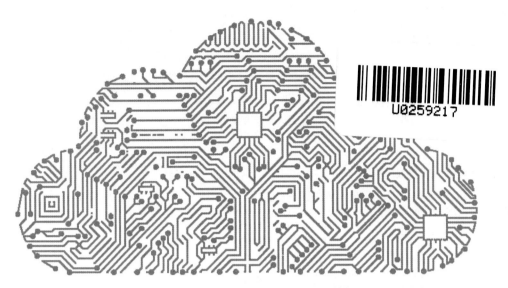

U0259217

单片机

MCU C language and Proteus application

C 语言与 Proteus 应用

功能程序实用　特色特点突出　系统应用推广　多年经验相授

中国水利水电出版社
www.waterpub.com.cn
·北京·

内 容 提 要

本书以 51 系列单片机为核心，介绍单片机的原理及应用，包括单片机的组成、内部结构、C51 程序设计以及相关接口与扩展技术，同时介绍了实际应用中的常用功能程序和实际案例的编程与实验。本书结合单片机基础理论与工程应用，充分发挥 Proteus 软件仿真的直观性与真实性，注重寄存器配置和功能程序的设计。相信通过平时知识经验的积累，不断地丰富自己的功能程序包，动手能力与创新能力会有显著提高。

本书可作为高等院校电气工程及其自动化、自动化、测控技术与仪器、计算机、电子信息、通信与数据等专业的单片机课程教材，也可作为单片机应用开发人员的参考用书。

图书在版编目（CIP）数据

单片机 C 语言与 Proteus 应用 / 陆永耕编著 . —北京：
中国水利水电出版社 , 2021.5
　　ISBN 978-7-5170-9059-5

　　Ⅰ . ①单… Ⅱ . ①陆… Ⅲ . ①单片微型计算机
Ⅳ . ① TP368.1

中国版本图书馆 CIP 数据核字 (2020) 第 218249 号

书　　名	单片机 C 语言与 Proteus 应用 DANPIANJI C YUYAN YU Proteus YINGYONG
作　　者	陆永耕　编著
出版发行	中国水利水电出版社 （北京市海淀区玉渊潭南路 1 号 D 座 100038） 网址：www.waterpub.com.cn E-mail: zhiboshangshu@163.com 电话：（010）62572966-2205/2266/2201（营销中心）
经　　售	北京科水图书销售中心（零售） 电话：（010）88383994、63202643、68545874 全国各地新华书店和相关出版物销售网点
排　　版	北京智博尚书文化传媒有限公司
印　　刷	河北华商印刷有限公司
规　　格	190mm×235mm　16 开本　27.25 印张　619 千字
版　　次	2021 年 5 月第 1 版　2021 年 5 月第 1 次印刷
印　　数	0001—5000 册
定　　价	79.00 元

凡购买我社图书，如有缺页、倒页、脱页的，本社营销中心负责调换

版权所有·侵权必究

前　言

如今 ARM、DSP、嵌入式等高性能芯片已进入广泛应用的阶段,在大部分工控或测控设备中,51 系列单片机既可以满足项目要求,同时又物美价廉,使 51 单片机 C 语言(简称"C51 语言")的使用越来越广泛,学习并掌握 C51 语言,对于单片机的系统设计和程序开发益处多多。

如何才能学好这门课程呢? 首先,大概了解单片机的结构;其次,要做大量实例练习和实验,注意软件与硬件的相互配合作用,逐步体会单片机作用的内涵。通过学习硬件知识,了解如何运用编程来控制硬件;再通过学习软件编程,又可以促进理解单片机硬件的工作机制和原理。如果条件允许,结合外围电路如数码管、键盘 / 显示、A/D 或 D/A 转换器、功率驱动和各种特殊功能子程序等进行练习,通过观察和对比,分析程序功能与运行结果,巩固和强化知识内容。

本书以 51 系列单片机为核心,介绍单片机的原理及应用。全书共 12 章。第 1 章介绍单片机的概念、组成和特点等;第 2 章主要介绍 51 系列单片机的内部结构与引脚,包括存储器结构、并行 I/O 接口、复位电路和时序等;第 3 章介绍 C51 程序设计基础、基本结构和语句、数据类型和函数,以及 51 系列单片机的指令系统,如指令格式、寻址方式、数据类型、位操作、算术逻辑运算和控制转移语句等,以及各种常用功能程序的设计方法;第 4 章结合 C51 相应实例编程介绍 Proteus 和 Keil C51 集成环境的使用;第 5、6、7 章分别介绍 51 系列单片机的接口技术、定时器 / 计数器和中断系统等;第 8、9 章介绍单片机的串行通信口技术和并行扩展技术,包括存储器和 I/O 接口扩展等;第 10、11 章介绍单片机 A/D 与 D/A 转换器应用设计和串行扩展技术;第 12 章介绍单片机功能程序设计和实验。

本书整体编排及每章结构安排符合教学需求,每章给出了大量的例题实验,配有各种类型的习题。特色如下:

(1)由浅入深,内容全面。本书涵盖了 C51 语言程序设计所需掌握的各方面知识点,包括集成开发环境和开发流程。

(2)软硬结合,强化理解。本书紧密结合单片机硬件资源,介绍单片机 C51 语言程序控制功能程序,强化程序功能与设计理念的结合。

(3)循序渐进,事半功倍。本书介绍的案例都已通过验证运行,程序注释详细、结构递进,使读者在学习相关知识的同时,能够举一反三,掌握相应知识点在程序设计中的应用。

(4)案例翔实,契合需求。对每个案例以功能程序形式展现,介绍相关背景知识、硬件电路和程序设计等,注重能力拓展。

本书结合编者积累多年的教学理论、实践和工程实例,对于只有 C 语言基础的读者来说,本书在讲解及展示时充分发挥 Proteus 软件仿真的直观性与真实性,可以提高读者的兴趣。单片机实际应用编程并不难,要点是配置寄存器实现功能程序,不涉及高深复杂的算法和语法,学习者平时应注意积累知识和经验,丰富各类功能应用程序,在实践中有针对性地进行学习与训练。

　　参与本书编写工作的还有于文强和孟子舒,他们分别协助笔者完成了第 5～10 章的程序调试与案例的原理图虚拟仿真部分。在本书出版之际,特别感谢剧艳婕编辑为本书的出版给予的大力支持和帮助,深深感谢在写作期间来自张延迟教授、刘红副教授和唐静等诸多亲友无私的支持和鼓励。

　　本书可作为高等院校电气工程及其自动化、自动化、测控技术与仪器、计算机、电子信息、通信与数据等专业的单片机课程教材,也可作为单片机应用开发人员的参考用书。

　　由于作者学识有限,书中错误及疏漏之处在所难免,敬请读者批评指正,并与笔者联系(邮箱:luyg@sdju.edu.cn)。

陆永耕

目　录

第一部分　基础篇

单片机C语言与Proteus应用

第二部分　应用篇

第三部分　综合应用篇

第一部分　基础篇

第1章 单片机概述

单片机自 20 世纪 70 年代问世以来，已被广泛地应用在工业自动化、自动控制与检测、智能仪器仪表、无人机、自动驾驶、家用电子电器和机电一体化设备等诸多方面。单片机的结构与原理是怎样的呢？

1.1 计算机的发展

计算机对人类社会发展起到了极大的推动作用，而真正使计算机深入到社会生活的各个方面，是微型计算机和单片微型计算机的产生和发展。单片机自 20 世纪 70 年代产生以来，凭借其极高的性价比而受到人们的重视和关注。单片机体积小、质量轻、价格低廉，对运行环境要求不高，抗干扰能力强，可靠性、灵活性好，易于开发，已被广泛应用在工业自动化控制、通信、自动检测、智能仪表、家电、汽车电子、电力电子、医疗仪器、航空航天和机电一体化设备等诸多领域，成为现代生产和生活中不可缺少的元素。

1. 计算机的发展简介

人类使用的计算工具，是随着生产和社会进步全面发展的，经历了从简单到复杂、从低级到高级的发展过程。早期计算工具有算盘、计算尺、手摇机械计算机、电动机械计算机等，世界上公认的第一台电子数字式计算机于 1946 年在美国宾夕法尼亚大学莫尔学院研制成功。这台计算机字长为 12 位，使用了 18800 个真空电子管，耗电 140kW，占地 150m^2，重达 30t，每秒可进行 5000 次加法运算。虽然它比不上今天最普通的一台计算机，但在当时它运算的精确度和准确度也是史无前例的，在计算机发展史上具有划时代的意义，其问世标志着电子计算机时代的到来。此后的 70 多年，计算机的发展日新月异，至今已经历电子管、晶体管、集成电路（IC）、超大规模集成电路（VLSI）和智能化计算机这五个时代。

第五代计算机把信息采集、存储、处理、通信和人工智能结合在一起，具有形式推理、联想、学习和解释的能力，它的系统结构突破了传统冯·诺依曼机器的概念，实现了高度的并行处理能力。其中，第四代计算机的一个重要分支是以大规模、超大规模集成电路为基础发展起来的微处理器和微型计算机。微型计算机发展大致经历以下七个阶段。

第一阶段（1971—1973 年）：

微处理器型号有 4004、4040 和 8008。1971 年英特尔公司研制出 MCS-4 微型计算机（CPU 为 4040，四位机），后来又推出以 8008 为核心的 MCS-8 型。

第二阶段（1974—1977 年，微型计算机的发展和改进阶段）：

微处理器有 8080、8085、M6800 和 Z80。初期产品有英特尔公司的 IBM-PC（CPU 为 8080，8 位机），后期有 TRS80 型（CPU 为 Z80）和 APPLE-Ⅱ型（CPU 为 6502），在 20 世纪 80 年代初期风靡世界。

第三阶段（1978—1984 年，16 位微型计算机的发展阶段）：

微处理器有 8086、8088、80186、80286、M68000 和 Z8000，代表产品是 IBM-PC（CPU 为 8086），本阶段的顶级产品是苹果公司的 Macintosh（1984 年）和 IBM 公司的 PC AT/286（1986 年）微型计算机。

第四阶段（1985—1992 年，32 位微型计算机的发展阶段）：

微处理器有 Intel 80386：数据总线、地址总线均为 32 位，有实地址模式、虚地址保护模式和虚拟 8086 模式，虚地址模式可寻址 4GB（2^{32}）物理地址和 64TB（2^{46}）的虚拟空间，时钟频率可达 33MHz；Intel 80486-80386+80387+8KB。部分采用 RISC 技术、突发总线技术和时钟倍频技术。

第五阶段（1993—1995 年，32 位奔腾微处理器的发展阶段）：

Pentium（奔腾）CPU 字长 32 位，64 位数据线，32 位地址线，内存寻址能力为 4GB、8KB 的代码和数据缓存，时钟频率达到 120MHz。

Pentium MMX（多能奔腾）：增加了 57 条 MMX（多媒体增强指令集）指令，采用了单指令流多数据流技术（Single Instruction Multiple Data，SIMD），可同时处理 8 个字节的数据。

第六阶段（1996—1999 年，加强型 Pentium 微处理器的发展阶段）：

Pentium Pro（高能奔腾）：32 位微处理器，CPU 字长 32 位，64 位数据线，36 位地址线，两级缓存，L1 16KB，L2 256/512KB，时钟频率达到 300MHz。

Pentium Ⅱ：CPU 字长 32 位，L1 16KB，L2 256/512KB，增加了 MMX 技术。

Pentium Ⅲ：CPU 字长 32 位，L1 32KB，L2 512KB，时钟频率为 500MHz，增加 128 位的单指令多数据流 SIMD 寄存器和 72 条指令，SIMD 扩展（SIMD Extensions，SSE）。

Pentium Ⅳ：集成 4200 万个晶体管，采用超级流水线技术和快速执行引擎。

AMD 公司的类似产品有 AMDK6、AMDK7 和 AMD Athlon XP 等。

第七阶段（2000 年至今，多核处理器得到发展）：

① 64 位微处理器；

② 多核心微处理器。

2. 微型计算机系统的应用与发展

由于微型计算机具有体积小、质量轻、功耗低、功能强、可靠性高、结构灵活、使用环境要求低和价格低廉等特点,因此得到了广泛的应用,如在卫星、导弹发射、石油勘探、天气预报、通信、智能仪器、家用电器、电子表以及儿童玩具等方面。它已渗透到国民经济的各个部分,几乎无处不在。微型计算机的问世和飞速发展,使计算机真正地进入人类社会生产、生活的各个方面,除了计算功能以外,赋予了更多信息、存储、分析、处理显示和多媒体等相关功能,使它从过去只限于各部门、各单位少数专业人员使用,普及到广大民众,成为人们工作和生活不可缺少的工具,从而将人类社会推进到了信息时代。

以微型计算机为主体,配上电源系统、输入/输出设备及软件系统就构成了微型计算机系统。软件系统包括系统软件和应用软件。系统软件主要包括操作系统、诊断系统、服务程序、汇编程序和语言编译系统等。应用软件也称用户程序,是用户利用计算机来解决自己的某些问题而编制的程序。

1.2 单片机的概念、分类与发展趋势

1.2.1 单片机的概念

单片机就是在一片半导体芯片上,集成了中央处理单元(CPU)、存储器(RAM、ROM)、串行I/O、定时器/计数器、中断系统、系统时钟电路及系统总线并用于测控领域的微型计算机。

单片机主要应用于测控领域。由于单片机在使用时通常处于测控系统的核心地位并嵌入其中,所以单片机又称为嵌入式控制器(Embedded Microcontroller Unit,EMCU) 或微控制器(Microcontroller Unit,MCU)。国内大部分工程技术人员仍习惯使用单片机这一名称。

单片机的问世,是计算机技术发展史上的一个重要里程碑,因为它的诞生标志着计算机正式形成了通用计算机系统和嵌入式计算机系统两大分支。单片机芯片体积小、成本低,可广泛地嵌入工业控制单元、机器人、智能仪器仪表、武器系统、家用电器、办公自动化设备、汽车电子系统、玩具、个人信息终端以及通信产品等;按照其用途可分为通用型和专用型两大类。

单片机内部可开发的资源(如存储器、I/O 等各种功能部件等)可以全部提供给用户。用户可根据实际需要,设计一个以通用单片机芯片为核心,再配以外围接口电路及其他外围设备,并编写相应的软件来满足各种不同要求的测控系统。

单片机是专门针对某些产品的特定用途而制作的,例如各种家用电器中的控制器等。由于单片机用于特定用途,单片机芯片制造商常与产品厂家合作,设计和生产"专用"的单片机芯片。在设计中,设计人员已对"专用"单片机的系统结构、可靠性和成本优化等方面做了全面的综合考虑,所以"专用"单片机具有十分明显的综合优势。但是,无论单片机在用途上有多么"专",其基本结构和工

作原理都是以单片机为基础的。

1.2.2　单片机的分类

单片机作为计算机发展的重要领域,从不同角度大致可以分为通用型/专用型、总线型/非总线型、工控型/家电型。

1. 通用型/专用型

按照单片机适用范围区分。例如,8051是通用型单片机,它不是为某种专门用途设计的。而专用型单片机是针对某一类产品或某个产品设计生产的,比如为了满足电子声控玩具的要求,在单片机内集成有 DAC 接口功能的声光控制电路等。

2. 总线型/非总线型

按照单片机是否提供并行总线区分。总线型单片机普遍设置有并行地址总线、数据总线和控制总线,这些引脚可用来扩展并行外围器件。近年来,许多外围器件还可以通过串行口与单片机连接,另外许多单片机已把所需要的外围器件及外设接口集成到单片机内。因此,在许多情况下,可以不要并行扩展总线,这大大降低了封装成本,减少了芯片体积,这类单片机称为非总线型单片机。

3. 工控型/家电型

按照单片机应用的领域区分。一般而言,工控型寻址范围大,运算能力强,而用于家电的单片机多为专用型,通常是小封装、低价格、外围器件接口集成度高。显然,上述分类并不是唯一的和严格的。例如,8051系列单片机既是通用型又是总线型,还可以作为工控用。

1.2.3　单片机的发展趋势

单片机的发展趋势将是向高性能、大容量和外设部件内装嵌入化等方面发展。

1. CPU的改进

(1)增加 CPU 的数据总线宽度。例如,各种 16 位单片机和 32 位单片机的数据处理能力优于 8 位单片机。另外,8 位单片机内部采用 16 位数据总线,其数据处理能力明显优于一般 8 位单片机。

(2)采用双 CPU 结构,以便提高数据处理能力。

2. 存储器的发展

（1）单片机内的程序存储器普遍采用闪烁（Flash）存储器。闪烁存储器能在+5V下读写，既有静态RAM读写操作简便的优点，又有在掉电时数据不会丢失的优点。使用片内闪烁存储器，单片机可不用片外扩展程序存储器，极大地简化了应用系统的硬件结构。目前部分单片机片内程序存储器容量可达128KB甚至更多。

（2）加大片内数据存储器存储容量，以满足动态数据存储的需要。

3. 片内I/O的改进

（1）增加并行口的驱动能力，以减少外部驱动芯片。有的单片机可以直接输出大电流和高电压，以便能直接驱动LED和VFD（荧光显示器）。

（2）有些单片机设置了一些特殊的串行I/O功能，为构成分布式和网络化系统提供了便利条件。引入了数字矩阵开关，改变了以往片内外设与外部I/O引脚的固定对应关系。矩阵开关是一个数字开关网络阵列，可通过编程设置矩阵开关控制寄存器，将片内的定时器/计数器、串行口、中断系统和A/D转换器等片内外设灵活配置在端口I/O引脚。这就允许用户根据自己的特定应用，将内部外设资源分配给不同的端口I/O引脚。

4. 低功耗化

目前单片机产品多为 CMOS 的芯片，优点是功耗小。为充分发挥低功耗的特点，这类单片机普遍配置了等待状态、睡眠状态和关闭状态等工作方式。在这些低电压工作状态下的单片机，其消耗的电流仅在 μA 或 nA 量级，非常适用于电池供电的便携式或手持式的仪器仪表以及其他消费类电子产品。

5. 外设电路内装化

随着集成电路技术及工艺的不断发展，把所需的众多外设电路全部装入单片机内，即系统的单片化是未来单片机发展趋势之一，一个芯片就是一个"测控"系统。

6. 编程及仿真的简单化

目前大多数的单片机都支持程序在线编程，也称在系统编程（In-System Programming, ISP），只需一条ISP下载线，就可以把仿真调试通过的程序从PC写入单片机的Flash存储器内，省去编程器。某些机型还支持无仿真器的在线应用编程（IAP），可以在线升级或擦除单片机内的原有应用程序。

7. 实时操作系统的使用

单片机可配置实时操作系统 RTX51。RTX51 是一个针对 8051 单片机的多任务内核。RTX51 实时内核从本质上简化了对实时事件的反应速度,要求更为复杂应用的系统设计、编程和调试,它已完全集成到 C51 编译器中,使用简单方便。

综上所述,单片机正在向多功能、高性能、高速度、低电压、低功耗、低价格(几元钱)、外设电路内装化以及片内程序存储器、数据存储器容量不断增大的方向发展。

1.3 单片机的特点与应用

1.3.1 单片机的特点

单片机是集成电路技术与微型计算机技术高速发展的产物。单片机除了体积小、价格低、性能强大、速度快、用途广、灵活性强和可靠性高等优点外,只要在单片机外部适当增加一些必要的外围扩展电路,就可以灵活地构成各种应用系统,如数据采集系统、智能仪器仪表、工业自动控制系统和自动检测监视系统等。

单片机具有以下独特之处。

(1)存储器 ROM 和 RAM 严格分工。

ROM 用作程序存储器,只存放程序、常数和数据表格;而 RAM 用作数据存储器,存放临时数据和变量。这样的设计方案使单片机更适用于实时控制(也称为现场控制或过程控制)系统。配置较大的程序存储空间,将已调试好的程序固化(即对 ROM 编程,也称为烧录或者烧写),这样不仅掉电时程序不会丢失,而且避免了程序被破坏的情况,从而确保了程序的安全性。实时控制仅需容量较小的 RAM 来存放少量随机数据,从而有利于提高单片机的操作速度。

(2)采用面向控制的指令系统。

单片机的指令系统有很强的端口操作和位操作能力,在实时控制方面,尤其是在位操作方面,单片机有着不俗的表现。

(3)I/O 端口引脚具有复用功能。

I/O 端口引脚通常设计了多种功能,以充分利用数量有限的芯片引脚。在应用时,究竟使用多功能引脚的哪一种功能,由编程用户确定。

(4)品种规格的系列化。

属于同一个产品系列、不同型号的单片机,通常具有相同的内核、相同或兼容的指令系统。其主要的差别仅在于片内配置了一些不同种类或不同数量的功能部件和容量大小不同的 ROM 或 RAM,以便适用于不同的被控对象。

（5）硬件功能具有广泛的通用性。

单片机的硬件功能具有广泛的通用性。同一种单片机可以用在不同的控制系统中，只是所配置的用户软件不同而已。

在短短几十年的时间里，单片机就历经了 4 位机、8 位机、16 位机和 32 位机等发展阶段。尤其是形式多样、集成度高、功能日臻完善的单片机不断问世，配套的片内与外围功能部件越来越完善，一个芯片就是一个应用系统，为应用系统向更高层次和更大规模的发展奠定了坚实的基础。

1.3.2　单片机的应用

单片机具有软硬件结合、体积小、可以很容易地嵌入各种应用系统中的优点。因此，以单片机为核心的嵌入式控制系统在诸多领域中得到广泛的应用。

1. 仪器仪表

目前对仪器仪表自动化和智能化的要求越来越高。单片机的使用有助于提高仪器仪表的精度和准确度，其结构简单、体积小而易于携带和使用，加速了仪器仪表向数字化、智能化和多功能化的方向发展。

2. 家用电子电器

单片机在家用电器中的应用也非常普遍。目前，家电产品的一个重要发展趋势是其智能化程度不断提高。例如，洗衣机、电冰箱、微波炉、空调、电风扇、电视机、加湿机和消毒机等，在这些设备中嵌入了单片机后，其功能和性能大大提高，并实现了智能优化控制。

3. 工业控制与检测

在工业领域，单片机主要应用于工业过程控制、智能控制、设备控制、数据采集和传输、测试、测量和监控等方面，在这些集机械、微电子和计算机技术为一体的综合技术（如机器人技术）中，单片机发挥着非常重要的作用。

4. 通信领域

在调制解调器、各类手机、程控交换机、信息网络以及各种通信设备中，单片机也已得到了广泛应用。

5. 军事武器装备

在现代化的武器装备中，如飞机、军舰、坦克、导弹、鱼雷制导和航天飞机导航系统等，都有单片机参与应用。

6. 计算机外部设备与智能终端

计算机网络终端设备（如银行终端）以及计算机外部设备（如打印机、U 盘、绘图仪、传真机和复印机等）中都将单片机作为控制器。

7. 智能化汽车电子装备

单片机已广泛地应用在各种汽车电子设备中，如汽车安全系统、汽车信息系统、无人自动驾驶系统、汽车卫星导航系统、汽车紧急请求服务系统、汽车防撞系统、汽车自动诊断系统以及汽车黑匣子等。

8. 分布式系统

在复杂多节点的测控系统中，常采用分布式多机系统。多机系统一般由若干台功能各异的单片机组成，这些单片机各自完成特定的任务，它们通过串行通信相互联系、协调工作。在这种系统中，单片机往往作为一个终端机，安装在系统的某些节点上，对现场信息进行实时的测量和控制。

综上所述，在工业自动化、自动控制、智能仪器仪表和消费类电子产品等方面，甚至在国防尖端技术领域，单片机都发挥着十分重要的作用。

1.4 MCS-51系列与AT89系列单片机

自 20 世纪 80 年代以来，单片机的发展非常迅速，其中 Intel 公司的 MCS-51 系列单片机是一款设计成功、易于掌握并得到广泛使用的机型。

1.4.1 MCS-51系列单片机

MCS 是 Intel 公司生产的单片机的系列符号，MCS-51 系列单片机是 Intel 公司在 MCS-48 系列的基础上于 20 世纪 80 年代初发展起来的，是最早进入国内得到广泛应用的单片机机型。

MCS-51 系列单片机主要包括基本型产品 8031、8051、8751（对应的低功耗型 80C31、80C51、87C50）和增强型产品 8032、8052、8752。

1. 基本型

典型产品有 8031、8051 和 8751。8031 内部包括 1 个 8 位 CPU、128B RAM、21 个特殊功能寄存

器(SFR)、4个8位并行I/O口、1个全双工串行口、2个16位定时器/计数器、5个中断源,但片内无程序存储器,需外部扩展程序存储器芯片。

8051是在8031的基础上,片内集成了4KB ROM 作为程序存储器。所以8051是一个程序不超过4KB 的小系统。ROM 内的程序是芯片厂商制作芯片时烧录的,主要用在程序已定且批量大的单片机产品中。

8751与8051相比,片内集成的4KB 的 EPROM 取代了8051的4KB ROM 作为程序存储器,构成了一个程序不大于4KB 的小系统。用户可以将程序固化在 EPROM 中,EPROM 中的内容可反复擦写修改。8031外扩一片4KB 的 EPROM 就相当于一片8751。

2. 增强型

Intel 公司在MCS-51系列的3种基本型产品的基础上,又推出了增强型系列产品,即52子系列,典型产品有8032、8052和8752。它们内部的RAM增大到256,8052和8752的片内程序存储器扩展到8KB,16位定时器/计数器增至3个,6个中断源,串行口通信速率大大提高。基本型和增强型的MCS-51系列单片机片内的基本硬件资源如表1-1所示。

表1-1　MCS-51系列单片机片内的基本硬件资源

类　型	型　号	片内程序存储器	片内数据存储器(B)	I/O口线(位)	定时器/计数器(个)	中断源个数(个)
基本型	8031	无	128	32	2	5
	8051	4KB ROM	128	32	2	5
	8751	4KB EPROM	128	32	2	5
增强型	8032	无	256	32	3	6
	8052	8KB ROM	256	32	3	6
	8752	8KB EPROM	256	32	3	6

1.4.2　AT89系列单片机

MCS-51 系列单片机的代表性产品为8051,其他单片机都是在8051内核的基础上增减了功能。20 世纪 80 年代中期后,Intel 公司已把精力集中在高档 CPU 芯片的研发上,逐渐淡出单片机芯片的开发和生产。由于 MCS-51 系列单片机在设计上取得了成功,以及其较高的市场占用率,它已经成为许多厂家竞相选用的对象,并以此系列为基核进行扩展。因此,Intel 公司以专利转让或技术交换的形式把8051的内核技术转让给了许多半导体芯片生产厂家,如 ATMEL、Philips、Cygnal、LG、ADI、Maxim、DEVICES 和 DALLAS 等公司。这些厂家生产的兼容机型均采用8051的内核结构,指令系统相同,采用 CMOS 工艺;有的公司还在 C51 内核的基础上又增加了一些片内功能模块,其集成度更高,功能和市场竞争力更强。人们常用8051(80C51,C 表示采用 CMOS 工艺)来称呼这些具有 8051 内核且使用 C51 指令系统的单片机,也习惯把这些兼容机等各种衍生品种统称为 8051 单片机。

1. AT89 系列

各个单片机芯片生产厂商推出的与 8051 兼容的主要产品如表 1-2 所示。

在众多与 MCS-51 单片机兼容的各种基本型、增强型和扩展型等衍生机型中,美国 ATMEL 公司推出的 AT89 系列,尤其是该系列中的 AT89C5x/AT89S5x 单片机在我国目前的 8 位单片机市场中占有较大的份额。

表1-2 与8051兼容的主要产品

生产厂家	单片机型号
ATMEL公司	AT89S5系列(89C51/AT89S51、89C52/89S52、89C5x等)
Philips(菲利浦)公司	80C51、8x0552系列
Cygnal公司	C80C51F系列高速SOC单片机
LG公司	GMS90/97系列低价高速单片机
ADI公司	ADμC8xx系列高精度单片机
美国Maxim公司	DS89C420高速(50MIP)单片机系列
中国台湾华邦公司	W78C51、W77C51系列高速低价单片机
AMD公司	8-515/535单片机
Siemens公司	SAB80512单片机

ATMEL 公司是美国 20 世纪 80 年代中期成立并发展起来的半导体公司。该公司于 1994 年以 E^2PROM 技术交换 Intel 公司的 8051 内核的使用权。ATMEL 公司的技术优势是其闪存储器(Flash)技术将 Flash 技术与 80C51 内核相结合,形成了片内带有存储器的 AT89C5x/AT89S5x 系列单片机。

AT89C5x/AT89S5x 系列单片机与 MCS-51 系列单片机在原有功能、引脚以及指令系统方面完全兼容,该系列中的某些品种又增加了一些新的功能,如看门狗定时器 WDT、ISP 及 SPI 串行接口等,片内 Flash 存储器允许在线(+5V)重复编程。此外,该系列还支持两种节电工作方式,非常适用于电池供电或其他要求低功耗的场合。

AT89S51 与 MCS-51 系列中的 87C51 相比,片内的 4KB Flash 存储器取代了 87C51 片内 4KB 的 EPROM。AT89S51 片内的 4KB Flash 存储器可在线编程或使用编程器重复编程且价格低廉,因此,AT89S5x 单片机是目前取代 MCS-51 系列单片机的主要芯片之一。本书以 AT89S51 单片机为典型机型,介绍其工作原理及应用设计。

AT89C5X 的 S 系列是 ATMEL 公司继 AT89C5X 系列之后推出的新机型,S 表示含有串行下载的 Flash 存储器,代表性产品为 AT89S51 和 AT89S52。与 AT89C5x 系列相比,AT89S5x 系列的时钟频率以及运算速度有了较大的提高。例如,AT89S51 工作频率的上限为 24MHz,而 AT89S51 则为

33MHz。AT89S52 片内集成有双数据指针 DPTR、看门狗定时器,有低功耗空闲工作方式和掉电工作方式。

2. MCS-51 系列与 AT89 系列的区别

MCS-51 与 AT89S52 单片机的差别从表 1-1 中即可看出。AT89S51 片内有 4KB Flash 存储器、128B 的 RAM、5 个中断源以及 2 个定时器/计数器。

尽管 AT89S5X 系列有多种机型,但是掌握好基本型 AT89S51 是十分重要的,因为它是具有 8051 内核的各种型号单片机的基础,最具代表性,同时也是各种增强型、扩展型等衍生系列品种的基础。

本书经常提到 8051,它是泛指具有 8051 内核的各种增强型和扩展型的单片机。而 AT89S51 仅指 ATMEL 公司的 AT89S51 单片机。

除了 8 位单片机得到广泛应用外,一些厂家的 16 位单片机也得到了用户的青睐。例如,美国 TI 公司的 16 位 MSP430 系列单片机。这些单片机本身带有 A/D 转换器,一个芯片就构成了一个数据采集系统,使用非常方便。尽管这样,16 位单片机还远远没有 8 位单片机应用得那样广泛和普及,这是因为目前在大多数应用场合中,8 位单片机的性能已能满足大部分实际需求,且 8 位单片机的性价比也较高。

1.4.3 AT89 系列单片机的型号说明

AT89S5X 系列单片机的型号定义由三部分组成,即前缀、型号和后缀。下面分别对这三部分进行说明。

① 前缀

由字母"AT"组成,表示其为 ATMEL 公司的产品。

② 型号

由"89Cxxxx""89LVxxxx"或"89Sxxxx"等表示。

在"89Cxxxx"中,8 表示单片,9 表示内部含有 Flash 存储器,C 表示 CMOS 产品。

在"89LVxxxx"中,LV 表示低电压产品,可在 2.5V 电压下工作。

在"89Sxxxx"中,S 表示含有串行下载的 Flash 存储器,而"xxxx"表示器件的型号,如 51、52、2051 和 8052 等。

③ 后缀

后缀由最后的 4 个"xxxx"参数组成,每个参数表示的意义不同。在型号与后缀部分由"-"号隔开。

● 后缀中的第 1 个"x"表示时钟频率:

x=12,时钟频率为 12MHz;

x=16,时钟频率为 16MHz;

x=20,时钟频率为 20MHz;

x=24,时钟频率为 24MHz。

● 后缀中的第 2 个"x"表示封装:

x=P,塑料双列直插 DIP 封装;

x=D,陶瓷封装;

x=Q,PQFP 封装;

x=J,PLV 封装;

x=A,TQFP 封装;

x=S,SOIC 封装;

x=W,表示裸芯片。

● 后缀中的第 3 个"x"表示芯片的使用温度范围:

x=C,表示商业用产品,温度范围为 0~70℃;

x=I,表示工业用产品,温度范围为 -40~85℃;

x=A,表示汽车用产品,温度范围为 -40~125℃;

x=M,表示军用产品,温度范围为 -55~150℃。

● 后缀中的第 4 个"x"表示工艺:

x 为空,表示处理工艺是标准工艺;

x=883,表示处理工艺采用 MIL-STD-883 标准。

例如,某一单片机型号为"AT89C51-12PI",表示该单片机是 ATMEL 公司的 Flash 单片机,CMOS 产品,速度为 12MHz,塑料双列直插 DIP 封装,是工业用产品,按标准处理工艺生产。

1.5 其他类型单片机

除了 AT89S5X 系列单片机外,各半导体器件厂家推出的以 8051 为内核、集成度高并且功能强的单片机,受到了广泛的关注。

1.5.1 C8051Fxxx单片机

美国 Cygnal 公司的 C8051Fxxx 系列单片机,是一款集成度高,采用 8051 内核的 8 位单片机,代表性产品为 C8051F020。

C8051F020 内部采用流水线结构,大部分指令的完成时间为 1 或 2 个时钟周期,峰值处理能力为 25MIP,与经典的 51 单片机相比,可靠性和速度有很大提高。

C8051F020 片内集成了 1 个 8 位 ADC、1 个 12 位 ADC、1 个双 12 位 DAC;64KB 片内 Flash 程序存储器、256B RAM、128 个 SFR;8 个 I/O 端口共 64 根 I/O 口线;5 个 16 位通用定时器;5 个捕捉/比较模块的可编程计数/定时器阵列(PCA),1 个 UART 串行口、1 个 SM Bus/I^{2}C 串口、1 个 SPI 串行口;2 路电压比较器、电源监测器和内置温度传感器。

C8051Fxxx 单片机最突出的改进是引入了数字交叉开关(C8051F2xx 除外)。它改变了以往内部功能与外部引脚的固定对应关系。用户可通过可编程的交叉开关控制寄存器将片内的定时器/计数器、串行总线、硬件中断、ADC 转换器输入、比较器输出以及单片机内部的其他硬件外设配置出现在端口 I/O 引脚。用户可以根据自己特定的应用,选择通用 I/O 端口与片内硬件资源的灵活组合。

1.5.2　STC系列单片机

STC 系列单片机是具有我国独立自主知识产权,功能与抗干扰性强的增强型 8051 单片机。STC 系列单片机中有多种子系列,数百个品种,以满足不同应用的需要,其中的 STC12C5410/STC12C2052 系列的主要性能及特点如下。

(1)高速:传统的 51 单片机为每个机器周期 12 个时钟,而 STC 单片机可以为每个机器周期 1 个时钟,指令执行速度大大提高,速度比普通的 8051 快 8~12 倍。

(2)宽工作电压:3.8~5.5V 和 2.4~3.8V(STC12LE5410AD 系列)。

(3)12KB/10KB/8KB/6KB/4KB 片内 Flash 程序存储器,擦写次数可达 10 万次以上。

(4)512B 片内的 RAM 数据存储器。

(5)可在线编程(ISP)/在应用可编程(IAP),无须编程器/仿真器,可远程升级。

(6)8 通道的 10 位 ADC,4 路 PWM 输出。

(7)4 通道捕捉/比较单元,也可用来再实现 4 个定时器或 4 个外部中断(支持上升沿/下降沿中断)。

(8)2 个硬件 16 位定时器,兼容普通 8051 的定时器。4 路 PCA(可编程计数/定时器阵列)还可再实现 4 个定时器。

(9)硬件看门狗(WDT)。

(10)高速 SPI 串口。

(11)全双工异步串行口(UART),兼容普通 8051 的串口。

(12)通用 I/O 口(27/23/15 个),复位后为:准双向口弱上拉(与 8051 的 I/O 接口相似)。可设置成四种模式:准双向口/弱上拉、推挽/强上拉、仅为输入/高阻、集电极开路;每个 I/O 口驱动能力均可达到 20mA,但整个芯片最大不可超过 55mA。

(13)超强抗干扰能力与高可靠性如下。

● 高抗静电。

● 通过 2kV/4kV 快速脉冲干扰的测试（EFT 测试）。

● 宽电压，不怕电源抖动。

● 宽温度范围为 −40~85℃。

● I/O 口经过特殊处理。

● 片内的电源供电系统、时钟电路、复位电路和看门狗电路均经过特殊处理。

（14）采取了降低单片机时钟对外部电磁辐射的措施。

● 可禁止 ALE 输出。

● 如果选每个机器周期为 6 个时钟，外部时钟频率可降一半。

● 单片机时钟振荡器增益可设为 Gain/2。

（15）超低功耗设计如下。

● 掉电模式，典型功耗< 0.1μA。

● 空闲模式，典型功耗为 2mA。

● 正常工作模式，典型功耗为 4~7mA。

● 掉电模式可由外部中断唤醒，适用于电池供电系统，如水表、气表和便携设备等。

STC 单片机可直接替换 ATMEL、Philips 和 Winbond（华邦）等公司的产品。

由上述介绍可以看出，STC 单片机是一款高性能、高可靠性的机型。

1.5.3　华邦W77系列、W78系列单片机

中国台湾华邦公司（Winbond）的产品 W77 系列、W78 系列单片机与 8051 单片机完全兼容。

华邦单片机对 8051 的时序做了改进：每个指令周期只需要 4 个时钟周期，速度提高了 3 倍，工作频率最高可达 40MHz。

W77 系列为增强型，片内增加了看门狗 WatchDog、两组 UART 串口、两组 DPTR 数据指针（编写应用程序非常便利）、ISP（在线编程）等功能。片内集成了 USB 接口和语音处理等功能，具有 6 组外部中断源。

华邦公司的 W741 系列的 4 位单片机具有液晶驱动、在线烧录、保密性好和低工作电压（1.2~1.8V）等优点。

1.5.4　PIC系列单片机

Microchip 单片机是市场份额增长较快的单片机。它的主要产品是 PIC 系列 8 位单片机，CPU采用 RISC 结构，突出特点是体积小，功耗低，精简指令集，抗干扰性好，可靠性高，有较强的模拟接口，代码保密性好，大部分芯片有 Flash 程序存储器。

PIC 系列单片机是美国 Microchip 公司的产品,主要特性如下。

（1）PIC 系列单片机的最大特点是从实际出发,重视产品的性价比。例如,一个摩托车的点火器需要一个 I/O 较少、程序存储空间不大及可靠性较高的小型单片机,如采用 PIC12C508 单片机,其仅有 8 个引脚,是世界上最小的单片机。该型号有 512B ROM、25B RAM、1 个 8 位定时器、1 根输入线、5 根 I/O 线,价格非常便宜,应用在摩托车点火器这样的场合非常适合。PIC 系列从低到高有数十个型号,可以满足各种需要。PIC 的高档型单片机,如 PIC16C74（尚不是最高档次型）有 40 个引脚,其内部有 4KB ROM、192B RAM、8 路 AD、3 个 8 位定时器、2 个 CCP 模块、3 个串行口、1 个并行口、11 个中断源和 33 个 I/O 脚。该型号单片机可以和其他品牌的高档型号单片机相媲美。

（2）单片机采用精简指令集（Reduced Instruction Set Computer,RISC）,指令执行效率大为提高。数据总线和指令总线分离的哈佛总线（Harvard）结构,使指令具有单字长的特征,且允许指令代码的位数可多于 8 位的数据位数,这与传统的采用复杂指令结构（CISC）的 8 位单片机相比,可以达到按 2：1 压缩代码,速度提高 4 倍。

（3）具有优越的开发环境。普通 8051 单片机的开发系统大都采用高档型号仿真低档型号,其实时性并不理想。PIC 推出一款新型号单片机的同时也推出了相应的仿真芯片,所有的开发系统由专用的仿真芯片支持,实时性非常好。

（4）引脚通过限流电阻可以接至 220V 交流电源,可直接与继电器控制电路相连,无须光电耦合器隔离,给使用者带来极大的方便。

（5）保密性好。PIC 以保密熔丝来保护代码,用户在烧入代码后熔断熔丝,别人再也无法读出,除非恢复熔丝。目前,PIC 采用熔丝深埋工艺,恢复熔丝的可能性极小。

PIC 单片机的型号繁多,分为低档型、中档型和高档型。

（1）低档型:PIC12C5xx/16C5x 系列。

PIC16C5x 系列是最早在市场上得到发展的系列,因其价格较低,且有较完善的开发手段,因此应用最为广泛;而 PIC12C5xx 是世界上第一个 8 脚低价位单片机,可用于简单的智能控制等一些要求小体积单片机的场合,应用十分广泛。

（2）中档型:PIC12C/PIC16C 系列以及 PIC18 系列。

中档产品是 Microchip 公司重点发展的系列产品,品种最为丰富。尤其是 PIC18 系列,它的程序存储器最大可达 64KB,通用数据存储器最大可达 3968KB;有 8 位和 16 位定时器/比较器;8 级硬件堆栈,10 位 A/D 转换器,捕捉输入和 PWM 输出;配置了 I^2C、SPI、UART 串口、CAN、USB 接口,模拟电压比较器及 LCD 驱动电路等,其封装从 14 脚到 64 脚,价格适中,性价比高。已广泛应用在低、中、高档的各类电子产品中。

（3）高档型:PIC17Cxx 系列。

PIC17Cxx 是高级复杂系统开发的系列产品,其性能在中档位单片机的基础上增加了硬件乘法器,指令周期可达 160ns。可用于中、高档产品的开发,如电机控制等。

此外,Microchip 公司还推出了高性能的 16 位和 32 位单片机。

1.5.5　ADμC812单片机

ADμC812 是美国 ADI（Analog Device Inc.）生产的高性能单片机，其内部包含了高精度的自校准 8 通道 12 位模数转换器（ADC），2 通道 12 位数模转换器（DAC）以及 8051 内核，指令系统与 MCS-51 系列兼容。其片内有 8KB Flash 程序存储器、640B Flash 数据存储器、256B 数据 SRAM（支持可编程）。

ADμC812 片内集成了看门狗定时器、电源监视器以及 ADC、DMA 功能，为多处理器接口和 I/O 扩展提供了 32 条可编程的 I/O 线，包含有与 I^{2}C 兼容的串行接口、SPI 串行接口和标准的 UART 串口。

ADμC812 的 MCU 内核和模数转换器均设置了正常、空闲和掉电工作模式，通过软件可以控制芯片从正常模式切换到空闲模式，也可以切换到更为省电的掉电模式。在掉电模式下，ADμC812 消耗的总电流约为 5μA。

1.5.6　AVR系列单片机

AVR 系列单片机是 ATMEL 公司于 1997 年利用 Flash 新技术研发出的精简指令集的高速 8 位单片机。

AVR 是增强 RISC 内含 Flash 的单片机，单片机内部 32 个寄存器全部与 ALU 直接连接，突破瓶颈限制，每 1MHz 可实现 1MPS 的处理能力，为高速、低功耗产品。端口有较强的负载能力，可以直接驱动 LED。支持 ISP 和 IAP，I/O 口驱动能力较强。

AVR 单片机的特点如下。

（1）废除了机器周期，抛弃复杂指令计算机（CISC）追求指令完备的做法。采用精简指令集，以字作为指令长度单位，将内容丰富的操作数与操作码安排在一字之中，指令长度固定、指令格式与种类相对较少、寻址方式也相对较少，绝大部分指令都为单周期指令。取指周期短，又可预取指令，实现流水作业，故可高速执行指令，当然这种"高速度"是以高可靠性来保障的。

（2）新工艺 AVR 器件的 Flash 程序存储器擦写可达 10000 次以上。片内较大容量的 RAM 能满足一般场合的使用，支持使用高级语言开发系统程序，可像 MCS-51 单片机那样很容易地扩展外部 RAM。

（3）丰富的外设。AVR 单片机有定时器 / 计数器、看门狗电路、低电压检测电路 BOD，多个复位源（自动上下电复位、外部复位、看门狗复位、BOD 复位），可设置启动后延时运行程序，增强了单片机应用系统的可靠性。片内有通用的异步串行口（UART），面向字节的高速硬件串口和 TWI（与 I^{2}C 兼容）、SPI 串口。此外，还有 ADC、PWM 等片内外设。

（4）I/O 口功能强、驱动能力大。工业级产品具有大电流（最大可达 40mA），可省去功率驱动器件，直接驱动可控硅或固态继电器 SSR。AVR 单片机的 I/O 口是真正的 I/O 口，能正确反映 I/O 口输入或者工作状态。I/O 口的输入可设定为三态高阻抗输入或带上拉电阻输入，便于满足各种多功能 I/O 口应用的需要，具备 10~20mA 灌电流的能力。

（5）低功耗。具有省电功能（Power Down）及休眠功能（Idle）的低功耗工作方式。一般耗电在 1~2.5mA；对于典型功耗情况，WDT 关闭时为 100nA，更适用于电池供电的应用设备。有的器件最低 1.8V 即可工作。

（6）AVR 单片机支持程序的在线编程，只需一条 ISP 串口下载线，就可以把程序写入 AVR 单片机，无须使用编程器。其中 MEGA 系列还支持在线应用编程 IAP（可在线升级或擦除应用程序），省去仿真器。

AVR 单片机系列齐全，有 3 个档次，可适用于各种不同场合的要求。

- 低档 Tiny 系列 AVR 单片机：主要有 Tiny-11/12/13/15/26/28 等。
- 中档 AT90S 系列单片机：主要有 AT90S1200/2313/8515/8535 等。
- 高档 Atmega 系列单片机：主要有 Atmega8/16/32/64/128（存储容量为 8KB/16KB/32KB/64KB/128KB）以及 Atmega515/8535 等。

1.5.7 其他系列单片机

德州仪器公司有 TMS370 和 MSP430 两大系列通用单片机。TMS370 系列是 8 位 CMOS 单片机，具有多种存储模式、多种外围接口模式，适用于复杂的实时控制场合；MSP430 系列是一种超低功耗、功能集成度较高的 16 位低功耗单片机，特别适用于要求功耗低的场合，可用于三表（电表、水表、燃气表）及超低功耗场合等便携仪器。

Motorola 是世界上最大的单片机生产厂家之一，品种全、选择余地大、新产品多。其特点是噪声低，抗干扰能力强，比较适用于工控领域及恶劣的环境。

Scenix 单片机除传统的 I/O 功能模块如并行 IO、UART、SPI、AD、PWM、PLL 和 DTMF 等外，还增加了新的 I/O 模块（如 USB、CAN、虚拟 I/O 等）。其特点是双时钟设置，指令运行速度较快，具有虚拟外设功能，柔性化 I/O 端口，所有的 I/O 端口都可单独编程设定。Epson 单片机主要配套日本爱普生公司生产的 LCD，其特点是 LCD 驱动部分性能较好，低电压、低功耗。Z8 单片机是 Zilog 公司的主要产品，采用多累加器结构，有较强的中断处理能力。National 的 COP8 单片机片内集成了 16 位 AD，内部使用了抗电磁干扰 EMI（Electronic Magnetic Interference）电路，在看门狗电路及单片机的唤醒方式上都有独到之处。

中国台湾义隆电子的 EM78 系列单片机采用高速 CMOS 工艺制造，低功耗设计，为低功耗产品。其具有 3 个中断源、R-OPTION 功能、I/O 唤醒功能、多功能 I/O 口和优越的数据处理性能。中国台湾盛扬半导体的 HOLTEK 单片机产品种类较多，但抗干扰性能较差，价格便宜，适用于消费类产品。中国台湾松翰公司的 SONIX 单片机，大多为 8 位机，有一部分与 PIC 8 位单片机兼容，价格便宜，系统时钟分频可选项较多，有 PMW、ADC、内部振荡器、内部杂讯滤波，抗干扰性能较好；但 RAM 空间过小。

1.5.8 嵌入式微处理器

目前以各类嵌入式处理器为核心的嵌入式系统的应用,已成为当今电子信息技术应用的一大热点。

具有各种不同体系结构的嵌入式处理器是嵌入式系统的核心部件,按体系结构主要分为以下几类:嵌入式微控制器(单片机)、嵌入式数字信号处理器(简称 DSP)及嵌入式微处理器。

嵌入式数字信号处理器(Digital Signal Processor,DSP)是擅长高速实现各种数字信号处理运算(如数字滤波、FFT、频谱分析等)的嵌入式处理器。由于 DSP 硬件结构和指令做了特殊设计,其能够高速完成各种数字信号处理算法。

1981 年,美国 TI(Texas Instruments)公司研制出了著名的 TMS320 系列低成本、高性能的 DSP 处理器芯片,即 TMS320C10,使 DSP 技术向前跨出了意义重大的一步。

20 世纪 90 年代,无线通信、各种网络通信、多媒体技术的普及和应用,以及对于高清晰度数字电视的研究,极大地刺激了 DSP 的推广应用,DSP 大量进入嵌入式领域。推动 DSP 快速发展的是嵌入式系统的智能化,例如各种带有智能功能的消费类产品,生物信息识别终端,实时语音压缩解压系统、数字图像处理等。这类智能化算法一般运算量较大,特别是向量运算和指针线性寻址等较多,这正是 DSP 的长处所在。各大公司还研制出多总线、多流水线和并行处理,其包含多个 DSP 处理器的芯片,大大提高了系统性能。

与单片机相比,DSP 所具有的高速运算的硬件结构与指令系统以及多总线结构,尤其是 DSP 数字信号处理算法的复杂度和大数据处理流量,更是单片机不可企及的。

DSP 的主要厂商有美国 TI、ADI、Motorola 和 Zilog 等公司。TI 公司约占全球 DSP 市场份额的 60%,位居榜首。DSP 的代表性产品是 TI 公司的 TMS320xx 系列。TMS320 系列处理器包括用于控制领域的 C2000 系列,移动通信的 C5000 系列以及应用在网络、多媒体和图像处理领域的 C6000 系列等。

嵌入式微处理器(Embedded MicroProcessor Unit,EMPU)的基础是通用计算机中的 CPU。虽然在功能上基本和标准微处理器是一样的,但由于只保留和嵌入式应用相关的功能,这样可以大幅度减少系统体积和功耗,同时在工作温度、抗电磁干扰和可靠性等方面都做了各种增强处理。

嵌入式微处理器中的代表性产品为 ARM 系列,主要有 5 个产品系列:ARM7、ARM9、ARM9E、ARM10 和 Secur Core。

ARM7 的地址线为 32 条,所能扩展的存储器空间要比单片机存储器空间大得多,可配置实时多任务操作系统(RTOS),而 RTOS 则是嵌入式应用软件的基础和开发平台。

常用的 RTOS 为 Linux(数百千字节)和双 VxWorks(数兆字节)以及 μC-OSII。由于嵌入式实时多任务操作系统具有高度灵活性,很容易定制或适当开发,设计出用户所需的应用程序,满足实际应用需要。

由于嵌入式微处理器能运行实时多任务操作系统,所以能够处理复杂的系统管理任务。因此,单片机在移动计算平台、媒体手机、工业控制和商业领域（如智能工控设备、ATM 机等）、电子商务平台和信息家电（机顶盒、数字电视）等方面，甚至在军事方面的应用，都具有巨大的作用。因此，以嵌入式微处理器为核心的嵌入式系统的应用，已成为继单片机、DSP 之后的电子信息技术应用的又一大热点。

1.6 单片机中的进位计数制与转换

数制是人们对事物数量计数的一种统计规律。在日常生活中，最常用的是十进制；但在计算机中，由于其电气元件最易实现的是两种稳定状态：器件的"开"与"关"，电平的"高"与"低"。因此，采用二进制数的"0"和"1"可以很方便地表示机内的数据运算与存储。在编程时，为了方便阅读和书写，人们还经常用八进制数或十六进制数来表示二进制数。虽然一个数可以用不同计数制形式表示它的大小，但该数的量值则是相等的。

1.6.1 进位计数制

当进位计数制采用位置表示法时，同一数字在不同的数位所代表的数值是不同的。每一种进位计数应包含两个基本的因素。

（1）基数 R（Radix）：它代表计数制中所用到的数码个数。如二进制计数中用到 0 和 1；而八进制计数中用到 0～7。一般在基数为 R 的计数制（简称 R 进制）中，包含 0、1、…、$R-1$ 个数，进位规律为"逢 R 进 1"。

（2）位权 W（Weight）：进位计数制中，某个数位的值是由这一位的数码值乘以处在这一位的固定常数决定的，通常把这一固定常数称为位权值，简称位权。各位的位权是以 R 为底的幂。如十进制数基数 $R=10$，则个位、十位和百位上的位权分别为 10^0、10^1、10^2。

一个 R 进制数 N，可以用以下形式表示。

并列表示法，或称位置计数法：

$$(N)_R=(K_{n-1}K_{n-2}\cdots K_1K_0K_{-1}K_{-2}\cdots K_{-m})R$$

$$(N)_R=K_{n-1}R^{n-1}+K_{n-2}R^{n-2}+\cdots+K_1R^1+K_0R^0+K_{-1}R^{-1}+\cdots+K_{-m}R^{-m}=\sum_{i=n-1}^{-m}K_iR^i$$

其中，m、n 为正整数，n 代表整数部分的位数；m 代表小数部分的位数；K_i 代表 R 进制中的任一个数码，$0 \leqslant K_i \leqslant R-1$。

1. 二进制数

$$(N)_2=K_{n-1}2^{n-1}+K_{n-2}2^{n-2}+\cdots+K_12^1+K_02^0+K_{-1}2^{-1}+\cdots+K_{-m}2^{-m}$$

例如：$(1001.101)_2 = 1 \times 2^3 + 0 \times 2^2 + 0 \times 2^1 + 1 \times 2^0 + 1 \times 2^{-1} + 0 \times 2^{-2} + 1 \times 2^{-3}$

2. 八进制数

八进制，$R=8$，K_i 可取 $0 \sim 7$ 中的任意一个，进位规律为"逢 8 进 1"。任意一个八进制数 N 可以表示为

$$(N)_8 = K_{n-1}8^{n-1} + K_{n-2}8^{n-2} + \cdots + K_1 8^1 + K_0 8^0 + K_{-1}8^{-1} + \cdots + K_{-m}8^{-m}$$

例如：$(246.12)_8 = 2 \times 8^2 + 4 \times 8^1 + 6 \times 8^0 + 1 \times 8^{-1} + 2 \times 8^{-2}$

3. 十六进制数

十六进制数，$R=16$，K_i 可取 $0 \sim 15$ 中的任意一个，但 $10 \sim 15$ 分别用 A、B、C、D、E、F 表示，进位规律为"逢 16 进 1"。任意一个十六进制数 N 可表示为

$$(N)_{16} = K_{n-1}16^{n-1} + K_{n-2}16^{n-2} + \cdots + K_1 16^1 + K_0 16^0 + K_{-1}16^{-1} + \cdots + K_{-m}16^{-m}$$

例如：$(2D07.A)_{16} = 2 \times 16^3 + 13 \times 16^2 + 0 \times 16^1 + 7 \times 16^0 + 10 \times 16^{-1}$

为避免混淆，除用 $(N)R$ 的方法区分不同进制数外，还常用数字后加字母作为标注。其中字母 B（Binary）表示二进制数；字母 Q（Octal 的缩写为字母 O，为区别数字 0 故写成 Q）表示八进制数；字母 D（Decimal）或不加字母表示十进制数；字母 H（Hexadecimal）表示十六进制数。

1.6.2　各种进制数间的相互转换

1. 各种进制数转换成十进制数

各种进制数转换成十进制数的方法是：将各进制数先按权展成多项式，再利用十进制运算法则求和，即可得到该数对应的十进制数。

【例 1-1】将数 1001.101B，246.12Q，2D07.AH 转换为十进制数。

1001.101B $= 1 \times 2^3 + 0 \times 2^2 + 0 \times 2^1 + 1 \times 2^0 + 1 \times 2_1 + 0 \times 2^{-2} + 1 \times 2^{-3} = 8 + 1 + 0.5 + 0.125 = 9.625$

246.12Q $= 2 \times 8^2 + 4 \times 8^1 + 6 \times 8^0 + 1 \times 8^{-1} + 2 \times 8_{-2} = 128 + 32 + 6 + 0.125 + 0.03125 = 166.15625$

2D07.AH $= 2 \times 16^3 + 13 \times 16^2 + 0 \times 16^1 + 7 \times 16^0 + 10 \times 16^{-1} = 8192 + 3328 + 7 + 0.625 = 11527.625$

2. 十进制数转换为二、八、十六进制数

任何十进制数 N 转换成 q 进制数，先将整数部分与小数部分分为两部分，并分别进行转换，然后再用小数点将这两部分连接起来。

（1）整数部分转换步骤

第 1 步：用 q 去除 N 的整数部分，得到商和余数，记余数为 q 进制整数的最低位数码 K_0。

第 2 步：再用 q 去除得到的商，求出新的商和余数，余数又作为 q 进制整数的次低位数码 K_1。

第3步：再用 q 去除得到的新商，再求出相应的商和余数，余数作为 q 进制整数的下一位数码 K_i。

第4步：重复第3步，直至商为零，整数转换结束，此时，余数作为转换后 q 进制整数的最高位数码 K_{n-1}。

【例1-2】将十进制数168，分别转换为二、八、十六进制数。

2|168

2|84 余数 0，$K_0=0$

2|42 余数 0，$K_1=0$

2|21 余数 0，$K_2=0$

2|10 余数 1，$K_3=1$

2|5 余数 0，$K_4=0$ 8|168

2|2 余数 1，$K_5=1$ 8|21 余数 0，$K_0=0$ 16|168

2|1 余数 0，$K_6=0$ 8|2 余数 5，$K_1=5$ 16|10 余数 8，$K_0=8$

   0 余数 1，$K_7=1$ 0 余数 2，$K_2=2$ 0 余数 10，$K_1=A$

168=10101000B   168=250Q   168=A8H

（2）小数部分转换步骤

第1步：用 q 去乘 N 的纯小数部分，记下乘积的整数部分，作为 q 进制小数的第1个数码 K_{-1}。

第2步：再用 q 去乘上次积的纯小数部分，得到新乘积的整数部分，记为 q 进制小数的次位数码 K_{-i}。

第3步：重复第2步，直至乘积的小数部分为零，或者达到所需要的精度位数为止。此时，乘积的整数位作为 q 进制小数位的数码 K_{-m}。

【例1-3】将0.686转换成二、八、十六进制数（用小数点后5位表示）。

$0.686 \times 2 = 1.372$，$K_{-1}=1$ $0.686 \times 8 = 5.488$，$K_{-1}=5$ $0.686 \times 16 = 10.976$，$K_{-1}=A$

$0.372 \times 2 = 0.744$，$K_{-2}=0$ $0.488 \times 8 = 3.904$，$K_{-2}=3$ $0.976 \times 16 = 15.616$，$K_{-2}=F$

$0.744 \times 2 = 1.488$，$K_{-3}=1$ $0.904 \times 8 = 7.232$，$K_{-3}=7$ $0.616 \times 16 = 9.856$，$K_{-3}=9$

$0.488 \times 2 = 0.976$，$K_{-4}=0$ $0.232 \times 8 = 1.856$，$K_{-4}=1$ $0.856 \times 16 = 13.696$，$K_{-4}=D$

$0.976 \times 2 = 1.952$，$K_{-5}=1$ $0.856 \times 8 = 6.848$，$K_{-5}=6$ $0.696 \times 16 = 11.136$，$K_{-5}=B$

$0.686 \approx 0.10101B$ $0.686 \approx 0.53716Q$ $0.686 \approx 0.AF9DBH$

【例1-4】将168.686转换为二、八、十六进制数。根据例1-2、例1-3可得

$168.686 \approx 10101000.10101B$

$168.686 \approx 250.53716Q$

$168.686 \approx A8.AF9DBH$

从以上例子可以看出，二进制表示的数越精确，所需的数位就越多，这样越不利于书写和记忆，而且容易出错。另外，若用同样数位表示数，则八、十六进制数所表示的数的精度较高。所以在汇编语言编程中常用八进制数或十六进制数作为二进制数的缩码，用来书写和记忆二进制数，在 MCS-51

单片机C语言与Proteus应用

系列单片机编程中，通常采用十六进制数。

3. 二进制数与八进制数之间的相互转换

由于 $2^3=8$，故可采用"合 3 为 1"的原则，即从小数点开始分别向左、右两边各以 3 位为 1 组进行二－八换算；若不足 3 位，以 0 补足，便可将二进制数转换为八进制数。

【例 1-5】将 1111011.0101B 转换为八进制数。

解：根据"合 3 为 1"和不足 3 位以 0 补足的原则，将此二进制数书写为

001	111	011	.	010	100
1	7	3	.	2	4

因此，其结果为 1111011.0101B=173.24Q。

【例 1-6】将 1357.246Q 转换成二进制数。

解：根据"1 分为 3"的原则，可将该八进制数书写为

1	3	5	7	.	2	4	6
001	011	101	111	.	010	100	110

其结果为 1357.246Q=1011101111.01010011B。

参照二进制数与八进制数之间相互转换时"合 3 为 1"的原则，由于 $2^4=16$，故二进制数与十六进制数之间的相互转换可采用"合 4 为 1"的原则，从小数点开始分别向左、右两边各以 4 位为 1 组进行二－十六换算；若不足 4 位，以 0 补足，便可将二进制数转换为十六进制数。

1.6.3 二进制乘法

1 位二进制乘法规则为

$0 \times 0 = 0 \qquad 0 \times 1 = 0 \qquad 1 \times 0 = 0 \qquad 1 \times 1 = 1$

【例 1-7】求 110011B × 1011B。

解：

```
    被乘数        110011
  乘数 ×）        1011
                110011
               110011
              000000
        +）  110011
    积      1000110001
```

则 110011B × 1011B=1000110001B。

由运算过程可以看出，二进制数乘法与十进制数乘法相类似，可用乘数的每一位去乘被乘数，乘得的中间结果的最低有效位与相应的乘数位对齐。若乘数位为 1，则中间结果为被乘数；若乘数位

为 0,则中间结果为 0。最后把所有中间结果同时相加即可得到乘积。显然,计算机在用这种算法计算时很不方便。对于没有乘法指令的微型计算机来说,常采用比较、相加和部分积右移相结合的方法进行编程来实现乘法运算。

1.6.4 二进制除法

【例 1-8】求 100100B ÷ 101B。

解：

$$
\require{enclose}
\begin{array}{r}
000111 \\
101 \enclose{longdiv}{100100} \\
\underline{101} \\
1000 \\
\underline{101} \\
110 \\
\underline{101} \\
1
\end{array}
$$

则 100100B ÷ 101B=111B,余 1B。

二进制数除法是二进制数乘法的逆运算,在没有除法指令的微型计算机中,常采用比较、相减和余数左移相结合的方法进行编程来实现除法运算。由于 MCS-51 系列单片机指令系统中包含加、减、乘、除指令,因此让用户在编程时更为便捷,同时也提高了机器的运算效率。

1.6.5 带符号数的表示方法——原码、反码和补码

前面所讨论的二进制数运算均为无符号数运算,但实际的数值是带有符号的,既可能是正数,也可能是负数,前者符号用"+"号表示,后者符号用"-"号表示,运算的结果可能是正数,也可能是负数。于是在计算机中就存在着如何表示正、负数的问题。

由于计算机只能识别 0 和 1,因此,在计算机中,通常把一个二进制数的最高位作为符号位,以表示数值的正与负(若用 8 位表示一个数,则 D7 位为符号位;若用 16 位表示一个数,则 D15 位为符号位),并用 0 表示"+",用 1 表示"-"。

1. 原码

正数的符号位用 0 表示,负数的符号位用 1 表示,数值部分用真值的绝对值来表示的二进制机器数称为原码,用 $[X]$ 原表示。

(1)正数的原码。

若真值为正数 $X=+K_{n-2}K_{n-3}\cdots K_1K_0$ (即 $n-1$ 位二进制正数),

则 $[X]_原=0K_{n-2}K_{n-3}\cdots K_1K_0$

（2）负数的原码。

若真值为负数 $X=-K_{n-2}K_{n-3}\cdots K_1K_0$（即 $n-1$ 位二进制负数），

则 $[X]_原=0K_{n-2}K_{n-3}\cdots K_1K_0$

$\qquad\qquad =2^{n-1}+K_{n-2}K_{n-3}\cdots K_1K_0$

$\qquad\qquad =2^{n-1}-(-K_{n-2}K_{n-3}\cdots K_1K_0)$

$\qquad\qquad =2^{n-1}-X$

【例 1-9】 +115 和 -115 在计算机中（设机器字长为 8 位），其原码可分别表示为：

$$[+115]_原=01110011B；[-115]_原=11110011B$$

（3）零的原码。

若真值为零，则原码有两种表示法：

$$[+0]_原=000\cdots 00$$
$$[-0]_原=100\cdots 00$$

由此可得原码与真值的关系为：

$$0\le X<2^n，或 2^{n-1}-X-2^n<X\le 0。$$

2. 补码与反码

（1）补码的概念

在日常生活中有许多"补"数的事例。如假设钟表的标准时间为 6 点整，而某钟表却指在 9 点，若要把表拨准，可以有两种拨法：一种是倒拨 3 小时，即 9-3=6；另一种是顺拨 9 小时，即 9+9=18，18-12=6。尽管将表针倒拨或顺拨的小时数是不同的，却得到相同的结果，即 9-3 与 9+9 是等价的。这是因为钟表采用 12 小时进位，超过 12 就从头算起，即 9+9=12+6，该 12 称为模（mod）。

模（mod）为一个系统的量程或此系统所能表示的最大数，它会自然丢掉。例如：

9-3 → 6，9+9=12+6 → 6（mod 12 自然丢掉）。

通常称 +9 是 -3 在模为 12 时的补数。于是，引入补数后使减法运算变为加法运算。

【例 1-10】 11-7 → 4，11+5 → 4（mod 12）。

+5 是 -7 在模为 12 时的补数，减 7 与加 5 的效果是一样的。

一般情况下，任一整数 X 在模为 K 时的补数可用下面的算式表示：

$[X]_{补数}=X+K（\mod K）$

$X \qquad\qquad 0\le X<K$

$K-|X| \qquad -K\le X\le 0$

由补码的概念引申，当用 n 位二进制数表示整数 X（1 位为符号位，$n-1$ 位为数值位），模为 2^n 时，数 X 的补码可表示为

$X \qquad\qquad 0\le X<2^{n-1} \qquad\qquad （\mod 2^n）$

$2^n+X \qquad -2^{n-1} \leqslant X \leqslant 0$

从上面的式子可见：

①正数的补码与其原码相同，即$[X]_补=[X]_原$；

②零的补码为零，$[+0]_补=[-0]_补=000\cdots00$；

③负数才有求补码的问题。

（2）负数补码的求法

补码的求法一般有两种。

①用补码定义式：

$[X]_补=2^n+X=2^n-|X|,\quad -2^{n-1}\leqslant X\leqslant 0$（整数）

在用补码定义式求补码的过程中，由于做一次减法很不方便，故该法一般不用。

【例1-11】$X=-0101111B,n=8$，则

$[X]_补=2^8+(-0101111B)$

　　　　$=100000000B-0101111B$

　　　　$=11010001B(\bmod\ 8)$

②用原码求反码，再在数值末位加1可得到补码，即$[X]_补=[X]_反+1$。

（3）反码

一个正数的反码等于该数的原码。一个负数的反码等于该负数的原码符号位不变（即为1），数值位按位求反（即0变1,1变0）；或者在该负数对应的正数原码上连同符号位逐位求反。反码用$[X]_反$表示。

$X \qquad\qquad 0 \leqslant X < 2^{n-1}$

$(2^n-1)+X \quad -2^{n-1} < X \leqslant 0$

从上面的式子可见：

①正数的反码，$[X]_反=[X]_原$；

②负数的反码，$[X]_反=1\overline{K}_{n-2}\overline{K}_{n-1}\cdots\overline{K}_1\overline{K}_0$；

③零的反码，$[+0]_反=000\cdots00$；

　　　　　$[-0]_反=111\cdots11$。

【例1-12】假设$X_1=83,X_2=-76$，当用8位二进制数表示一个数时，求X_1、X_2的原码、反码及补码。

解：$[X_1]_原=[X_1]_反=[X_1]_补=01010011B$

　　$[X_2]_原=11001100B$

　　$[X_2]_反=10110011B$

　　$[X_2]_补=[X]_反+1=10110100B$

综上所述：

正数的原码、反码、补码就是该数本身；

负数的原码其符号位为1,数值位不变；

负数的反码其符号位为1,数值位逐位求反;

负数的补码其符号位为1,数值位逐位求反并在末位加1。

1.6.6　定点表示法

所谓定点格式,即约定机器中所有数据的小数点位置是固定不变的。在计算机中通常采用两种简单的约定:将小数点的位置固定在数据的最高位之前,或者是固定在最低位之后。一般常称前者为定点小数,后者为定点整数。

定点小数是纯小数,约定的小数点位置在符号位之后、有效数值部分最高位之前。若数据 x 的形式为 $x=x_0x_1x_2\cdots x_n$ (其中 x_0 为符号位, $x_1\sim x_n$ 是数值的有效部分,也称尾数, x_1 为最高有效位),则在计算机中的表示形式为

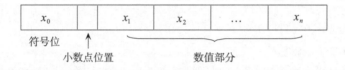

1.6.7　BCD码和ASCII码

1. BCD码(Binary Coded Decimal)

二进制数以其物理易实现和运算简单的优点在计算机中得到了广泛应用,但人们在日常生活、工作中最熟悉的还是十进制数表示方法。为了满足人们的习惯,同时又满足计算机要求,便引入了BCD 码。

1 位十进制数有 0~9 共 10 个不同数码,需要由 4 位二进制数来表示。4 位二进制数有 16 种组合,取其中 10 种组合分别代表 10 个十进制数码。最常用的方法是 8421BCD 码,其中 8、4、2、1 分别为 4 位二进制数的位权值。

它用二进制数码按照不同规律编码来表示十进制数,这样的十进制数的二进制编码既具有二进制的形式,又具有十进制的特点,便于传递处理。

【例 1–13】将 78.43 转换成相应的 BCD 码,将(01101001.00010101)$_{BCD}$ 转换成十进制数。

78.43=(0111　1000.0100　0011)$_{BCD}$

(0110　1001.0001　0101)$_{BCD}$=69.15

2. ASCII码与奇偶校验

在计算机的应用过程中,如操作系统命令,在各种程序设计语言以及计算机运算和处理信息的输入 / 输出中,经常用到某些字母、数字或各种符号,如英文字母的大、小写; 0~9 数字符;+、-、*、/

运算符;<、>、= 关系运算符等。

ASCII 码采用 7 位二进制数对字符进行编码,包括 10 个十进制数 0～9,大写和小写英文字母各 26 个,32 个通用控制符号,34 个专用符号,共 128 个字符。其中数字 0～9 的 ASCII 编码分别为 30H～39H,英文大写字母 A～Z 的 ASCII 编码从 41H 开始依次编至 5AH。ASCII 编码从 20H～7EH 均为可打印字符,而 00H～1FH 为通用控制符,它们不能被打印出来,只起控制或标志的作用。例如,0DH 表示回车(CR),0AH 表示换行控制(LF),04H(EOT)为传送结束标志。

本章小结

本章的主要作用是引起读者学习的兴趣,让读者了解单片机的发展历史与趋势,了解单片机的功能、性能与要求等,从而正确理解与单片机相关的基本概念,为学习后面的详细内容做好准备。

在进制数的运算中,由于存在模的关系,所以可以通过反码、补码来进行操作。二进制数的加法和乘除法运算,核心问题还是移位、相加。了解单片机进制符号数的表示方法:原码、反码与补码,以及进位计数制及其转换;运算结果的标志位和算术溢出的判断等。

思考题及习题1

1. 除了单片机这一名称之外,单片机还可称为_____和_____。

2. 单片机与普通微型计算机的不同之处在于其将_____、_____和_____三部分,通过内部连接在一起,集成于一块芯片上。

3. 在家用电器中使用单片机应属于_____微型计算机。

A. 辅助设计应用　　　　　　　　　　　　B. 测量、控制应用

C. 数值计算应用　　　　　　　　　　　　D. 数据处理应用

4. AT89S51 单片机的数据总线是多少根? 地址总线是多少根? 实际应用时,数据总线和地址总线是如何形成的?

5. 微处理器、微计算机、微处理机、CPU、单片机和嵌入式处理器之间有何区别?

6. MCS-51 系列单片机的基本型芯片分别为哪几种? 它们的差别是什么?

7. 为什么不能把 8051 单片机称为 MCS-51 系列单片机?

8. AT89S51 单片机相当于 MCS-51 系列单片机中的哪一个型号的产品? S 的含义是什么?

9. 什么是"嵌入式系统"?

10. 嵌入式处理器家族中的单片机、DSP、嵌入式微处理器各有何特点? 它们的应用领域有何不同?

11. 熟练掌握二进制、十进制和十六进制的转换方法。

第2章　AT89S51单片机硬件结构组成

单片机应用的特点是通过内部程序来控制硬件，所以，应先熟知并掌握 AT89S51 单片机片内硬件的基本结构和特点。

2.1　AT89S51单片机的内部硬件结构

AT89S51 单片机内部结构如图 2-1 所示。它把控制应用所必需的基本外围芯片都集中在一个集成电路芯片上。

1. AT89S51 的结构

AT89S51 片内的各部件通过片内单一总线连接而成，其基本结构依然是 CPU 加上内部部件的传统微型计算机结构模式，但 CPU 对各种内部部件的控制是采用特殊功能寄存器（Special Function Register，SFR）的集中控制方式。

① 8 位中央处理单元（CPU）。

② 数据存储器（128B RAM）。

③ 程序存储器（4KB Flash ROM）。

④ 中断系统具有 5 个中断源和 5 个中断向量。

⑤ 2 个可编程的 16 位定时器 / 计数器。

⑥ 1 个通用的全双工异步串行口（UART）。

⑦ 4 个 8 位的可编程并行 I/O 口：P0 口、P1 口、P2 口和 P3 口。

⑧ 特殊功能寄存器（SFR）26 个。

⑨ 1 个看门狗定时器 WDT。

⑩ 低功耗节电的空闲模式和掉电模式，且具有掉电模式下的中断恢复模式。

⑪ 3 个程序加密锁定位。

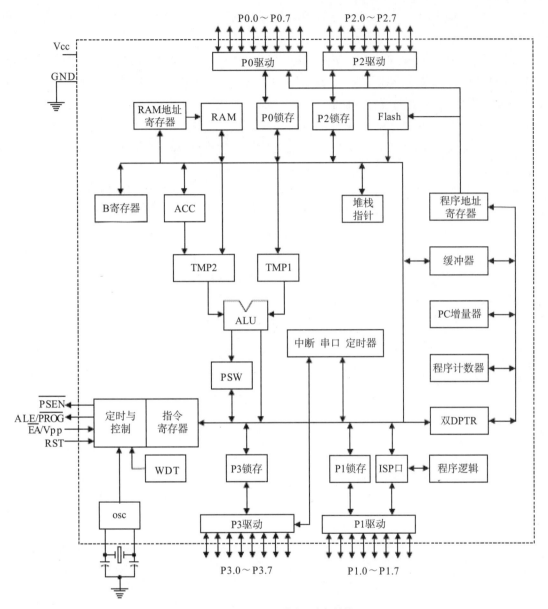

图2-1　AT89S51单片机内部结构

2. AT89S51 的部件

下面对图 2-1 中的片内各部件做简单介绍。

（1）中央处理单元（CPU）：8 位的 CPU，包括运算器和控制器两大部分，此外还有面向控制的位处理和位控功能。

（2）数据存储器（RAM）：片内为128B（增强型的52子系列为256B），片外最多还可外扩64KB的数据存储器。

（3）程序存储器（Flash ROM）：用来存储程序。AT89S51片内有4KB Flash 存储器（AT89S52片内有8KB Flash 存储器；AT89C55片内集成了20KB Flash 存储器），如果片内程序存储器容量不够，片外最多可外扩至64KB程序存储器。

（4）中断系统：具有5个中断源，2级中断优先权。

（5）定时器/计数器：片内有2个16位的定时器/计数器（增强型的52子系列有3个16位的定时器/计数器），有4种工作方式。

（6）串行口：1个全双工的异步串行口（UART），具有4种工作方式。可进行串行通信扩展，扩展并行I/O口，还可与多个单片机相连构成多机串行通信系统。

（7）4个8位的并行口：P0口、P1口、P2口和P3口。

（8）特殊功能寄存器（SFR）：共有26个特殊功能寄存器，用于 CPU 对片内各部件进行管理、控制和监视。特殊功能寄存器实际上是片内各部件的控制寄存器和状态寄存器，这些特殊功能寄存器映射在片内 RAM 区的 80H~FFH 的地址区间内。

（9）1个看门狗定时器WDT：当单片机受到干扰而造成程序陷入死循环或跑飞状态时，可引起单片机自动复位，从而使程序恢复正常运行。

3. AT89S51 的优点

与 AT89C51 相比，AT89S51 具有更突出的优点。

（1）增加了在线可编程（ISP）功能，使现场程序调试和修改更加方便灵活。

（2）数据指针 DPTR 增加至 2 个，方便对片外 RAM 的访问。

（3）增加了看门狗定时器，提高了系统的抗干扰能力。

（4）增加了断电标志。

（5）增加了掉电状态下的中断恢复模式。

AT89S51 完全兼容 AT89C51 单片机，使用 AT89C51 单片机的系统，在保留原来软硬件的条件下，完全可以用 AT89S51 直接替换。

2.2　AT89S51 的引脚功能

学习 AT89S51 单片机，应先熟悉并掌握各引脚的功能。AT89S51 与各种 8051 单片机引脚是互相兼容的。AT89S51 双列直插封装方式的引脚如图 2-2 所示。此外，还有 44 引脚的 PLCC 和 TQFP 封装方式的芯片。

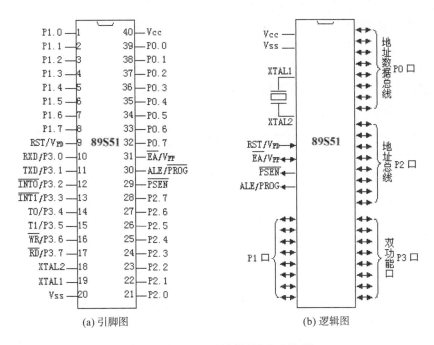

(a) 引脚图　　　　　　　　　　　(b) 逻辑图

图2-2　AT89S51双列直插封装方式的引脚

40 只引脚按其功能可分为 3 类：电源及时钟引脚、I/O 口引脚和控制引脚。下面结合图 2-2 介绍各引脚的功能。

2.2.1　电源及时钟引脚

1. 电源引脚

（1）电源引脚接入单片机的工作电源。

（2）V_{CC}（40 引脚）：接 +5V 电源。

（3）V_{SS}（20 引脚）：接地端。

2. 时钟引脚

（1）XTAL1（19 脚）：片内振荡器的反相放大器的输入端或外部时钟发生器输入单片机时钟信号的输入端。使用 AT89S51 单片机片内的振荡器时，该引脚外部接石英晶体和微调电容。当采用外部时钟源时，本引脚接外部时钟振荡器的信号。

（2）XTAL2（18 脚）：片内振荡器反相放大器的输出端。当使用片内振荡器时，该引脚连接外部石英晶体和微调电容。当连接外部时钟源时，该引脚悬空。

2.2.2　并行I/O口引脚

（1）P0口：P0.7~P0.0引脚

漏极开路的双向 I/O 口。当 AT89S51 扩展外部存储器及 I/O 接口芯片时，P0 口作为地址总线（低 8 位）及数据总线的分时复用端口。

P0 口也可作为通用的I/O口使用，但需加上拉电阻，这时为准双向口。P0口可驱动 8 个LS型TTL负载。

（2）P1口：P1.7~P1.0引脚

准双向 I/O 口，具有内部上拉电阻，可驱动 4 个 LS 型 TTL 负载。P1 口是完全可提供给用户使用的准双向 I/O 口。

P1.5/MOSI、P1.6/MISO 和 P1.7/SCK 也可用于对片内 Flash 存储器串行编程和校验，它们分别是串行数据输入、串行数据输出和移位脉冲引脚。

（3）P2口：P2.7~P2.0引脚

准双向 I/O 口，具有内部上拉电阻，可驱动 4 个 LS 型 TTL 负载。

当 AT89S51 扩展外部存储器及 I/O 口时，P2 口作为高 8 位地址总线，输出高 8 位地址。

P2 口也可作为通用的 I/O 口使用。

（4）P3口：P3.7~P3.0引脚

准双向 I/O 口，具有内部上拉电阻。

P3 口可作为通用的 I/O 口使用。P3 口可驱动 4 个 LS 型 TTL 负载。P3 口还可提供第二功能，P3口的第二功能定义如表 2-1 所示，读者应熟记。

表2-1　P3口的第二功能定义

引　脚	第二功能	说　明
P3.0	RXD	串行数据输入口
P3.1	TXD	串行数据输出口
P3.2	$\overline{INT0}$	外部中断0输入
P3.3	$\overline{INT1}$	外部中断1输入
P3.4	T0	定时器0外部计数输入
P3.5	T1	定时器1外部计数输入
P3.6	$\overline{WR}$	外部数据存储器写选通输出
P3.7	$\overline{RD}$	外部数据存储器读选通输出

综上所述，P0 口作为地址总线（低 8 位）及数据总线使用时，为双向口；作为通用的 I/O 口使用时，为准双向口，这时需加上拉电阻。而 P1 口、P2 口和 P3 口均为准双向口。

用户要特别注意,双向口 P0 与 P1 口、P2 口和 P3 口这 3 个准双向口相比,多了一个高阻输入的"悬浮"态。这是由于 P0 口作为数据总线使用时,多个数据源都挂在数据总线上,当 P0 口不需要与其他数据源连接时,需要与数据总线高阻"悬浮"隔离。而准双向 I/O 口则无高阻的"悬浮"状态。另外,准双向口作为通用 I/O 的输入口使用时,一定要先向该口写入 1。本章 2.5 节关于 P0~P3 内部结构的内容将会帮助我们更深入地了解。

至此,AT89S51 单片机的 40 只引脚已介绍完毕,读者应熟记每一个引脚的功能,这对于我们掌握 AT89S51 单片机应用系统的硬件电路设计十分重要。

2.2.3　控制引脚

控制引脚提供控制信号,有的引脚还具有复用功能。

（1）RST（RESET，9 脚）

复位信号输入端,高电平有效。在此引脚加上持续时间大于 2 个机器周期的高电平,就可使单片机复位。在单片机正常工作时,此引脚应为 ≤ 0.5V 的低电平。

当看门狗定时器溢出输出时,该引脚将输出长达 96 个时钟振荡周期的高电平。

（2）$\overline{EA}$/Vpp（enable address/voltage pulse of programing，31 脚）

$\overline{EA}$ 为该引脚的第一功能:外部程序存储器访问允许控制端。

当 $\overline{EA}$=1 时,在单片机片内的 PC 值不超出 0FFFH（即不超出片内 4KB Flash 存储器的最大地址范围）的情况下,单片机读片内程序存储器（4KB）中的程序代码,但当 PC 值超出 0FFFH（即超出片内 4KB Flash 存储器地址范围）时,将自动转向读取片外 60KB（1000H~FFFFH）程序存储器空间中的程序。

当 $\overline{EA}$=0 时,单片机只读取外部的程序存储器中的内容,读取的地址范围为 0000H~FFFFH,片内的 4KB Flash 程序存储器不起作用。

Vpp 为该引脚的第二功能,在对片内 Flash 进行编程时,Vpp 引脚接入编程电压。

（3）ALE/$\overline{PROG}$（address latch enable/programing，30 脚）

ALE 为 CPU 访问外部程序存储器或外部数据存储器提供低 8 位锁存地址信号,将单片机 P0 口发出的低 8 位地址锁存在片外的地址锁存器中。

此外,单片机在正常运行时,ALE 端一直有正脉冲信号输出,此频率为时钟振荡器频率的 1/6。该正脉冲振荡信号可作为外部定时或触发信号使用。但要注意,每当 AT89S51 访问外部 RAM 或 I/O 时,都会丢失一个 ALE 脉冲。所以 ALE 引脚的输出信号频率并不是准确的 f_{osc} 的 1/6。

如果不需要 ALE 端输出脉冲信号,可将特殊功能寄存器 AUXR（地址为 8EH,将在本章后面的内容中进行介绍）的第 0 位（ALE 禁止位）置 1,来禁止 ALE 操作,但在访问外部程序存储或外部数据存储器时,ALE 仍然有效。也就是说,ALE 的禁止位不影响单片机对外部存储器的访问。

$\overline{\text{PROG}}$ 为该引脚的第二功能,在对片内 Flash 存储器编程时,此引脚作为编程脉冲输入端。

（4）$\overline{\text{PSEN}}$（program strobe enable,29 脚）

片外程序存储器的读选通信号,低电平有效。

2.3　AT89S51的CPU

由图 2-1 可见,AT89S51 的 CPU 是由运算器和控制器构成的。

2.3.1　运算器

运算器主要用来对操作数进行算术、逻辑和位操作运算；主要包括算术逻辑运算单元 ALU、累加器 A、位处理器、程序状态字寄存器 PSW 和两个暂存器等。

1. 算术逻辑运算单元ALU

ALU 单元既可以对 8 位变量进行逻辑与、或、异或以及循环、求补和清 0 等操作,还可以进行加、减、乘、除等基本算术运算。另外,ALU 还具有位操作功能,可对位（bit）变量进行位操作等。

2. 累加器A

累加器 A 是 CPU 中被使用得最频繁的一个 8 位寄存器,在使用汇编语言编程时,有些场合必须写为 Acc。

累加器 A 的作用如下。

（1）累加器 A 是 ALU 单元的输入数据源之一,同时又是 ALU 运算结果的存放单元。

（2）CPU 中的数据传送多数都通过累加器 A,故累加器 A 又相当于数据的中转站。为此,AT89S51 单片机增加了一部分可以不经过累加器 A 的传送指令。

累加器 A 的进位位 Cy（位于程序状态字寄存器 PSW 中）是特殊的,因为它同时又是位处理器的位累加器。

3. 程序状态字寄存器PSW

AT89S51 单片机的程序状态字寄存器（Programing State Word,PSW）位于单片机片内的特殊功能寄存器区,字节地址为 D0H。PSW 的不同位包含了程序运行状态的不同信息,其中 4 位保存当前指令执行后的状态,以供程序查询和判断。PSW 的格式如图 2-3 所示。

	D7	D6	D5	D4	D3	D2	D1	D0	
PSW	Cy	Ac	F0	RS1	RS0	OV	—	P	D0H

图2-3 PSW的格式

PSW中各个位的功能如下。

（1）Cy（PSW.7）进位标志位：Cy也可写为C。在执行算术运算和逻辑运算指令时，若有进位／借位，则Cy=1；否则Cy=0。在位处理器中，它是位累加器。

（2）Ac（PSW.6）辅助进位标志位：Ac标志位用于在BCD码运算时进行十进制运算调整，即在运算时，当D3位向D4位产生进位或借位时，Ac=1；否则Ac=0。

（3）F0（PSW.5）用户设定标志位：F0是由用户使用的1个状态标志位，可用指令来使它置1或清0，也可由指令来测试该标志位，根据测试结果控制程序的流向。编程时，用户应当充分利用该标志位。

（4）RS1、RS0（PSW.4、PSW.3）4组工作寄存器区选择控制位1和位0：这两位用来选择片内RAM区中的4组工作寄存器区中的某一组为当前工作寄存区，RS1、RS0与所选择工作寄存器区的对应关系如表2-2所示。

（5）OV（PSW.2）溢出标志位：当执行算术指令时，OV用来指示运算结果是否产生溢出。如果结果产生溢出，OV=1；否则OV=0。

溢出位OV运算： $OV = a_0 b_0 \overline{c_0} + \overline{a_0} \overline{b_0} c_0$

无符号数的溢出位OV和进位CY的操作相同。有符号位的溢出位OV操作中，a_0、b_0分别是两个运算数A、B的第1个符号位，c_0是累加器原来的符号位。

（6）PSW.1位：保留位，未用。

（7）P（PSW.0）奇偶标志位：该标志位表示指令执行完毕时，累加器A中1的个数是奇数还是偶数。

当P=1时，表示A中1的个数为奇数；当P=0时，表示A中1的个数为偶数。此标志位对串行口通信中的串行数据通信有重要的意义。在串行通信中，常用奇偶检验的方法来检验数据串行传输的可靠性。

表2-2 RS1、RS0与4组工作寄存器区的对应关系

RS1 RS0	对应的寄存器区
0　0	0区（片内RAM地址00H~07H）
0　1	1区（片内RAM地址08H~0FH）
1　0	2区（片内RAM地址10H~17H）
1　1	3区（片内RAM地址18H~1FH）

2.3.2 控制器

控制器的主要任务是识别指令,并根据指令的性质控制单片机各功能部件,从而保证单片机各部分能够相互协调工作。

控制器主要包括程序计数器、指令寄存器、指令译码器、定时及控制电路等。其功能是控制指令的读入、译码和执行,从而对单片机的各功能部件进行定时和逻辑控制。

程序计数器PC是控制器中最基本的寄存器,它是一个独立的16位计数器,不是特殊功能寄存器SFR,用户不能直接使用指令对PC进行读/写。当单片机复位时,PC中的内容为0000H,即CPU从程序存储器0000H单元取指令,开始执行程序。

PC 的基本工作过程是:CPU 读指令时,PC 内容作为所取指令的地址发送给程序存储器,然后程序存储器按此地址输出指令字节,同时 PC 自动加1,这也是 PC 被称为“程序计数”的原因。由于PC 实质上是作为程序寄存器的地址指针,所以也称其为 PC 指针(程序指针)。

PC 中内容的变化轨迹决定了程序的流程。由于用户不可直接访问 PC,当顺序执行程序时,自动加 1;执行转移程序或子程序或中断子程序调用时,由运行的指令自动将其内容更改成所要转移的目的地址。

程序计数器的计数长度决定了访问程序存储器的地址范围。AT89S51 单片机中的 PC 位数为16 位,故可对 64KB($=2^{16}$ B)的程序存储器空间进行寻址。

2.3.3 单片机总线概述

1. 单片机总线的定义

总线(Bus)是单片机各个功能部件之间传送信息的公共通信干线,它是 CPU、内存、输入/输出设备传递信息的公用通道,主机的各个部件通过总线相连接,外部设备通过相应的接口电路再与总线相连接,从而形成了单片机硬件系统。在单片机系统中,各个部件之间传送信息的公共通路叫作总线,单片机是以总线结构来连接各个功能部件的。

2. 总线工作原理

如果说主板(Master Board)是一座城市,那么总线就像是城市里的公共汽车道路,运输工具能够按照固定路线行车,不停地来回传递比特(bit)信息,这些线路在同一时间仅能负责传递一个比特信息。因此,必须同时采用多条线路才能传递更多数据,而总线可同时传递的数据数,就称为宽度(Width),以比特为单位,总线宽度越大,传输性能越佳。总线的带宽(即单位时间可以传输的数据总数)为总线带宽频率 × 宽度。当总线空闲(其他器件都以高阻态形式连接在总线上),且一个器件要与目的器件通信时,发起通信的器件驱动总线,发出地址和数据。其他以高阻态形式连接在总线上的器件如果收到（或能够收到）与自己相符的地址信息，就会接收总线上的数据。发送器件完成通信后，将总线让出（输出变为高阻态）。

3. 总线特性

总线是连接各个部件的一组信号线，信号线上的信号表示信息，通过约定不同信号的先后顺序即可约定操作如何实现。总线的特性如下。

（1）物理特性：物理特性又称机械特性，是指总线上的部件进行物理连接时表现出的一些特性，如插头与插座的几何尺寸、形状、引脚个数和排列顺序等。

（2）功能特性：功能特性是指每一根信号线的功能，如地址总线用来表示地址码，数据总线用来表示传输的数据，控制总线表示操作的命令、状态等。

（3）电气特性：电气特性是指每一根信号线上的信号方向和表示信号有效的电平范围。由主设备（如 CPU）发出的信号称为输出信号（OUT），送入主设备的信号称为输入信号（IN）。通常数据信号和地址信号定义高电平为逻辑 1，低电平为逻辑 0，控制信号则没有严格的规定，如 WE 表示低电平有效，Ready 表示高电平有效。不同总线高电平、低电平的电平范围也没有统一的规定，通常是与 TTL 相符的。

（4）时间特性：时间特性又称逻辑特性，是指在总线操作过程中每一根信号线上的信号什么时候有效，通过这种信号有效的时序关系约定，确保总线操作的正确进行。

为了提高单片机的拓展性以及部件和设备的通用性，除了片内总线外，各个部件或设备都采用标准化的形式连接到总线上，实现总线上的信息传递。总线的这些标准化的连接形式与操作方式统称为总线标准，如 ISA、PCI、USB 总线标准等。

4. 总线分类

总线按功能和规范可分为五大类型。

（1）数据总线（Data Bus）：在 CPU 与各功能部件之间来回传送需要处理或者需要储存的数据。

（2）地址总线（Address Bus）：用来指定在各功能部件中进行数据操作的地址单元。

（3）控制总线（Control Bus）：将微处理器控制单元（Control Unit）的信号传送到周边设备。

（4）扩展总线（Expansion Bus）：可连接扩展槽和计算机。

（5）局部总线（Local Bus）：取代更高速数据传输的扩展总线。

其中的数据总线 DB（Data Bus）、地址总线 AB（Address Bus）和控制总线 CB（Control Bus），也统称为系统总线，即通常所说的总线。

有的系统中，数据总线和地址总线是复用的，即总线在某些时刻出现的信号表示数据，而另一些时刻表示地址；而有的系统中二者是分开的。其中，51 系列单片机地址总线和数据总线是复用的。

5. 单片机工作过程

单片机完成某项工作时,必须先制订解决问题的方案,进而再将其分解成单片机能识别并且可以执行的一系列基本操作命令,这些操作命令按规定顺序排列起来,就组成了"程序"。单片机识别并能执行的每一条操作命令就称为"机器指令",每条机器指令又规定了所要执行的基本操作。因此,程序就是完成既定任务的一组指令序列,单片机按照规定的流程,依次执行每一条指令,最终完成程序所要实现的目标。单片机指令执行工作的过程如图 2-4 所示。

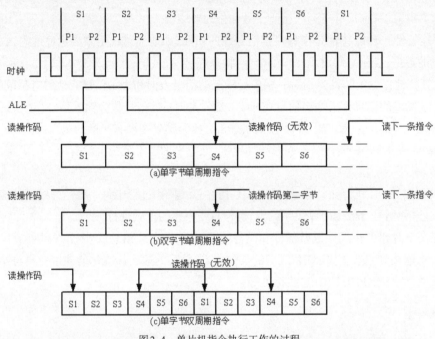

图2-4 单片机指令执行工作的过程

由图 2-4 可见,单片机的工作方式取决于它的两个基本能力:一是能存储程序;二是能自动执行程序。单片机利用内存来存放所要执行的程序,而 CPU 则依次从内存中取出程序的每条指令,加以分析和执行,直到完成全部指令序列为止。这就是单片机执行程序的工作原理。

单片机不但能按照指令的存储顺序依次读取并执行指令,而且还能根据指令执行结果,进行程序的灵活转移,使单片机具有判断的能力。

冯·诺依曼依据计算机的存储程序控制方式的工作原理,设计了现代计算机的雏形,并确定了计算机的基本组成框架。他的这一设计思想被誉为计算机发展史上的里程碑。虽然计算机的发展很快,但存储程序原理仍然是计算机的基本工作原理,这决定了人们使用计算机的主要方式是编写程序和运行程序。

2.4　AT89S51单片机存储器结构

AT89S51 单片机的存储器结构为哈佛结构,即程序存储器空间和数据存储器空间是各自独立的。AT89S51 单片机的存储器空间可划分为如下 4 类。

1. 程序存储器空间

单片机能够按照一定的顺序工作,是由于程序存储器中存放了调试正确的程序。程序存储器可以分为片内和片外两部分。

AT89S51 单片机的片内程序存储器为 4KB Flash 存储器,编程和擦除完全是电气实现,且速度快。可使用编程器对其编程,也可在线编程。

当 AT89S51 单片机片内的 4KB Flash 存储器不够用时,用户可在片外扩展程序存储器,最多可扩展至 64KB 程序存储器。

2. 数据存储器空间

数据存储器空间分为片内与片外两部分。

AT89S51 单片机内部有 128B 的 RAM(增强型的 52 子系列为 256B),用来存放可读 / 写的数据。

当 AT89S51 单片机的片内 RAM 不够用时,可在片外扩展最多 64KB 的 RAM,究竟扩展多少 RAM,用户根据实际需要来定。

3. 特殊功能寄存器

AT89S51 单片机片内共有 26 个特殊功能寄存器 SFR(Special Function Register)。SFR 实际上是各内部部件的控制寄存器及状态寄存器,综合反映了整个单片机基本系统内部实际的工作状态及工作方式。

4. 位地址空间

AT89S51 单片机内共有 211(128+11 × 8-5)个可寻址位,构成了位地址空间。它们位于片内 RAM 区地址 20H~2FH(共 128 位)和特殊功能寄存器区,即片内 RAM 区地址 80H~FFH(共 83 位)内。

2.4.1　程序存储器

程序存储器是只读存储器(ROM),用于存放程序和表格之类的固定常数。AT89S51 单片机的片内程序存储器为 4KB Flash 存储器,地址范围为 0000H~0FFFH。AT89S51 单片机有 16 位地址总线,最大的外扩程序存储器空间为 64KB,地址范围为 0000H~FFFFH。在使用片内与片外扩展的程序存储器时应注意以下问题。

（1）整个程序存储器空间可以分为片内和片外两部分,CPU 究竟是访问片内还是片外的程序存储器,可由 $\overline{EA}$ 引脚上的电平高低决定。

当 $\overline{EA}$ =1 ,PC 值没有超出 0FFFH（为片内 4KB Flash 存储器的最大地址）时,CPU 只读取片内的 Flash 程序存储器中的程序代码；当 PC 值大于 0FFFH 时,CPU 会自动转向读取片外程序存储器空间 1000H~FFFFH 内的程序代码。

当 $\overline{EA}$ =0 时,单片机只读取片外程序存储器（地址范围为 0000H~FFFFH）中的程序代码。CPU 不考虑片内 4KB（地址范围为 0000H~FFFFH）的 Flash 存储器。

（2）程序存储器的某些单元被固定用于各中断源的中断服务程序的入口地址。

64KB 程序存储器空间中有 5 个特殊单元,分别对应于 5 个中断源的中断服务子程序的中断入口地址,如表 2-3 所示。

表2-3　5个中断源的中断入口地址

中断源	入口地址
外部中断INT0	0003H
定时器T0	000BH
外部中断INT1	0013H
定时器T1	001BH
串行口	0023H

用汇编语言编程时,通常在这 5 个中断入口地址处各存放 1 条跳转指令转向对应的中断服务子程序,而不是直接存放中断服务子程序。这是因为两个中断入口的间隔仅有 8 个单元,如果这 8 个单元存放中断服务子程序,往往是不够用的。

AT89S51 复位后,程序存储器地址指针 PC 的内容为 0000H,程序从程序存储器地址 0000H 开始被执行。由于外部中断 INT0 的中断服务程序入口地址为 0003H,为使主程序不与外部中断 INT0 的中断服务程序发生冲突,用汇编语言编程时,一般在 0000H 单元存放一条跳转指令,转向主程序的入口地址。

如果出现上述问题,则用户在使用 C51 语言编程时,只需正确书写中断函数即可,其他由 C51 编译时自动处理,不会发生冲突。

2.4.2　数据存储器

数据存储器空间同样分为片内与片外两部分。

1. 片内数据存储器

AT89S51 单片机的片内数据存储器（RAM）共有 128 个单元,字节地址为 00H~7FH。

地址为 00H~1FH 的 32 个单元是 4 组通用工作寄存器区,每个区包含 8B 的工作寄存器,编号为 R7~R0。用户可以通过特殊功能寄存器 PSW 中的 RS1、RS0 两位来切换当前选择的工作寄存器区,如表 2-2 所示。

地址为 20H~2FH 的 16 个单元的 128B（16×8B）可进行位寻址,也可以进行字节寻址。

地址为 30H~7FH 的单元为用户 RAM 区,只能进行字节寻址,用于存放数据以及作为现场保护的堆栈区使用。

2. 片外数据存储器

当片内 128B 的 RAM 不够用时,需要外扩数据存储器,AT89S51 单片机最多可外扩至 64KB RAM。注意,虽然片内 RAM 与片外 RAM 的低 128B 的地址是相同的,但是由于是两个不同数据存储区,访问时使用不同的指令（MOV、MOVX 两个不同操作指令）,所以不会发生数据冲突。

2.4.3　特殊功能寄存器

AT89S51 单片机中的特殊功能寄存器的单元地址,离散地映射在片内 RAM 区的 80H~FFH 区域中,共有 26 个。SFR 的名称及地址分布如表 2-4 所示。其中有些可以进行位寻址,其位地址已在表 2-4 中列出。

与 AT89C51 相比,AT89S51 新增加了 5 个 SFR:DP1L、DP1H、AUXR、AUXR1 和 WDTRST（表 2-4 中阴影标示部分的序号为 5、6、14、19 和 20 的寄存器）。

从表 2-4 中可以发现,凡是可以进行位寻址的 SFR,其字节地址的末位只能是 0H 或 8H。另外,若读 / 写没有定义的单元,将得到一个不确定的随机数。

表2-4　SFR的名称及地址分布

序　号	特殊功能寄存器符号	名　称	字节地址	位地址	复位值
1	P0	P0口	80H	87H~80H	FFH
2	SP	堆栈指针	81H		07H
3	DP0L	数据指针DPTR0低字节	82H		00H
4	DP0H	数据指针DPTR0高字节	83H		00H
5	DP1L	数据指针DPTR1低字节	84H		00H
6	DP1H	数据指针DPTR1高字节	85H		00H
7	PCON	电源控制寄存器	87H		0xx0000H
8	TCON	定时器/计数器控制寄存器	88H	8FH~88H	00H

序 号	特殊功能寄存器符号	名 称	字节地址	位地址	复位值
9	TMOD	定时器/计数器方式控制	89H		00H
10	TL0	定时器/计数器0(低字节)	8AH		00H
11	TL1	定时器/计数器1(低字节)	8BH		00H
12	TH0	定时器/计数器0(高字节)	8CH		00H
13	TH1	定时器/计数器1(高字节)	8DH		00H
14	AUXR	辅助寄存器	8EH		xxx00xx0H
15	P1	P1口寄存器	90H	97H~90H	FFH
16	SCON	串行控制寄存器	98H	9FH~98H	FFH
17	SBUF	串行收发数据缓冲器	99H		xxxxxxxxH
18	P2	P2口寄存器	A0H	A7H~A0H	FFH
19	AUXR1	辅助寄存器	A2H		xxxxxxx0H
20	WDTRST	看门狗复位寄存器	A6H		xxxxxxxxH
21	IE	中断允许控制寄存器	A8H	AFH~A8H	0xx00000H
22	P3	P3口寄存器	B0H	B7H~B0H	FFH
23	IP	中断优先级控制寄存器	B8H	BFH~B8H	xxx00000B
24	PSW	程序状态字寄存器	D0H	D7H~D0H	00H
25	A(或Acc)	累加器A	E0H	E7H~E0H	00H
26	B	寄存器B	F0H	F7H~F0H	00H

SFR 块中的累加器 A 和程序状态字寄存器 PSW 已在前面做过介绍。其余的 SFR 与片内外围部件密切相关,后文中介绍片内外围部件时将对其进行说明。

1. 堆栈指针SP

堆栈指针 SP 的内容指示出堆栈顶部在内部 SFR 块中的位置。它可以指向内部 RAM 中 00H~7FH 的任何单元。AT89S51的堆栈结构属于向上生长型的堆栈(即每向堆栈压入 1 字节数据时,SP 的内容自动加 1)。单片机复位后,SP 中的初始内容为07H,使堆栈实际上从08H 单元开始。考虑到 08~1FH 单元分别是属于1~3组的工作寄存器区,在程序设计中会用到这些工作寄存器区,所以若采用汇编语言编程,最好在复位后,并且是运行程序前,首先调整堆栈指针 SP,把 SP 值改置为 60H 或更大的值,以避免堆栈区与工作寄存器区发生冲突。堆栈类型与中断时堆栈的操作过程图如图 2-5 所示。

堆栈主要是为子程序调用和中断操作设立的,其具体功能有以下两个。

(1)保护断点:因为无论子程序调用操作还是中断服务子程序操作,主程序都会被"打断",但最终都要返回到主程序来继续执行程序。因此,应预先把主程序的断点在堆栈中保护起来,为程序的正确返回做准备。

（2）现场保护：在单片机执行子程序或中断服务子程序时，很可能要用到单片机中的一些寄存器单元，这就会破坏主程序运行时这些寄存器单元中的原有内容。所以在执行中断服务子程序之前，要把单片机中有关寄存器单元的内容保存起来，送入堆栈，这就是"现场保护"。

堆栈的操作有两种，一种是数据压入（PUSH）堆栈，另一种是数据弹出（POP）堆栈。每当1B数据压入堆栈时，首先调整堆栈指针，SP 自动加 1，然后执行数据压入堆栈操作；1B 数据弹出堆栈后，SP 自动减 1。例如，(SP)=60H，CPU 执行 1 条子程序调用指令或响应中断后，PC 内容（断点地址）进栈，PC 的低 8 位 PCL 的内容压入 61H 单元，PC 的高 8 位 PCH 的内容压入 62H，此时（SP）=62H。

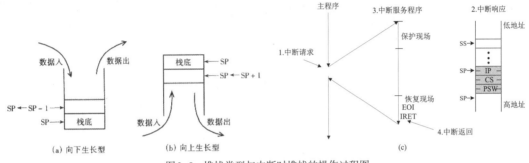

图2-5　堆栈类型与中断时堆栈的操作过程图

2. 寄存器B

AT89S51 单片机在进行乘法和除法操作时要使用寄存器 B。在不执行乘、除法操作的情况下，可把它当作一个普通寄存器来使用。

乘法中，两个乘数分别在 A、B 中执行乘法指令，寄存器 B 中存放乘积的高 8 位，寄存器 A 中存放乘积的低 8 位。

除法中，被除数取自 A，除数取自 B，商存放在 A 中，余数存放在 B 中。

3. AUXR寄存器

AUXR 是辅助寄存器。AUXR 寄存器的格式如图 2-6 所示。

符号	D7	D6	D5	D4	D3	D2	D1	D0	地址
AUXR	—	—		WDIDLE	DISRT0	—	—	DISABLE	8EH

图2-6　AUXR寄存器的格式

其中：

● DISABLE：ALE 的禁止 / 允许位。

■ 0：ALE有效，发出ALE脉冲。

- 1：ALE仅在CPU访问外部存储器时有效，不访问外部存储器时，ALE不输出脉冲信号。
- DISRT0：禁止 / 允许看门狗定时器 WDT 溢出时的复位输出。
  - 0：WDT溢出时，允许向RST引脚输出一个高电平脉冲，使单片机复位。
  - 1：禁止WDT溢出时的复位输出。
- WDIDLE：WDT 在空闲模式下的禁止 / 允许位。
  - 0：WDT在空闲模式下继续计数。
  - 1：WDT在空闲模式下暂停计数。

4. AUXR1 寄存器

AUXR1 是辅助寄存器。AUXR1 寄存器的格式如图 2-7 所示。

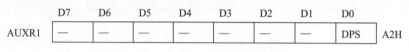

图2-7 AUXR1 寄存器的格式

其中：

DPS：数据指针寄存器选择位。

0：选择数据指针寄存器 DPTR0。

1：选择数据指针寄存器 DPTR1。

5. 数据指针寄存器DPTR0 和DPTR1

DPTR0 和 DPTR1 为双数据指针寄存器，是为了便于访问数据存储器而设置的。DPTR0 为 8051 单片机原有的数据指针，DPTR1 为新增加的数据指针。AUXR1 的 DPS 位用于选择这两个数据指针。当 DPS=0 时，选用 DPTR0；当 DPS=1 时，选用 DPTR1。AT89S51 复位时，默认选用 DPTR0。

DPTR0（或 DPTR1）是一个 16 位的 SFR，其高位字节寄存器用 DP0H（或 DP1H）表示，低位字节寄存器用 DP0L（或 DP1L）表示。DPTR0（或 DPTR1）既可以作为一个 16 位寄存器来用，也可以作为两个独立的 8 位寄存器 DP0H（或 DP1H）和 DP0L（DP1L）来用。

6. 看门狗定时器WDT

看门狗定时器 WDT 包含 1 个 14 位计数器和看门狗复位寄存器（WDTRST）。当 CPU 由于受到干扰，程序陷入死循环或跑飞状态时，看门狗定时器 WDT 提供了一种使程序恢复正常运行的有效手段。

有关 WDT 在抗干扰设计中的应用以及低功耗模式下运行的状态的内容，将在本章的 2.7 节中进行介绍。

以上所介绍的特殊功能寄存器,除了前两个 SP 和 B 以外,其余的均为 AT89S51 在 AT89C51 基础上新增加的 SFR。

2.4.4　位地址空间

AT89S51 在 RAM 和 SFR 中共有 211 个可寻址的位地址,位地址范围为 00H~FFH,其中 00H~7FH 这 128 位处于片内字节地址 20H~2FH 单元中。AT89S51 片内 RAM 的可寻址位及其位地址如表 2-5 所示。其余的 83 个可寻址位分布在特殊功能寄存器 SFR 中。SFR 中的位地址分布如表 2-6 所示。可被位寻址的寄存器有 11 个,共有位地址 88 个,其中 5 个位未用,83 个位地址离散地分布于片内数据存储区字节地址为 80H~FFH 的范围内,其最低位的位地址与其字节地址相同,字节地址的末位都为 0H 或 8H。

表2-5　AT89S51片内RAM的可寻址位及其位地址

字节地址	位地址							
	D7	D6	D5	D4	D3	D2	D1	D0
2FH	7FH	7EH	7DH	7CH	7BH	7AH	79H	78H
2EH	77H	76H	75H	74H	73H	72H	71H	70H
2DH	6FH	6EH	6DH	6CH	6BH	6AH	69H	68H
2CH	67H	66H	65H	64H	63H	62H	61H	60H
2BH	5FH	5EH	5DH	5CH	5BH	5AH	59H	58H
2AH	57H	56H	55H	54H	53H	52H	51H	50H
29H	4FH	4EH	4DH	4CH	4BH	4AH	49H	48H
28H	47H	46H	45H	44H	43H	42H	41H	40H
27H	3FH	3EH	3DH	3CH	3BH	3AH	39H	38H
26H	37H	36H	35H	34H	33H	32H	31H	30H
25H	2FH	2EH	2DH	2CH	2BH	2AH	29H	28H
24H	27H	26H	25H	24H	23H	22H	21H	20H
23H	1FH	1EH	1DH	1CH	1BH	1AH	19H	18H
22H	17H	16H	15H	14H	13H	12H	11H	10H
21H	0FH	0EH	0DH	0CH	0BH	0AH	09H	08H
20H	07H	06H	05H	04H	03H	02H	01H	00H

表2-6　SFR中的位地址分布

特殊功能寄存器	位地址								字节地址
	D7	D6	D5	D4	D3	D2	D1	D0	
B	F7H	F6H	F5H	F4H	F3H	F2H	F1H	F0H	F0H
Acc	E7H	E6H	E5H	E4H	E3H	E2H	E1H	E0H	E0H
PSW	D7H	D6H	D5H	D4H	D3H	D2H	D1H	D0H	D0H
IP	—	—	—	BCH	BBH	BAH	B9H	B8H	B8H
P3	B7H	B6H	B5H	B4H	B3H	B2H	B1H	B0H	B0H
IE	AFH	—	—	ACH	ABH	AAH	A9H	A8H	A8H
P2	A7H	A6H	A5H	A4H	A3H	A2H	A1H	A0H	A0H
P1	97H	96H	95H	94H	93H	92H	91H	90H	90H
TCON	8FH	8EH	8DH	8CH	8BH	8AH	89H	88H	88H
P0	87H	86H	85H	84H	83H	82H	81H	80H	80H

AT89S51 单片机的存储器结构图如图 2-8 所示。从图 2-8 中可以清楚地看出 AT89S51 单片机的各类存储器在存储器空间的位置。

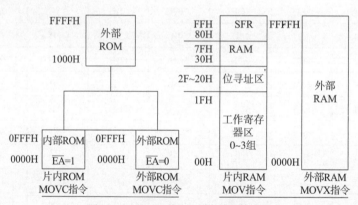

图2-8　AT89S51单片机的存储器结构图

2.5　AT89S51单片机的并行I/O端口

AT89S51 单片机共有 4 个双向的 8 位并行 I/O 端口,即 P0~P3,表 2-4 中的特殊功能寄存器 P0、P1、P2 和 P3 就是这 4 个端口的输出锁存器。4 个端口除了按字节输出外,还可按位寻址操作,以便实现位控功能。

2.5.1　P0口

P0口是一个双功能的8位并行端口,字节地址为80H,位地址为80H~87H。P0口某一位的位电路结构如图2-9所示。

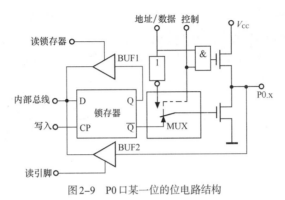

图2-9　P0口某一位的位电路结构

1. P0口的工作原理

（1）P0口作为系统的地址/数据总线使用。

当AT89S51外扩存储器或I/O时,P0口作为单片机系统复用的地址/数据总线使用。此时,图2-9中的"控制"信号为1,硬件自动使转接开关转向上侧,接通反相器的输出,同时使"与门"处于开启状态。当输出的"地址/数据"信息为1时,"与门"输出为1,上方的场效应管导通,下方的场效应管截止,P0引脚输出为1；当输出的"地址/数据"信息为0时,上方的场效应管截止,下方的场效应管导通,P0引脚输出为0。可见P0引脚的输出状态随"地址/数据"状态的变化而变化。上方的场效应管起到内部上拉电阻的作用。

当P0口作为数据线输入时,仅从外部存储器（或外部I/O）读入信息,对应的"控制"信号为0,MUX接通锁存器的Q端。P0口作为地址/数据复用方式访问外部存储器时,CPU自动向P0口写入FFH,使下方的场效应管截止,由于控制信号为0,上方的场效应管截止,从而保证数据信息的高阻抗输入,从外部存储器或I/O输入的数据信息直接由P0.x引脚通过输入缓冲器BUF2进入内部总线。

由以上内容可以分析出,P0口具有高电平、低电平和高阻抗输入3种状态的端口,因此,P0口作为地址/数据总线使用时,是一个真正的双向端口,简称双向口。

（2）P0口作为通用I/O口使用。

P0口不作为地址/数据总线使用时,也可作为通用的I/O口使用。此时,对应的"控制"信号为0,MUX转向下侧,接通锁存器的Q端,"与门"输出为0,上方的场效应管截止,形成的P0口输出电路为漏极开路输出。

P0 口用作通用 I/O 输出口时,来自 CPU 的"写"脉冲加在 D 锁存器的 CP 端,内部总线上的数据写入 D 锁存器,并由引脚 P0.x 输出。当 D 锁存器为 1 时,Q 端为 0,下方场效应管截止,输出为漏极开路,此时,必须外接上拉电阻才能有高电平输出;当 D 锁存器为 0 时,下方场效应管导通,P0 口输出为低电平。

P0 口作为通用 I/O 输入口时,有两种读入方式:"读锁存器"和"读引脚"。当 CPU 发出"读锁存器"指令时,锁存器的状态由 Q 端经上方的三态缓冲器 BUF1 进入内部总线;当 CPU 发出"读引脚"指令时,锁存器的输出状态为 1(即 Q 端为 0),从而使下方场效应管截止,引脚的状态经下方的三态缓冲器 BUF2 进入内部总线。

2. P0 口总结

综上所述,P0 口具有如下特点。

(1)当 P0 口作为地址 / 数据总线口使用时,是一个真正的双向口,用于与外部扩展的存储器或 I/O 连接,分时输出低 8 位地址和输出 / 输入 8 位数据。

(2)当 P0 口作为通用 I/O 口使用时,需要在片外引脚接上拉电阻,此时端口不存在高阻抗的悬浮状态,因此是一个准双向口。

如果单片机片外扩展了 RAM 和 I/O 接口芯片,此时 P0 口应作为复用的地址 / 数据总线使用。如果没有外扩 RAM 和 I/O 接口芯片,此时即可作为通用 I/O 口使用。

2.5.2 P1 口

P1 口为通用 I/O 端口,字节地址为 90H,位地址为 90H~97H。P1 口某一位的位电路结构如图 2-10 所示。

1. P1 口的工作原理

P1 口只能作为通用 I/O 口使用。

(1)P1 口作为输出口时,若 CPU 输出 1,Q=1,$\overline{Q}$ =0,场效应管截止,P1 口引脚的输出为 1;若 CPU 输出 0,Q=0,$\overline{Q}$ =1,场效应管导通,P1 口引脚的输出为 0。

(2)P1 口作为输入口时,分为"读锁存器"和"读引脚"两种方式。"读锁存器"时,锁存器的输出端 Q 的状态经输入缓冲器 BUF1 进入内部总线;"读引脚"时,先向锁存器写 1,使场效应管截止,P1.x 引脚上的电平经输入缓冲器 BUF2 进入内部总线。

2. P1 口总结

P1 口由于有内部上拉电阻,没有高阻抗输入状态,故为准双向口。作为输出口时,不需要在片外接上拉电阻。

P1 口"引脚"输入时,必须先向锁存器 P1 写入 1。

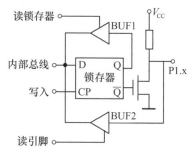

图2-10 P1 口某一位的位电路结构

2.5.3 P2 口

P2 口是一个双功能口,字节地址为 A0H,位地址为 A0H~A7H。P2 口某一位的位电路结构如图 2-11 所示。

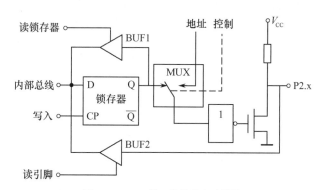

图2-11 P2 口某一位的位电路结构

1. P2 口的工作原理

(1)P2 口用作地址总线口。

在内部控制信号作用下,MUX 与"地址"接通。当"地址"线为 0 时,场效应管导通,P2 口引脚输出 0;当"地址"线为 1 时,场效应管截止,P2 口引脚输出为 1。

(2)P2 口用作通用 I/O 口。

在内部控制信号作用下,MUX 与锁存器的 Q 端接通。

当 CPU 输出 1 时,Q=1,场效应管截止,P2.x 引脚输出 1;当 CPU 输出 0 时,Q=0,场效应管导通,P2.x 引脚输出 0。

输入时,分为"读锁存器"和"读引脚"两种方式。"读锁存器"时,Q 端信号经输入缓冲器 BUF1 进入内部总线;"读引脚"时,先向锁存器写 1,使场效应管截止,P2.x 引脚上的电平经输入缓冲器 BUF2 进入内部总线。

2. P2 口总结

作为地址输出线使用时,P2 口可以输出外部存储器的高 8 位地址,与 P0 口输出的低 8 位地址一起构成 16 位地址,共可以寻址 64KB 的地址空间。当 P2 口作为高 8 位地址输出口时,输出锁存器的内容保持不变。

作为通用 I/O 口使用时,P2 口为一个准双向口,功能与 P1 口相同。

一般情况下,P2 口多作为高 8 位地址总线口使用,这时就不能再作为通用 I/O 口。

2.5.4　P3 口

由于 AT89S51 的引脚数目有限,因此在 P3 口电路中增加了引脚的第二功能(第二功能定义见表 2-1)。P3 口的每一位都可以分别定义为第二输入 / 输出功能。P3 口的字节地址为 B0H,位地址为 B0H~B7H。P3 口某一位的位电路结构如图 2-12 所示。

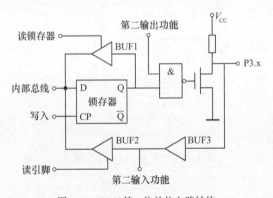

图 2-12　P3 口某一位的位电路结构

1. P3 口的工作原理

(1)P3 口用作第二输入 / 输出功能。

当选择第二输出功能时,该位的锁存器需要置 1,使"与非门"为开启状态。当第二输出为 1 时,场效应管截止,P3.x 引脚输出为 1;当第二输出为 0 时,场效应管导通,P3.x 脚输出为 0。

当选择第二输入功能时,该位的锁存器和第二输出功能端均应置 1,保证场效应管截止,P3.x 引脚的信息由输入缓冲器 BUF3 的输出获得。

（2）P3口用作第一功能为通用I/O口。

当 P3 口用作通用 I/O 的输出时,"第二输出功能" 端应保持高电平,"与非门" 为开启状态。当 CPU 输出 1 时,Q=1,场效应管截止,P3.x 引脚输出为 1；当 CPU 输出 0 时,Q=0,场效应管导通,P3.x 引脚输出为 0。

当 P3 口用作通用 I/O 的输入时,P3.x 位的输出锁存器和"第二输出功能" 端均应置 1,场效应管截止,P3.x 引脚信息通过输入 BUF3 和 BUF2 进入内部总线,完成"读引脚" 操作。

当 P3 口用作通用 I/O 的输入时,也可以执行"读锁存器" 操作,此时 Q 端信息经过缓冲器 BUF1 进入内部总线。

2. P3口总结

P3 口内部有上拉电阻,不存在高阻抗输入状态,为准双向口。

由于 P3 口的每个引脚都有第一功能与第二功能之别,究竟使用哪个功能,完全是由单片机执行的指令自动切换的,用户不需要进行任何设置。

引脚输入部分有两个缓冲器,第二功能的输入信号取自缓冲器 BUF3 的输出端,第一功能的输入信号取自缓冲器 BUF2 的输出端。

2.6　时钟电路与时序

时钟电路用于产生 AT89S51 单片机工作时所必需的控制信号,AT89S51 单片机的内部电路正是在时钟信号的控制下,严格地按时序执行指令进行工作。

在执行指令时,CPU 首先从程序存储器中取出需要执行的指令操作码,然后译码,并由时序电路产生一系列控制信号完成指令所规定的操作。CPU 发出的时序信号有两类:一类用于控制片内各个功能部件,用户无须了解；另一类用于控制片外存储器或 I/O 端口,这部分时序对于分析、设计硬件接口电路至关重要,也是单片机应用系统设计者普遍关心和重视的问题。

2.6.1　时钟电路设计

AT89S51 单片机各外围部件的运行都以时钟控制信号为基准,一拍一拍有条不紊地进行工作。因此,时钟频率直接影响单片机的速度和系统的稳定性。常用的时钟电路有两种方式,一种是内部时钟方式,另一种是外部时钟方式。AT89S51 单片机的最高时钟频率为 33MHz。

1. 内部时钟方式

AT89S51 单片机内部有一个用于构成振荡器的高增益反相放大器,它的输入端为芯片引脚

XTAL1,输出端为引脚 XTAL2。这两个引脚跨接石英晶体振荡器和微调电容,构成一个稳定的自激振荡器。AT89S51 单片机内部时钟方式的电路如图 2–13(a)所示。

电路中的电容 C_1 和 C_2 的典型值通常选择为 30pF。晶体振荡频率通常选择 6MHz、12MHz(可得到准确的定时)或 11.0592MHz($3^3 \times 2^{12}$=110592,可得到准确的串行通信波特率)的石英晶体。

2. 外部时钟方式

外部时钟方式使用现成的外部振荡器产生时钟脉冲信号,常用于多片 AT89S51 单片机同时工作时,以便多片 AT89S51 单片机之间同步。

外部时钟信号直接接到 XTAL1 端,XTAL2 端悬空,其电路如图 2–13(b)所示。

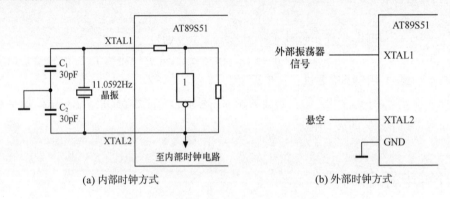

图2–13　AT89S51时钟方式电路

3. 时钟信号的输出

当使用片内振荡器时,XTAL1、XTAL2 引脚还能为应用系统中的其他芯片提供时钟,但需要增加驱动能力。时钟信号有两种引出方式,如图 2–14 所示。

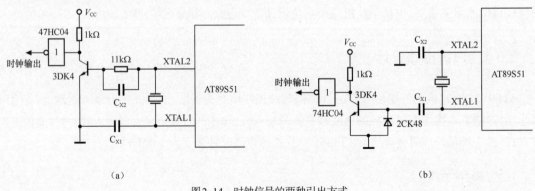

图2–14　时钟信号的两种引出方式

2.6.2　机器周期、指令与时序

单片机执行的指令均是在 CPU 控制器的时序控制电路的控制下进行的,各种时序均与时钟周期有关。

1. 时钟周期(T_{osc})

时钟周期是单片机时钟控制信号的基本时间单位。若时钟晶体的振荡频率为 f_{osc},则时钟周期 $T_{osc}=1/f_{osc}$。

2. 机器周期(T_M)

完成一个基本操作所需要的时间称为机器周期。单片机中执行一条指令的过程分为几个机器周期。每个机器周期完成一个基本操作,如取指令、读或写数据等;AT89S51 单片机的每 12 个时钟周期为一个机器周期,即 $T_{cy}=12/f_{osc}$,若 $f_{osc}=6MHz$,则 $T_{cy}=2\mu s$。

一个机器周期包括 12 个时钟周期,分为 6 个状态:$S_1 \sim S_6$。每个状态又分为两拍:P_1 和 P_2。因此,一个机器周期中的 12 个时钟周期表示为 S_1P_1、S_1P_2、S_2P_1、S_2P_2、$\cdots$、S_6P_1、S_6P_2。AT89S51 的机器周期如图 2-15 所示。

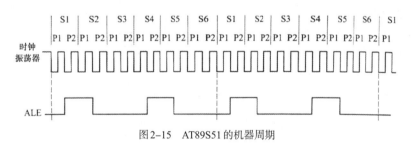

图 2-15　AT89S51 的机器周期

3. 指令周期(T_i)

指令周期是执行一条指令所需的时间。AT89S51 单片机中的指令按字节来分,可分为单字节、双字节与三字节指令,因此,执行一条指令的时间也不同。对于简单的单字节指令,取出指令立即执行,只需要一个机器周期的时间。而有些复杂的指令,如转移、乘、除指令则需要两个或多个机器周期。

从指令的执行时间来看,单字节和双字节指令一般为单机器周期和双机器周期,三字节指令都是双机器周期,只有乘和除指令占用 4 个机器周期。

2.7　复位与看门狗定时器

复位是单片机的初始化操作,只需给 AT89S51 单片机的复位引脚 RST 加上大于 2 个机器周期(即 24 个时钟振荡周期)的高电平就可使 AT89S51 单片机复位。

2.7.1　复位

当 AT89S51 单片机进行复位时,PC 初始化为 0000H,使 AT89S51 从程序存储器的 0000H 单元开始执行程序。除了进入系统的正常初始化之外,当程序运行出错(如程序跑飞)或操作错误使系统处于死锁状态时,也需按复位键使 RST 引脚为高电平,使 AT89S51 单片机摆脱"跑飞"或"死循环"状态而重新启动程序。

除 PC 之外,复位操作还对一些其他的寄存器有影响。复位时片内各寄存器的状态如表 2-7 所示。由表 2-7 可以看出,复位时,SP=07H,而 4 个 I/O 端口 P0~P3 的引脚均为高电平。在某些控制应用中,要注意考虑 P0~P3 引脚的高电平对连接在这些引脚上的外部电路的影响。例如,P1 口某个引脚外接一个继电器,复位时,该引脚为高电平,继电器绕组就会有电流通过,继电器开关吸合,使开关接通,可能会引起意想不到的后果。

表2-7　复位时片内各寄存器的状态

寄存器	复位状态	寄存器	复位状态
PC	0000H	TMOD	00H
Acc	00H	TCON	00H
PSW	00H	TH0	00H
B	00H	TL0	00H
SP	07H	TH1	00H
DPTR	0000H	TL1	00H
P0~P3	FFH	SCON	00H
IP	xxx00000B	SBUF	xxxxxxxxB
IE	0xx00000B	PCON	0xxx0000B
DP0H	00H	AUXR	xxxx0xx0B
DP0L	00H	AUXR1	xxxxxxx0B
DP1H	00H	WDTRST	xxxxxxxxB
DP1L	00H		

AT89S51 单片机的复位是由外部复位电路实现的。AT89S51 典型复位电路与充放电过程图如图 2-16 所示。

上电时的自动复位,是通过 V_{CC}(+5V)电源给电容 C 充电加给 RST 引脚一个短暂的高电平信号,此信号随着 V_{CC} 对电容 C 的充电过程而逐渐回落,即 RST 引脚上的高电平持续时间取决于电容充电时间。因此,为保证系统能可靠地复位,RST 引脚上的高电平必须大于复位所要求的高电平时间。

　　除了上电复位外,有时还需要人工按键复位。按键复位是通过 RST 端经两个电阻对电源 V_{CC} 接通分压产生的高电平来实现,可以看到上升的高电平由 R_1、R_2 分压值决定,下降时间由充电回路 V_{CC} 通过 R_2 对电容 C 的充电过程数值决定。当时钟频率选用 6MHz 时,C 的典型取值为 $10\mu F$,两个电阻 R_1 和 R_2 的典型值分别为 220Ω 和 $2k\Omega$。

　　一般来说,单片机的复位速度比外围 I/O 接口电路快一些,因此,在实际应用系统设计中,为保证系统可靠复位,在单片机应用程序的初始化程序段应安排一定的复位延迟时间,以保证单片机与外围 I/O 接口电路都能可靠地复位。

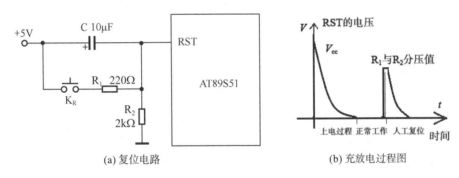

图2-16　AT89S51典型复位电路与充放电过程图

2.7.2　看门狗定时器(WDT)

　　单片机应用系统若受到干扰可能会引起程序"跑飞"或"死循环",会使系统失控。如果操作人员在场,可按人工复位按钮强制系统复位。但操作人员不可能一直监视着系统;即使监视着系统,也往往是在产生不良后果之后才进行人工复位。可采用"看门狗"技术来解决系统失控状态这一问题。

　　"看门狗"技术就是使用一个定时器来不断计数,监视程序的运行。看门狗定时器运行后,为防止看门狗定时器的不必要溢出,在程序正常运行过程中,应定期地把看门狗定时器清 0,以保证看门狗定时器不溢出。

　　AT89S51 单片机片内的"看门狗"部件包含 1 个 14 位定时器和看门狗复位寄存器(即表 2–4 中的特殊功能寄存器 WDTRST,地址为 A6H)。开启看门狗定时器后,14 位定时器会自动对系统时钟 12 分频后的信号计数,即每 16384 (2^{14})个机器周期溢出一次,并产生一个高电平复位信号,使单片机复位。采用 12MHz 的系统时钟时,每 $16384\mu s$ 产生一个复位信号。

当受到干扰,使单片机程序"跑飞"或陷入"死循环"时,单片机也就不能定时地把看门狗定时器清0,看门狗定时器计满溢出时,将在 AT89S51 的 RST 引脚上输出一个正脉冲(宽度为98个时钟周期),使单片机复位,在系统的复位入口 0000H 处安排一条跳向出错处理程序段的指令或重新从头执行程序,从而使程序摆脱"跑飞"或"死循环"状态,让单片机归复于正常的工作状态。

看门狗的启动和清0的方法是相同的。在实际应用中,用户只要向寄存器 WDTRST(地址为 A6H)先写入 1EH,接着写入 E1H,看门狗定时器便启动计数。为防止看门狗定时器启动后产生不必要的溢出,在执行程序的过程中,应在 16384μs(2^{14})内不断地复位清0看门狗定时器,即向 WDTRST 寄存器写入数据 1EH 和 E1H。

在 C51 语言编程中,若使用看门狗功能,由于头文件 reg51.h 中并没有声明 WDTRST 寄存器,所以必须先声明 WDTRST 寄存器。例如:

```
sfr WDTRST=0xa6
```

声明后可以用命令启动或复位看门狗。WDTRST=0x1e;WDTRST=0xe1。

下面通过例子来说明如何使用看门狗。

【例 2-1】看门狗应用举例。

```
main()
{
    启动看门狗运行"无限循环"
    清0并启动看门狗运行
    执行时间必须小于16384μs(系统时钟为12MHz时)
}
```

上述程序在做一个无限循环的运行,通过看门狗定时器可以防止程序在执行过程中"跑飞"或"死循环",因为只要程序一跑出 while() 循环,不执行复位看门狗的两条复位命令,看门狗定时器由于得不到及时复位,就会溢出,使单片机复位,让程序从 main() 开始重新运行。所以使用看门狗时应注意,一定要在看门狗启动后的 16384μs(系统时钟为 12MHz 时)之内清0。

2.8　低功耗节电模式

AT89S51 单片机有两种低功耗节电工作模式:空闲模式(idle mode)和掉电保持模式(power down mode),其目的是尽可能降低系统的功耗。在掉电保持模式下,V_{CC} 由后备电源供电。低功耗节电模式的控制电路如图 2-17 所示。

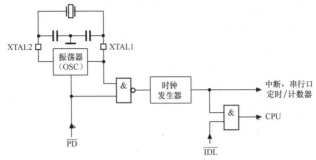

图2-17　低功耗节电模式的控制电路

AT89S51 单片机的两种节电模式可通过指令对特殊功能寄存器 PCON 的位 IDL 和位 PD 的设置来实现。特殊功能寄存器 PCON 的格式如图 2-18 所示，字节地址为 87H。

符号	D7	D6	D5	D4	D3	D2	D1	D0	地址
PCON	SMOD	—	—	—	GF1	GF0	PD	IDL	87H

图2-18　特殊功能寄存器PCON的格式

PCON 寄存器各位的定义如下。

● SMOD：串行通信的波特率选择位（该位功能见第 8 章内容）。

● "—"：保留位，未定义。

● GF1、GF0：通用标志位，用户在编程时使用，应充分利用这两个标志位。

● PD：掉电保持模式控制位，若 PD=1，则进入掉电保持模式。

● IDL：空闲模式控制位，若 IDL=1，则进入空闲运行模式。

2.8.1　空闲模式

1. 空闲模式的进入

如果用指令把寄存器 PCON 中的 IDL 位置 1，由图 2-17 可见，则把通往 CPU 的时钟信号关断，单片机便进入空闲模式，虽然振荡器仍然运行，但是 CPU 进入空闲状态。此时，片内所有外围电路（中断系统、串行口和定时器）仍继续工作，SP、PC、PSW 和 P0~P3 口等所有其他寄存器以及内部 RAM 和 SFR 中的内容均保持进入空闲模式前的状态。

2. 空闲模式的退出

系统进入空闲模式后有两种方法可退出，一种是响应中断方式，另一种是硬件复位方式。在空闲模式下，当任何一个允许的中断请求被响应时，IDL 位被片内硬件自动清 0，而退出空闲模式。当执行完中断服务程序返回时，将从设置空闲模式指令的下一条指令（断点处）开始继续执行程序。

另一种退出空闲模式的方法是硬件复位。当使用硬件复位退出空闲模式时,在复位逻辑电路发挥控制作用前,有长达 2 个机器周期的时间,单片机要从断点处(IDL 位置 1 指令的下一条指令处)继续执行程序。在这期间,片内硬件阻止 CPU 对片内 RAM 的访问,但不阻止对外部端口(或外部 I/O)的访问。

2.8.2　掉电运行模式

1. 掉电模式的进入

用指令把 PCON 寄存器的 PD 位置 1,便进入掉电模式。由图 2-17 可见,在掉电模式下,进入时钟振荡器的信号被封锁,振荡器停止工作。由于没有了时钟信号,内部的所有部件均停止工作,但片内的 RAM 和 SFR 原来的内容都被保留,有关端口的输出状态值都保存在对应的特殊功能寄存器中。

2. 掉电模式的退出

掉电模式的退出有两种方法:硬件复位和外部中断。硬件复位时要重新初始化 SFR,但不改变片内 RAM 的内容。只有当 V_{CC} 恢复到正常工作水平时,硬件复位信号维持 10ms,便可使单片机退出掉电模式。

3. 掉电和空闲模式下的WDT

掉电模式下振荡器停止,意味着停止计数。用户在掉电模式下不需要操作 WDT。

在进入空闲模式之前,应先设置特殊功能寄存器 AUXR 中的 WDIDLE 位,以确认 WDT 是否继续计数。当 WDIDLE=0 时,空闲模式下的 WDT 保持继续计数。为防止复位单片机,用户可设计一个定时器,该定时器使器件定时退出空闲模式,然后复位 WDTRST,再重新进入空闲模式。

当 WDIDLE=1 时,WDT 在空闲模式下暂停计数,退出空闲模式后,方可恢复计数。

本章小结

通过学习本章内容,应掌握 AT89 系列单片机的标志寄存器和堆栈、存储器组织、总线接口部件、系统时钟和相关周期(时间、指令、机器等)的概念,掌握单片机的基本概念、组成、工作原理和特点;了解控制与状态信号的高 / 低电平有效形式,以及电平、脉冲的有效触发方式。

思考题及习题2

1. 在 AT89S51 单片机中,如果采用 6MHz 晶振,一个机器周期为 _____ μs。

2. AT89S51 单片机的机器周期等于 _____ 个时钟周期。

3. 内部 RAM 中,位地址为 40H、88H 的位,该位所在字节的字节地址分别为 _____ 和 _____,片内字节地址为 2AH 单元最低位的位地址是 _____。

4. 若 A 中的内容为 63H,那么,P 标志位的值为 _____ H 。

5. AT89S51 单片机复位后,R4 所对应存储单元的地址为 _____ H,因上电时 PSW= _____ H,这时,当前工作寄存器区是组工作寄存器区 _____。

6. 内部 RAM 中,可作为工作寄存器区的单元地址为 _____ H~ _____ H。

7. 通过堆栈操作实现子程序调用时,首先把寄存器 A 的内容入栈,以进行断点保护。调用子程序返回指令时,再进行出栈保护,把保护的断点送回到 _____,先弹出的是 _____ 原来的内容。

8. AT89S51 单片机程序存储器的寻址范围是由程序计数器 PC 的位数所决定的,因为 AT89S51 单片机的 PC 是 16 位,因此其寻址的范围为 _____ KB。

9. 下列说法中正确的是 _____。

A. 使用 AT89S51 单片机且引脚 $\overline{EA}$ =1 时,仍可外扩 64KB 的程序存储器

B. 区分片外程序存储器和片外数据存储器的方法是看其位于地址范围的低端还是高端

C. 在 AT89S51 单片机中,为使准双向的 I/O 口工作在输入方式,必须事先预置为 1

D. PC 可以看成是程序存储器的地址指针

10. 下列说法中正确的是 _____。

A. AT89S51 单片机中特殊功能寄存器（SFR）占用片内 RAM 的部分地址

B. 片内 RAM 的位寻址区只能供位寻址使用,而不能进行字节寻址

C. AT89S51 单片机共有 26 个特殊功能寄存器,它们的位都是可以用软件设置的,因此,是可以进行位寻址的

D. SP 称为堆栈指针,堆栈是单片机内部的一个特殊区域,与 RAM 无关

11. 在程序运行中,PC 的值是 _____。

A. 当前正在执行指令的前一条指令的地址

B. 当前正在执行指令的地址

C. 当前正在执行指令的下一条指令的首地址

D. 控制器中指令寄存器的地址

12. 下列说法中正确的是 _____。

A. PC 是一个不可寻址的特殊功能寄存器

B. 单片机的主频越高,其运算速度越快

C. 在 AT89S51 单片机中,一个机器周期等于 1μs

D. 特殊功能寄存器 SP 内存放的是栈顶首地址单元的内容

13. 下列说法中正确的是 _____ 。

A. 单片机进入空闲模式,停止工作。片内的外围电路(如中断系统、串口和定时器)仍将继续工作

B. 单片机不论进入空闲模式还是掉电运行模式,片内和片外的内容均保持原来的状态

C. 单片机进入掉电运行模式,CPU 和片内的外围电路(如中断系统、串口定时器)均停止工作

D. 单片机掉电运行模式可采用响应中断方式退出

14. 双向口与准双向口的区别是什么?

15. 单片机的程序状态字寄存器 PSW 中各位的定义分别是什么?

16. 什么是堆栈?堆栈有什么作用?堆栈有什么特点?

17. 写出 P3 口各引脚的主要功能。

18. 单片机的 5 个中断源分别是什么?其入口地址是多少?

19. 若单片机的时钟频率为 12MHz,则其状态周期、机器周期、指令周期分别为多少?

20. 单片机复位后,各寄存器的初值是什么?

21. 单片机内部存储由哪些基本部件组成?各有什么功能?

22. 计算机存储器地址空间有哪几种结构形式?单片机属于哪种结构形式?

23. 单片机引脚按功能可分为哪几类?各类中包含的引脚名称是什么?

24. 单片机在没接外部存储器时,ALE 引脚上输出的脉冲频率是多少?

25. 片内低 128B RAM 区按功能可分为哪几个组成部分?各部分的主要特点是什么?

26. 什么是复位?单片机复位方式有哪几种?复位条件是什么?

27. 什么是时钟周期和指令周期?当振荡频率为 12MHz 时,一个机器周期为多少 μs?

28. 如何理解单片机 I/O 端口与特殊功能寄存器 P0~P3 的关系?

29. 如何理解通用 P0 口的准双向性?怎样确保读引脚所获信息的正确性?

30. P0 端口中的地址 / 数据复用功能是如何实现的?

31. 片中哪个并行 I/O 口存在漏极开路问题?若没有外接上拉电阻,有何问题?

32. 单片机的片内都集成了哪些外围功能部件?

33. 说明单片机的 $\overline{\text{EA}}$ 引脚接高电平或低电平的区别。

34. 64KB 程序存储器空间有 5 个单元地址对应单片机 5 个中断源的中断入口地址,请写出这些单元的入口地址及对应的中断源。

35. 当单片机运行出错或程序陷入死循环时,如何摆脱困境?

第3章 C51语言编程基础

随着单片机应用系统的日趋复杂，人们对程序的可读性、升级与维护的模块化要求越来越高，要求编程人员在短时间内编写出执行效率高、运行可靠的程序代码。同时，也要多个编程人员建立工程进行同步协同开发。

C51语言是近年来在8051单片机开发中普遍使用的程序设计语言，它能直接对8051单片机硬件进行操作，兼有高级语言和汇编语言的特点，因此在8051单片机程序设计中得到了非常广泛的使用。通过学习本章关于单片机C51编程语言的内容，学习者可为C51程序的设计与开发打下基础。

3.1 C51编程语言简介

C51语言是用于8051单片机编程的C语言，它在标准C语言的基础上针对8051单片机的硬件特点进行了扩展，并向8051单片机上进行了移植。C51语言已成为公认的高效、简洁的8051单片机实用高级编程语言。

3.1.1 C51语言与汇编语言的区别

与8051汇编语言相比，C51语言在功能、结构性、可读性、可维护性上有明显优势，易学易用，具有如下优点。

（1）可读性好。C51语言程序比汇编语言程序的可读性更好，编程效率更高，程序便于修改、维护以及升级。

（2）模块化开发与资源共享。用C51语言开发的程序模块可以不经修改，直接被其他工程所用，使开发者能够很好地利用已有的大量标准C程序资源和丰富的库函数，减少重复工作，同时也有利于多个工程师进行协同开发。

（3）可移植性好。为某种型号单片机开发的C51语言程序，只需将与硬件相关的头文件和编译链接的参数进行适当的修改，就可以方便地移植到其他型号的单片机上。例如，为8051单片机编写的程序通过改写头文件以及少量的程序,就可以方便地移植到其他单片机上。

(4)生成的代码效率高。当前较好的 C51 语言编译系统编译出来的代码效率达到汇编语言的80%左右,如果使用优化编译选项,代码效率最高可达到 90% 左右。

3.1.2 C51 语言与标准C语言的区别

单片机的 C51 语言与标准 C 语言之间有许多相同的地方,但 C51 语言也有其特点。C51 语言的基本语法与标准 C 语言相同,在标准 C 语言的基础上进行了适用于 8051 内核单片机硬件的扩展。深入理解 C51 语言相对标准 C 语言的扩展部分以及二者的不同之处,是掌握 C51 语言的关键之一。C51 语言与标准 C 语言的一些不同之处如下。

(1)库函数不同。由于标准 C 语言中的不适用于嵌入式控制器系统的库函数被排除在 C51 语言之外,如字符屏幕和图形函数,有些库函数必须针对 8051 单片机的硬件特点来做出相应的开发。例如,库函数 printf 和 scanf 这两个函数在标准 C 语言中通常用于屏幕打印和接收字符,而在 C51语言中主要用于对串行口数据的收发。

(2)数据类型有一定的区别。C51 语言中增加了几种针对 8051 单片机的特有的数据类型,在标准 C 语言的基础上又扩展了 4 种类型。例如,8051 单片机包含位操作空间和丰富的位操作指令,因此,C51 语言与标准 C 语言相比增加了位类型。

(3)C51 语言的变量存储模式与标准 C 语言中的变量存储模式数据不一样。标准 C 语言最初是为通用计算机设计的,在通用计算机中只有一个程序和数据统一寻址的内存空间,而 C51 语言中变量的存储模式与 8051 单片机的各种存储区紧密相关。

(4)数据存储类型不同。8051 单片机存储区可分为内部数据存储区、外部数据存储区以及程序存储区。内部数据存储区可分为 3 个不同的 C51 存储类型:data、idata 和 bdata。外部数据存储区可分为 2 个不同的 C51 存储类型:xdata 和 pdata。程序存储区只能读不能写,C51 语言提供的 code 存储类型用来访问单片机内部或者外部的程序存储区。

(5)标准 C 语言没有处理单片机中断的定义,而 C51 语言中有专门的中断函数。

(6)C51 语言与标准 C 语言的输入 / 输出处理不一样。C51 语言中的输入 / 输出是通过 8051 单片机的串行口来完成的,输入 / 输出指令执行前必须对串行口进行初始化。

(7)头文件不同。C51 语言与标准 C 语言头文件的差异是 C51 语言头文件必须把 8051 单片机内部的外设硬件资源(如定时器、中断、I/O 等)相应的特殊功能寄存器写入头文件内。

(8)程序结构有差异。由于 8051 单片机的硬件资源有限,它的编译系统不允许太多的程序嵌套。另外,C51 语言不支持标准 C 语言所具备的递归功能。

而从数据运算操作、程序控制语句以及函数的使用上来说,C51 语言与标准 C 语言几乎没有什么明显的差别;如果程序设计者具备标准 C 语言的编程基础,只要注意 C51 语言与标准 C 语言的不同之处,并熟悉 8051 单片机的硬件结构,就能较快地掌握 C51 语言的编程。

3.2　C51语言程序设计基础

本节将在标准 C 语言的基础上,对 C51 的数据类型和存储类型、C51 的基本运算与流程控制语句、C51 语言数据类型、C51 函数以及有关 C51 程序设计的一些其他问题进行介绍,帮助学习者为 C51 的程序开发实践打下基础。

3.2.1　C51数据类型与存储类型

1. 数据类型

数据是单片机操作的对象,是具有一定格式的数字或数值,不同数据格式则称为数据类型。

C51 支持的数据类型如表 3-1 所示。针对 8051 单片机的硬件特点,C51 在标准 C 语言的基础上扩展了 4 种数据类型(见表 3-1 中最后 4 行)。注意,扩展的 4 种数据类型不能使用指针来对它们进行操作。

表3-1　C51支持的数据类型

数据类型	位　数	字节数	值　域
signed char	8	1	–128~+127,有符号字符变量
unsigned char	8	1	0~255,无符号字符变量
signed int	16	2	–32768~+32767,有符号整型数
unsigned int	16	2	0~65535,无符号整型数
signed long	32	4	–2147483648~+2147483647,有符号长整型数
unsigned long	32	4	0~+4294967295,无符号长整型数
float	32	4	±3.402823e–38~±3.402823e+38
double	32	4	单片机C语言,与float 相同
*	8~24	1~3	对象指针
bit	1	—	0或1
sbit	1	—	可进行位寻址特殊功能寄存器的某位的绝对地址
sfr	8	1	0~255
sfr 16	16	2	0~65535

（1）字符型数据

字符型数据(char)不单纯是表示字符的数据,而应理解为一个数值小于 256 的 8bit 数据,它可以代表数据,也可以代表用 8bit 数据表示的 ASCII 字符。字符型数据有以下 3 种表达形式。

① 八进制整数:由数字 0 开头,后跟数字 0~7 来表示,如 012、034、077。

② 十进制整数:由数字 0~9 和正负号来表示,如 12、–34、0。

③ 十六进制整数：由 0x（或 0X）开头,后跟数字 0~9 或字母 a~f（大小写均可）来表示,如 0x12、0x3A、0x01。

需要说明的是,八进制数是 20 世纪 70 年代微型计算机初级阶段（4 位机）所采用的,到了 20 世纪 80 年代后期就已彻底淘汰。但八进制数是 C 语言认可的常整数,这里是为了提醒读者,在 C51 程序中,不能随意在十进制整数前加 0,否则 C51 编译器将误做八进制数处理而出错。但是,在汇编程序中,编译器却要求字母开头的十六进制数码前加 0,两者不能混淆。C51 所用的字符型数据只有十进制数和十六进制数。

（2）整型数据

相对于浮点型数据,字符型数据是 8bit,其无符号最大值 $\leqslant 2^8-1=255$；整型（int）数据是 16bit,其无符号最大值 $\leqslant 2^{16}-1=65535$；长整型（long）数据是 32bit,其无符号最大值 $\leqslant 2^{32}-1=4294967295$。但整型数据一般泛指 16 位（int）,8 位数据称为字符型（char）,32 位数据称为长整型（long）,只是数据长度不同。

（3）浮点型数据

浮点型（float）又称为实型,就是带小数点或用浮点指数表示的数。浮点型有以下两种表示形式。

① 十进制小数,如 0.123、45.6789。

② 指数形式,如 1.23E4（表示 1.23×10^4）、–1.23E4（表示 -1.23×10^4）、1.23E-4（表示 1.23×10^{-4}）。字 E（e）之前必须有数,而 E（e）后面的指数必须是整数,否则都是不合法的。

2. C51 的扩展数据类型

下面对扩展的 4 种数据类型进行说明。

（1）位变量 bit。bit 的值可以是 1（true）,也可以是 0（false）。

（2）特殊功能寄存器 sfr。8051 单片机的特殊功能寄存器分布在片内数据存储区的地址单元 80H~FFH 之间,sfr 数据类型占用 1 个内存单元。利用它可以访问 8051 单片机内部的所有特殊功能寄存器。例如,"sfr P1=0x90" 这一语句定义了 P1 端口在片内的寄存器,在程序后续的语句中可以用 "P1=0xff",使 P1 的所有引脚输出为高电平的语句来操作特殊功能寄存器。

（3）特殊功能寄存器 sfr 16。sfr 16 数据类型占用 2 个内存单元。sfr 16 和 sfr 一样,用于操作特殊功能寄存器。二者不同的是,sfr 16 用于操作占两个字节的特殊功能寄存器。例如,"sfr 16 DPTR=0x82" 语句定义了片内 16 位数据指针寄存器 DPTR,其低 8 位字节地址为 82H,高 8 位字节地址为 83H。在程序的后续语句中就可对 DPTR 进行操作。

（4）特殊功能位 sbit。sbit 是指 AT89S51 片内特殊功能寄存器的可寻址位。例如:

```
sfr IE=0xA^8
sbit  ET1=0xA^3
```

符号 "^" 前面是特殊功能寄存器的名字,"^" 后面的数字定义特殊功能寄存器可寻址位在寄存器中的位置,取值必须是 0~7。

注意,不要把 bit 与 sbit 混淆。bit 用来定义普通的位变量,它的值只能是二进制的 0 或 1,而 sbit 定义的是特殊功能寄存器的可寻址位,它的值是可以进行位寻址的特殊功能寄存器某位的绝对地址,例如 PSW 寄存器 OV 位的绝对地址 0xd2。

3. 数据存储类型

在讨论 C51 的数据类型时,必须同时提及它的存储类型,以及它与 8051 单片机存储器结构的关系,因为 C51 定义的任何数据类型都必须以一定的方式定位在 8051 单片机的某一存储区中,否则没有任何实际意义。

8051 单片机有片内、片外数据存储区,还有程序存储区。片内的数据存储区是可读写的,8051 单片机的衍生系列最多可有 256 字节的内部数据存储区(例如 AT89C52 单片机),其中低 128B 可直接寻址,高 128B(80H~FFH)只能间接寻址,从地址 20H 开始的 16B 可位寻址。内部数据存储区可分为 3 个不同的数据存储类型,它们分别是 data、idata 和 bdata。

访问片外数据存储区比访问片内数据存储区慢,因为访问片外数据存储区要通过数据指针加载地址来间接寻址访问。C51 提供两种不同的数据存储类型 xdata 和 pdata 来访问片外数据存储区。

程序存储区只能读,不能写。程序存储区可能在 8051 单片机内部或者外部,或者外部和内部都有,由 8051 单片机的硬件决定,C51 提供 code 存储类型来访问程序存储区。

C51 语言存储类型与 8051 存储空间的对应关系如表 3-2 所示。

表3-2 C51语言存储类型与8051存储空间的对应关系

存储区	存储类型	长度/bit	值 域	与存储空间的对应关系
BDATA	bdata	1	0或1	片内RAM位寻址区,位于20H~2FH空间
DATA	data	8	0~255	片内RAM直接寻址区,位于片内的低128B
IDATA	idata	8	0~255	片内RAM的256B,必须间接寻址的存储区
PDATA	pdata	8	0~255	片外RAM的256B,使用@Ri间接寻址
XDATA	xdata	16	0~65535	片外64KB的RAM空间,使用@DPTR间接寻址
CODE	code	16	0~65535	程序存储区,使用PC寻址(MOVC指令)

存储类型与存储空间的对应关系如图 3-1 所示。

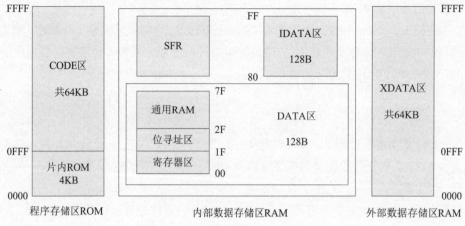

图3-1 存储类型与存储空间的对应关系

下面对表3-2中的各种存储区进行说明。

（1）BDATA 区：BDATA 区实质上是 DATA 中的位寻址区，在这个区中声明变量就可以进行位寻址。BDATA 区声明中的存储类型标识符为 bdata，是指片内 RAM 可位寻址的 16B 存储区（字节地址为 20H~2FH）中的 128 个位。

C51 编译器不允许在 BDATA 区中声明 float 和 double 型的变量。

（2）DATA 区：DATA 区的寻址是最快的，应该把经常使用的变量放在 DATA 区，但是 DATA 区的存储空间是有限的。DATA 区除了包含程序变量外，还包含了堆栈和寄存器组。DATA 区声明中的存储类型标识符为 data，通常指片内的 128B 的内部数据存储的变量，可直接寻址。

标准变量和用户自声明变量都可以存储在 DATA 区中，只要不超过区间的范围即可。由于 C51 使用默认的寄存器组来传递参数，这样 DATA 区至少失去了 8B 的空间。另外，当内部堆栈溢出时，程序会莫名其妙地复位。这是因为 8051 单片机没有报错的机制，堆栈的溢出只能以这种方式表示，因此要留有较大的堆栈空间来防止堆栈溢出。

（3）IDATA 区：IDATA 区使用寄存器作为指针来进行间接寻址，常用来存放使用比较频繁的变量。与外部存储器寻址相比，它的指令执行周期和代码长度相对较短。IDATA 中的存储类型标识符为 idata，是指片内的 256B 的存储区，只能间接寻址，速度比直接寻址慢。

（4）PDATA 区和 XDATA 区：PDATA 区和 XDATA 区位于片外存储区，这两种存储区在声明中的存储类型标识符分别为 pdata 和 xdata。PDATA 区只有 256B，仅指定 256B（8 位地址定义的一页存储区）的外部数据存储。但 XDATA 区最多可达 64KB，对应的 xdata 存储类型标识符可以指定外部数据区 64KB 内的任何地址。

对 PDATA 区的寻址速度要比对 XDATA 区寻址的速度快，因为对 PDATA 区寻址，只需要装入 8 位地址，而对 XDATA 区寻址要装入 16 位地址，所以尽量把外部数据存储在 PDATA 区中。

（5）程序存储区 CODE：程序存储区 CODE 的标识符是 code（MOVC 指令），储存的程序代码或数据是不可改变的。在 C51 编译器中可以用存储区类型标识符来访问程序存储区。

以上内容介绍了 C51 的数据存储类型及其大小和值域,单片机访问片内比访问片外相对要快一些,所以应当尽量把频繁使用的变量置于片内 RAM,即采用 data、bdata 或 idata 存储类型,而将容量较大的或使用不太频繁的那些变量置于片外 RAM,即采用 pdata 或 xdata 存储类型(MOVX 指令)。常量只能采用 code 存储类型。

变量存储类型定义举例:

```
char data var1;              //在片内RAM低128B内,定义字符型变量var1
int idata var2;              //在片内RAM 256B内,定义整型变量var2
unsigned char bdata var3;    //在片内位寻址区中,定义无符号字符型变量var3
unsigned  int pdata var4;    //无符号整型变量var4被定义为pdata型,定位在片
                               外RAM中,相当于使用@Ri间接寻址
unsigned  char  xdata var5[2][4];//无符号字符型二维数组变量var5[2][4],
                               被定义为xdata 存储类型
int code var6=5;             //在程序存储区中,定义整型变量var6
int count;                   //在默认存储区中,定义整型变量count变量
```

4. 数据存储模式

如果在定义变量时略去存储类型标识符,编译器会自动默认存储类型。默认的存储类型由 SMALL、COMPACT 和 LARGE 存储模式指令限制。例如,若声明 char var,则在使用 SMALL 存储模式下,var 被定位在 data 存储区;在使用 COMPACT 模式下,var 被定位在 idata 存储区;在 LARGE 模式下,var 被定位在 xdata 存储区中。

定义变量时如果省略"存储类型",则按编译时所使用的存储器模式(SMALL、COMPACT 和 LARGE)来规定默认存储类型,确定变量的存储空间。关于各存储模式的说明如下。

(1)SMALL 模式:在该模式下,所有变量都默认位于 8051 单片机内部的数据存储区,这与使用指定存储类型的方式一样。此模式下,变量访问的效率高,但是所有数据对象和堆栈必须使用内部 RAM。

(2)COMPACT 模式:本模式下的所有变量都默认在外部数据存储器的 1 页(256B)内,这与使用 pdata 指定存储类型是一样的。该存储类型适用于变量不超过 256B 的情况,此限制是由寻址方式决定的,相当于使用数据指针 @Ri 进行寻址。与 SMALL 模式相比,该存储模式的效率比较低,对变量的访问速度也慢一些,但比 LARGE 模式快。

(3)LARGE 模式:在该模式下,所有变量都默认位于外部数据存储器,相当于使用数据指针 @DPTR 进行寻址。通过数据指针访问外部数据存储器的效率较低,特别是当变量为 2B 或更多字节时,该模式相比 SMALL、COMPACT 会产生更多的代码。

在固定的存储器地址上进行变量的传递,是 C51 的标准特征之一。在 SMALL 模式下,参数传递是在片内数据存储区中完成的。COMPACT 和 LARGE 模式允许参数在外部存储器中传递。C51 也支持混合模式。例如,在 LARGE 模式下,生成的程序可以将一些函数放入 SMALL 模式中,从而加快执行速度。

3.2.2　C51特殊功能寄存器及位变量

下面介绍一下 C51 如何对 8051 单片机的特殊功能寄存器以及位变量进行定义并访问。

1. 特殊功能寄存器的C51定义

sfr、sfr 16 也是 C51 编译器提供的扩展数据类型,用于访问单片机的特殊功能寄存器。sfr 型数据长度为 1B,sfr 16 型数据长度为 2B,它们均为无符号整型,其取值范围分别是 0~255 和 0~65535。

在 C51 中,允许用户对单片机内部的所有特殊功能寄存器进行访问,但在访问前必须通过 sfr 或 sfr 16 类型说明符进行定义。

（1）特殊功能寄存器的定义格式：特殊功能寄存器名 = 直接地址。

sfr 16 特殊功能寄存器名 = 直接地址。例如：

```
sfr PSW=0xd0;
sfr SCON=0x98;
sfr TMOD=0x89;
sfr P1=0x90;
sfr 16 T0=0x8a;
sfr 16 DPTR=0x82;
```

sfr 的地址是不能任意设置的,它必须与 51 系列单片机内部定义的地址完全相同。

（2）由于 51 系列单片机的 sfr 的数量与类型不同,每一个 C51 源程序都会用到 sfr,所以一般把 sfr 的定义放入一个头文件中,就可以使用特殊功能寄存器名和其中的可寻址位名称了。如 Keil C51 编译器的头文件为 reg51.h,用户可以根据具体的单片机型号对该文件进行增加、删除和修改,也可以针对不同型号的单片机定义不同的头文件。

头文件引用举例如下：

```
#include<reg51.h>
main (){......}
```

2. C51位变量bit、sbit的定义

bit、sbit 是 C51 编译器提供的扩展数据类型,它们的长度为 1bit,使用它们可定义位变量,但不能定义位指针,也不能定义位数组。

（1）特殊功能寄存器中的位定义:sbit 位类型符用于定义在内部 RAM 的可位寻址区或可位寻址的特殊功能寄存器定义位变量,但定义时需指明其位地址。对 sfr 中的可寻址位的访问,要使用关键字来定义可寻址位,共有 3 种方法。

① sbit 位名 = 特殊功能寄存器 ^ 位置。例如:

```
sbit OV=PSW^2;
sbit CY=PSW^7;
sbit EA=IE^7;
sbit P2_0=P2^0;
sbit ACC_7=ACC^7;
```

② sbit 位名 = 字节地址 ^ 位置。例如:

```
sbit OV=0xd0^3;          //定义PSW的第3位(等价于sbit OV=PSW^3;)
sbit ET0=0xa8^1;         //定义IE的第1位(等价于sbit ET0=IE^1;)
```

③ sbit 位名 = 位地址。这种方法将位的绝对地址赋给变量,位地址必须在 0x80~0xff。例如:

```
 sbit OV=0xd3;          //定义PSW的第3位(等价于sbit OV=PSW^3;)
 sbit ET0=0xa9;         //定义IE的第1位(等价于sbit ET0=IE^1;)
```

（2）bit 位类型符用于在内部 RAM 的可位寻址区（bdata）中定义位变量。格式如下:
bit 位变量名:

```
bit flag;               //在bdata 区为flag分配一个位单元
```

编译器规定按位引用格式为"变量 ^bit 位号",而"^"又是"位异或"运算符,为了不引起混淆,编译器不允许直接用这种方法引用变量中的某位。因此,需要用 sbit 对变量中的位进行定义,为其指定一个新的名字。

部分特殊功能寄存器的可寻址位已经在 Keil C51 的头文件 reg51.h 中进行了定义,因此,只要包含了该头文件,就不需要在程序中再定义了。用户在使用前最好先查看一下 reg51.h 文件中是否包含了需要使用的所有位变量的定义,如果没有,则可根据需要在 reg5.h 中增加,或在自己的源程序文件中定义需要的变量。

对于 bit 和 sbit 型变量有如下几点说明。

（1）bit 型位变量与其他变量一样,可以作为函数的形参,也可以作为函数的返回值,即函数的

类型可以是位型的。

（2）不能定义 bit 型位变量指针，也不能定义 bit 型位数组。

（3）不能用 sbit 对无位操作功能的位定义位变量。

（4）用 sbit 定义位变量时，必须放在函数外面作为全局位变量，而不能在函数内部定义。

（5）用 sbit 定义的是一种绝对定位的位变量（因为名字是与确定位地址对应的），具有特定的意义，在应用时不能像 bit 型位变量那样随便使用。用 bit 定义的位变量是由编译器动态分配位地址的，可以用于函数内定义局部位变量。

在定义位变量时，允许定义存储类型，位变量被放入一个位段，此段总是位于 C51 单片机的片内 RAM 中，因此其存储类型限制为 DATA 或 IDATA，如果将位变量定义成其他类型，则会导致编译时出错。

3.2.3　C51绝对地址访问

关于如何对 C51 单片机的片内 RAM、片外 RAM 及 I/O 空间进行访问，C51 提供了两种比较常用的访问绝对地址的方法。

1. 绝对宏

C51 编译器提供了一组宏定义对 code、data、pdata、xdata 空间进行绝对寻址。在程序中，用"#include <absacc.h>"对 absacc.h 中声明的宏来访问绝对地址，包括 CBYTE、CWORD、DBYTE、DWORD、XBYTE、XWORD、PBYTE 和 PWORD，具体使用方法参考 absacc.h 头文件。其中：

- CBYTE 以字节形式对 code 区寻址。
- CWORD 以字节形式对 code 区寻址。
- DBYTE 以字节形式对 data 区寻址。
- DWORD 以字节形式对 data 区寻址。
- XBYTE 以字节形式对 xdata 区寻址。
- XWORD 以字节形式对 xdata 区寻址。
- PBYTE 以字节形式对 pdata 区寻址。
- PWORD 以字节形式对 pdata 区寻址。

例如：

```
# include <absacc.h>
# define PORTA XBYTE[0xffc0]    //PORTA定义为片外I/O口，地址为0xffc0，长度8位
# define NRAM BYTE[0x50]        //将NRAM定义为片内RAM，地址为0x50，长度8位
```

例如，片内 RAM、片外 RAM 及 I/O 的定义程序如下：

```
# define PORTA XBYTE[0xffc0]  //PORTA定义为外部I/O，地址为0xffc0，长度8位
# define NRAM BYTE[0x40]       //将NRAM定义为片内RAM，地址为0x40，长度8位
PORTA=0x3d;                    //将数据3d写入地址为0xffc0的外部I/O端口PORTA
NRAM=0x01;                     //将数据01写入片内RAM 0x40单元
```

2. _at_ 关键字

关键字 _at_ 专门用于对变量的地址进行绝对定位。当定义变量省略此选项时，将由编译器根据存储器的使用情况在存储器中为变量进行存储单元分配，变量的地址用户无法确定。

对变量绝对定位有如下几点说明。

（1）绝对地址变量在定义时不能初始化，因此不能对 code 型变量绝对定位。

（2）绝对地址变量只能是全局变量，不能在函数中对变量绝对定位。

（3）绝对地址变量多用于 I/O 端口，一般情况下不对普通变量绝对定位。

（4）位变量不能使用 _at_ 绝对定位。

用户需要将某变量定位在某地址时，只需在定义变量时加上"_at_ 地址常数"选项，其中的地址常量用于传递给编译器，将此变量分配到该地址对应的存储单元。

例如：

```
char data i _at_ 0x30;      //将变量i定位到data 存储区的0x30单元
int xdata j _at_ 0x7fff;    //将变量j定位到xdata 存储区的0x7fff单元
```

【例3-1】将片内 RAM 40 单元开始的连续 8B 单元清 0，同时将片外 2000H 开始的连续 20B 单元清 0。程序如下：

```
xdata unsigned char buff_x[20] _at_ 0x4000;
         //在xdata 区定义变量buff_x，地址为4000H
data unsigned char buff_d [8] _at_ 0x40;
         //在data区定义变量buff_d，地址为40H
 void  main (void)
 {
     unsigned  char  i, j;
     for (j=0;j<8;j++)
     {buff_d [j]=0;}
     for (i=0;i<20;i++)
     {buff_x[i]=0;}
 }
```

3.2.4　C51 的基本运算

C51 的基本运算与标准 C 类似,包括算术运算、关系运算、逻辑运算、位运算和赋值运算及表达式等。

1. 算术运算符

算术运算符及其说明如表 3-3 所示。

表3-3　算术运算符及其说明

符　号	说　明	举例(设x=11，y=3)
+	加法运算	z =x+y； //z=14
−	减法运算	z =x-y； //z=8
*	乘法运算	z =x*y； //z=33
/	除法运算	z =x/y； //z=3
%	取余数运算	z =x%y； //z=2
++	自加1	
−−	自减1	

C51 中表示加 1 和减 1 时,可以采用自增运算符和自减运算符。自增和自减运算符可以使变量自动加 1 或减 1,将这两种运算符放在变量前和变量后是不同的。自增运算符与自减运算符如表 3-4 所示。

表3-4　自增运算符与自减运算符

运算符	说　明	举例(设x初值为7)
x++	先用x的值，再让x加1	y=x++； //x为7，y为7
++x	先让x加1，再用x的值	y=++x； //x为8，y为8
x−−	先用x的值，再让x减1	y=x−−； //x为7，y为7
−−x	先让x减1，再用x的值	y=−−x； //x为6，y为6

2. 逻辑运算符

逻辑运算的结果只有“真”和“假”两种,1 表示真,0 表示假。逻辑运算符及其说明如表 3-5 所示。

表3-5 逻辑运算符及其说明

运算符	说 明	举例(设a=1，b=1)
&&	逻辑与	a&&b；//返回值为1
||	逻辑或	a||b；//返回值为1
!	逻辑非	! a；//返回值为0

例如，条件"10 > 20"为假，"2 < 6"为真，则逻辑与运算（10 > 20)&&（2 < 6）=0&&1=0。

3. 关系运算符

关系运算符用于判断两个数之间的关系。关系运算符及其说明如表3-6所示。

表3-6 关系运算符及其说明

符 号	说 明	举例(设a=5，b=7)
>	大于	a>b；//返回值为0
<	小于	a<b；//返回值为1
>=	大于等于	a>=b；//返回值为0
<=	小于等于	a<=b；//返回值为1
==	等于	a==b；//返回值为0
!=	不等于	a!=b；//返回值为1

4. 位运算符

位运算符及其说明如表3-7所示。

表3-7 位运算符及其说明

符 号	说 明	举例(设a=0x11，b=0x6c)
&	按位逻辑与	a&b=0x00
|	按位逻辑或	a|b=0x7d
^	按位异或	a^b=0x7d
~	按位取反	x=0x0f；~x=0xf0
≪	按位左移(低位补0，高位丢弃)	y=0x26，y≪2，y=0x98
≫	按位右移(高位补0，低位丢弃)	w=0x26，w≫2，w=0x05

在实际应用中，常常需要改变 I/O 口某一位的值，而不影响其他位，如果 I/O 口是可位寻址的，这个问题就很简单。但有时外扩的 I/O 口只能进行字节操作，因此，要想在这种场合下实现单独的位控，就要采用位操作。

【例3-2】编写程序将扩展的某 I/O 口 ADD_PORT（只能字节操作的）ADD_PORT.2 清 0，ADD_PORT.1 置为 1。程序如下：

```
# define <absacc.h>                    //头文件absacc.h中的片外I/O口变量
# define  ADD_PORT  XBYTE[0xaff0]    //定义片外I/O口ADD_PORT地址
void  main()
{ ADD_PORT=(ADD_PORT&0xbf) | 0x02;}
```

以上程序段中，第 2 行定义了一个片外 I/O 口变量 ADD_PORT，其地址为片外数据存储区的 0xaff0。在 main() 函数中，"ADD_PORT=(ADD_PORT&0xbf)| 0x02" 的作用是先用运算符 "&" 将 ADD_PORT.2 置成 0，然后再用 "|" 运算符与 0x02 运算，将 PORTA.1 置为 1。

5. 取地址运算符和指针运算符

C51 的各种运算符中包括与指针有关的两个运算符。指针是 C51 语言中的一个十分重要的概念。C51 的指针变量用于存储某个变量的地址。C51 用 "*" 和 "&" 运算符来提取变量的内容和变量的地址。指针和取值运算及其说明如表 3-8 所示。

表3-8 指针和取值运算及其说明

符　号	说　明
*	提取变量的内容
&	提取变量的地址

提取变量的内容和变量地址的一般形式分别如下。

目标变量 =* 指针变量;// 将指针变量所指的存储单元内容赋值给目标变量

指针变量 =& 目标变量;// 将目标变量的地址赋值给指针变量

例如，若变量 a 的地址为 30H，值为 50H；指针变量 ap 指向变量 a。

```
w=ap;         //指针变量ap指向变量a，a的地址即为ap的值，w=30H
x=a;          //将变量a的值赋给变量x=50H
y=&a;         //取出变量a的地址赋给变量y，y=30H
z=*ap;        //取出指针变址ap所指向的变量a的值赋值给变量z=50H
```

根据这两个运算符的特性和设定，可以得出如下结论。

（1）*ap 与 a 是等价的，即 *ap 就是 a；

（2）由于 *ap 与 a 等价，因此，&*ap 与 &a 也是等价的；

（3）由于 ap=&a，因此，*ap 与 *&a 等价，*&a 与 a 等价。

【例 3-3】已知下列程序，说明程序中 "*" 和 "&" 的含义。

```
# include<stdio.h>              //包含函数stdio.h
void main (){                   //主函数
unsigned char s=100, x;         //定义s、x为无符号字符型变量，s赋值
unsigned char *b;               //定义无符号字符指针变量b
b=&a;                           //将变址a的地址赋值给指针变量b
x=*b;                           //将以指针变量b为地址的存储单元中的内容赋值给x
print ("x=%bu\n", *b);}         //输出x=*b
```

解： 上述程序中的第4行语句是定义指针变量b，其中"*"用于表示紧跟的变量b为指针变量。第5行语句中的符号"&"为取地址运算符，&a表示取出变量a的地址，赋值给指针变量b，即指针变量b指向变量a。需要强调的是，给指针变量赋值时必须是地址。第6行语句表示取出以指针变量b为地址的存储单元中的内容赋值给x，结果x=100。其中"*"是指针运算符（取指针内容运算符）。第7行语句是输出第6行语句的结果，其中符号"*"为指针运算符（取指针内容运算符）。需要注意的是，第4行语句中与第6、7行语句中"*"号的含义是不同的。前者为指针变量类型说明符，后者为取指针内容运算符。一般来讲，可以这样来区分"*"的含义：在指针变量说明（定义）中，"*"号是指针变量类型说明符；在表达式中，"*"号是取指针内容运算符（第7行语句是将 *b 赋给 %bu，属于表达式）。取指针内容运算符"*"后面跟着的必须是指针变量（地址），而不能是其他类型的变量。

3.2.5 C51的分支与循环程序

C51的程序按结构可分为3类，即顺序、分支和循环结构。顺序结构是程序的基本结构，程序自上而下，从 main() 函数开始一直到程序运行结束，程序只有一条路可走，没有其他的路径可选择，这里仅介绍分支结构和循环结构。

1. 分支控制语句

实现分支控制的语句有 if 语句和 switch 语句。

（1）if 语句用于判定所给定的条件是否满足，根据判定结果决定执行两种操作之一。if 语句的基本结构如下：

```
if (表达式){语句}
```

当括号中的表达式成立时，程序执行大括号内的语句，否则程序跳过大括号中的语句部分，而直接执行下面的其他语句。

C51 提供3种形式的 if 语句。

形式1

```
if (表达式){语句}
```

例如：

```
if (x > y){max=x;min=y}
```

即如果 x > y,则 x 赋给 max,y 赋给 min；如果 x > y 不成立,则不执行大括号中的赋值运算。

形式 2

```
if (表达式){语句1;}else{语句2;}
```

例如：

```
if (x > y){max=x;}
else{min=y;}
```

本形式相当于双分支选择结构。

形式 3

```
if (表达式1){语句1;}
else if (表达式2){语句2;}
else if (表达式3){语句3;}
else{语句n;}
```

本形式相当于串行多分支选择结构。

在 if 语句中又含有一个或多个 if 语句,这称为语句的嵌套。应当注意 if 与 else 的对应关系,总是与它前面最近的一个 if 语句相对应。

（2）switch 语句。if 语句只有两个分支可供选择,而 switch 语句是多分支选择语句。switch 语句的一般形式如下:

```
switch (表达式1)
{
  case 常量表达式1:{语句1;    };break;
  case 常量表达式2:{语句2;    };break;
  ......
  case 常量表达式n:{语句n;    };break;
  default:        {语句n+1;}
}
```

上述 switch 语句的说明如下。

① 每一个 case 的常量表达式必须都是不同的,否则将出现混乱。

② 各个 case 出现的顺序不影响程序执行的结果。

③ switch 括号内表达式的值与其后面的常量表达式的值相同时,就执行它后面的语句,遇到

break 语句则退出 switch 语句。当所有 case 中常量表达式的值都没有与 switch 语句表达式的值相匹配时,就执行 default 后面的语句。

④ 如果在 case 语句中没有 break 语句,则程序执行了本行之后,不会按规定退出 switch 语句,而是将执行后续的语句。在执行 1 个分支后,使流程跳出结构,即终止语句的执行,可以用 1 条 break 语句完成。switch 语句的最后一个分支可以不加 break,结束后直接退出 switch 结构。

【例3-4】在单片机程序设计中,常用 switch 语句作为键盘中按键按下的判别语句,并根据按下键的键号跳向各自的分支处理程序。

```
key_on:keyval=key_scan();
switch (keyval)
{
  case 1:key1();break;      //如果按下键的键值为1, 则执行函数key1()
  case 2:key2();break;      //如果按下键的键值为2, 则执行函数key2()
  case 3:key3();break;      //如果按下键的键值为3, 则执行函数key3()
  case 4:key4();break;      //如果按下键的键值为4, 则执行函数key4()
  default:goto  key_on;
}
```

其中,key_scan() 是键盘扫描函数,如果有键按下,该函数就会得到按下按键的键值,将键值赋予变量 keyval。如果键值为 1,则执行键值处理函数 key1() 后返回;如果键值为 2,则执行 key2() 函数后返回。执行完 1 个键值处理函数后,则跳出 switch 语句,从而达到按下不同的按键来进行不同的键值处理的目的。

2. 循环控制语句

许多实用程序都包含循环结构,掌握并熟练运用循环结构的程序设计是使用 C51 语言进行程序设计的基本要求。

实现循环结构的语句有以下 3 种:while 语句、do-while 语句和 for 语句。

（1）while 语句

while 语句的语法形式为:

```
while (表达式)
{
   循环体语句;
}
```

表达式是循环能否继续的条件。如果表达式为真,就重复执行循环体语句;反之,则终止循环体内的语句。

while 循环结构的特点在于,循环条件的测试在循环体的开始处,要想执行重复操作,首先必须进行循环条件的测试,如果条件不成立,则不执行循环体内的操作。

例如:

```
while ((P1&0x80)==0)
{
}
```

while 中的条件语句对 P1 口的 P1.7 进行测试,如果 P1.7 为低电平(0),则由于循环体无实际操作语句,故继续测试下去(等待),一旦 P1.7 的电平变高(1),则循环终止。

(2)do-while 语句

do-while 语句的语法形式为:

```
do
{
    循环体语句;
}while (表达式);
```

do-while 语句的特点是先执行内嵌的循环体语句,再计算表达式,如果表达式的值为非 0,则继续执行循环体语句,直到表达式的值为 0 时,结束循环。

由 do-while 构成的循环与 while 循环十分相似,它们之间的区别是:while 循环的控制出现在循环体之前,只有当表达式的值非 0 时,才可能执行循环体。在 do-while 构成的循环中,总是先执行一次循环体,然后再求表达式的值,因此无论表达式的值是 0 还是非 0,循环体至少要被执行一次。

和 while 循环一样,在 do-while 循环体中,要有能使 while 后表达式的值变为 0 的操作,否则,循环会无限制地进行下去。根据经验,do-while 循环并不常用,大多数的循环用 while 来实现会更直观。

【例3-5】实型数组 sample 存有 10 个采样值,编写程序段,要求返回其平均值(平均值滤波)。程序如下:

```
float avg (float  *sample)
{
    float sum=0;
    char n=0;
    do
{
    sum+=sample[n];
    n++;
```

```
    }while (n<10);
    return (sum/10);
}
```

（3）基于 for 语句的循环

在 3 种循环中，经常被使用到的是 for 语句构成的循环。它不仅可以用于循环次数已知的情况，也可以用于循环次数不确定而只给出循环条件的情况。它完全可以替代 while 结构。

for 循环的一般格式为：

```
for  (表达式1;表达式2;表达式3)
{
    循环体语句；
}
```

for 的关键字，即 for 后的括号中通常含有 3 个表达式，各表达式之间用";"隔开。这 3 个表达式可以是任意形式的表达式，通常主要用于 for 循环的控制。紧跟在 for() 之后的循环体在语法上要求是 1 条语句；若在循环体内需要多条语句，则应该用大括号括住当作复合语句。

for 的执行过程如下。

① 计算"表达式 1"，表达式 1 通常称为"初值设定表达式"。

② 计算"表达式 2"，表达式 2 通常称为"终值条件表达式"，若满足条件，转下一步；若不满足条件，则转步骤⑤。

③ 执行 1 次循环体。

④ 计算"表达式 3"，表达式 3 通常称为"更新表达式"，转向步骤②。

⑤ 结束循环，执行 for 循环之后的语句。

3. for语句的说明

（1）for 语句中小括号内的 3 个表达式全部为空。

例如：

```
for (;;)
{
    循环体语句；
}
```

在小括号内只有两个分号，无表达式，这意味着没有设初值，无判断条件，循环变量为增值，它的作用相当于 while（1），这将导致一个无限循环。一般在编程时，若需要无限循环，可采用这种形式的循环语句。

（2）for 语句的 3 个表达式中，表达式 1 缺省。例如：

```
for(;i++; i<=1000)
```

即不对 i 设初值。

（3）for 语句的 3 个表达式中，表达式 1、表达式 3 省略。例如：

```
for(;i<=1000)sum=sum+i;
```

（4）for 语句的 3 个表达式中，表达式 2 缺省。

例如：

```
for(i=0;i++;)
{
    sum=sum+i;
    i++;
}
```

即不判断循环条件，认为表达式始终为真，循环将无休止地进行下去。

（5）没有循环体的 for 语句。

例如：

```
int a=1000;
for(t=0;t<a;t++)
{;}
```

软件延时就是一个典型应用。

在程序设计中，经常用到时间延迟，可用循环结构来实现，即循环执行指令，消耗一段已知的时间。AT89S51 单片机指令的执行时间是靠一定数量的时钟周期来计时的，如果使用 12MHz 晶振，则 12 个时钟周期花费的时间为 1μs。

【例 3-6】求 1+2+3+…+100 的累加和。用 for 语句编写程序如下：

```
#include<reg51.h>
#include<stdio.h>
main ()
{
    int sum, sum_n;
    for (sum_n=1;sum_n<=100;sum_n++)
    sum +=sum_n;//累加求和
    while (1);
```

```
}
```

【例3-7】试求：sum=1+2+…+100。用"while（1）;"语句编写程序。

解：C51编程如下：

```
void main (){            //主函数
unsigned char n=1;        //定义无符号字符型变量n，并赋初值
unsigned int sum=0;       //定义无符号整型变量sum，并赋初值
while (n<=100)            //当n≤100时循环，否则跳出循环
sum=sum+n;{              //累加求和
n++;}                    //修正循环变量n=n+1，返回
while (1);}              //原地等待
```

用do-while循环语句，改编例3-7程序，仅第4～6行改动如下：

```
do{sum=sum+n;            //累加求和（也可写成：sum+=n;）
n++;}                    //修正循环变量，n=n+1，并返回循环条件判断
while (n<=100);          //当n≤100时循环，否则跳出循环
```

编写无限循环程序段，可使用以下3种结构。

① 使用 while（1）结构：

```
while(1)
{
}
```

② 使用 for（；；）结构：

```
for(;;)
{
    代码段；
}
```

③ 使用 do-while（1）结构：

```
do
{
    代码段；
}while(1);
```

4. break语句、continue语句和goto 语句

在循环体语句执行过程中,如果在满足循环判定条件的情况下跳出代码段,则可以使用 break 语句或 continue 语句;如果要从任意地方跳转到某个地方,则可以使用 goto 语句。

(1)break 语句。前面已介绍过用语句可以跳出 switch 循环体。在循环结构中,可使用 break 语句跳出本层循环体,立刻结束本层循环。

【例3-8】计算整数 1~100 的累加值,累加值到达 500 时停止,存放到 sum 中。

```
void main (void)
{
    int i, sum=0;
    for (i=1;i<=100;i++)
    {
      sum=sum+i;
      if (sum >500)break;
    }
}
```

在这个例子中,如果没有 break 语句,程序将进行 100 次循环;当 i=31 时,sum 的值为 496;当 i=32 时,sum 的值为 528,此时,if 语句的表达式"sum>500"的值为 1,于是执行 break 语句,跳出 for 循环,从而提前终止循环。因此,在一个循环程序中,既可以通过循环语句中的表达式来控制循环是否结束,还可以直接通过 break 语句强行退出循环结构。

(2)continue 语句。continue 语句的作用及用法与 break 语句类似,区别在于:当前循环遇到 break,是直接结束循环,若遇上 continue 是停止当前这一层循环,则直接尝试下一层循环。可见,continue 并不结束整个循环,而仅仅是中断当前这一层循环,然后跳到循环条件处,继续下一层的循环。当然,如果跳到循环条件处的条件已不成立,循环便会结束。

【例3-9】试编写程序显示 100~200 之间能被 3 整除(或不能被 3 整除)的数并累加。

为完成要求,在循环中加一个判断,如果该数个位是 3,就跳过该数不加。如何来判断 100~200 的数中哪些位的个数是 3 呢? 求其余数的运算符"%"将一个 3 位以内的正整数除以 3 后,余数是 0,就说明这个数能被 3 整除。例如,数 105 除以 3 后,余数是 0。根据以上分析,参考程序如下:

```
#include<reg51.h>        //包含访问库函数reg51.h
#include<stdio.h>        //包含基本输入输出库函数stdio.h
void main (void)         //主函数
{
unsigned char i;         //定义无符号字符型变量
```

```
for (i=100;i<=200;i++){      //循环初值i=100；条件i<=200；变量更新i=i+1
if ((i%3)!=0)continue;       //若i不能被3整除，则判断下一个
sum=sum+i;
while (1);                   //原地等待
}
```

上例中的 continue 语句的作用是，条件满足（i 不能被 3 整除）时，立即进入下一轮循环；而条件不满足时，执行循环体语句，输出 i 值。若改变条件满足（i 能被 3 整除）时，则判断下一个。

（3）goto 语句是一个无条件转移语句，当执行 goto 语句时，将程序指针跳转到 goto 给出的下一条代码地址。基本格式如下：

```
goto 标号
```

【例 3-10】计算整数 1~100 的累加值，存放到 sum 中。

```
void main (void)
{
    unsigned char i;
    int sum;
    add_start:
    sum=sum+i;
    i++;
    if (i<101){goto add_start;}
}
```

goto 语句在 C51 中经常用于无条件跳转某条必须执行的语句，或用于死循环程序中退出循环。为方便阅读，也为了避免跳转时引发错误，在程序设计中要慎重使用 goto 语句。

3.2.6　数组与指针

在 C51 程序设计中，数组的使用较为广泛。

1. 数组

数组是同类数据的一个有序结合，用数组名来标识。整型变量的有序结合称为整型数组，字符型变量的有序结合称为字符型数组。数组中的数据，称为数组元素。

数组中各元素的顺序用下标表示，下标为 n 的元素可以表示为：数组名 [n]。改变 [ ] 中的下标就可以访问数组中的所有元素。

数组有一维、二维、三维和多维数组之分。C51 中常用的有一维数组、二维数组和字符数组。

（1）一维数组

具有一个下标的数组元素组成的数组称为一维数组，形式如下：

类型说明符 数组名 [元素个数]

其中，数组名是一个标识符，元素个数是一个常量表达式，不能是含有变量的表达式。

例如：

```
unsigned int code a[10];
```

上式表示，该数组名为 a，数组内的数据类型为 unsigned int，存储类型为 code，元素个数（也称为数组长度，即数组内数据的个数）为 10 个。

引用数组即引用数组的元素。例如，数组 a[10] 中的 10 个元素可分别表示为 a[0]、a[1]、a[2]、…、a[9]。其中，0~9 称为数组下标，下标是从 0 开始编号的，可以是整型常量或整型表达式。例如，s=a[6]；或 s=a[2*3]；需要指出的是，数组引用的格式和数组定义的格式极为相似，均为数组名加一组方括号，方括号内为正整数。但是数组定义时方括号内的是元素个数，是定值；而数组引用时方括号内是下标，是变量。例如，a[6]，既可理解为定义数组，有 6 个元素的数组，也可理解为引用数组，即编号为 6 的数组元素；关键是看其出现在什么地方，应注意两者的区别。C 语言规定引用数组时：①数组必须先定义后使用；②数组元素不能整体引用，只能单个引用。

数组赋值时，要注意以下问题。

① 数组元素的值，一般在数组初始化时（即数组定义时）赋值。例如：

```
unsigned char a[10]={10, 11, 22, 33, 44, 55, 66, 77, 88, 99};
```

初始化赋值后，上述数组的数组元素值分别为：a[0]=10，a[1]=11，a[2]=22，a[3]=33，a[4]=44，a[5]=55，a[6]=66，a[7]=77，a[8]=88，a[9]=99。

初始化赋值时，若赋值数据个数与方括号内的元素个数相同，则数组定义方括号内的元素个数可以省略，即用赋值数据个数指明元素个数。因此，上例可表达为：

```
unsigned char a[]={10, 11, 22, 33, 44, 55, 66, 77, 88, 99};
```

② 数组初始化时，也可只给一部分数组元素赋值。例如：

```
int a[10]={10, 11, 22, 33, 44};
```

此时，该数组前 5 个数组元素被赋值，其后的 5 个数组元素均为 0。即若赋值个数少于数组元素个数时，只将有效数值赋给最前一部分数组元素，其后的数组元素均赋值 0。

③ 若未在数组初始化时赋值，则数组定义后只能单个赋值，一般要用循环语句。例如：

```
unsigned int xdata s[100];  //定义无符号整型数组s，存储在片外RAM，数组元素100
unsigned char i;            //定义无符号字符型变量i
```

```
for (i=0;i<100;i++)              //循环i=0~99
s[i]=i*i;
```

在单片机应用中,数组的主要功能是查表。一般来说,实时控制系统没有必要按繁复的控制公式进行精确的计算,可预先将计算或检测结果形成表格,使用时查表对应,这种方法特别是对于一些传感器的非线性转换,既方便又快捷。

（2）二维数组或多维数组

具有两个或两个以上下标的数组称为二维数组或多维数组。二维数组一般形式如下:

类型说明符 数组名 [行数][列数]

其中,数组名是一个标识符,行数和列数都是常量表达式。例如:

```
float array2[3][5];           //array2数组,有3行5列共15个浮点型元素
```

二维数组可以在定义时进行整体初始化,也可在定义后单个进行赋值。例如:

```
int a[3][3]={{ 2, 3, 4}, {5, 6, 7}, {8, 9, 10}}; //a[ ][ ]数组全部初始化
int b[3][3]={{2, 4, 6}, {1, 5, 9}, {;}};   //b[ ][ ]数组未初始化的元素为0
```

（3）字符数组

若一个数组的元素是字符型的,则该数组就是一个字符数组。例如:

```
char a[8]={'C', 'H', 'I', 'N', 'A', '\0'};     //字符串
```

定义了一个字符型数组 a[ ],有 8 个数组元素,并且将 6 个字符（其中包括 1 个结束标志字符 '\0'）分别赋给了 a[0]~a[5],剩余的 a[6]、a[7] 被系统自动赋予空格字符。C51 还允许用字符串直接给字符数组置初值。例如:

```
char  a[8]={"CHINA"};
```

用双引号括起来的一串字符称为字符串常量,C51 编译器会自动在字符串末尾加上结束符 '\0'。

用单引号括起来的字符为字符的 ASCII 码值,而不是字符串。例如,'c' 表示 a 的 ASCII 码值 63H,而 "c " 表示一个字符串,由两个 '3' 字符组成。

一个字符串可以用一维数组来装入,但数组的元素数量一定要比字符数量多 1 个,以便 C51 编译器自动在其后面加入结束符 '\0'。

2. 数组的应用

在 C51 编程中,数组的查表功能非常有用,如数学运算,可采用查表计算而不是公式计算。例如,对于传感器的非线性转换进行补偿,使用查表法就更方便。再如,LED 显示程序中根据要显示的数值,找到对应的显示段码送到 LED 显示器显示,就可以事先计算好后装入程序存储器中。

【例 3-11】使用查表法,计算数 0~9 的平方值。

```
# define uchar unsigned char
uchar  code square[ ] ={1, 4, 9, 16, 25, 36, 49, 64, 81};
void main (void)
{
    int result, number;
    result =square[number];            //number 值的平方数存入result单元
}
```

在程序的开始处,"uchar code square[ ]={1,4,9,16,25,36,49,64,81}"定义了一个无符号字符型的数组 square[ ],并对其进行了初始化,将数 0~9 的平方值赋予数组 square[ ],函数从 square[ ] 数组中查得 number=5 对应的平方数为 25,存入 result 单元。

3. 数组与存储空间

当程序中设定了一个数组时,C51 编译器就会在系统的存储空间中开辟一个区域,用于存放数组的内容。数组就包含在这个由连续存储单元组成的存储体内。字符数组占据了内存中一连串的字节位置。整型(int)数组则将在存储区中占据一连串连续的字节。长整型(long)数组或浮点型(float)数组的一个元素将占有 4B 的存储空间。

当数组被创建时,C51 编译器就会根据数组的类型在内存中开辟一块大小等于数组长度乘以数据类型长度(即类型占有的字节数)的区域。

二维数组 a[m][n] 的存储顺序是按行存储,先存第 0 行元素的第 0 列、第 1 列、第 2 列,直至第 n−1 列,然后返回到存 1 行元素的第 0 列、第 1 列、第 2 列,直至第 n−1 列,如此顺序存储,直到第 m−1 行的第 n−1 列。

当数组特别是多维数组中大多数元素没有被有效利用时,就会浪费大量的存储空间。

8051 单片机的存储资源极为有限,因此在进行 C51 编程开发时,要根据需要来选择数组的大小。

4. 指针

C51 支持基于存储器的指针和一般指针两种指针类型。当定义一个指针变量时,若未给出所指向的对象的存储类型,则指针变量被认为是一般指针;反之,若给出了它所指对象的存储类型,则该指针被认为是基于存储器的指针。

基于存储器的指针类型由 C51 源代码中的存储类型决定,用这种指针可以高效访问对象,且只需要 1~2B。

一般指针占用 3B:1B 为存储类型,2B 为偏移量。存储类型决定了对象所用的 8051 的存储空间,偏移量指向实际地址,一般指针可以访问任何变量。

（1）基于存储器的指针

在定义一个指针时,若给出了它所指对象的存储类型,则该指针是基于存储器的指针。基于存储器的指针以存储类型为变量,在编译时才被确定。因此,为地址选择存储器的方法可以省略,以便这些指针的长度可为1B（idata*,data*,pdata*）或2B（code *,xdata *）。在编译时,这类操作一般被"内嵌"编码,而无须进行库调用。

基于存储器的指针定义举例:

```
char  xdata  px*;
```

在 xdata 存储器中定义了1个指向字符类型的指针。指针自身在默认的存储区,长度为2B,值为0~0xffff。再看下面一个例子:

```
char  xdata  *data pdx;
```

除了明确定义指针位于8051内部存储区（data）外,其他与上例相同,它与编译模式无关。再看一个例子:

```
data  char xdata  *pdx;
```

本例与上例完全相同。存储类型定义既可以放在定义的开始处,也可以直接放在定义的对象之前。

C51的所有数据类型都和8051的存储类型相关。所有用于一般指针的操作同样可用于基于存储器的指针。

基于存储器的指针定义举例如下:

```
char xdata *px;      //指向一个存在片外RAM的字符变量,px本身在默认的存储器中,
                       由编译模式决定,占用2B
char xdata *data py;    //py指向一个存在片外RAM的字符变量,py本身在RAM中,
                       与编译模式无关,占用2B
```

（2）一般指针

在函数的调用中,函数的指针参数需要用一般指针。一般指针的说明形式如下:

数据类型 *指针变量;

例如:

```
char *pz;
```

这里没有给出所指变量的存储类型,处于编译模式的默认存储区,长度为3B。一般指针包括3B:2B偏移和1B存储类型,如表3-9所示。

表3-9　一般指针

地址偏移量	+0	+1	+2
存储内容	存储类型	偏移量高位	偏移量低位

其中,第1个字节代表指针的存储类型。存储类型的编码如表3-10所示。

表3-10　存储类型的编码

存储类型	idata/data/bdata	xdata	pdata	code
存储内容	0x00	0x01	0xfe	0xff

例如,以xdata类型的0x1234地址作为指针表示,如表3-11所示。

表3-11　0x1234的表示

地址偏移量	+0	+1	+2
存储内容	0x01	0x12	0x34

常数作指针时,必须注意正确定义存储器的类型和偏移。

例如,将常数值0x41写入地址0x8000的外部数据存储区:

```
#define XBYTE[(char *)0x10000L]
XBYTE[0x8000]=0x41;
```

其中,XBYTE被定义为(char *)0x10000L,0x10000L为一般指针,其存储类型为1,偏移量为0000。这样,XBYTE成为指向xdata零地址的指针,而XBYTE[0x8000]则是外部数据存储区0x8000的绝对地址。C51编译器不检查指针常数,用户必须选择有实际意义的值。用指针变量可以对内存地址进行直接操作。

3.2.7　数据类型与代码转换

1.自动转换

在C51程序表达式或变量赋值运算中,会出现参与运算对象类型不一致的情况。C51与标准C一样,允许任何标准数据类型之间自动转换(隐式)。自动转换按以下优先级进行:

bit → char → int → long → float;signed → unsigned。

其中,箭头方向仅表示数据类型级别的高低,转换时由低向高进行,而不是数据转换时的顺序。例如,一个bit型数据与一个int型数据进行运算时,将把bit型变量的值直接转换成int型数据进行运算。

赋值运算"="号两边的数据类型不同时,C51将把"="号右侧的数据类型自动转换为左侧变量的数据类型。

2. 强制转换

C51 与 ANSI C 一样,除了支持隐式类型转换外,还可以通过强制类型转换符"()"对数据类型进行强制转换(显式转换)。转换的格式为:(转换后的数据类型)(表达式)。

例如,有两个数据 a 和 b 进行算术运算。若 a 是 char 型,b 是 int 型,则 a 自动转换为 int 型;若 a 是 unsigned 型,b 是 signed 型,则 a 自动转换为 signed 型;若 a 是 long 型,b 是 float 型,虽然数据长度相同,则 a 会自动转换为 float 型。

3. 码制转换

在单片机应用开发中,经常涉及各种编码之间的转换,如将十进制数转换为十六进制数,将十进制数的各位分离出来再转换为对应的 ASCII 码或 LED 显示器的段码,将 BCD 码转换为十进制数等。下面列出实现无符号整数到十六进制数的 ASCII 码和无符号整数转换为 BCD 码的例子。

【例 3-12】定义一个能将任意无符号二进制数转换为十六进制数的 ASCII 码,并放于指定位置的函数 uint2hex (),同时将该无符号二进制数转换为 LED 七段码和 BCD 码。

在 C51 中,一个无符号二进制数为 16 位,对应 4 位十六进制数。要以十六进制数的形式进行输出,需要将每 4 位二进制数转换为对应的十六进制数的 ASCII 码。将 4 位二进制数转换为 1 位十六进制数的 ASCII 码,可采用判断法:①当 4 位二进制数对应的十六进制数为 0~9 时,加 0x30;②当其为 A~F 时,加 0x37。也可以采用查表法:按顺序建立一个 0~9、A~F 的 ASCII 码表,即定义一个字符数组 unsigned char code Ascii_Hex[ ]="0123456789ABCDEF",然后以待转换的 4 位二进制值为下标访问数据 a,便可以得到对应十六进制数的 ASCII 码。采用查表法实现。运行仿真参见实验 12-1。

```
# include<stdio.h>
# include<intrins.h>
# include<reg51.h>
# define uchar   unsigned char
# define uint   unsigned int
uchar code Ascii_Hex[]={0, 1, 2, 3, 4, 5, 6, 7, 8, 9, A, B, C, D, E, F};
    //建立0~9, A~F的ASCII码表
uchar code Bcd_7seg[ ]={0xc0, 0xa4, 0x99, 0x82, 0x80, 0xf9, 0xb0,
    0x92, 0xf8, 0x90};
    //共阳极段码表
main ()
{
    SCON=0x52;          //设置串口方式1收发
```

```
    TMOD=0x20;          //设置T1以模式2工作
    TL1=0xfd;           //设置T1低8位初值
    TH1=0xfd;           //设置T1自动重装初值
    TR1=1;              //开T1
    uchar asc[5]={0};
    uint2hex (uint x, uchar * hex_p);
    while (1);
}
void uint2hex (unsigned int x, uchar *hex_p)
{
    uchar i, temp, ascii;
    for (i=0;i<4; i++) //变量x为16位二进制数,每次4位二进制数到1位十六进制
                        数的转换
    {
    scanf ("%d", &uint);
    x=_irol_(x, 4);             //将变量x的高4位循环左移到低4位
    temp =x&0x0f;               //将变量x的低4位送变量temp
    *hex_p++= Ascii_Hex[temp];  //查表将4位二进制数转换为对应的ASCII码
    printf (\n"%S\n", asc);
}}
```

【例3-13】将一个无符号整数转换为BCD码,再以ASCII码输出。

在C51编程中,经常需要将无符号十进制数的各位分离出来,再转换为其他编码,如ASCII码、LED显示器的段码等。采用将无符号十进制数模10的方法可分离出其中个位对应的BCD码,然后将十进制数除以10的商再取模10,可以得到无符号十进制数的十位对应的BCD码……,以此类推,可以得到无符号十进制数中的各位对应的BCD码,若想得到BCD码转换为其他ASCII码,可采用计算法:在BCD码基础上加0x30便可以得到对应的ASCII码,也可以采用查表。如果要将BCD码转换为LED显示器的七段码,通常采用查表法,因为BCD码与对应的LED七段码之间没有直接计算关系。因此,本例采用查表法实现BCD码到ASCII码的转换。需要将BCD码转换为LED段码时,只需将程序中BCD—ASCII码表换成BCD—LED段码表即可。

```
# include<stdio.h>
# include<reg51.h>
# define uchar  unsigned char
# define uint  unsigned int
```

```
uchar code Bcd_Ascii[ ]="0123456789";//在程序存储区中创建0~9的ASCII码表
uchar code Bcd_7seg[ ]={0xc0, 0xa4, 0x99, 0x82, 0x80, 0xf9, 0xb0,
                        0x92, 0xf8, 0x90};
                              //共阳极段码表
main ()
{
    SCON=0x52;              //设置串口方式1收发
    TMOD=0x20;             //设置T1以模式2工作
    TL1=0xfd;             //设置T1低8位初值
    TH1=0xfd;             //设置T1自动重装初值
    TR1=1;               //开T1
    uchar bcd[5]={0};
    uchar Bcd_Ascii[6]= {0};
    scanf ("%d", &uint);
    uchar *ptr1=bcd, *ptr2= Bcd_Ascii, i;
    printf (\n"%S\n", asc);
    scanf ("%d", &uint);
    uint2bcd (uint x, uchar *bcd_p);
    bcd2ascii (uint x, uchar  *asc_p);
    printf ("%C", bcd_asci);
}
void uint2bcd (uint x, uchar *p)     //十进制数转换为各位独立的BCD码
{
    uchar i, temp;
    p=p+4;
    for (i=0;i<5;i++) //变量x为5位十进制数，每次循环可将其转换为1位BCD码
    {temp=x%10;*p--= temp;x=x/10;
}}
void bcd2ascii (uint x, uchar  *ptr2) //BCD码转换为对应的ASCII码
{
    for (i=0;i<5;i++)
    {
      *ptr2++=Bcd_Ascii[*ptr1++]:   //查表将各位BCD码转换为对应的ASCII码
      printf ("\n%s\a", bcd_asc);
```

```
}}
void bcd2led (uint x, uchar  *ptr2) //BCD码转换为对应的七段码
{
    for (i=0;i<5;i++)
    {
      *ptr2++= Bcd_7seg[*ptr1++];    //查表将各位BCD码转换为对应的七段码
}}
```

3.3 C51函数与变量

函数是一个完成相关功能的执行代码段。在高级语言中,函数与另外两个名词"子程序"和"过程"用来描述同样的事情,在 C51 中使用的术语是"函数"。

C51 中函数的数目是不受限制的,但是一个 C51 程序必须至少有 1 个主函数,名称为 main。主函数是唯一的,整个程序必须从主函数开始执行。C51 还可以建立和使用库函数,可由用户根据需求调用。

3.3.1 函数的分类

从结构上分,C51 中的函数可分为主函数 main() 和普通函数。而普通函数又可以划分为以下两种。

1. 标准库函数

标准库函数由 C51 编译器提供。编程者在进行程序设计时,要充分利用这些功能强大、资源丰富的标准库函数资源,以提高编程效率。

用户可以直接调用 C51 的库函数而无须为这个函数写任何代码,只要添加包含具有该函数说明的头文件即可。例如调用输出函数时,要求在调用输出的库函数前包含以下的 #include 命令:

```
#include <stdio.h>
```

2. 用户自定义函数

用户自定义函数是用户根据自己的需要所编写的函数,可以将其划分为无参函数、有参函数和空函数。

（1）无参函数

此种函数在被调用时，既无参数输入，也不向调用函数返回结果，只是为完成某种操作而编写。

无参函数的定义形式为：

```
返回值类型 标识符 函数名()
{
    函数体;
}
```

无参函数一般不带返回值，因此函数的返回值类型的标识符可以省略。

例如，函数 main() 为无参函数，返回值类型的标识符可以省略，默认值是 int 类型。

（2）有参函数

调用此种函数时，必须提供实际的输入函数。有参函数的定义形式为：

```
返回值类型 标识符 函数名(形式参数列表)
形式参数说明
{
    函数体;
}
```

【例3-14】定义一个函数 max()，用于求两个数中较大的数。

```
int a, b;
int max (a, b)
{
    if (a>b) return (a);
    else return (b);
}
```

上面的程序段中，a、b 为形式参数，return() 为返回语句。

（3）空函数

空函数是指函数体内无语句，是空白的。调用空函数时，什么工作也不做，不起任何作用。定义空函数并不是为了执行某种操作，而是为了以后程序功能的扩充。例如，先将一些基本模块的功能函数定义成空函数，占好位置，并写好注释，以后再用一个编写好的函数代替它。这样一来，整个程序的结构清晰，可读性好，为以后扩充新功能提供了方便。空函数的定义形式为：

```
返回值类型 标识符 函数名()
    {;}
```

例如：

```
float  main()
{;}//空函数,保留存储空间
```

3.3.2　函数的参数与调用

1. 函数的参数

C51 语言采用函数之间的参数传递方式,使一个函数能对不同的变量进行相同功能的处理,从而大大提高函数的通用性与灵活性。

函数之间的参数传递,是由调用函数的实际参数与被调用函数的形式参数之间进行数据传递来实现的。被调用函数的最后结果由被调用函数的 return 语句返回给调用函数。

函数的参数包括形式参数和实际参数。

（1）形式参数：函数名后面括号中的变量名称为形式参数,简称形参。

（2）实际参数：函数调用时,主调函数名后面括号中的表达式称为实际参数,简称实参。

在 C51 语言的函数调用中,实际参数与形式参数之间的数据传递是单向进行的,只能由实际参数传递给形式参数,而不能由形式参数传递给实际参数。

实际参数与形式参数的类型必须一致,否则会发生类型不匹配的错误。被调用函数的形式参数在函数未调用之前,并不占用实际内存单元。只有当函数调用发生时,被调用函数的形式参数才分配给内存单元,此时内存中调用函数的实际参数和被调用函数的形式参数位于不同的单元。在调用结束后,形式参数所占的内存被系统释放,而实际参数所占的内存单元仍然保留并维持原值。

2. 函数的调用

在一个函数需要用到某个函数的功能时,就调用该函数。调用者称为主调函数,被调用者称为被调函数。

函数调用的一般形式为：

```
函数名(实际参数列表);
```

若被调函数是有参函数,则主调函数必须把被调函数所需的参数传递给被调函数。传递给被调函数的数据称为实际参数,实际参数与形式参数的数据在数量、类型和顺序上必须都一致。实际参数可以是常量、变量和表达式。

3. 函数调用的方式

主调函数对被调函数的调用有以下 3 种方式。

（1）函数调用语句，把被调用函数的函数名作为主调函数的一个语句。例如：

```
dis_delay();
```

此时，并不要求函数返回结果数值，只要求函数完成某种操作。

（2）函数结果作为表达式的一个运算对象。例如：

```
Ave_Result=sum (x)/n;
```

被调函数以一个运算对象出现在表达式中。这要求被调函数带 return 语句，以便返回一个明确的数值参加表达式的运算。被调函数 sum（x）为表达式的一部分，它的返回值再赋给平均值变量 Ave_Result。

（3）函数参数即被调函数作为另一个函数的实际参数。例如：

```
V= Ave_Result (sum (x), n);
```

其中，sum (x) 是一个函数调用，它的值又作为另一个函数 Ave_Result 的实际参数之一。

4. 对调用函数的说明

在一个函数调用另一个函数时，必须具备以下条件。

（1）被调函数必须是已存在的函数（库函数或用户自定义的函数）。

（2）如果程序中使用了库函数，或使用了不在同一文件中的另外的自定义函数，则应该在程序的开始处使用 #include 包含语句，将所有的函数信息包含到程序中。

例如"#include <stdio.h>"，将标准的输入、输出头文件（stdio.h 在函数库中）包含到程序中。在程序编译时，系统会自动将函数库中的有关函数调入程序中，编译出完整的程序代码。

（3）如果程序中使用了自定义函数，且该函数与调用它的函数同在一个文件中，则应根据主调函数与被调函数在文件中的位置，决定是否对被调函数做出说明。

① 如果被调函数在主调函数之后，一般应在主调函数中，在被调函数调用之前，对被调函数的返回值类型做出说明。

② 如果被调函数出现在主调函数之前，不用对被调函数进行说明。

③ 如果在所有函数定义之前，在文件的开始处，于函数的外部已说明了函数的类型，则在主调函数中不必对所调用的函数再做返回值类型说明。

5. 函数的返回值

函数的返回值是通过函数中的 return 语句实现的。一个函数可以有 1 个以上的 return 语句，但是多于 1 个的 return 语句必须在选择结构（if 或 do/case）中使用（如前面求两个数中的大数函数 max() 的例子），因为被调用的函数只能返回 1 个变量。

函数返回值的类型一般在定义函数时，由返回值的标识符来指定。如在函数名之前的 int 指定函数的返回值的类型为整型数（int）。若没有指定函数的返回值类型，则默认返回值为 int 类型。当函数没有返回值时，则使用标识符 void 进行说明。

需要进行以下几点说明：①函数的返回值只能通过 return 语句返回；return 语句可有多条，但最终只能返回一个返回值。②函数的返回值必须与函数的返回值类型一致。如果函数的返回值类型为 unsigned int，则返回值的数据类型也应是 unsigned int。若不相同，则按函数返回值类型自动转换。③允许参数没有返回值，但为减少出错和提高可读性，凡是不需要返回值的函数均定义为无类型 void。④无类型函数不能使用 return 语句。

3.3.3　中断服务函数

由于标准 C 没有处理单片机中断的定义，为了能进行 8051 单片机的中断处理，C51 编译器对函数的定义进行了扩展，增加了一个扩展关键字 interrupt。使用 interrupt 可以将一个函数定义成中断服务函数。由于 C51 编译器在编译时对声明为中断服务程序的函数自动添加了相应的现场保护、禁止其他中断和返回时自动恢复现场等处理功能，因此在编写中断服务函数时可不必考虑这些问题，这解决了用户在编写中断服务程序时过于烦琐的问题。

中断服务函数的一般形式为：

函数类型　函数名（形式参数表）interrupt　n　using　m

关键字 interrupt 后的 n 是中断号，对于 8051 单片机，n 的取值为 0~4。

关键字 using 后面的 m 是所选择的寄存器组，是一个选项，可以省略。如果没有使用 using 关键字指明寄存器组，中断函数中的所有工作寄存器的内容将被保存到堆栈中。有关中断服务函数的具体使用注意事项，将在第 6 章中进行介绍。

3.3.4　变量及存储方式

1. 变量

（1）局部变量。局部变量是某一个函数中存在的变量，它只在该函数内部有效。

（2）全局变量。在整个源文件中都存在的变量称为全局变量。全局变量的有效范围是从定义点开始到源文件结束，其中的所有函数都可以直接访问该变量。如果定义前的函数需要访问该变量，则需要使用关键字 extern 对该变量进行说明；如果全局变量声明文件之外的源文件需要访问该变量，也需要使用 extern 关键字进行说明。

由于全局变量一直存在，这就占用了大量的内存单元，且加大了程序的关联性，不利于程序的移植或复用。

全局变量可以使用 static 关键字进行定义，该变量只有在变量定义的源文件内使用才有效，不能被其他源文件引用,这种全局变量称为静态全局变量。如果一个非静态全局变量需要被某文件引用,则需要在该文件调用前使用 extern 关键字对该变量声明。

2. 变量的存储方式

单片机的存储区间可以分为程序存储区、静态存储区和动态存储区三部分。数据存放在静态存储区或动态存储区。其中,全局变量存放在静态存储区,在程序开始运行时,给全局变量分配存储空间;局部变量存放在动态存储区,在进入拥有该变量的函数时,给这些变量分配存储空间。

3.3.5　宏定义与文件包含

在 C51 程序设计中会经常用到宏定义、文件包含与条件编译。

1. 宏定义

宏定义语句属于 C51 语言的预处理指令,使用宏可以简化变量使用操作,增加程序的可读性、可维护性和可移植性。宏定义分为简单的宏定义和带参数的宏定义。

（1）简单的宏

#define 宏替换名　宏替换体

#define 是宏定义指令的关键字,一般用大写字母来表示宏替换名,而宏替换体可以是数值常数、算术表达式、字符和字符串等。宏定义可以出现在程序的任何地方,例如宏定义:

```
# define uchar unsigned char
```

在编译时可由 C51 编译器把 unsigned char 用 uchar 替代。例如,在某程序的开始处进行宏定义:

```
# define uint unsigned int        //宏定义无符号整型变量
# define Timer_gap  100           //宏定义间隔
```

由以上可见,通过宏定义不仅可以方便无符号字符型和无符号整型变量的书写,而且当采样间隔需要调整时,只要修改参数 Timer_gap 的具体数值即可,而不必在程序的每处修改,增加了程序的可读性和可维护性。

（2）带参数的宏

define 宏替换名（形参）带形参宏替换体

define 是宏定义指令的关键字,一般用大写字母来表示宏替换名,而宏替换体可以是数值常数、算术表达式、字符和字符串等。带参数的宏定义可以出现在程序的任何地方,在编译时可由编译器替换为

定义的宏替换体,其中的形式参数用实际参数代替。由于可以带参数,这就增加了带参数宏定义的应用。

2. 文件包含

文件包含是指一个程序文件将另一个指定文件的内容包含进去。文件包含格式如下:

```
# include <文件名>  或  #include "文件名"
```

上述两种格式的区别是:采用 < 文件名 > 格式时,在头文件目录中查找指定文件;采用"文件名"格式时,应当在当前的目录中查找指定文件。例如:

```
# include <reg51.h>      //包含51单片机的特殊功能寄存器
# include <stdio.h>      //包含标准输入、输出头文件stdio.h (在函数库中)
# include "intrins.h"    //包含当前目录中的函数库中专用内联函数
# include "Math.h"       //包含当前目录中的函数库中专用数学库函数
```

当程序中需要调用 C51 语言编译器提供的各种库函数时,必须在文件的开始处使用 #include 命令将相应函数的说明文件包含进来。

3.3.6 库函数

C51 的强大功能及其高效率的表现之一在于它提供了丰富的可直接调用的库函数。使用库函数可以使程序代码简单、结构清晰、易于调试和维护。下面介绍几类在程序设计中的重要库函数。

(1)特殊功能寄存器包含文件 reg51.h 或 reg52.h。reg51.h 中包含了所有的 8051 的 sfr 及其位定义。reg52.h 中包含了所有的 8052 的 sfr 及其位定义,一般系统都包含 reg51.h 或 reg52.h。

(2)绝对地址包含文件 absacc.h。该文件定义了几个宏,以确定各类存储空间的绝对地址。

(3)动态内存分配函数,位于 stdlib.h 中。

(4)能够方便地对缓冲区进行处理的函数位于 string.h 中,其中包括复制、移动和比较等函数。

(5)输入 / 输出函数流位于 stdio.h 文件中。函数流默认 8051 的串口来作为数据的输入 / 输出。如果要修改为用户定义的 I/O 口读写数据,如改为 LCD 显示,可以修改 lib 目录中的 getkey.c 及 putchar.c 源文件,然后在库中替换它们。

C51 的输入 / 输出函数说明 C51 的输入和输出函数的形式虽然与 ANSI C 的一样,但二者的实际意义和使用方法却大不一样。在 C51 的 I/O 函数库中定义的 I/O 函数,都是以 getkey 和 putchar 函数为基础。这些 I/O 函数包括字符输入 / 输出函数 getchar 和 putchar、字符串输入 / 输出函数 gets 和 puts、格式输入 / 输出函数 printf 和 scanf 等。

C51 的输入 / 输出函数都是通过单片机的串行接口实现的。在使用这些 I/O 函数之前,必须先对单片机的串行口、定时器 / 计数器 T1 进行初始化。若单片机晶振为 11.0592MHz,波特率为 9600bit/s,则初始化程序段为:SCON=0x52; TMOD=0x20; TL1=0xfd; TH1=0xfd。

本章小结

　　51 系列单片机的存储器分为程序存储区 ROM、片内 RAM 和片外 RAM,单片机存储器的特性使 C51 变量定义与标准 C 中的变量定义有很大差别:需要指定变量的存储类型、可以指定变量的绝对地址、定义指针变量时需要指定指针变量指向的存储区和数据类型,从而使 C51 中的变量定义变得比标准 C 中的变量定义更加复杂。本章介绍了 C51 中变量和指针变量的定义和使用,同时还介绍了 C51 中对存储单元的绝对地址访问的几种方式。

　　通过学习本章内容,读者应了解 AT89 系列单片机 C51 语言的语句格式,掌握常用的寻址与数据存储方式,以及赋值语句、算术和逻辑运算类语句、分支与循环程序的使用方法及其对标志位的影响。C51 编程与标准 C 编程的另一个较大区别是 C51 可以定义中断函数以指定函数中参数和局部变量使用的寄存器组。

　　本章的重点是单片机的存储类型及其与不同存储器空间的对应关系、C51 新增的数据类型、C51 中变量的定义格式、指针的区别和定义、函数的定义格式。

　　读者还应适当了解机器语言、汇编语言和高级语言这三者的区别,了解各种伪指令的用法,头文件、宏定义与函数调用等。使用 C51 进行单片机编程时,经常需要使用位操作对硬件寄存器中的部分位进行访问,从而使位操作运算在 C51 中的应用更加广泛。

思考题及习题3

　　1. C51 在标准 C 的基础上,扩展了哪几种数据类型?

　　2. bit 与 sbit 定义的位变量有什么区别?

　　3. C51 的变量定义包含哪些要素? 其中哪些是不能省略的?

　　4. AT89S51 单片机有哪几种寻址方式? 分别适用于什么地址空间?

　　5. C51 有哪几种数据存储类型? 其中数据类型 idata、code、data、xdata、pdata 各对应 AT89S51 单片机的哪些存储空间?

　　6. 为了加快程序的运行速度,C51 中频繁操作的变量应定义在哪个存储区?

　　7. 说明 3 种数据存储模式:SMALL 模式、COMPACT 模式 和 LARGE 模式之间的区别。

　　8. 学会指针相关定义与内容应用。

　　9. 掌握 typedef 和 #define 用法。#define 是预编译,是纯粹用于替换的;而 typedef 是专门给类型重新起名的,在作用域内给一个已经存在的类型起一个代号,说明它们之间的区别。

　　10. 掌握多个 *.c 源文件编写代码的方法以及调用其他文件中变量和函数的方法。

　　11. AT89S51 单片机的 PSW 程序状态字中无 ZERO(零)标志,怎样判断某片内 RAM 单元内容是否为零?

12. 掌握 C 语言变量类型与取值范围,以及 for、while 等基本语句的用法。

13. do–while 构成的循环与 while 循环的区别是什么?

14. 何谓查表程序? AT89S51 有哪些查表指令? 它们有什么本质的区别?

15. 何谓子程序? 一般在什么情况下采用子程序方式? 其结构有什么特点?

16. 何谓循环结构子程序? AT89S51 的循环转移指令有何特点?

17. 利用查表法编写程序,将 10 个十六进制数制转换成 ASCII 码。

18. 编写 C51 程序,将片外 2000H 为首地址的连续 10 个单元内容读入片内 RAM 的 40H~49H 单元中。

19. 试用程序段传送参数的方法编写程序,将字符串 "AT89S51 Controller" 存入外部 RAM: 2000H 开始的区域。

第4章 虚拟仿真工具Proteus与Keil μVision3

虚拟仿真开发工具是一种完全用软件方式对单片机应用系统进行仿真开发的工具，只需在 PC 上安装仿真开发工具软件 Proteus 与 Keil μVision3 软件，就可进行单片机应用系统的设计开发、虚拟仿真与调试，与用户样机硬件无关。

4.1 Proteus概述

Proteus 软件是英国 Labcenter Electronics 公司于 1989 年推出的 EDA 工具软件,为各种单片机应用系统开发提供了功能强大的虚拟仿真工具,已有 30 多年的历史。它除了具有和其他 EDA 工具一样的原理图编辑、设计以及模拟电路、数字电路的仿真功能外,最大的特色是对单片机应用系统与所有外围接口器件、外部测试仪器一起运行仿真程序。针对单片机应用,可直接在样机原理图虚拟模型上进行编程,并实现源代码级的实时调试。由于 Proteus 软件具备强大的功能与特色,它在全球数千所高校以及世界各大研发公司得到广泛应用。Proteus 的特点如下。

（1）能够对模拟电路、数字电路进行仿真。

（2）具有强大的电路原理图绘制功能。

（3）支持各种主流单片机的仿真,除了仿真 8051 系列单片机外,Proteus 还可以仿真 68000 系列、AVR 系列、PIC12/16/18 系列、Z80 系列、MSP430 等其他各系列单片机,以及各种外围可编程接口芯片。此外,它还支持 ARM7、ARM9 以及 TI 公司的 2000 系列一些型号的 DSP 仿真。

（4）Proteus 的元件库中有数万种元件模型,可直接对单片机各种外围电路进行仿真,如 RAM、ROM、总线驱动器、各种可编程外围接口芯片、LED 数码管显示器、显示模块、矩阵式键盘、实时时钟芯片以及多种 D/A 和 A/D 转换器等。虚拟终端还可以对 RS232 总线、I^2C 总线和 SPI 总线进行动态仿真。

（5）Proteus 提供了各种信号源,丰富的虚拟仿真仪器,如示波器、逻辑分析仪、信号发生器、计数器、电压源、电流源、电压表和电流表等,并对电路原理图的关键点进行虚拟测试。除了仿真现实存在的仪器外,Proteus 还提供了一个与示波器作用相似的图形显示功能,可将线路上的信号变化以图形方式实时显示出来。仿真时,可以运用这些虚拟仪器仪表及图形显示功能来演示程序和电路的调试过程,用户能够清晰观察到程序和电路设计调试中的细节,发现设计中的问题。

(6)提供了丰富的调试功能。在虚拟仿真中具有全速、单步、设置断点等调试功能,同时可观察各变量和寄存器的当前状态。

(7)支持第三方软件编译和调试环境,如 Keil μVision3、MPLAB(PIC 系列单片机 C 语言开发软件)等。

Proteus 的虚拟仿真不需要用户硬件样机,就可直接在 PC 上进行虚拟设计与调试,然后把调试通过程序的机器代码固化在用户单片机程序存储器中,可直接投入运行。

尽管仿真工具 Proteus 开发效率高,不需要附加的硬件开发装置成本,使用 Proteus 来对用户系统仿真,是在理想状况下的仿真,对硬件电路实时性还不能完全准确地模拟,因此不能进行用户样机硬件部分的诊断与实时在线仿真。所以在单片机系统的开发中,一般是先在 Proteus 环境下画出系统硬件电路图,在 Keil μVision3 环境下编写并编译程序,然后在 Proteus 环境下仿真调试通过。按照仿真运行结果完成实际系统硬件设计,并把仿真通过程序代码烧录到单片机中。将单片机安装到用户样板机上运行观察结果,如果有问题,再连接硬件仿真器去分析、调试。

本书多数案例在 Proteus 软件环境下虚拟仿真通过,因此这里介绍如何使用 Proteus 对单片机系统进行虚拟仿真。至于 Proteus 软件的其他功能,如对模拟电路、数字电路和混合系统的设计与仿真,以及高级 PCB 布线编辑功能,读者可参阅相关书籍。

使用 Proteus 软件进行软、硬件结合的单片机系统仿真,可将许多系统实例的功能及运行过程形象化,如运行单片机应用电路板一样观察到系统运行效果。

4.2 Proteus ISIS仿真环境

首先按要求把 Proteus ISIS 软件安装在计算机上。目前的 PC 的性能与配置都能满足 Proteus ISIS 的运行要求。安装完毕后,单击桌面上的 ISIS 运行界面图标。Proteus 的 ISIS 的界面如图 4-1 所示(本书以汉化 8.0 版本为例)。

整个屏幕界面分为若干个区域,由原理图编辑窗口、预览窗口、工具箱、主菜单栏、主工具栏等组成。

4.2.1 ISIS 各窗口简介

ISIS 界面主要有以下 3 个窗口。

1. 原理图编辑窗口

该窗口是用来绘制电路原理图、电路设计和设计各种符号模型的区域,中间方框内为可编辑区,元件放置和电路设置都在此框中完成。

注意,该窗口设有"滚动条",用户可以通过移动预览窗口中的方框来调整电路原理图的可视范围,如图 4-1 所示。

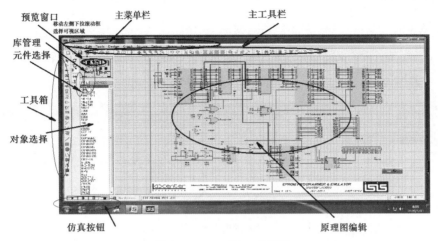

图4-1 Proteus的ISIS的界面

2. 预览窗口

此窗口可对选中的元器件对象进行预览,也可对原理图编辑窗口进行预览。它可显示以下两个内容。

(1)当单击某个元件列表中的元件时,预览窗口显示该元件的符号。

(2)当鼠标焦点落在原理图窗口时(即放置元件到原理图编辑窗口后或在原理图编辑窗口中单击后),它会显示整张原理图的缩略图,并显示一个左侧下拉滚动框,左侧下拉滚动框里面的内容就是当前原理图窗口中显示的内容。单击左侧下拉滚动框中的某一点,就可以拖动鼠标来改变左侧下拉滚动框的位置,可以通过调节预览窗口里的左侧下拉滚动框游动界面来调节原理图编辑窗口的可视范围,如图 4-1 中的原理图窗口所示。

3. 对象选择窗口

该窗口用来选择元器件、终端、仪表等对象。该窗口中的元件列表区域用来表明当前所处模式及其中的对象列表,如图 4-2 所示。在该窗口还有两个按钮:P 为器件选择按钮,L 为库管理按钮。在图 4-2 中,我们可以看到元件列表,即已经选择了 AT89C51 单片机、电容、电阻、晶振和发光二极管等各种元器件。

4.2.2 主菜单栏

图 4-1 界面中最上面一行为主菜单栏,包含如下命令:文件、查看、编辑、工具、设计、绘图、源

代码、调试、库、模板、系统和帮助。单击任意菜单命令后,都将弹出其下拉的子菜单命令列表。

1. 文件(File)菜单

文件菜单包括新建设计、打开设计、导入位图、导入区域、导出区域和打印等操作,如图4-3所示。ISIS的文件类型有设计文件(Design File)、部分文件(Section File)、模块文件(Model File)和库文件(Library File)。

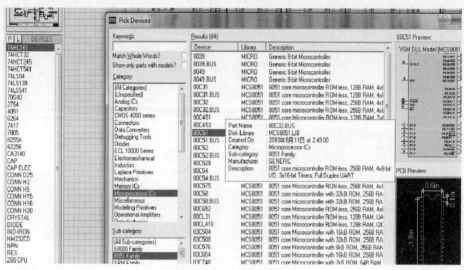

图4-2　元件列表与选择

图4-3　文件菜单

设计文件包括一个电路原理图及其所有信息,文件扩展名为"*.DSN"。该文件就是电路原理图文件,用于虚拟仿真。

从部分原理图可以导出部分文件,然后读入其他文件。这部分文件的扩展名为".SEC",可以用图 4-3 所示文件菜单中的"导入区域(I)"和"导出区域(E)"命令来读和写部分文件。

模块文件的文件扩展名为".MOD",模块文件可与其他功能一起使用,来实现层次设计。

符号和元器件的库文件扩展名为".LIB"。

下面介绍文件菜单下的几个主要子菜单命令。

(1)新建设计

单击"文件"→"新建设计"(也可以直接单击图 4-1 所示的主工具栏中的快捷图标),该命令将清除原来所有的设计数据,出现一个 A4 新设计幅面。新设计的默认名为 UNTITLED*.DSN。该命令把该设计以这个名字存入磁盘文件中,文件的其他选项也会使用它作为默认名。

如果想进行新的设计,需要给这个设计命名,单击"文件"→"保存设计"(也可以直接单击主工具栏中的快捷图标),输入新的文件名保存即可。

(2)打开设计

该命令用来装载一个已有设计文件(也可以直接单击主工具栏中的快捷图标)。

(3)保存设计

可以在退出 ISIS 系统或者其他任何时候保存设计文件。上述两种情况下,设计都被保存到装载时的文件中,旧的 *.DSN 文件会在名字前加前缀 Back of *.DSN。

(4)另存为

该命令可以把设计保存到另一个文件中。

(5)导入区域/导出区域

"导出区域"命令可以把当前选中的对象生成一个部分文件。可以使用"导入区域"命令将这部分文件导入另一个设计中。局部文件的导入与导出类似于"块复制"。

(6)退出

该命令是退出 ISIS 系统的命令。如果文件做过修改,则系统会弹出一个对话框,询问用户是否保存文件。

2. 查看(View)菜单

该菜单包括原理图编辑窗口定位、网格调整及图形缩放等基本常用子菜单。

3. 编辑(Edit)菜单

此菜单可以实现各种编辑功能,如剪切、复制、粘贴、置于下层、置于上层、清理、撤销、重做、查找并编辑元件等。

4. 工具（Tools）菜单

工具菜单如图 4-4 所示。

菜单中的"自动连线（W）"命令在绘制电路原理图中会用到，命令文字前的快捷图标在绘制电路原理图时出现，按下快捷图标即进入自动连线状态。

菜单中的"电气规则检查（E）"命令可以对绘制完毕的电路原理图进行是否符合电气规则的检查。

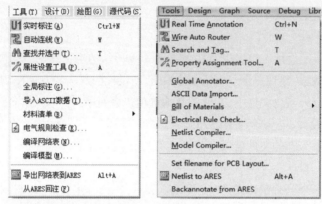

图 4-4　工具菜单

5. 设计（Design）菜单

设计菜单如图 4-5 所示。该菜单具有编辑设计属性、编辑页面属性、配置电源、新建一张原理图、删除原理图、转到上一张原理图、转到下一张原理图、转到子原理图和转到主原理图等功能。

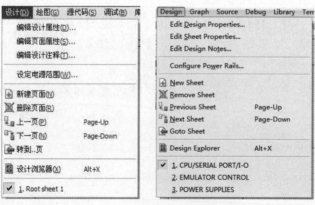

图 4-5　设计菜单

6. 绘图（Graph）菜单

绘图菜单如图 4-6 所示。它具有编辑图表、添加跟踪图线、仿真图表、查看日志、导出数据、清除数据、一致性分析以及批模式一致性分析等功能。

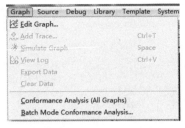

图4-6 绘图菜单

7. 源代码（Source）菜单

源代码菜单如图4-7所示。它具有添加／删除源文件、设定代码生成工具、设置外部文本编辑器以及全部编译功能。

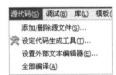

图4-7 源代码菜单

8. 调试（Debug）菜单

调试菜单如图4-8所示。它主要完成单步运行、断点设置等功能。

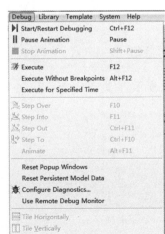

图4-8 调试菜单

9. 库（Library）菜单

库菜单如图4-9所示。它具有选择元器件及符号、制作元件、制作符号、封装工具、分解、编译到库中、自动放置库文件、校验封装和库管理器等功能。

图4-9　库菜单

10. 模板（Template）菜单

模板菜单如图4-10所示。它主要完成模板的各种设置，如图形、颜色、字体、连线等。

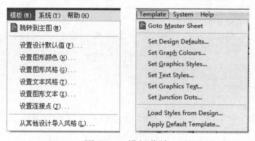

图4-10　模板菜单

11. 系统（System）菜单

系统菜单如图4-11所示。它具有系统信息、文本视图、设置环境和设置路径等功能。

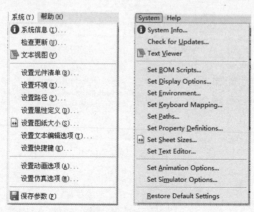

图4-11　系统菜单

12. 帮助（Help）菜单

帮助菜单如图 4-12 所示。它用来读帮助文档,同时可通过元件属性中的 Help 获得元件属性信息。

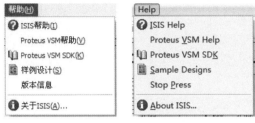

图4-12 帮助菜单

4.2.3 主工具栏

主工具栏位于主菜单下面,以图标形式列出,其中共有 38 个快捷图标按钮,如图 4-13 所示。

图4-13 主工具栏

每一个图标按钮都对应一个具体的菜单命令,主要目的是让用户快捷方便地使用这些命令。下面把 38 个图标分为 4 组,简要介绍快捷图标命令的功能。

图标 的功能如下:

● 新建一个设计文件。
● 打开一个已存在的设计文件。
● 保存当前的电路图设计。
● 将一个局部文件导入 ISIS 中。
● 将当前选中的对象导出为一个局部文件。
● 打印当前设计文件。
● 打印选择的区域。

图标 的功能如下:

● 刷新显示。
● 原理图是否显示网格的开关。
● 是否显示手动原点。
● 以鼠标所在点为中心居中。
● 放大。
● 缩小。

- ⊕ 查看整张图。
- ⊕ 查看局部图。

图标 ⤺⤻ ✂⧉⧉ ⧉⧉ ⧉⧉ ⊕⤳✎ ➚ 的功能如下：

- ⤺ 撤销最后一步操作。
- ⤻ 恢复最后一步操作。
- ⧉ 选中剪贴对象。
- ⧉ 复制选中对象至粘贴板。
- ⧉ 从粘贴板粘贴。
- ⧉ 复制选中的块对象。
- ⧉ 移动选中的块对象。
- ⧉ 旋转选中的块对象。
- ⧉ 删除选中的块对象。
- ⊕ 从库中选取器件。
- ⤳ 创建器件。
- ⧉ 封装工具。
- ➚ 释放元件。

图标 ⧉ⵎⵊ ⧉⧉⧉⧉ ⧉⧉ ⧉ 的功能如下：

- ⧉ 自动连线。
- ⵎ 查找并连接。
- ⵊ 属性分配工具。
- ⧉ 设计浏览器。
- ⧉ 新建图纸。
- ⧉ 移动页面 / 删除页面。
- ⧉ 退回至上级页面。
- ⧉ 生成元件列表。
- ⧉ 生成电气规则检查报告。
- ⧉ 生成网络表并传输到 ARES。

4.2.4　工具箱与仿真工具栏

1. 工具箱

　　图 4-1 最左侧为工具箱，选择相应的工具箱图标按钮，系统将提供不同的操作工具。对象选择器根据不同的工具箱图标决定当前状态显示的内容。显示对象的类型包括元器件、终端、引脚、图形

符号、标注和图表等。

下面介绍工具箱中各图标按钮所对应的功能。

（1）模型工具栏各图标的功能

：选择模式。

：元件模式，用来拾取元器件。设计者可以根据需要，从丰富的元件库中拾取元器件并添加元件到列表中。单击此图标可以在列表中选择元件。

：放置电路的连接点。此按钮适用于将节点连线，在不用连线工具的条件下，可方便地在节点之间或节点到电路中任意点或线之间连线。

：标注线标签或网络标号。本图标按钮在绘制电路图时具有非常重要的意义，它可使连线简单化。例如，从 8051 单片机的 P1.7 脚和二极管的阳极各画出一条短线，并标注网络标号为k1，那么就说明 P1.7 脚和二极管的阳极在电路上连接在一起了，而不用真的画一条线将它们连起来。

：输入文本。使用本图标按钮命令，可在绘制的电路上添加说明文本。

：绘制总线。总线在电路图上表现出来的是一条粗线，它代表的是一条总线。当连接到总线上时，要注意标好网络标号。

：绘制子电路块。

：选择终端（端子）。

：选择元件引脚。单击此图标，在对象选择器中列出可供选择的各种引脚（例如普通引脚、时钟引脚、电压引脚和短接引脚）。

：在对象选择器中列出可供选择的各种仿真分析所需的图表（如模拟图表、数字图表、混合图表和噪声图表等）。

：当需要对设计电路分割仿真时，采用此模式。

：在对象选择器中列出各种信号源（如 analog、digital 源等）模式。

：在电路原理图中添加电压探针。电路仿真时可显示探针处的电压值。

：在电路原理图中添加电流探针。电路仿真时可显示探针处的电流值。

：在对象选择器中列出可供选择的虚拟仪器。

（2）2D 图形模式各图标按钮功能

：画线，单击本图标，右侧的窗口中提供了各种专用的画线工具，具体如下。

● 用于元器件的连线；

● 用于引脚的连线；

● 用于端口的连线；

● 用于标记的连线；

● 用于激励源的连线；

● 用于指示器的连线；

- 用于电压探针的连线；
- 用于电流探针的连线；
- 用于信号发生器的连线；
- 用于端子的连线；
- 用于分支电路的连线；
- 用于二维图的连线；
- 用于线连接点的连线；
- 用于线连接；
- 用于总线的连线；
- 用于边界的连线；
- 用于模板的连线。

■：画一个方框。

●：画一个圆。

◗：画一段弧线。

◖◗：图形弧线模式。

Ａ：图形文本模式。

▤：图形符号。

（3）旋转或翻转的各图标按钮功能

对元件预览窗口内的元件，可进行旋转或翻转。

Ｃ：元件顺时针方向旋转，角度只能是 $90°$ 的整数倍。

ↄ：元件逆时针方向旋转，角度只能是 $90°$ 的整数倍。

↔：元件水平镜像翻转。

↕：元件垂直镜像翻转。

2. 仿真工具栏

仿真工具栏中各图标按钮命令的功能如下。

▶：运行程序。

▮▶：单步运行程序。

▮▮：暂停程序运行。

■：停止运行程序。

4.2.5 元件列表与预览窗口

1. 元件列表

元件列表用于选取元件、终端接口、信号发生器、仿真图表等。挑选元件时，单击 P 按钮，打开挑选元件的对话框，在对话框的 Keywords（关键字）文本框中输入要检索元器件的关键字，例如要选择使用 AT89C51，直接输入后就能够在 Results（结果）列表框栏里看到搜索元器件的结果。在对话框的右侧，还能够看到所选择的元器件仿真模型以及 PCB 参数，如图 4-14 所示。选择元件AT89C51 后，双击 AT89C51，该元件就会在左侧的元件列表中显示出来，以后用到该元件时，在元件列表中选择即可。

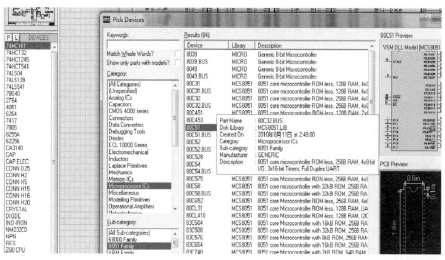

图4-14 元件列表

上述选取元件的方法叫作"关键字查找法"。关键字可以为对象的名称、描述、分类或子类，甚至是对象的属性值。如果搜索结果中相匹配的元器件太多，则可以在元器件列表中进一步选择。

还有一种"分类查找法"，是以元器件所属大类、子类甚至生产厂家为条件一级一级地缩小范围进行查找。在具体操作时，常将这两种方法结合起来使用。

如果所选择的元器件并没有仿真模型，对话框将在仿真模型和引脚一栏中显示 NO Simulator Model（无仿真模型），这种情况下就不能用该元器件进行仿真了，要么只能做它的 PCB 板，要么选择其他的与其功能类似且具有仿真模型的元器件代替。

2. 预览窗口

预览窗口可以显示两项内容：一项是在元件列表中选择一个元件名称时，它会显示该元件的预览图，如图 4-15 所示。还有一项是当鼠标落在原理图编辑窗口时，即放置元件到原理图编辑窗口后或单击原理图编辑窗口后,它会显示整张原理图的缩略图,并显示一个左侧下拉滚动框,左侧下拉滚动框里面的内容就是当前原理图编辑窗口中显示的内容。右击不放开,然后移动鼠标,即可改变左侧下拉滚动框的位置,从而改变原理图的可视范围。

该窗口通常显示整张电路图的缩略图,上面有一个 0.5in (1 in =25.4mm) 的格子。左侧下拉滚动框的区域标示出图的边框,同时左侧下拉滚动框标出在原理图编辑窗口中所显示的区域。

单击预览窗口,将会以单击位置为中心刷新原理图编辑窗口。其他情况下预览窗口显示将要放置对象的预览图。

4.2.6　原理图编辑窗口

原理图编辑窗口(见图 4-15)用来绘制原理图。需要注意的是,该窗口设有滚动条,用户可用预览窗口来改变原理图的可视范围。具体操作是:用鼠标滚轮来放大或缩小原理图;单击鼠标放置元件;右击鼠标选择元件;单击两次鼠标右键删除元件;先右击鼠标出现菜单后可编辑元件属性;先右击鼠标后用左键可拖动元件;连线用左键,删除用右键。

下面介绍工具栏中与原理图编辑窗口有关的几个功能按钮。

1. 缩放电路原理图

要使编辑窗口显示一张大的电路图的其他部分,可通过以下方式。

(1)单击预览窗口中想要显示的位置,编辑窗口将显示以单击处为中心的内容。

(2)在编辑窗口内移动鼠标光标,可使显示内容平移。拨动鼠标滚轮可使编辑窗口缩小或放大,编辑窗口会以鼠标光标为中心重新显示。

若想放大或缩小电路原理图,可使用工具栏中的"放大"快捷按钮或"缩小"快捷按钮 ,进行这两种操作之后,会使编辑窗口以当前鼠标位置为中心重新显示。按下工具栏中的"显示全部"快捷按钮 ,可以把一整张电路图缩放至完全显示出来,即使是在滚动或拖动对象时,用户可以使用上述的功能按钮来控制窗口缩放。

2. 点状网格开关

编辑窗口内的电路原理图的背景是否带有点状网格,可由主工具栏中的"网格开关"按钮 控制。点与点之间的间距由对捕捉的设置来决定。

3. 捕捉到网格

鼠标光标在编辑窗口内移动时,坐标值是以固定的步长增加的。

初始设定值是 100,这称为捕捉,能够把元件按网格对齐。捕捉的尺度可以由菜单栏中"查看"菜单的命令设置,如图 4-16 所示。

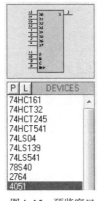

图4-15　预览窗口　　　　图4-16　查看菜单下捕捉尺度

4. 实时捕捉

当鼠标光标指向引脚末端或者导线时,鼠标光标将会捕捉到这些对象,这种功能被称为实时捕捉,该功能可以让用户方便地实现导线和引脚的连接。

4.3　Proteus ISIS的编辑与运行环境

Proteus ISIS 编辑环境的设置是指模板选择、图纸选择、图纸设置和网格点的设置。绘制电路图首先要选择模板,模板主要控制电路图的外观信息,如图形格式、文本格式、设计颜色、线条连接点大小和图形等。然后再设置图纸,如设置纸张的型号、标注的字体等。图纸的网格点应便于放置元器件、连接线路。

4.3.1　选择模板与图纸

1. 选择模板

在"菜单"项中单击"模板"按钮,出现下拉菜单,如图 4-17 所示。

(1)单击"设置设计默认值",编辑设计的默认选项。

(2)单击"设置图形颜色",编辑图形颜色。

(3)单击"设置图形风格",编辑图形的全局风格。

(4)单击"设置文本风格",编辑全局文本风格。

(5)单击"设置图形文本",编辑图形字体格式。

(6)单击"设置连接点",编辑节点对话框。

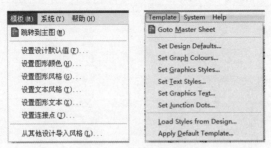

图4-17　"模板"下拉菜单

注意：模板的改变只影响当前运行的 Proteus ISIS，但这些模板在保存后也有可能被别的设计调用。

2. 选择图纸

在 ISIS 菜单栏中选择"系统"→"设置图纸尺寸"菜单项，将出现如图 4-18 所示的对话框，用户可以选择图纸的大小或自定义图纸的大小。

图4-18　设置图纸大小

4.3.2　文本编辑器与网格设置

1. 文本编辑器设置

在菜单栏中选择"系统"→"设置文本编辑选项"，出现如图 4-19 所示的对话框。在该对话框中可以对文本的字体、字形、大小、效果和颜色等进行设置。

图4-19　设置文本格式

2. 网格设置

（1）网格的显示或隐藏：可直接单击快捷图标 ⠿ 控制“网格”的显示与隐藏。也可以选择“查看”→“网格”菜单项控制网格显示与否。

（2）设置网格点的间距：选择“查看”→“Snap 10in”菜单项，或“Snap 50in”“Snap 0.1in”“Snap 0.5in”项，可调整网格点的间距（默认值为 0.1in）。

4.3.3　Proteus ISIS的运行环境

在 Proteus ISIS 主界面中选择“系统”→“设置环境（E）”子菜单项，即可打开系统环境设置对话框，如图 4-20 所示。

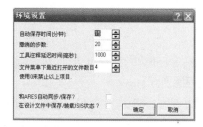

图4-20　系统环境设置对话框

该对话框包括如下设置。

- 自动保存时间（分钟）：系统自动保存设计文件的时间设置，单位为分钟。
- 撤销的步数：可撤销操作的次数设置。
- 工具注释延迟时间（毫秒）：工具提示延时，单位为毫秒。
- 文件菜单下最近打开的文件数目：文件菜单项中显示文件的数量。
- 和 ARES 自动同步 / 保存？：在保存设计文件时，是否自动同步 / 保存 ARES。
- 在设计文件中保存 / 装载 ISIS 状态？：是否在设计文档中保存 / 加载 Proteus ISIS 状态。

4.4　Proteus虚拟设计与仿真

Proteus ISIS（智能原理图输入）界面用来绘制单片机系统的电路原理图，在该界面还可以进行单片机系统的虚拟仿真。当电路连接完成无误后，单击单片机芯片，载入经调试通过生成的“*.hex”可执行代码文件，直接单击仿真运行按钮，即可实现检验电路硬件与软件设计的效果。

利用 Proteus 开发、调试用户样机与采用上述硬件仿真器的实际调试过程几乎完全相同。Proteus 是单片机应用产品研发方面灵活、高效的设计与仿真平台，可明显提高研发效率，节约研发成本。

4.4.1 虚拟设计与仿真步骤

前面介绍了 Proteus ISIS 平台的基本功能及使用,4.5 节将介绍 Keil μVision3 环境使用。本节通过一个关于"流水灯的制作"的案例介绍在 Proteus 环境中单片机应用系统的设计与虚拟仿真。

Proteus 下的虚拟仿真在很大程度上反映了实际单片机系统的运行情况。在 Proteus 开发环境下的一个单片机系统设计与虚拟仿真分为 3 个步骤。

(1)Proteus ISIS 下的电路设计

首先在 Proteus ISIS 环境下完成一个单片机应用系统电路原理图的设计,包括选择各种元器件和外围接口芯片等,设计电路连接以及电气规则检查等。

(2)源程序设计与生成目标代码文件

在 Keil μVision3 平台上进行源程序的输入、编译与调试,并生成目标代码文件(*.hex 文件),在4.6 节中将有所介绍。

(3)调试与仿真

在 Proteus ISIS 平台下将目标代码文件(*.hex 文件)加载到单片机中,并对系统进行虚拟仿真。Proteus 电路设计与仿真流程如图 4-21 中左侧的流程图所示。

第 1 步"Proteus 电路设计"在 Proteus ISIS 平台上完成。第 2 步"源程序设计"与第 3 步"生成目标代码文件"在 Keil μVision3 平台上完成。第 4 步"加载目标代码文件"在 Proteus ISIS 下完成。第 5 步"Proteus ISIS 仿真"在 Proteus ISIS 下的 VSM 模式下进行,其中包含了各种调试工具的使用。图 4-21 中的第 1 步"Proteus 电路设计"的步骤展开如图 4-21 中右侧的流程图所示。

从图 4-21 中可以看到用 Proteus ISIS 软件对单片机系统进行电路原理图设计的各个步骤。下面以"流水灯的制作"的虚拟仿真为例,详细说明具体操作。

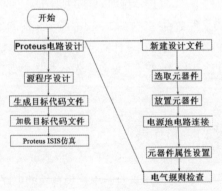

图4-21　Proteus电路设计与仿真流程

单片机系统仿真实例,单击智能原理图设计(ISIS)界面的仿真运行按钮,如果程序无误,且硬件电路连接正确,仿真运行通过。每个元器件各引脚还会出现红、蓝两色的方点(在计算机显示器上可以分辨出颜色),表示此时引脚电平的高低。红色表示高电平,蓝色表示低电平。

Proteus 仿真开发软件具有很强的系统开发调试功能,能够对单片机进行实物级的仿真。从程序的编写、编译到调试、目标板仿真运行一应俱全,其中硬件模拟功能可进行模拟电路、数字电路和数模混合电路的特性分析和检验。大量内置控件如显示器、电位器、按键、开关和指示灯等均可在仿真运行时产生直观的人机互动效果。以虚拟方式提供的调试仪器,如示波器、逻辑分析仪和信号发生器等,可方便地进行电路测试和运行监测;系统具有丰富的软件调试功能,可用单步、断点、全速等方式运行用户程序。在编程语言上支持汇编语言编程和 C51 语言编程。Proteus 电路设计源程序设计生成目标代码文件加载目标代码,设置时钟频率 Proteus ISIS 仿真。

4.4.2　新建或打开设计文件

1. 建立新文件"新建设计"

选择菜单栏中的"文件"→"新建设计"选项(或单击主工具栏中的快捷按钮)来新建一个文件。如果选择前者新建设计文件,会弹出如图 4-22 所示的"新建设计"窗口,窗口中提供多种模板。单击要选用的模板图标,再单击 OK 按钮,即建立一个该模板的空白文件。如果直接单击"确定"按钮,即选用系统默认的 Default 模板。如果用工具栏的快捷图标按钮 来新建文件,"新建设计"窗口如图 4-22 所示,则直接选择系统默认的模板。

图4-22　"新建设计"窗口

2. 保存文件

按照上面的操作,建立一个新的文件,在第一次保存该文件时,选择菜单栏中的"文件"→"另存为(A)"选项,即弹出"保存 ISIS 设计文件"窗口,如图 4-23 所示,在该窗口选择文件的保存路径和文件名"流水灯"后,单击"保存"按钮,则完成了设计文件的保存。这样就在"实验1(流水灯)"子目录下建立了一个文件名为"流水灯"的新设计文件。

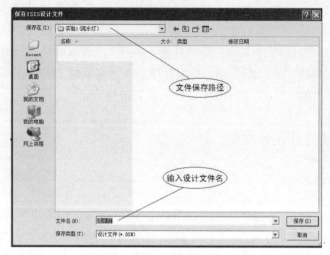

图4-23   "保存ISIS设计文件"窗口

如果不是第一次保存,则选择菜单栏中的"文件"→"保存设计(S)"选项,或直接单击快捷图标按钮 即可。

3. 打开已保存的文件

选择菜单栏中的"文件"→"打开设计(O)"选项,或直接单击打开快捷按钮 ,将弹出"加载ISIS设计文件"窗口,如图4-24所示。单击需要打开的文件名,再单击"打开"按钮即可。

图4-24   "加载ISIS设计文件"窗口

4.4.3 元件列表选择与连接

1. 选择元件列表

设计电路前,把"流水灯"实验电路原理图中需要的元件列出,如表4-1所示。

表4-1 "流水灯"实验所需元件列表

元件名称	型 号	数 量	Proteus的关键字	元件名称	型 号	数 量	Proteus的关键字
单片机	AT89S51	1	AT89S51	电容	24pF	4	CAP
晶振	12MHz	1	CRYSTAL	电解电容	10μF	1	CAP-ELEC
二极管	蓝色	8	LED-BLUE	电阻	240Ω	10	RES
二极管	绿色	8	LED-GREEN	电阻	10kΩ	1	RES
二极管	红色	8	LED-RED	复位按钮		1	BUTTON
二极管	黄色	8	LED-YELLOW				

根据表 4-1 选择元件到元件列表中。单击左侧工具栏中的按钮 ，再单击器件选择按钮 P,就会出现 Pick Device 窗口,在窗口的"关键字"栏中输入 AT89C51,此时在"结果"栏中出现"元件搜索结果列表",并在右侧出现"元件预览"和"元件 PCB 预览",如图 4-25 所示。在"元件搜索结果列表"中双击所需要的元件 AT89C51,这时在主窗口的元件列表中就会添加该元件。用同样的方法可将表 4-1 中所需要选择的其他元件也添加到元件列表中。

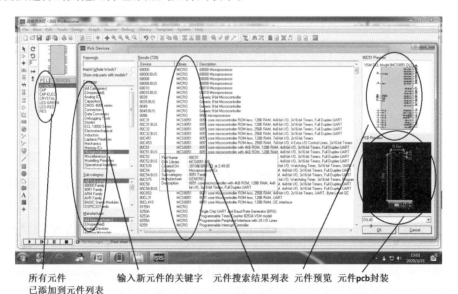

所有元件 输入新元件的关键字 元件搜索结果列表 元件预览 元件pcb封装
已添加到元件列表

图4-25 Pick Device窗口

所有元件选取完成后,单击图 4-25 中的 OK 按钮,即可关闭 Pick Device 窗口,回到主界面进行原理图绘制。此时"流水灯"的元件列表如图 4-26 所示。

图 4-26　元件添加到元件列表

2. 元件的放置、调整与编辑

（1）元件的放置

单击元件列表中所需要放置的元器件，然后在原理图编辑窗口中单击，此时在鼠标处就会出现一个粉红色的元器件，移动鼠标选择合适的位置，单击一下鼠标，该元件就被放置在原理图窗口了。例如选择将单片机 AT89C51 放置在原理图编辑窗口，具体步骤如图 4-27 所示。

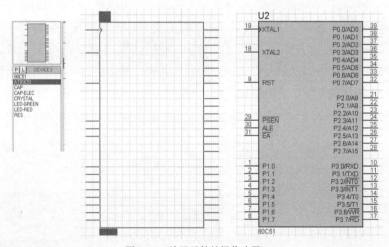

图 4-27　放置元件的操作步骤

若要删除已放置的元件，用鼠标单击该元件，然后按 Delete 键即可，如果做了误删除操作，可以单击后退快捷按钮。

完成一个单片机系统电路原理图的设计，除了元器件外，还需要电源和地等终端。单击工具栏中的快捷按钮 ，就会出现各种终端的列表，单击元件终端中的某一项，上方的窗口中就会出现该终端的符号，如图 4-28（a）所示。此时可以选择合适的终端放置在电路原理图编辑窗口中，放置的方法与元件放置方法相同。图 4-28（b）为图 4-28（a）列表中的终端符号。再次单击按钮 时，即可切换到用户自己选择的元件列表，如图 4-26 所示，可将所有的元器件及终端放置在原理图编辑窗口中。

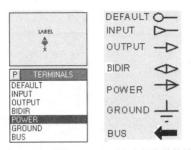

(a) 终端的符号　　(b) 列表中的终端符号

图4-28　终端列表及终端符号

（2）元件位置的调整

① 改变元件在原理图中的位置，单击需调整位置的元件，元件颜色变为红色，移动鼠标到合适的位置，再释放鼠标即可。

② 调整元件的角度，右击需调整的元件，会出现图 4-29 所示的菜单，操作菜单中的命令即可。

（3）元件参数设置

用鼠标双击需要设置参数的元件，就会出现"编辑元件"窗口。下面以单片机 AT89C51 为例，双击 AT89C51，出现"编辑元件"窗口，如图 4-30 所示，其中的基本信息如下。

元件参考号：U1，有一个隐藏选择项，可在其后打"√"，选择隐藏。

元件值：AT89C51，有一个隐藏选择项，可在其后打"√"，选择隐藏。

时钟频率：单片机的晶振频率为 12MHz。

隐藏选择：可对某些项进行显示选择，单击小倒三角，出现下拉菜单，可以选择其中的隐藏选项。

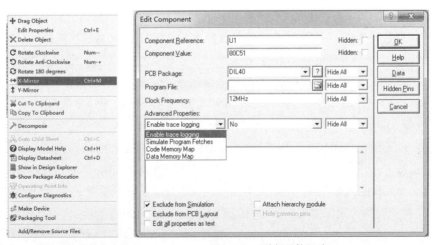

图4-29　调整元件的角度选项　　　　图4-30　"编辑元件"窗口

设计者可根据设计的需要，双击需要设置参数的元件，进入"编辑元件"窗口自行完成原理图中各元件的参数设置。

3. 电路元件的连接

（1）两个元件间绘制导线

在按下元件模式快捷按钮 ➤ 与自动布线器快捷按钮 ⚡ 时，两个元件导线的连接方法是：先单击第一个元件的连接点，移动鼠标，此时会在连接点引出一根导线。如果想要自动绘出直线路径，只需要单击另一个连接点就可以了。如果设计者想自己决定走线路径，在希望的拐点处单击鼠标即可。需要注意的是，拐点处导线的走线只能是直角。在自动布线器快捷按钮 ⚡ 松开时，导线可按任意角度走线，只需要在希望的拐点处单击鼠标左键，把鼠标指针拉向目标点，拐点处导线的走向只取决于鼠标光标的拖动方向。

（2）导线连接交点

单击连接点按钮 ✚，会在两根导线连接处或两根导线交叉处添加一个圆点，表示它们是电气连接的。

（3）导线位置的调整

要想对某一导线的位置进行调整，可用鼠标左键单击导线，导线两端各有一个小黑方块，右击鼠标出现菜单，如图 4-31 所示。单击"拖曳对象"，即可拖曳导线到指定的位置，也可以进行旋转操作，然后单击导线，就完成了导线位置的调整。

4. 绘制总线与总线分支

总线的绘制：单击工具栏中的图标按钮 ╬，移动鼠标到绘制总线的起始位置，单击鼠标左键，便可绘制出一条总线。如果想要出现不是 90° 角的总线转折，此时应当松开自动布线器快捷按钮 ⚡，总线即可按任意角度走线，只需要在希望的拐点处单击鼠标左键，把鼠标指针拉向目标点，拐点处导线的走向只取决于鼠标光标的拖动方向。在总线的终点处双击鼠标左键，即结束总线的绘制。

总线分支的绘制：绘制完总线以后，有时还需绘制总线分支。为使电路图专业美观，通常把总线分支画成与总线成 45° 角的相互平行的斜线，如图 4-32 所示。注意，此时要把自动布线器快捷按钮 ⚡ 松开，总线分支的走向只取决于鼠标光标的拖动方向。

对于图 4-32 所示的总线与总线分支及线标，先在 AT89C51 的 P0 口右侧画一条总线，然后再画总线分支。当按下元件模式快捷按钮 ➤，且松开自动布线器快捷按钮 ⚡ 时，导线可按任意角度走线。先单击第一个元件的连接点，移动鼠标，在希望的拐点处单击鼠标左键，然后向上移动鼠标，在与总线成 45° 角相交时单击鼠标左键确认，这样就完成了一条总线分支的绘制。而其他总线分支的绘制，只需在其他总线的起始点双击鼠标左键，不断复制即可。例如，绘制 P0.1 引脚至总线的分支，只要把鼠标指针放置在 P0.1 引脚的口位置，出现一个红色小方框，双击鼠标左键，自动完成如 P0.0

引脚到总线的连线,这样可依次完成所有总线分支的绘制。在绘制多条平行线时也可以采用这种画法。

图4-31 改变导线位置的菜单

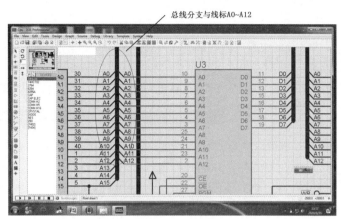

图4-32 总线与总线分支及线标

5. 放置网络标号

从图4-32中可以看到与总线相连的导线上都有标号 A0、A1、…、A12。放置标号的方法如下:单击工具栏中的图标按钮,再将鼠标移至需要放置标号的导线上单击,即会出现 Edit Wire Label 对话框,如图4-33所示。将连线标号填入"标号"栏(例如填写 A0 等),单击 OK 按钮即可。与总线相连的导线必须要放置标号,这样连接相同标号的导线才具有电气连接关系。对话框 Edit Wire Label 除了填入标号外,还有几个选项,设计者根据需要选择即可。

经过上述步骤的操作,画出"流水灯"的电路图,如图4-34所示。

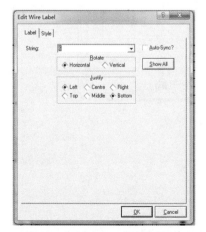

图4-33 Edit Wire Label对话框

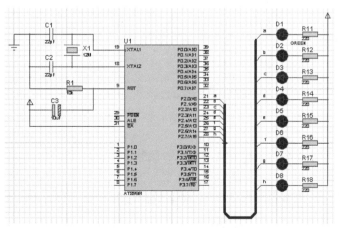

图4-34 "流水灯"的电路图

6. 在电路原理图中书写文本

如果想在电路原理图中某个位置书写文字,可采用如下方法。例如,要在图4-34中的控制芯片旁边标注"控制芯片"字符,可先单击左侧工具栏中的图形文本模式的快捷按钮 ▦（或 **A**)；然后在电路原理图要书写文字的位置单击鼠标,这时就会出现"编辑 2D 图形文本"对话框,如图4-35所示。在对话框的"字符串"文本框中,写入文字"控制芯片",然后对字符的"位置""属性"等选项进行相应的设置。单击"确定"按钮后,在电路原理图中出现刚添加的文字"控制芯片",如图4-36所示。

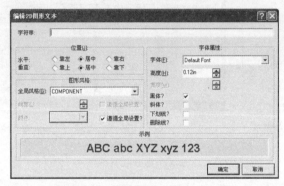

图4-35 "编辑2D图形文本"对话框

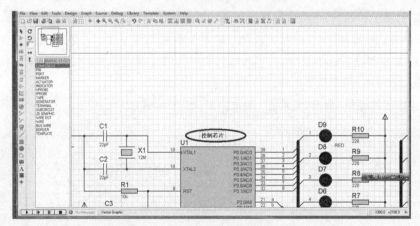

图4-36 在电路原理图中添加的文字

4.4.4 目标代码文件与仿真运行

1. 加载目标代码文件，设置时钟频率

电路图绘制完成后,把 Keil μVision3 下生成的"*.hex"文件加载到电路图中的单片机内即可进行仿真。加载步骤如下：在 Proteus 的 ISIS 中双击编辑区原理图中的单片机 AT89C51,出现"编辑元

件"窗口,如图 4-37 所示。在 Program File 文本框中输入 *.hex 目标代码文件(与 *.DSN 文件在同一目录下,直接输入代码文件名"流水灯"即可,否则要写出完整的路径,也可以单击文件打开按钮 ,选取目标文件)。再在 Clock Frequency 栏中设置 12MHz,该虚拟系统则以 12MHz 的时钟频率运行。此时,即可回到原理图界面进行虚拟仿真了。

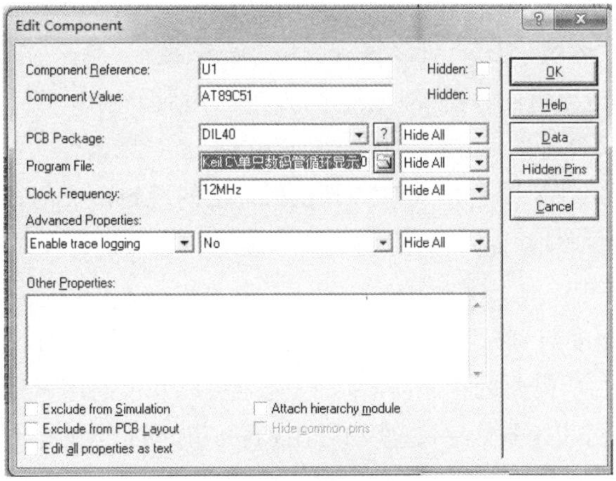

图 4-37 加载目标代码文件

需要特别注意的是,在加载目标代码时,运行时钟频率以单片机属性设置中的时钟频率(Clock Frequency)为准。

2. 仿真运行

完成上述所有操作后,只需要单击 Proteus ISIS 界面中的快捷命令按钮(见图 4-13 左下角)运行程序即可。下面是前面介绍的各种仿真运行命令按钮的功能。

▶ :运行程序。

▌▶ :单步运行程序。

▌▌ :暂停程序运行。

▌■ :停止运行程序。

在 Proteus 中绘制电路原理图时,8051 单片机最小系统所需的时钟振荡电路、复位电路、EA 引脚与 +5V 电源的连接均可省略,不影响仿真效果。所以在本书的各案例仿真时,有时为了使电路原理图清晰,时钟振荡电路、复位电路、EA 引脚与 +5V 电源的连接均省略不画,不影响仿真的结果。

4.5 Keil μVision3 环境下的仿真调试

Keil C51 是美国 Keil Software 公司出品的 51 系列兼容单片机 C 语言的软件开发系统,与汇编语言相比,C 语言在功能、结构性、可读性以及可维护性上有明显的优势,因而易学易用。用过汇编语言后再使用 C 语言来开发程序,用户的体会更加深刻。Keil C51 软件提供丰富的库函数和功能强大的集成开发调试工具,全 Windows 界面。从用户程序编译后生成的汇编代码可以发现,Keil C51 生成的目标代码效率高,多数语句生成的汇编代码很紧凑,容易理解,在开发大型软件时更能体现高级语言的优势。

C51 工具包集成开发环境(IDE)可以完成编辑、编译、链接、调试、仿真等整个开发流程。开发人员可用 IDE 本身或其他编辑器编辑 C 或汇编源文件,然后分别由 C51 及 A51 编译器编译生成目标文件(*.OBJ)。目标文件可由 LIB51 创建生成库文件,也可以与库文件一起经 L51 链接定位生成绝对目标文件(*.ABS)。ABS 文件由 OH51 转换成标准的 *.hex 文件,以供调试器 d Scope51 或 t Scope51 使用,进行源代码级调试,也可由仿真器直接对目标板进行调试,或直接写入程序存储器 EPROM 中调试。

Keil μVision3 增加了很多与 8051 单片机硬件相关的编译功能,使应用程序开发更为方便和快捷,生成的程序代码运行速度快,所需要的存储器空间小,完全可以和汇编语言相媲美,是目前单片机应用开发软件中最优秀的软件开发工具之一。这些均可在 Keil μVision3 的开发环境中简便地进行操作。

下面介绍 Keil μVision3 开发环境下的 C51 源程序的设计和调试过程。

4.5.1　Keil μVision3 的基本操作

1. 软件的安装与启动

Keil μVision3 集成开发环境的安装同大多数软件的安装一样,根据提示进行。Keil μVision3 安装完毕后,可在桌面上看到 Keil μVision3 软件的快捷图标。单击该快捷图标,即可启动该软件,会出现 Keil μVision3 软件开发环境界面,如图 4-38 所示。

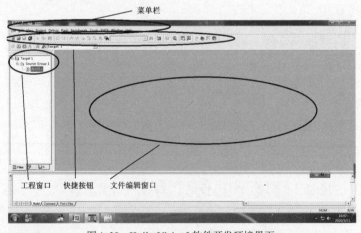

图 4-38　Keil μVision3 软件开发环境界面

2. 创建工程

在编写一个新的应用程序之前,首先要建立工程(Project)。Keil μVision3 把用户的每一个应用程序设计都看作一个工程,用工程管理的方法把程序设计中所要用到的、互相关联的程序资源链接在同一工程中。这样,在打开一个工程时,所需要的关联程序资源也同时调入调试窗口,方便用户对工程中各个程序进行编写、调试和存储。用户也可能开发了多个工程,每个工程用到了相同或不同的程序文件和库文件,采用工程管理很容易区分不同工程中所用到的程序文件和库文件。因此,在使用 Keil μVision3 对程序进行编辑、调试与编译之前,需要先创建一个新的工程。

在编辑界面下,首先单击 Project 菜单,选择下拉菜单中的 New Project,弹出文件对话窗口,选择要保存的路径,在"文件名"中输入一个工程名称,保存后的文件扩展名为 .uv2,这是 Keil μVision3 工程文件的扩展名,以后直接单击此文件就可以打开先前建立的工程了。

(1)在图 4-38 所示的窗口中,单击菜单栏中的 Project(工程),再选择下拉菜单选项 New Project,如图 4-39 所示。

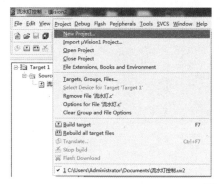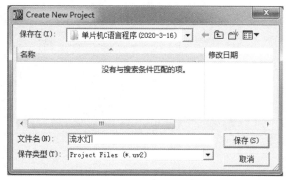

图4-39 新建工程菜单

(2)选择 New Project 选项后,就会弹出 Create New Project 窗口,如图 4-40 所示。

在该窗口中,需要在"文件名(N)"文本框中输入新建工程的名字,并且在"保存在(I)"下拉列表中选择工程的保存目录,为工程输入文件名后,单击"保存(S)"即可。

(3)器件选择。单击"保存(S)"按钮后,会弹出 Select Device for Target(选择 MCU)窗口,如图 4-40 所示,按照界面的提示选择相应的 CPU。选择 Atmel 目录下的 AT89C51(对于 AT89S51 型号芯片,也是选择 AT89C51)。

(4)单击"确定"按钮后,会出现如图 4-41 所示的对话框。如果需要复制启动代码 STARTUP. A51 到新建的工程中,单击"是"按钮;若不需要,就单击"否"按钮。单击"是"按钮后会出现如图 4-42 所示的窗口,这时新工程建立完毕,如图 4-42 所示。

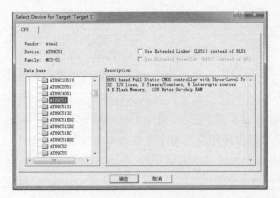

图4-40 Select Device for Target对话框　　　　图4-41　是否复制启动代码到工程对话框

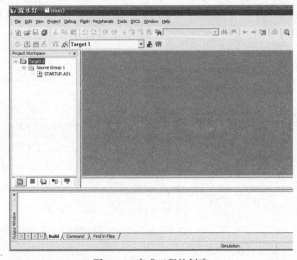

图4-42　完成工程的创建

4.5.2　添加用户源程序文件

在一个新的工程创建完成后,就需要将自己编写的用户源程序代码添加到这个工程中。添加用户程序文件通常有两种方式:一种是新建文件,另一种是添加已创建的文件。

1. 新建文件

(1)单击图4-38中的快捷按钮(或选择菜单栏中的 File → New 选项),这时会出现如图4-43所示窗口。在这个窗口中会出现一个空白的文件编辑画面,用户可以在这里输入编写程序源代码。

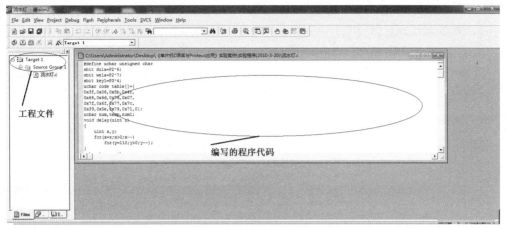

图4-43　建立新文件

（2）单击图4-38中的快捷按钮（或选择菜单栏中的 File → Save 选项），保存文件，这时会弹出如图4-44所示窗口。

（3）在图4-44所示的 Save As 对话框中，在"保存在（S）"下拉列表中选择新文件的保存目录，这样就将这个新文件与刚建立的工程保存在同一个文件夹下了，然后在"文件名（N）"文本框中输入新建文件的名字，由于使用 C51 语言编程，则文件名的扩展名应为".c"，这里新建文件名为"流水灯 .c"；如果用汇编语言编程，那么文件名的扩展名应为"流水灯 .asm"，如图4-45所示。完成上述步骤后单击"保存"按钮即可，这时新文件创建完成。

图4-44　保存新文件

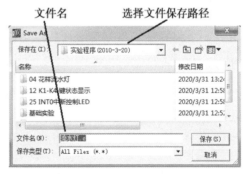

图4-45　Save As对话框

如果将这个新文件添加到刚才创建的工程中，操作步骤与下面的"添加已创建文件"步骤相同。

2. 添加已创建文件

（1）在工程窗口（图4-38）中，右击 ource Group 1，选择 Add Files to 'Source Group 1' 选项。

（2）完成上述操作后会出现 Add Files to'Source Group 1' 所示的对话框,如图 4-46 所示。在该窗口中选择要添加的文件,这里只有刚刚建立的文件"流水灯 .c",选中这个文件后,单击 Add 按钮,再单击 Close 按钮,文件添加已经完成,流水灯 .c 文件就出现在 Source Group 1 目录下了。

注意,单击 Add 按钮后,对话框不会自动关闭,而是等待继续加入其他文件,初学者往往误认为未操作成功,会再次单击"Add" 按钮,此时,若单击 Source Group 1 左侧的"+" 号,可以看到该源程序文件已经装在 Source Group 1 文件夹中。

一个工程可能含有多个程序文件,所以每写一个文件,都要添加到所建立的工程中,每次都要右击 Source Group 1,选择 Add Files to Group'Source Group 1' 添加新文件。

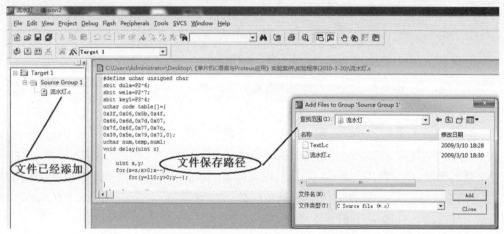

图 4-46　Add Files to 'Source Group 1' 对话框

4.5.3　程序的编译与调试

上面在文件编辑窗口建立了文件"流水灯.c",并且将文件添加到了工程中,下面还需要对工程进行编译和调试,最终生成能够执行的 .hex 文件,具体操作步骤如下。

1. 程序编译

单击快捷按钮中的 (调试状态的进入 / 退出),对当前工程进行编译。工程编译信息如图 4-47 所示。

从输出窗口中的提示信息可以看到,程序中有两个错误,认真检查程序,找到错误并改正,改正后再次单击进行编译,直至提示信息显示没有错误为止,图 4-47 左下角会提示信息有无错误。

需要注意的是,程序语句中不能加入全角符号,例如全角的分号、逗号、圆括号、引号、大于号和小于号等,否则,编译器都将这些全角符号视作语法出错。

端口观察窗口

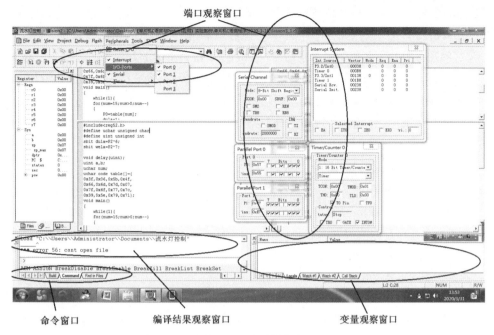

命令窗口　　　　　　编译结果观察窗口　　　　　　变量观察窗口

图4-47　工程编译信息

2. 程序调试

程序编译无误后,就可以进行调试与仿真。单击开始 / 停止调试的快捷按钮(或在主界面选择 Debug 菜单中的 Start/Stop Debug Session 选项),进入程序调试状态。

左边的工程窗口给出了常用的寄存器 R0~R7 以及 A、B、SP、DPTR、PC 和 PSW 等特殊功能寄存器的值,这些值会随着程序的执行发生相应的变化。图 4-47 中,在存储器窗口的地址栏处输入 0000H 后按 Enter 键,则可以查看单片机片内程序存储器的内容,单元地址前有"C:",表示程序存储器。如果要查看单片机片内数据存储器的内容,在存储器窗口地址栏处输入 D: 00H 后按 Enter 键,则可以看到数据存储器的内容。单元地址前有"D:",表示数据存储器,右侧还有特殊功能寄存器观察窗口。图 4-47 左下角为程序调试界面。

图 4-47 中还有一行新增加的用于调试的快捷命令图标,如图 4-48 所示。还有几个原来用于调试的快捷命令图标,如图 4-49 所示。

图4-48　调试状态下新增加的快捷命令图标

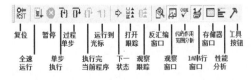

图4-49　用于调试的其他几个快捷命令图标

在程序调试状态下,可运用快捷按钮进行单步、跟踪、断点和全速运行等方式进行调试,也可以观察单片机各种资源的状态,例如程序存储器、数据存储器、特殊功能寄存器、变量寄存器及 I/O 端口的状态。这些图标中的大多数与菜单栏命令"Debug"下拉菜单中的各项子命令是一一对应的,只是快捷命令图标要比下拉菜单使用起来更加方便快捷。常用的快捷命令图标的功能介绍如下。

（1）各调试窗口显示的开关按钮

下面的图标控制图 4-48 中各个窗口的开与关。

　：工程窗口的开与关。

　：特殊功能寄存器显示窗口的开与关。

　：输出窗口的开与关。

　：存储器窗口的开与关。

　：变量寄存器窗口的开与关。

（2）各调试功能的快捷按钮

　：调试状态的进入 / 退出。

　：复位 CPU。在不改变程序的情况下,单击本图标命令可使程序重新开始运行。执行此命令后,程序指针返回到 0000H 地址单元。另外,一些内部特殊功能寄存器在复位期间也将重新赋值。例如,A 为 00H,SP 为 07H,DPTR 为 0000H,P0~P3 口为 0FFH。

　：全速运行。单击本图标命令,即可实现全速运行程序。若程序中已设置断点,程序将执行到断点处,并等待调试指令。在全速运行期间,无法查看任何资源状态,也不接受其他命令。

　：单步跟踪。可以单步跟踪程序。每执行一次此命令,程序将运行一条指令。当前的指令用黄色箭头标出,每执行一步,箭头都会移动,已执行过的语句呈绿色。

　：单步运行。该命令实现单步运行程序,此时单步运行命令将视函数和函数调用为一个整体过程,因此,单步运行是以语句（该语句不管是单一命令行还是函数调用）为执行单元。

　：执行返回。在用单步跟踪命令跟踪到子函数或子程序内部时,使用本快捷命令图标,即可将程序的 PC 指针返回到调用此子程序或函数的下一条语句。

　：运行到光标行。

　：停止程序运行。

程序调试中,灵活运用上述的几种方式,可提高程序调试效率。

（3）断点操作的快捷按钮

在程序调试中常常要设置断点,一旦执行到该程序行即停止,可在断点处观察有关的变量值以发现问题所在。图 4-48 中有关断点操作的快捷命令图标的功能如下。

　：插入 / 清除断点。

　：清除所有的断点设置。

　：使能 / 禁止断点。是开启或暂停光标所在行的断点功能。

　：禁止所有断点。是暂停所有断点。

此外,插入或清除断点最简单的方法,即将鼠标移至需要插入或清除断点的行首,双击鼠标即可。这4个快捷图标命令也可从菜单命令 Debug 的下拉子菜单中找到。

其他快捷命令图标如下所示。

4.5.4 工程的设置

工程创建完毕后,还需要对工程参数进行进一步的设置,以满足要求。右击工程窗口的 Target,选择 Options for Target'Target 1',工程调试参数选择与设置对话框,如图 4–50 所示。

该项目的 9 种设定中,Target、Output、C51 和 Debug 四项很重要,其余的设定在一般的项目设计中不需要特别改动,使用 µVision2 的默认设定即可。一般用户可以只关心 Target、Output、C51 和 Debug 设定,通常要设置的有两个,一个是 Target 页面,另一个是 Output 页面,其余设置取默认值即可。

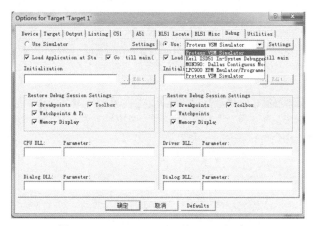

图 4–50 Options for Target 'Target 1' 窗口

1. Target页面

(1)Xtal(MHz):设置晶振频率值,默认值是所选目标 CPU 的最高可用频率值,可根据需要设置。该设置与最终产生的目标代码无关,仅用于软件模拟调试时显示程序执行时间。正确设置该数值可使显示时间与实际所用时间一致,一般将其设置成与硬件目标样机频率相同,如果没必要了解程序执行的时间,也可以不设置。

(2)Memory Model 设置 RAM 存储器模式,有 3 个选项。

①SMALL:所有变量都在单片机的内部 RAM 中。

②COMPACT:可以使用一页外部 RAM。

③LARGE:可以使用全部的扩展 RAM。

（3）Code Rom Size 设置 ROM 空间的使用，即程序的代码存储器模式，有 3 个选项。

①SMALL：只使用低于 2KB 的程序空间。

②COMPACT：单个函数的代码量不超过 2KB，整个程序可以使用 64KB 程序空间。

③LARGE：可以使用全部 64KB 程序空间。

（4）Use On-Chip ROM：是否仅使用片内 ROM 选项。注意，选中该项并不会影响最终生成的目标代码量。

（5）Operation 操作系统选项。Keil 提供了两种操作系统：Rtxtiny 和 Rtxfull。通常不选操作系统，所以选用默认项 None。

（6）off-chip Code Memory：用以确定系统扩展的程序存储器的地址范围。

（7）off-chip Xdata Memory：用以确定系统扩展的数据存储器的地址范围。

上述（5）~（7）这 3 个选项必须根据所用硬件来决定，如果是最小应用系统，不进行任何扩展，则按默认值设置。

2. Output页面

选择 Options for Target‘Target 1’窗口中的 Output 选项，就会出现 Output 页面，如图 4-51 所示。

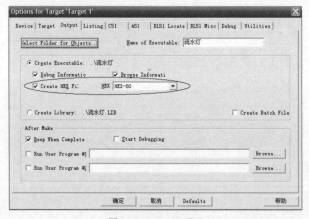

图4-51　Output页面

（1）Create HEX File：生成可执行文件代码文件。选择此项后即可生成单片机可以运行的二进制文件（.hex 格式文件），文件的扩展名为 .hex。

（2）Select Folder for Objects：选择最终的目标文件所在的文件夹，默认与工程文件在同一文件夹中，通常选择默认值。

（3）Name of Executable：用于指定最终生成的目标文件的名字，默认与工程文件相同，通常选择默认值。

（4）Debug Information：将会产生调试信息，这些信息用于调试，如果需要对程序进行调试，应选中该项。其他选项选择默认值。

完成上述设置后，就可以在程序编译时，单击快捷命令按钮，生成 .hex 文件的提示信息，如图4-47左下角所示。该信息中说明程序占用片内 RAM 共 12B，片外 RAM 共 0B，占用程序存储器共438B。最后生成的 .hex 文件名为"流水灯.hex"，至此，整个程序编译过程就结束了，生成的文件就可以在 Proteus 环境下进行虚拟仿真时，装入单片机运行。

3. Debug设置

Debug 设置界面如图 4-52 所示，它分成两部分：软件仿真设置（左边）和硬件仿真设置（右边）。软件仿真和硬件仿真的设置基本一样，只是硬件仿真设置增加了仿真器参数设置。

仿真目标器件→驱动选择→仿真配置记忆→选择仿真器类型，选择运行到 main 函数位置。

（1）启动运行选择：选择在进入仿真环境中的启动操作。

● Load Application at Start：进入仿真后将用户程序代码下载到仿真器。

● Go till main：在使用 G 语言设计时，下载完代码则直接运行到 main 函数位置。

（2）仿真配置记忆选择：对用户仿真时的操作进行记忆。

● Break points：选中后记忆当前设置的断点，下次进入仿真后该断点设置存在并有效。

● Watch points：选中后记忆当前设置的观察项目，下次进入仿真仍有效。

● Memory Display：选中后记忆当前存储器区域的显示，下次进入仿真仍有效。

● Toolbox：选中后记忆当前的工具条设置，下次进入仿真仍有效。

（3）仿真目标器件驱动程序选择：如果用户在目标器件选择中选择了相应的器件，Keil 将自动选择相应的仿真目标器件驱动程序。硬件仿真和软件仿真后在 Peripherals 菜单中会添加该器件的外设观察菜单，用户单击后会出现浮动的观察窗口，以方便用户观察和修改。

图4-52 Debug设置界面

（4）仿真器类型选择：用于选择当前 Keil 可以使用的硬件仿真设备。任何可以挂接 Keil 仿真环境的硬件都必须提供驱动程序，驱动程序是 .dll 文件。当用户得到驱动程序后，还必须在 Keil 的配置文件中声明，才能在仿真器类型选择中找到该硬件。

4. C51 页面

C51 设置界面如图 4–53 所示。

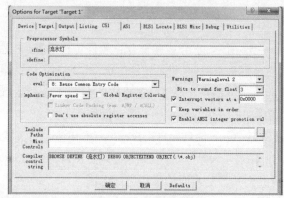

图 4–53　C51 设置界面

（1）代码优化等级：C51 在处理用户的 C 语言程序时，能自动对程序做出优化，用于减少代码量或提高速度。经验证明，调试初期选择优化等级 2（Data overlaying）是比较明智的，因为根据程序的不同，选择高级别的优化等级有时会出现错误。注意：在 my_prj 项目中，请选择优化等级 2，在用户程序调试成功后再提高优化等级，改善程序代码。

（2）优化侧重。

● Favor size：优化时侧重优化代码大小。

● Default：不规定，使用默认优化。

4.5.5　编译、链接时的快捷按钮与操作

（1）Build target 按钮，即建立工程按钮，用来编译、链接当前的工程，并产生相应的目标文件，如 .hex 文件。

（2）Rebuild all target files 按钮，即全部重建工程按钮，主要用于在工程文件有改动时，来全部重建整个工程，并产生相应的目标文件，如 .hex 文件。

用 C51 语言编写的源代码程序不能直接使用，需要对该源代码程序进行编译链接，最终生成可执行的目标代码 .hex 文件，并加载到 Proteus 环境下的虚拟单片机中，才能进行虚拟仿真。

需要注意的是，若在 Keil C51 中同时存有 C51 程序和汇编程序，宜在两个目标项目中分别编译调试，否则容易引起冲突而出错。

4.5.6 常用窗口介绍

1. 窗口排列

最左侧那一栏显示单片机一些寄存器的当前值和系统信息,最上边那一栏是 Keil 将 C 语言转换成汇编的代码,下面就是写 C 语言的程序,调试界面包含很多子窗口,都可以通过菜单 View 中的选项打开和关闭。编译后在左下侧出现的窗口有如下几个。

(1)Build 选项卡:Build 选项卡用于制作(编译和链接)过程中产生的实时信息,包括编译和链接过程中产生的错误和警告,错误发生的位置、原因和数量,是否生成目标及目标名、目标占用资源等情况。

若在编译阶段显示错误和警告,鼠标双击该错误提示,光标将迅速定位到错误发生处。但是,需要提醒读者的是,错误发生处不一定是错误产生处,错误产生处常常是在前面。

需要说明的是,Keil C51 编译器只能指出程序的语法错误,而对程序本身的逻辑或功能错误则无法辨别,只能在下一阶段功能调试和仿真中查找和纠错。

(2)Command 选项卡:Command 选项卡分为上下两部分,上半部分显示系统已执行过的命令,下半部分用于输入用户命令,用户可在提示符">"后输入用户命令。

(3)Find in Files 选项卡:Find in Files 选项卡用于在多个文件中查找字符。

若是感觉这种默认分布形式不符合习惯或者不方便观察特定信息,可以随时调整界面所有子窗口的位置。比如想把 Disassembly 反汇编窗口和源代码窗口横向并排摆放,那么只需要用鼠标拖动反汇编窗口的标题栏,这时会在屏幕上出现多个指示目标位置的图标,拖动窗口把鼠标移动到相应的图标上,软件还会用蓝色底纹指示具体的位置,如图 4-54 所示,松开鼠标窗口就会放到新的位置了。

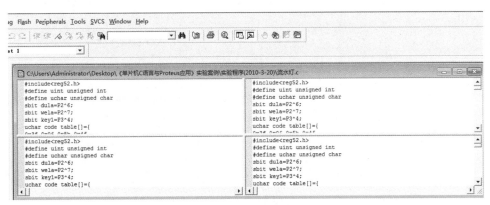

图4-54 窗口排列

Keil 仿真软件在调试程序时提供了多个变量观察窗口,主要有源程序编辑窗口、项目文件 / 寄存器窗口、输出窗口、变量观察窗口、存储器窗口和外围设备窗口(中断、定时 / 计数器、串行口和并行 I/O 口)等。单击主菜单 View,弹出下拉菜单,如图 4-55 所示。

打开/关闭各窗口,也可以直接利用图4-48和图4-49中的图标按钮。

源程序编辑窗口,创建新项目、打开已有项目和输入源程序已在前面的内容中有所介绍。

2.项目文件/寄存器窗口

单击图4-49工具栏中的图标⊞,或按图4-55所示,单击主菜单栏中的 View → Project Window,就能打开/关闭该窗口(Project Workspace),如图4-56所示。

该窗口有3个选项卡,单击该窗口下方的相应标签,就能互相切换。

(1)Files 选项卡

Files 选项卡在图4-56中下拉菜单左侧"项目文件窗口",该选项卡是一个项目文件管理器,一般分为3级结构:项目目标(Target)、文件组(Group)和文件(File)。

(2)Regs 选项卡

Regs 选项卡(Register)如图4-56中左侧所示。该选项卡分为两部分:上方为通用寄存器组 Regs,即 r0~r7;下方为系统特殊功能寄存器组 Sys,包括 a、b、sp、pc、dptr 和 psw 等。

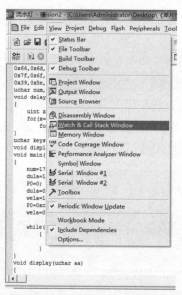

图4-55　View下拉菜单界面　　图4-56　寄存器窗口界面

每当程序执行到对其中某个寄存器进行操作时,该寄存器会以反色显示,此时若用鼠标单击后按下 F2 键,即可修改该值;或预先用鼠标左键两次单击(不是双击)某寄存器数据值(Value),该数据值也会以反色显示,此时可对其进行设置和修改。

其中,系统特殊寄存器组 Sys 中有一项 sec 和 states,可查看程序的执行时间和运行周期数。例如,执行到延时子程序时,记录进入该程序的 sec 值,然后按过程单步键,快速执行该子程序完毕,再读取 sec 值,两者之差,即为该子程序的执行时间。

3. 输出窗口

单击图 4–49 工具栏中的图标 ，或按图 4–55 所示，单击主菜单栏中的 View → Output Window，就能打开 / 关闭位于屏幕下方的输出窗口，如图 4–57 中左侧窗口所示。该窗口有 3 个选项卡，单击该窗口下方相应标签，就能相互切换。

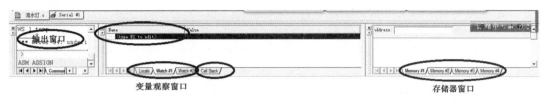

图 4–57 输出窗口、 变量观察、 存储器窗口

4. 变量观察窗口

下面介绍如何在观察窗口（Watch Window）中添加变量。

在生成和下载程序代码后，可以将要观察的变量添加到观察窗口，有两种方法可将变量添加到观察窗口。

（1）在符号观察窗口中找到要加入的变量，在变量上右击鼠标并选择变量类型，如图 4–57 所示。

（2）在源程序代码中找到要加入观察窗口的变量，然后在变量上右击鼠标。从弹出菜单中选择 Add 变量名到观察窗口，并选择变量类型，如图 4–57 所示。窗口大小是可调的，在窗口中删除变量的方法是选定变量然后按 Delete 键。

单击图 4–49 工具栏中的图标 ，或按图 4–55 所示，单击主菜单栏中的 View → Watch &Call Stack Window，就能打开 / 关闭位于屏幕下方的变量观察窗口。该窗口有 4 个选项卡，单击该窗口下方相应标签，就能相互切换，如图 4–57 中的中间窗口所示。

（1）Locals 选项卡

Locals 选项卡用于观察和修改当前运行函数的所有局部变量，如图 4–58（a）所示。当前尚未运行函数的局部变量暂不显示。

（2）Watch#1 和 Watch#2 选项卡

Watch#1 选项卡和 Watch#2 选项卡均可以观察被调试的变量（包括全局变量和各函数的局部变量），但需要设置。设置的方法是：在该选项卡窗口中单击 type F2 to edit（单击后会出现虚线框），然后按 F2 键（或再次单击），再输入变量名，按 Enter 键。若需要同时观察几个变量，可再次单击 type F2 to edit，重复上述操作，如图 4–58（b）所示。

Locals 选项卡和 Watch#1、Watch#2 选项卡中的显示值形式可选择十进制数（Decimal）或十六进制数（Hex），单击 Value 弹出 Number Base 选项及其下拉式菜单，可选择显示值形式。

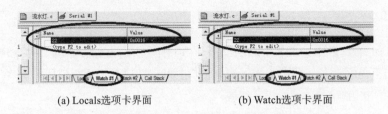

（a）Locals选项卡界面　　　　　　（b）Watch选项卡界面

图4-58　Locals选项卡界面、Watch选项卡界面、选择显示值形式

变量显示值也可以修改，方法同上，即单击 Value →按 F2 键（或再次单击鼠标）→输入修改值→回车。

若 Locals 选项卡和 Watch#1、Watch#2 选项卡中的变量是数组变量，则仅显示数组首地址，可根据该首地址在相应存储器窗口观察或修改数组元素。

（3）Call Stack 选项卡

Call Stack 选项卡主要给出堆栈和调用子程序的信息。

以上 4 个选项卡不能同时打开，但可逐个打开。

5. 功能部件运行对话窗口

单击主菜单 Peripherals，会弹出下拉菜单，如图 4-59（a）所示。Peripherals 的英文含义是"外围设备"，可能是根据早期单片机结构取的名字。实际上，该主菜单下拉菜单中涉及的是中断、定时 / 计数器、并行 I/O 口和串行口等，均是80C51 片内功能部件，不是单片机的外围设备。单击图 4-59（a）中某项，可打开该项功能部件运行对话窗口。程序运行中，可观察这些功能部件 SFR 单元中动态变化的数据，也可由用户修改这些数据。

（1）中断对话窗口

单击图 4-59（a）所示下拉菜单中的 Interrupt，会弹出如图 4-59（b）所示的中断对话窗口。上半部分为 5 个中断源和相关控制寄存器状态，可单击选择某个中断源。下半部分为被选中中断源的控制位状态，可单击设置或修改为置 1（打钩）或清 0（空白）。

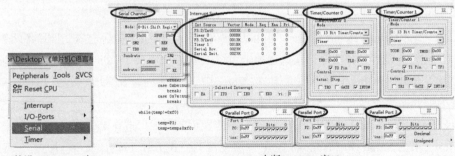

（a）外设Peripherals窗口　　　　　　（b）中断Interrupt窗口

图4-59　外设Peripherals 窗口和中断 Interrupt 窗口

（2）并行I/O对话窗口

光标指向图4-59（a）所示下拉菜单中的 I/O-Ports，会弹出子下拉菜单：Port0~Port3（P0口~P3口），选择并单击观察调试所需 I/O 口，如图4-60所示，弹出并行 I/O 对话窗口。

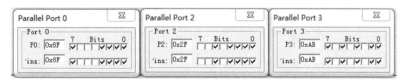

图4-60　并行I/O对话窗口

其中，上面一行（标记 Px）为 I/O 口输出变量，下面一行（标记 Pins）为模拟 I/O 口引脚输入信号。左侧框是该变量：十六进制数，右侧 8 个小方框依次代表该 I/O 口每一端口位的变量值："打钩"表示 1，"空白"表示 0，单击可设置或修改。

（3）串行口、定时/计数器对话窗口

单击图4-59（a）所示下拉菜单中的 Serial，会弹出如图4-61（a）所示串行口对话窗口。该对话窗口用于观察调试 80C51 片内串行口的功能部件和相关 SFR 参数，可设置或修改。

（4）定时/计数器对话窗口

串行输入/输出信息窗口并非 80C51 串行口功能部件的信息窗口，而是 C51 编译器利用 80C51 串行口，通过 C51 库函数 Stdio.h 在 PC 上输入/输出的数据信息。

单击图4-49工具栏中的图标▣，或按图4-55所示，单击主菜单栏中的 View → Serial Window#1，就能打开/关闭 Serial#1 串行输入/输出信息窗口。由于有的 80C51 系列增强型芯片具有双串口，所以 Keil 提供了两个串行窗口，但对于只有一个串口的 80C51 系列芯片，Serial#2 不起作用。

光标指向图4-59（a）所示下拉菜单中的 Timer，弹出下拉式菜单 Timer0 和 Timer1；选择并单击观察调试所需 Timer，会弹出如图4-61（b）所示相应的定时/计数器对话窗口，可设置或修改定时/计数器参数。

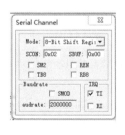　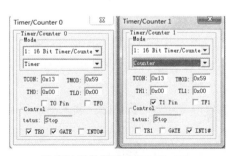

（a）串行口对话窗口　　　　（b）定时/计数器对话窗口(T0、T1)

图4-61　串行口对话窗口、 定时/计数器对话窗口

需要说明的是，使用串行输入/输出信息窗口，需要先行串行口初始化，对波特率（根据时钟频率）和工作方式进行设置。然后用 C51 库函数 Stdio.h 中的 printf 语句输出程序运行的结果，或用

scanf 语句输入程序需要的参数。需要注意的是,scanf 语句输入时,一定要先将 Serial#1 窗口激活为当前窗口,才能有效输入操作。

6. 存储器窗口

单击图 4-49 工具栏中的图标回,或按图 4-55 所示,单击主菜单栏中的 View → Memory Window,就能打开 / 关闭位于屏幕下方的存储器窗口,如图 4-62 所示。该窗口有 4 个选项卡,单击该窗口下方相应的标签,就能相互切换。4 个选项卡 Memory#1、#2、#3 和 #4 功能相同,均可观察不同的存储空间,但需要先设置。程序运行中,所涉及存储单元中的数据会动态变化,也可由用户修改存储数据。

（1）设置存储空间首地址

在任一存储空间选项卡 Address 编辑框内输入"字母：数字"。其中,字母有 4 个,分别是 c、d、i 和 x（字母也可以大写）。c 代表 code（ROM）；d 代表 data（直接寻址片内 RAM）；i 代表 idata（间接寻址片内 RAM）；x 代表 xdata（片外 RAM）。数字代表想要查看存储单元的首地址（十进制和十六进制数字均可）。例如,在 Address 编辑框内输入 d：100,则从直接寻址片内 RAM 0x64 单元起开始显示；输入 x：101,则从片外 RAM 0x65 单元起显示。

（2）选择存储数据显示值形式

存储数据显示值可有多种形式：十进制、十六进制和字符等；还可以有不同数据类型和不同字节组合显示。方法是鼠标对准显示值右击,弹出右键菜单,如图 4-62 所示。

其中,Decimal 是一个开关,在十进制与十六进制之间切换；Unsigned 和 Signed 分别是无符号数和有符号数,选择时还会弹出下拉子菜单：Char（8 位）、Int（16 位）和 Long（32 位）；Ascii 是以 ASCII 字符形式显示；Float 是浮点型。系统按用户选择的数据形式组成多字节显示单元。例如,若选择 Char 型,则每一字节单独显示；选择 Int 型,则从起始单元起每 2 个字节（16 位）组合显示；选择 Long 型,则从起始单元起每 4 个字节（32 位）组合显示。

（3）修改存储器和寄存器值

可以在光标处输入数值来修改寄存器原值。修改后的值可以在执行用户代码（单击 GO 或 Step 按钮）前下载到硬件。方法是用 Refresh 按钮强制写入。这样,修改后的值被写入仿真器。寄存器窗口将重读仿真器,窗口将被刷新,所有变化的值以红色显示。

需要注意的是,修改寄存器的值只能在调试器处于停止状态时进行。目标处理器正在执行用户代码时不允许写入。

存储单元中的数据,用户可在程序运行前或运行中修改设置。修改的方法是：先用鼠标对准需要修改的存储单元,右击弹出菜单,如图 4-62 所示。单击 Modify Memory at c:0x00D0,会弹出修改存储器值对话框,如图 4-63 所示。输入修改值,然后单击 OK 按钮即可。

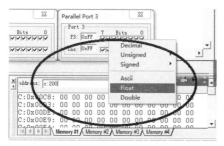
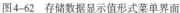

图4-62　存储数据显示值形式菜单界面　　　　　图4-63　修改存储器值对话框

4.5.7　程序的调试

选择当前仿真的模式,软件仿真使用计算机来模拟程序的运行,可以通过单击图标和进入Debug菜单选择调试命令来调试程序,也可以通过设置断点来调试程序,还可以通过打开相应的观察窗口来看Watch窗口、CPU寄存器窗口、Memory窗口、Toolbox窗口、Serials窗口和反汇编窗口等,通过这些工具,可以方便地调试应用程序,用户不需要建立硬件平台就可以快速地得到某些运行结果,但是在仿真某些依赖于硬件的程序时,软件仿真则无法实现。硬件仿真是最准确的仿真方法,因为它必须建立起硬件平台,通过PC→"硬件仿真器"→"用户目标系统"进行系统调试,具体操作方法可参考相应硬件仿真器的使用说明。

（1）调试变量观察区

将光标移到源程序窗口左边的灰色区,光标变成手指圈形状,单击设置断点,也可以用弹出菜单的"设置 / 取消断点"命令或用Ctrl+F8组合键设置断点。断点有效时图标为"红圆绿钩",无效断点的图标为"红圆黄叉"。断点设置好后,就可以用全速执行的功能全速执行程序,当程序执行到断点时会暂停下来,这时可以观察程序中各变量的值及各端口的状态,判断程序是否正确。其中,查看结果可选择菜单命令窗口→数据窗口→DATA。注意:DATA表示片内RAM区域,CODE表示ROM区域,XDATA表示片外RAM区域,PDATA表示分页式数据存储器(51系列不用),BIT表示位寻址区域。

（2）调试程序

执行菜单命令"执行"→"跟踪",或单击跟踪快捷图标,或按F7键进行单步跟踪调试程序,单步跟踪就逐条指令地执行程序,若有子程序调用,也会跟踪到子程序中去。可以观察程序每一步执行的结果,程序单步跟踪到循环赋值程序中,也可以用"执行到光标处"功能,将光标移到程序想要暂停的地方,执行菜单命令"执行"→"执行到光标处",或按F4键,或执行弹出菜单的"执行到光标处"命令,程序全速执行到光标所在行。如果下次不想单步调试子程序里的内容,按F8键单步执行就可以全速执行子程序调用,而不会逐条地跟踪子程序了。

有些实时性操作(如中断等)利用单步运行方式无法调试,必须采用连续运行的方法进行调试。

为了准确地对错误进行定位,可使用连续加断点的运行方式调试这类程序,即利用断点定位的改变,一步步缩小故障范围,直至最终确定错误位置并加以排除。

（3）先单步后连续

调试好程序模块的关键是实现对错误的正确定位。准确发现程序（或硬件电路）错误的最有效方法是采用单步加断点的运行方式调试程序。单步运行可以了解被调试程序中每条指令的执行情况,分析指令的运行结果,以便知道该指令执行的正确性,并进一步确定是由于硬件电路错误、数据错误还是程序设计错误等引起的该指令的执行错误,从而发现、排除错误。

但是,所有程序模块都以单步、断点方式查找错误,又比较费时费力,所以,为了提高调试效率,一般先采用断点运行方式将故障定位在程序的一个小范围内,然后针对故障程序段,再使用单步运行方式来精确定位错误所在,这样就可以做到快捷和准确的调试了。一般情况下,单步调试完成后,还要做连续运行调试,以防止某些错误在单步执行的情况下被掩盖。

4.6　Proteus与Keil μVision3的联调

前面介绍了如何在 Proteus 下完成原理图的设计文件（设计文件名后缀 *.DSN）后,再把在 Keil μVision3 下编写的 C51 程序,经过调试、编译最终生成"*.hex"文件,并把"*.hex"文件载入虚拟单片机中,然后进行软硬件联调,如果要修改程序,需再回到 Keil μVision3 下修改、调试和编译,重新生成"*.hex"文件,直至系统正常运行为止。对于较为复杂的程序,如果没有达到预期效果,可能需要 Proteus 与 Keil μVision3 联合调试。

联调之前需要安装 vudgi.exe 文件,可以到 Proteus 的官方网站下载该文件。vudgi.exe 文件安装后,还要在 Proteus 与 Keil μVision3 中进行相应设置,首先需要将这两个软件相互链接,其方法和步骤如下。

（1）安装 vudgi.exe 文件（可从相关网站下载）。

（2）在 Proteus ISIS 中单击菜单栏中的 Debug → use remote debug monitor。

①复制 VDM51.dll 文件

将 Proteus 安装目录下的 \MODELS\VDM51.dll 文件复制到 Keil 安装目录下的 \C51\BIN 目录中,若没有 VDM51.dll 文件,可以从网上下载。

②修改 TOOLS.INI 文件

打开 Keil 安装目录下的 TOOLS.INI 文件（记事本）,如图 4-64 所示,在 [C51] 栏目下加入一条:TDRV5=BIN\VDM51.DLL（ "Proteus VSM Monitor-51Driver" ）。

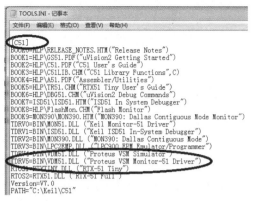

图4-64　修改TOOLS.INI设置

注意,其中TDRV5中的序号5应根据实际情况编写,不要与文件中原有序号重复。

（3）在Keil μVision3中打开程序工程文件,单击菜单栏中的Project → Options for Target,出现如图4-53所示的对话框,在Debug选项卡中勾选Use复选框,并在下拉菜单中选择Proteus VSM Simulator,Settings中的Host与Port使用默认值。

设置时,首先打开Proteus需要联调的程序文件,但不要运行,然后选中"调试"菜单中的"使用远程调试监控"选项,使Keil μVision3能与Proteus进行通信。

完成上述设置后,在Keil μVision3中打开程序工程文件,然后单击菜单栏中的Project → Option（或单击工具栏上的Options for Target按钮）,在Debug选项卡中选定右边的Use及Proteus VSM Simulator选项。如果Proteus与Keil μVision3安装在同一台计算机中,右边Settings中的Host与Port可保持默认值127.0.0.1与8000不变。项目选项对话框如图4-65所示。

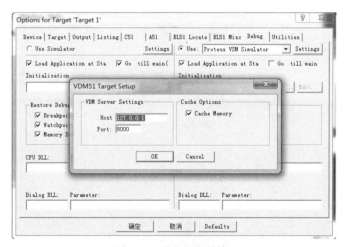

图4-65　项目选项对话框

联调方式不支持中文名字的工程文件,需将工程文件的中文文件名"流水灯.uv2"改为英文的文件名 led.uv2,才能进行工程联调。同时,联调方式在有些场合不适用。例如,扫描键盘时,就不能用单步跟踪,因为程序运行到某一步骤时,如果单击键盘的按键之后再到 Keil 中继续单步跟踪,这时按键已经释放。

完成上述设置和操作后,就可以开始联合仿真调试了。单击 Keil C51 图标按钮🔍,Keil C51 和 Proteus ISIS 同时进入联调状态,单步、断点以及全速运行均可,全速运行程序时,Proteus 中的单片机系统也会自动运行。

联调界面如图 4-66 所示。左半部分为 Keil μVision3 的调试界面,右半部分是 Proteus ISIS 的界面。如果希望观察运行过程中某些变量的值或者设备状态,需要在 Keil μVision3 中恰当地使用各种 Step In/Step Over/Step Out/Run To Cursor Line 及 Breakpoint 进行跟踪,观察右边的虚拟硬件系统运行的情况。

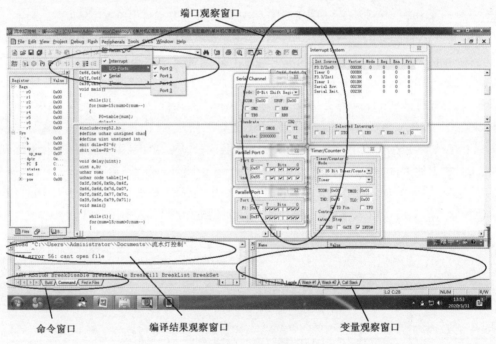

图4-66　调试界面

本章小结

Proteus 和 Keil C 是学习单片机编程与调试仿真运行的两个重要软件工具。

Proteus 是集智能原理图输入系统(ISIS)和高级布线与编辑软件(ARES)两大功能于一体的电子设计系统。智能原理图输入系统——ISIS(Intelligent Schematic Input System)用于电路原理图设计、单片机编程调试及仿真运行。高级布线与编辑软件——ARES（Advanced Routing and Editing Software）用于印制电路板的设计。

Keil C 汇集编辑、汇编以及动态仿真调试运行三项任务于一体。

思考题及习题4

1. 集成开发环境 μVisions 的软件界面由哪些部分组成？简述创建一个 C51 程序的基本方法。

2. Proteus 的软件界面有哪些组成部分？简述利用 Proteus 进行程序仿真开发的过程。

3. 简述利用 μVisions 进行 C51 程序的调试方法。

4. Proteus 和 Keil C 的联合使用有什么意义？此时的单片机仿真开发过程是什么？

5. 在 Proteus ISIS 下完成图 4-34 的"流水灯"电路原理图设计文件（*.DSN 文件）。

6. 在 Proteus ISIS 下，采用网络标号完成图 4-34 的单片机与 LED 显示器之间的 11 条线的连接，而不是引脚的直接电气连接。

第5章　显示与键盘接口设计

I/O 口是单片机最重要的系统资源之一，也是单片机连接外设的窗口。以发光二极管、开关、数码管和键盘等典型 I/O 设备为例，介绍单片机 I/O 口的基本应用。本章介绍单片机与常用的显示器件、开关以及键盘的接口设计与软件编程。读者可以在学习单片机部分原理之后，尽早了解单片机的相关应用；同时还可以通过具体实例的分析过程，掌握 C51 语言编程与调试方法。

为简便起见，笔者在编写程序时忽略了 I/O 接口中的信号驱动问题，如此并不会影响编程与仿真效果，反而还有助于分散学习难点。有关信号驱动的内容将在本书 9.6 节中详细介绍。

5.1　单片机的发光二极管显示

发光二极管是最常见的显示器件，可用来指示系统的工作状态，制作节日彩灯和广告牌匾等。由于发光材料的改进，目前大部分发光二极管的工作电流为 1~5mA，其内阻为 20~100Ω。发光二极管工作电流越大，显示亮度也越高。为保证发光二极管的正常工作，同时减少功耗，限流电阻的选择十分重要，若电压为 +5V，则限流电阻可选 1~3kΩ。

1. 基本输入/输出单元与编程

按键检测与控制是单片机应用系统中的基本输入/输出功能。

第 2 章中已经介绍过，如果用 P0 口作为通用 I/O 使用，由于漏极开路，需要外接上拉电阻，而 P1~P3 口内部有 30 kΩ 左右的上拉电阻。下面介绍 P1~P3 口如何与 LED 发光二极管的驱动连接。

发光二极管（简称 LED）作为输出状态显示设备，与单片机接口可以采用低电平驱动和高电平驱动两种方式，如图 5-1 所示。

对应图 5-1（a）所示的低电平驱动，I/O 端口输出 0 电平可使其点亮，输出 1 电平可使其关断。同理，对应图 5-1（b）所示的点亮电平和关断电平分别为 1 和 0。由于低电平驱动时，单片机可提供较大输出电流（详见 2.5 节），故低电平驱动最为常用。发光二极管限流电阻通常取值为 100~200Ω。

如果高电平输出，则从 P1、P2 和 P3 口输出的拉电流 I_d 仅为数百微安，驱动发光二极管的能力较弱，亮度较差。AT89S51 单片机任何一个端口（P1~P3）要想获得较大的驱动能力，需采用低电平输出。

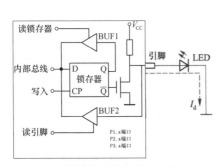 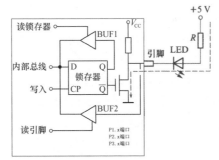

(a) 不恰当的连接：高电平驱动　　　　　(b) 恰当的连接：低电平驱动

图5-1　发光二极管与单片机并行口的连接

如果一定要高电平驱动,可在单片机与发光二极管之间增加驱动电路,如 74LS04、74LS244 等。

2. I/O端口的C51 编程控制

单片机的 I/O 端口 P0~P3 是单片机与外设进行信息交换的桥梁,可通过读取 I/O 端口的状态来了解外设的状态,也可以向 I/O 端口送出命令或数据来控制外设。对单片机 I/O 端口进行编程控制时,需要对 I/O 端口的特殊功能寄存器进行声明,该声明包含在头文件 reg51.h 中,通过预处理命令 #include <reg51.h>,把这个头文件包含进去。

【例 5-1】制作一个流水灯,原理电路如图 5-2 所示,8 个发光二极管 LED0~LED7 经限流电阻分别接至 P1 口的 P1.0~P1.7 引脚上,阳极共同接高电平。编写程序来控制发光二极管由上至下的反复循环流水点亮,每次点亮一个发光二极管。运行仿真参见实验 12-2。

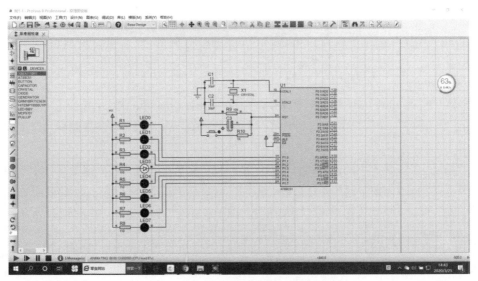

图5-2　单片机控制的流水灯电路及仿真

参考程序如下：

```
# include <reg51.h>
# include <intrins.h>              //包含移位函数_crol_()的头文件
# define uchar unsigned char
# define uint unsigned int
void  delay (uint  i)              //延时函数
{
  uchar  t;
  while (i--)
  {
    for (t=0;t <120;t++);
  }
}
void  main()                       //主函数
{
    P1=0xfe;                       //向P1口送出点亮数据
    while (1)
    {
      delay ( 500);                //500为延时参数, 可根据实际需要调整
      P1=_crol_(P1, 1) ;           //函数_crol_(P1, 1)数据循环左移1位
    }
}
```

程序说明：

（1）关于 while（1）的两种用法：

"while（1）;"：while（1）后面有 1 个分号，它的作用是使程序停留在这个指令上。

"while（1）{ …… ;}"：表示反复循环执行大括号内的程序段，这是本例控制流水灯反复循环显示的方法。

（2）关于 C51 函数库中的循环移位函数：循环移位函数包括循环左移函数"_crol_"和循环右移函数"_cror_"。这里使用了循环左移函数"_crol_"，括号中第 1 个参数为循环左移的对象，即对 P1 中的内容循环左移；第 2 个参数为左移的位数，即左移 1 位。在编程中一定要把包含移位函数的 intrins.h 内联函数，例如第 2 行 #include <intrins.h>。

下面的例子是在例 5-1 的基础上控制发光二极管由上至下再由下至上地反复循环点亮流水灯。

【例5-2】电路如图5-2所示,制作由上至下再由下至上地反复循环点亮显示的流水灯,下面给出两种方法实现要求。

① 数组的字节操作

本方法是建立1个字符型数组,将控制8个 LED 显示的8位数据作为数组元素,依次送到 P1 口来实现。参考程序如下:

```c
# include <reg51.h>
# define uchar  unsigned  char
uchar tab[ ]={ 0xfe, 0xfd, 0xfb, 0xf7, 0xef, 0xdf, 0xbf, 0x7f, 0x7f, 0xbf,
    0xdf, 0xef, 0xf7, 0xfb, 0xfd, 0xfe };    //前8个数据为左移点亮数据,
                                             后8个数据为右移点亮数据

void delay()
{
    uchar  i, j;
    for (i=0; i <255; i++)
    for (j=0; j <255; j++);
}
void main()                  //主函数
{
    uchar  i;
    while (1)
    {
        for (i=0;i <16; i++)
        {
          P1=tab[i];         //向P1 口送出点亮数据
          delay();           //延时,即点亮一段时间
        }
    }
}
```

② 移位运算符实现

本方法是使用移位运算符">>"" <<",把送到 P1 口的显示控制数据进行移位,从而实现发光二极管的依次点亮。参考程序如下:

```c
# include <reg51.h>
# define uchar unsigned char
```

```
void delay()
{
    uchar  i, j;
    for (i=0;i <255;i++)
    for (j=0;j <255;j++);
}
void  main()                 //主函数
{
    uchar  i, temp;
    while (1)
    {
        temp=0x01;           //左移初值赋给temp
        for (i=0;i <8;i++)
        {
          P1=~temp;          //temp中的数据取反后送P1口
          delay();           //延时
          temp=temp <<1;     //temp 中数据左移一位
        }
        temp=0x80;           //赋右移初值给temp
        for (i=0;i <8;i++)
        {
        P1=~temp;            //temp中的数据取反后送P1口
          delay();           //延时
          temp=temp>>1;      //temp 中数据右移一位
        }
    }
}
```

程序说明：注意使用移位运算符"">>"" "<<"，与使用循环左移函数"_crol_"和循环右移函数"_cror_"的区别。左移移位运算" <<"是将高位丢弃，低位补 0；右移移位运算">>"是将低位丢弃，高位补 0 。而循环左移函数"_crol_"是将移出的高位再补到低位，即循环移位；同理，循环右移函数"_cror_"是将移出的低位再补到高位。

5.2　单片机控制LED数码管的显示

5.2.1　LED数码管的显示原理

LED 数码管是常见的显示器件。LED 数码管为 8 字形,共计 7 段(不包括小数点段)或 8 段(包括小数点段在内),每一段对应一个发光二极管,LED 显示器有共阴极和共阳极两种形式。按照显示方式的不同可分为静态显示和动态显示。静态显示方式是在 LED 数码管显示某一数码时,加在数码管上的段码保持不变。动态显示方式是将所有数码管的段选线对应并联在一起,由一个 8 位的输出口控制,每位数码管的公共端(称为位线)分别由一位输出线来控制。显示时,由位选线控制,逐个循环点亮各位数码管,如图 5-3 所示。

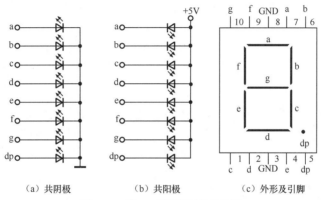

（a）共阴极　　　　（b）共阳极　　　　（c）外形及引脚

图5-3　8段LED数码管结构及外形

在共阴极数码管中,当某个发光二极管的阳极为高电平时,发光二极管点亮,相应的段显示。同样,共阳极数码管的阳极连接在一起,公共阳极接 +5V,当某个发光二极管的阴极接低电平时,该发光二极管被点亮,相应的段显示。

为了使 LED 数码管显示不同的字符,要把某些段点亮,就要为数码管的各段提供 1 个字节的二进制代码,即字形码(也称段码或真值表)。习惯上以 a 段对应字形码字节的最低位。各种字符的字形码如表 5-1 所示。

表5-1　LED数码管的字形码(真值表)

显示字符	共阴极字形码	共阳极字形码	显示字符	共阴极字形码	共阳极字形码
0	3FH	C0H	4	66H	99H
1	06H	F9H	5	7DH	92H
2	5BH	A4H	6	7DH	82H
3	4FH	B0H	7	07H	F8H

显示字符	共阴极字形码	共阳极字形码	显示字符	共阴极字形码	共阳极字形码
8	7FH	80H	P	73H	8CH
9	6FH	90H	U	3EH	C1H
A	77H	88H	T	31H	CEH
b	7CH	83H	y	6EH	91H
C	39H	C6H	H	76H	89H
d	5EH	A1H	L	38H	C7H
E	79H	86H	"灭"	00H	FFH
F	71H	8EH	…	…	…

如果要在数码管上显示某1个字符,只需将该字符的字形码输出到数码管的各段上。

例如,某存储单元中的数为02H,想在共阳极数码管上显示2,需要把2的字形码、A4H 加到数码管各段。通常采用的方法是将欲显示字符的字形码做成一个表(数组),根据显示的字符从表中查找到相应的字形码,然后单片机把该字形码输出到数码管的各个段上,此时在数码管上显示出字符2。

下面介绍单片机如何控制 LED 数码管显示字符。

【例5-3】利用单片机控制一个8段 LED 数码管先循环显示单个偶数:0、2、4、6、8,再循环显示单个奇数:1、3、5、7、9,如此反复循环显示。电路原理及仿真结果如图5-4所示。

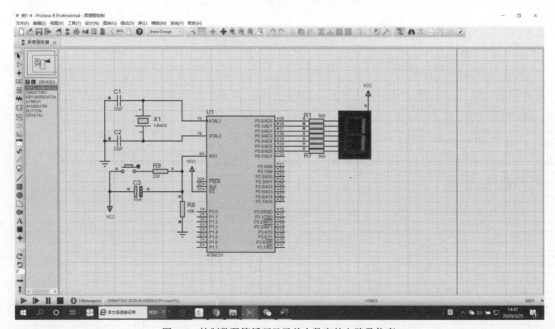

图5-4 控制数码管循环显示单个数字的电路及仿真

参考程序如下：

```c
# include "reg51.h"
# include <intrins.h>
# define uchar unsigned  char
# define uint  unsigned   int
# define out  P0
uchar code 7_SEG[ ]={0xc0, 0xa4, 0x99, 0x82, 0x80, 0xf9, 0xb0, 0x92,
    0xf8, 0x90, 0x01};          //共阳极段码表
void ms_delay (uint  i);
void main()
{
    uchar i;
    while (1)
    {
        out=7_SEG[i];
        ms_delay (900);
        i++;
        if (7_SEG[i]==0x01)i=0;   //如段码为0x01, 表明一个循环显示已结束
    }
}
void ms_delay (uint  j)            //延时函数
{
    uchar  i;
    for (;j>0;j--)
    {
        i=250;
        while (--i);
        i=249;
        while (--i);
    }
}
```

程序说明： 语句"if（7_SEG[i]==0x01）i=0;"的功能含义为如果欲送出的数组元素为0x01（数字9段码0x90的下一个元素,即结束码),表明一个循环显示结束,则重新开始循环显示,因此应使

i=0，从段码数组表的第一个元素 7_SEG[0]，即段码 0xc0（数字 0）重新开始显示。

5.2.2　LED数码管的静态显示与动态显示

单片机控制 LED 数码管有以下两种显示方式。

1. 静态显示

静态显示就是指无论有多少位 LED 数码管，都同时处于显示状态。

多位 LED 数码管工作于静态显示方式时，各位的共阴极（或共阳极）连接在一起并接地（或接 +5V）；每位数码管的段码线（a~dp）分别与一个单片机控制的 8 位 I/O 口锁存器输出相连。如果送往各个 LED 数码管的段码确定，则相应 I/O 口锁存器锁存的段码输出将维持不变，直到送入下一个显示字符的段码。因此，静态显示方式的显示无闪烁，亮度较高，软件控制比较容易。

4 位 LED 数码管静态显示电路如图 5-5 所示，各个数码管可独立显示，只要向控制各位 I/O 口锁存器送出相应的显示段码，该位就能保持相应的显示字符。这样，在同一时间，每一显示的字符可以各不相同。静态显示方式占用 I/O 口端口线较多。图 5-5 所示电路要占用 4 个 8 位 I/O 口（或锁存器）。如果数码管数目增多，则需要增加 I/O 口的数量。

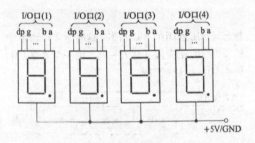

图5-5　4位LED数码管静态显示电路

【例 5-4】单片机控制 2 只数码管静态显示 2 位数字。

电路原理如图 5-6 所示。单片机利用 P0 口与 P1 口分别控制加到两个数码管 DS0 与 DS1 的段码，而共阳极数码管 DS0 与 DS1 的公共端（共阳极端）直接接至 +5V，因此数码 DS0 与 DS1 始终处于导通状态。利用 P0 口与 P1 口带有的锁存功能，只需向单片机的 P0 口与 P1 口分别写入相应的显示字符 2 和 7 的段码即可。一个数码管就占用了一个 I/O 端口，如果数码管数量增多，则需要增加 I/O 口，但是软件编程要简单得多。

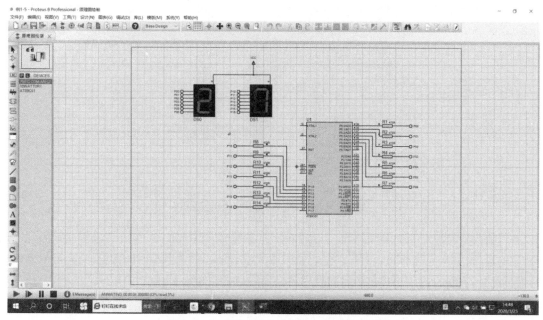

图5-6 2位数码管静态显示的电路原理与仿真

参考程序如下：

```
# include <reg51.h>        //包含8051单片机寄存器定义的头文件
void  main()
{
    P0=0xA4;                //将数字"2"的段码送P0口
    P1=0xF8;                //将数字"7"的段码送P1口
    while (1);              //无限循环
}
```

2. 动态显示

显示位数较多时,静态显示所占用的 I/O 口较多,这时常采用动态显示。为节省 I/O 口的数量,通常将所有显示器段码线的相应段并联在一起,由一个 8 位 I/O 端口控制,而各显示位的公共端分别由另一个单独的 I/O 端口线控制。

一个 4 位 8 段 LED 动态显示电路示意图如图 5-7 所示。其中单片机发出的段码占用 1 个 8 位 I/O（1）端口,而显示器的位选控制使用 I/O（2）端口中的 4 位口线。动态显示就是单片机向段码线输出欲显示字符的段码。每一时刻,只有 1 位位选线有效,即选中某一位显示,其他各位位选线都是无效的。每隔一定时间逐位地轮流点亮各数码管(扫描方式),由于数码管的余晖和人眼的"视觉暂留"作用,只要控制好每位数码管显示的时间间隔,则可造成"多位 LED 同时亮"的视觉现象,达到同时显示的效果。

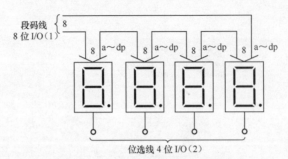

图5-7 4位8段LED动态显示电路示意图

各位数码管轮流点亮的时间间隔(扫描间隔)应根据实际情况而定。发光二极管从导通到发光有一定的延时,如果点亮时间太短,发光太弱,人眼无法看清;如果点亮时间太长,则会产生闪烁现象,而且此时间越长,占用单片机的时间也越多。另外,显示位数增多,也将占用单片机的大量时间,因此动态显示的实质是以执行程序的时间来换取I/O端口的减少。

【例5-5】单片机控制8只数码管,分别滚动显示单个数字1~8。程序运行后,单片机控制左边第1个数码管显示1,其他位数码管不显示,延时之后,控制左边第2个数码管显示2,其他位数码管不显示,直至第8个数码管显示8,其他位数码管不显示,反复循环上述过程。电路原理与仿真如图5-8所示。运行仿真参见实验12-3。

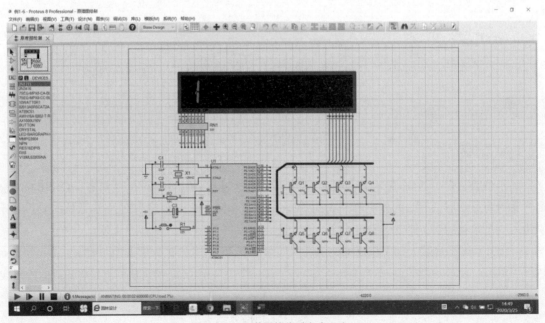

图5-8 8只数码管分别滚动显示

需要说明的是,P0 口输出段码,P2 口输出扫描的位控码,通过由 8 个三极管组成的位驱动电路,来对 8 个数码管进行位控扫描。即使扫描速度加快,由于是虚拟仿真,数码管的余晖也不能像实际电路那样体现出来。如果对实际硬件显示电路进行快速扫描,由于数码管的余晖和人眼的"视觉暂留"作用,只要控制好每位数码管显示的时间和间隔,则可产生"多位同时点亮"的视觉假象,达到同时显示的效果,但虚拟仿真做不到这一点。所以在仿真运行下,只能一位一位地点亮显示,不能看到同时显示的效果。如果采用实际的硬件电路,用软件控制快速扫描,即可看到"多位同时点亮"的效果。

参考程序如下:

```c
# include <reg51.h>
# include <intrins.h>
# define uchar unsigned  char
# define uint  unsigned   int
uchar code 7_SEG[ ]={0xf9, 0xa4, 0xb0, 0x99, 0x92, 0x82, 0xf8, 0x80,
      0x90, 0x88, 0xc0};                //共阳数码管段码表
void delay (uint t)                     //延时函数
{
    uchar  i;
    while (t--) for (i=0;i <200;i++);
}
void main()
{
    uchar   i, j=0x80;
    while (1)
    {
      for (i=0;i <8;i++)
      {
        j=_crol_(j, 1);            //_crol_(j, 1)为将对象j循环左移1位
        P0=7_SEG[i];              //P0 口输出段码
        P2=j;                     //P2 口输出位控码
        delay (180);              //延时,控制每位显示的时间
      }
    }
}
```

5.3 单片机控制LED点阵显示器显示

目前,LED 点阵显示器的应用非常广泛,在许多公共场合,如商场、银行、车站、机场和医院,随处可见。LED 点阵显示器不仅能显示文字和图形,还能播放动画、图像和视频等信号。LED 点阵显示器分为图文显示器和视频显示器,有单色显示和彩色显示两种方式。下面仅介绍单片机如何控制单色 LED 点阵显示器的显示。

5.3.1 LED点阵显示器的结构与原理

LED 点阵显示器是由若干个发光二极管按矩阵方式排列而成。按阵列点数可分为 5×7、5×8、6×8 和 8×8 点阵;按发光颜色可分为单色、双色、三色。

1. LED点阵结构

以 8×8 LED 点阵显示器为例,8×8 LED 点阵显示器的外形如图 5-9(a)所示,它的内部结构如图 5-9(b)所示,由 64 个发光二极管组成,且每个发光二极管是处于行线(R0~R7)和列线(C0~C7)之间的交叉点上。

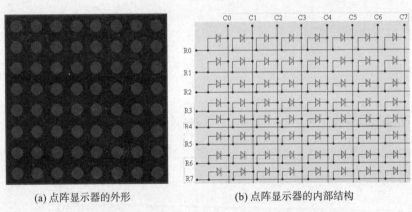

(a) 点阵显示器的外形　　　　　　　(b) 点阵显示器的内部结构

图5-9　8×8 LED点阵显示器的外形与内部结构

2. LED点阵显示原理

如何控制 LED 点阵显示器显示一个字符? 一个字符是由多个 LED 组合点亮构成。由图 5-9 可以看出,点亮 LED 点阵中的一个发光二极管的条件是:对应的行为高电平,对应的列为低电平。如果在很短的时间内依次点亮很多个发光二极管,LED 点阵就可以显示一个稳定的字符、数字或其他图形。控制 LED 点阵显示器的显示,实质上就是控制加到行线和列线上的编码,编码控制点亮某些发光二极管(点),从而显示出由不同发光的点组成的各种字符。

16×16 LED 点阵显示器的结构与 8×8 LED 点阵显示模块的内部结构及显示原理是类似的，只不过行和列均为 16。16×16 LED 点阵是由 4 个 8×8 LED 点阵组成，且每个发光二极管也是放置在行线和列线的交叉点上，当对应的某一列置 0 电平，某一行置 1 电平时，该发光二极管点亮。

下面以 16×16 LED 点阵显示器显示字符"上"为例，如图 5-10 所示。

先给 LED 点阵的第 1 行送高电平（行线高电平有效），同时给所有列线送高电平（列线低电平有效），从而第 1 行发光二极管全灭；延时一段时间后，再给第 2 行送高电平，同时给所有列线送

1111 1101 1111 1111，列线为 0 的发光二极管点亮，从而点亮 10 个发光二极管，显示出汉字"上"的第一个横；延时一段时间后，再给第 3 行送高电平，同时加到列线的编码为 1111 1101 1111 1111，点亮 1 个发光二极管……延时一段时间后，再给第 15 行送高电平，同时给列线送 0000 0000 0000 0001，显示出汉字"上"的最下面的一"横"，点亮 1 个发光二极管，最后一行全灭。然后再重新循环上述操作，利用人眼视觉暂留效应，一个稳定字符"上"显示出来，如图 5-10 所示。

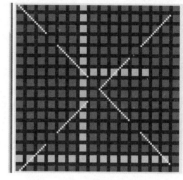

图5-10　16×16 LED点阵显示器显示字符"上"

5.3.2　16×16 LED点阵显示屏应用

下面是单片机控制 16×16 点阵显示屏显示字符的案例。

【例5-6】利用单片机及 74LS154（4—16 译码器）、74LS07、16×16 LED 点阵显示屏来实现字符显示，编写程序，循环显示字符"上海电机"，如图 5-11 所示。

图中 16×16 LED 点阵显示屏的 16 行的行线 R0~R15 电平，由 P1 口的低 4 位经 4—16 译码器 74LS154 的 16 条译码输出线 L0~L15 经驱动后控制。16 列的列线 C0~C15 电平由 P0 口和 P2 口控制。还要考虑如何确定显示字符的点阵编码，以及控制好每一屏逐行显示的扫描速度（刷新频率）。

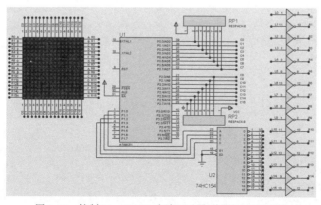

图5-11　控制16×16 LED点阵显示器(共阴极)显示字符

参考程序如下：

```c
# include <reg51.h>
# define uchar unsigned  char
# define uint  unsigned  int
# define out0   P0
# define out1   P1
# define out2   P2
uchar   code   string[ ]= {
//汉字"上"16×16点阵列码
0x00, 0x00, 0x00, 0x00, 0x00, 0x00, 0xFF, 0x40, 0x40, 0x40, 0x40, 0x40,
0x40, 0x00, 0x00, 0x00, 0x40, 0x40, 0x40, 0x40, 0x40, 0x40, 0x7F, 0x40,
0x40, 0x40, 0x40, 0x40, 0x40, 0x40, 0x40, 0x00
//汉字"海"16×16点阵列码
0x10, 0x60, 0x02, 0x0C, 0xC0, 0x10, 0x08, 0xF7, 0x14, 0x54, 0x94, 0x14,
0xF4, 0x04, 0x00, 0x00, 0x04, 0x04, 0x7C, 0x03, 0x00, 0x01, 0x1D, 0x13,
0x11, 0x55, 0x99, 0x51, 0x3F, 0x11, 0x01, 0x0
//汉字"电"16×16点阵列码
0x00, 0x00, 0xF8, 0x88, 0x88, 0x88, 0x88, 0xFF, 0x88, 0x88, 0x88, 0x88,
0xF8, 0x00, 0x00, 0x00, 0x00, 0x00, 0x1F, 0x08, 0x08, 0x08, 0x08, 0x7F,
0x88, 0x88, 0x88, 0x88, 0x9F, 0x80, 0xF0, 0x00
//汉字"机"16×16点阵列码
0x10, 0x10, 0xD0, 0xFF, 0x90, 0x10, 0x00, 0xFE, 0x02, 0x02, 0x02, 0xFE,
0x00, 0x00, 0x00, 0x00, 0x04, 0x03, 0x00, 0xFF, 0x00, 0x83, 0x60, 0x1F,
0x00, 0x00, 0x00, 0x3F, 0x40, 0x40, 0x78, 0x00
};
void delay (uint j)            //延时函数
{
    uchar  i=250;
    for (;j>0;j--)
    {
        while (--i);
        i=100;
    }
```

```
        }
    void main()
    {
        uchar  i, j, n;
        while (1)
        {
            for (j=0;j <4;j++)                      //共显示4个汉字
            {
                for (n=0;n <40;n++)                 //每个汉字整屏扫描40次
                {
                    for (i=0;i <16;i++)             //逐行扫描16行
                    {
                        out1=i%16;                  //输出行码
                        out0=string[i*2+j*32];      //输出列码到C0~C7，逐行扫描
                        out2=string[i*2+1+j*32];    //输出列码到C8~C15，逐行扫描
                        delay (4) ;                 //显示并延时一段时间
                        out0=0xff;                  //列线C0~C7为高电平，熄灭二极管
                        out2=0xff;                  //列线C8~C15为高电平，熄灭二极管
                    }
                }
            }
        }
    }
```

　　扫描显示时,单片机通过 P1 口低 4 位经 4—16 译码器 74HC154 的 16 条译码输出线 L0~L15 经驱动后输出控制信号,逐行高电平进行扫描。由 P0 口与 P2 口控制列码的输出,从而显示出某行应点亮的发光二极管。

　　这里以显示汉字"上"为例,说明显示过程。由上面的程序可以看出,汉字"上"的前 3 行发光二极管的列码为"0xFF,0xFF,0x03,0xF0,0xFF,0xFB……",第 1 行列码为"0xFF,0xFF",由 P0 口与 P2 口输出,无点亮的发光二极管。第 2 行列码为"0x03,0xF0",通过 P0 口与 P2 口输出后,0x03 加到列线 C7~C0 的二进制编码为 0000 0011。这里要注意加到 8 个发光二极管上的对应位置,按照图 5-9 和图 5-11 连线关系,从左到右发光二极管应为 C0~C7 的二进制编码为 1100 0000,即最左边的 2 个发光二极管不亮,其余的 6 个发光二极管点亮。

　　同理,P2 口输出的 0xF0 加到列线 C15~C8 的二进制编码为 1111 0000,即加到 C8~C15 的二进制编码为 0000 1111,所以第 2 行的最右边的 4 个发光二极管不亮。对应通过 P0 口与 P2 口输出加到

第3行16个发光二极管的列码为"0xFF,0xFB",对应于从左到右的 C0~C15 的二进制编码为 1111 1111 1011 1111,从而第3行自左边数第 11 个发光二极管被点亮,其余均灭,如图 5-10 所示。其余各行点亮的发光二极管也是由 16×16 点阵的列码来决定。

5.4　液晶显示模块LCD1602应用

液晶显示器(Liquid Crystal Display,LCD)具有省电、体积小和抗干扰能力强等优点,LCD 显示器分为字段型、字符型和点阵图形型。

(1)字段型:以长条状组成字符显示,主要用于数字显示,也可以用于显示字母或某些字符,广泛用于电子表、计算器和数字仪表中。

(2)字符型:专门用于显示字母、数字、符号等。一个字符由 5×7 或 5×10 的点阵组成,在单片机系统中广泛使用。

(3)点阵图形型:广泛用于图形显示,如用于笔记本电脑、彩色电视和游戏机中等。它是在平板上排列的多行列矩阵式的晶格点,其大小与多少决定了显示的清晰度。

5.4.1　LCD1602模块

单片机系统中常使用点阵字符型液晶显示器。由于 LCD 显示面板较为脆弱,厂商已将 LCD 控制器、驱动器、RAM、ROM 和液晶显示器用 PCB 连接到一起,称为液晶显示模块(LCd Module,LCM),用户只需购买现成的液晶显示模块即可。单片机只需向 LCD 显示模块写入相应命令和数据就可以显示需要的内容。

1. 字符型液晶显示模块LCD1602的特性与引脚

目前的字符型 LCD 模块常用的有 16 字×1 行、16 字×2 行、20 字×2 行、20 字×4 行等模块,型号常用 ×××1602、×××1604、×××2002 或 ×××2004 来表示,其中,××× 为商标名称,16 代表液晶显示器每行可显示 16 个字符,02 表示显示 2 行。LCD1602 内部具有字符库 ROM(CGROM),能显示出 192 个字符(5×7 点阵),如图 5-12 所示。

由字符库可以看出显示器显示的数字和字母部分代码,与 ASCII 码表中的编码对应。单片机控制 LCD1602 显示字符,只需要将待显示字符的 ASCII 码写入内部显示用数据存储器(DDRAM),内部控制电路就可以将字符在显示器上显示出来。例如,显示字符 A,单片机只需要将字符 A 的 ASCII 码 41H 写入 DDRAM,控制电路就会将对应的字符库 ROM(CGROM)中的字符 A 的点阵数据找出来显示在 LCD 上。

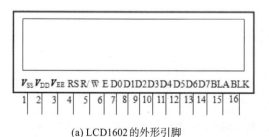

图5-12　ROM字符库的内容

模块内有 80B 数据显示 RAM（DDRAM），除显示 192 个字符（5×7 点阵）的字符库 ROM（CGROM）外，还有 64B 的自定义字符 RAM（CGRAM），用户可自行定义 8 个 5×7 点阵字符。

LCD1602 的工作电压是 4.5~5.5V，典型值为 +5V，工作电流为 2mA。标准的 14 引脚（无背光）或 16 个引脚（有背光）的外形、引脚分布，单片机与 LCD1602 接口电路如图 5-13 所示。

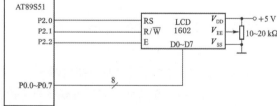

(a) LCD1602的外形引脚　　　　　　　　(b) LCD1602与单片机接口

图5-13　LCD 1602外形与单片机接口电路

引脚包括 8 条数据线、3 条控制线和 3 条电源线，如表 5-2 所示。通过单片机向模块写入命令和数据，就可以对显示方式和显示内容做出选择。

表5-2　LCD1602的引脚功能

引　　脚	引脚名称	引脚功能
1	V_{SS}	电源地
2	V_{DD}	+5V逻辑电源
3	V_{EE}	液晶显示偏压(调节显示对比度)
4	RS	寄存器选择(1—数据寄存器，0—命令/状态寄存器)
5	R/$\overline{W}$	读/写操作选择(1—读，0—写)
6	E	使能信号
7~14	D0~D7	数据总线，与单片机的数据总线连接三态
15	BLA	背光板电源，通常为+5V，串联1个电位器，调节背光亮度。如接地时，无背光且不易发热
16	BLK	背光板电源地

2. LCD1602字符的显示及命令字

显示字符首先要产生待显示字符的 ASCII 码。用户只需在 C51 程序中写入欲显示的字符常量或字符串常量，C51 程序在编译后会自动生成其标准的 ASCII 码，然后将生成的 ASCII 码送入显示用数据存储器 DDRAM，内部控制电路就会自动将该 ASCII 码对应的字符在 LCD1602 上显示出来。

对 LCD1602 进行初始化、读 / 写、光标设置和显示数据的指针设置等，都是单片机通过向 LCD1602 写入命令字来实现。命令字如表 5-3 所示。首先对其进行初始化设置，还必须对有无光标、光标移动方向、光标是否闪烁及字符移动方向等进行设置，才能获得所需要的显示效果。

表 5-3 中的 11 个命令功能说明如下。

● 命令 1：清屏，光标返回地址 00H 位置（显示屏的左上方）。

● 命令 2：光标返回地址 00H 位置（显示屏的左上方）。

● 命令 3：光标和显示模式设置。

I/D：地址指针加 1 或减 1 选择位。

I/D=1：读或写 1 个字符后地址指针加 1。

I/D=0：读或写 1 个字符后地址指针减 1。

S：屏幕上所有字符移动方向是否有效的控制位。

S=1：当写入 1 个字符时，整屏显示左移（I/D=1）或右移（I/D=0）。

S=0：整屏显示不移动。

● 命令 4：显示开 / 关及光标设置。

D：屏幕整体显示控制位。D=0，表示关显示；D=1，表示开显示。

C：光标有无控制位。C=0，表示无光标；C=1，表示有光标。

表5-3 LCD1602的命令功能说明

序 号	命令功能	RS	R/$\overline{\text{W}}$	D7	D6	D5	D4	D3	D2	D1	D0
1	清屏	0	0	0	0	0	0	0	0	0	1
2	光标复位	0	0	0	0	0	0	0	0	1	0
3	输入方式	0	0	0	0	0	0	0	1	I/D	S
4	显示开关	0	0	0	0	0	0	1	D	C	B
5	光标移位	0	0	0	0	0	1	S/C	R/L	*	*
6	功能设置	0	0	0	0	1	DL	N	F	*	*
7	设置字库	0	0	0	1	CGRAM的地址					
8	显示缓冲区	0	0	1	DDRAM的地址						
9	读忙标志	0	1	BF	地址（AC）						
10	写DDRAM	1	0	写入的数据							
11	读DDRAM	1	1	读出的数据							

B：光标闪烁控制位。B=0,表示不闪烁；B=1,表示闪烁。

● 命令5：光标或字符移位。

S/C：光标或字符移位选择控制位。S/C=1,表示移动显示的字符；S/C=0,表示移动光标。

R/L：移位方向选择控制位。R/L =0,表示左移；R/L =1,表示右移。

● 命令6：功能设置命令。

DL：传输数据的有效长度选择控制位。DL=1,表示 8 位数据线接口；DL=0,表示 4 位数据线接口。

N：显示器行数选择控制位。N =0,表示单行显示；N =1,表示两行显示。

F：字符显示的点阵控制位。F =0,表示显示 5 × 7 点阵字符；F =1,表示显示 5 × 10 点阵字符。

● 命令7:CGRAM 地址设置。

● 命令8:DDRAM 地址设置。LCD 内部有一个数据地址指针,用户可以通过它访问内部全部 80B 的数据显示 RAM。命令格式为：80H+ 地址码。其中,80H 为命令码。

● 命令9：读忙标志或地址。

BF：忙标志。BF=1,表示 LCD 忙,此时 LCD 不能接收命令或数据；BF=0,表示 LCD 不忙。

● 命令10：写数据。

● 命令11：读数据。

例如,将显示模式设置为"16 × 2 显示,5 × 7 点阵,8 位数据接口",只需要向 1602 写入光标和显示模式设置命令（命令 3）"00111000B",即 38H 即可。

再如,要求液晶显示器开显示,显示光标且光标闪烁,那么根据显示开关及光标设置命令（命令 4）,只要令 D=1、C=1 和 B=1,也就是写入命令 00001111B,即 0FH,就可以实现所需要的显示模式。

3. 字符显示位置的确定

LCD1602 内部有 80B DDRAM,与显示屏上字符显示位置一一对应,LCD1602 显示 RAM 地址与字符显示位置的对应关系如图 5-14 所示。

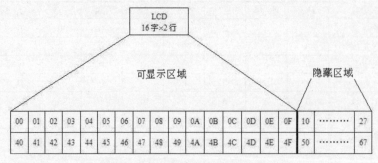

图5-14　LCD内部显示RAM的地址映射图

当向 DDRAM 的 00H~0FH（第 1 行）、40H~4FH（第 2 行）地址的任一处写数据时，LCD 立即显示出来，该区域也称为可显示区域。

而当写入 10H~27H 或 50H~67H 地址处时，字符不会显示出来，该区域也称为隐藏区域。如果要显示写入隐藏区域的字符，需要通过字符移位命令（命令 5）将它们移入可显示区域方可正常显示。

需要说明的是，在向 DDRAM 写入字符时，首先要设置 DDRAM 定位数据指针，此操作可通过命令 8 完成。

例如，要写字符到 DDRAM 的 40H 处，则命令 8 的格式为：80H+40H=C0H，其中 80H 为命令代码，40H 是要写入字符处的地址。

4. LCD1602 的复位

LCD1602 上电后复位状态如下。
- 清除屏幕显示。
- 设置为 8 位数据长度，单行显示，5×7 点阵字符。
- 显示屏、光标和闪烁功能均关闭。
- 输入方式为整屏显示不移动，I/D=1。

LCD1602 的初始化一般设置如下。
- 写命令 38H，即显示模式设置（16×2 显示，5×7 点阵，8 位接口）。
- 写命令 08H，显示关闭。
- 写命令 01H，显示清屏，数据指针清 0。
- 写命令 06H，写 1 个字符后地址指针加 1。
- 写命令 0CH，设置开显示，不显示光标。

需要说明的是，在进行上述设置及对数据进行读取时，通常需要检测忙标志位 BF，如果为 1，则说明忙，要等待；如果 BF 为 0，则可以进行下一步操作。

5. LCD1602基本操作

LCD 是慢显示器件,所以在写每条命令前,一定要查询忙标志位 BF,即是否处于"忙"状态。如果 LCD 正忙于处理其他命令,就等待;如果不忙,则向 LCD 写入命令。标志位 BF 连接在 8 位双向数据线的 D7 位上。如果 BF=0,表示 LCD 不忙;如果 BF=1,表示 LCD 处于忙状态,需等待。LCD1602 的读 / 写操作规定如表 5–4 所示。

表5-4 LCD1602的读/写操作规定

命 令	单片机发送给LCD1602 的控制信号	LCD1602 输出
读状态	RS=0, R/$\overline{W}$ =1,E=1	D0~D7状态字
写命令	RS=0, R/$\overline{W}$ =0,D0~D7= 指令,E= 正脉冲	无
读数据	RS=0, R/$\overline{W}$ =1,E=1	D0~D7数据
写数据	RS=0, R/$\overline{W}$ =0,D0~D7= 指令,E= 正脉冲	无

LCD1602 与 AT89S51 的接口电路如图 5–13 所示。

由图 5–13 可以看出,LCD1602 的 RS、R/$\overline{W}$ 和 E 这 3 个引脚分别接在 P2.0、P2.1 和 P2.2 引脚,只需要通过对这 3 个引脚置 1 或清 0,就可以实现对 LCD1602 的读写操作。具体来说,显示一个字符的操作过程为"读状态→写命令→写数据→自动显示"。

(1)读状态

读状态是对 LCD1602 的"忙"标志 BF 进行检测,如果 BF=1,说明 LCD 处于忙状态,不能对其写命令;如果 BF=0,则可写入命令。检测忙标志的函数具体如下:

```
void check_busy()          //检查忙标志函数
{
    uchar   dt;
    do
    {
      dt=0xff;             //dt为变量单元,初值为0xff
      E=0;
      RS=0;                //按照表5-4读/写规定RS=0, E=1时,可读忙标志
      RW=1;
      E=1;
      dt=out;              //out为P0口,需定义,P0口的状态送入dt中
    }while (dt&0x80);      //如果忙标志BF=1,继续循环检测,等待BF=0
    E=0;                   //BF=0,LCD不忙,结束检测
}
```

函数检测 P0.7 脚电平,即检测忙标志 BF,如果 BF=1,说明 LCD 处于忙状态,不能执行写命令;如果 BF=0,可以执行写命令。

（2）写命令

写命令函数如下:

```
void write_command (uchar com)      //写命令函数
{
    check_busy();
    E=0;                            //按规定RS和E同时为0时可以写入命令
    RS=0;
    RW=0;
    out=com;                        //将命令com写入P0口
    E=1;                            //按规定写命令时,E应为正脉冲,即正跳变,先置E=1
    _nop_();                        //空操作1个机器周期,等待硬件反应
    E=0;                            //E由高电平变为低电平,LCD开始执行命令
    delay (1) ;                     //延时,等待硬件响应
}
```

（3）写数据

将要显示字符的 ASCII 码写入 LCD 中的数据显示 RAM（DDRAM）,例如将数据 dat 写入 LCD 模块,写数据函数如下:

```
void write_data (uchar  dat)        //写数据函数
{
    check_busy();                   //检测忙标志BF=1则等待,若BF=0,则可对LCD操作
    E=0;                            //按规定写数据时,E应为正脉冲,所以先置E=0
    RS=1;                           //按规定RS=1和RW=0时可以写入数据
    RW=0;
    out=dat;                        //将数据dat从P0口输出,即写入LCD
    E=1;                            //E产生正跳变
    _nop_();                        //空操作,硬件反应时间
    E=0;                            //E由高电平变为低电平,写数据操作结束
    delay (1);
}
```

（4）自动显示

数据写入 LCD 模块后,自动读出字符库 ROM（CGROM）中的字形点阵数据,并将字形点阵数据送到液晶显示屏上显示,该过程是自动完成的。

6. LCD1602初始化

使用 LCD1602 前,需要对其显示模式进行初始化设置。初始化函数如下:

```
void  LCD_initial()          //液晶显示器初始化函数
{
    write_command (0x38);    //写入命令0x38:两行显示,5×7点阵,8位数据
    _nop_();                 //空操作,硬件反应时间
    write_command (0x0C);    //写入命令0x0C:开整体显示,光标关,无黑块
    _nop_();                 //空操作,硬件反应时间
    write_command (0x06);    //写入命令0x06:光标右移
    _nop_();                 //空操作,硬件反应时间
    write_command (0x01);    //写入命令0x01:清屏
    delay (1) ;
}
```

注意: 在函数开始处,由于 LCD 尚未开始工作,所以无须检测忙标志,但是初始化完成后,每次再进行写命令和读 / 写数据操作,均要检测忙标志。

5.4.2　LCD1602 显示应用

【例 5-7】用单片机驱动字符型液晶显示器 LCD1602,使其显示两行文字:"GOOD BYE",如图 5-15 所示。

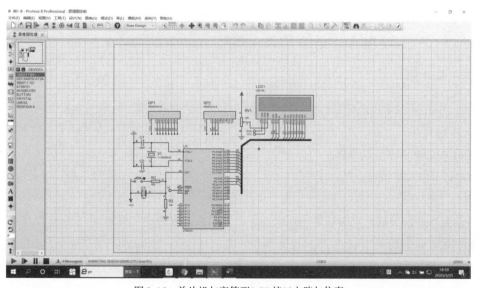

图5-15　单片机与字符型LCD接口电路与仿真

在 Proteus 中, LCD1602 的仿真模型采用 LM016L。

1. LM016L引脚及特性

LM016L 的原理符号及引脚如图 5-16 所示, 与 LCD1602 引脚信号相同。引脚功能如下。

（1）数据线 D7 ~ D0。

（2）控制线（3 根: RS、R/$\overline{W}$、E）。

（3）两根电源线（V_{DD}、V_{EE}）。

（4）地线 V_{SS}。

LM016L 的属性设置如图 5-17 所示, 具体如下。

（1）每行字符数为 16, 行数为 2。

（2）时钟为 250kHz。

（3）第 1 行字符的地址为 80H ~ 8FH。

（4）第 2 行字符的地址为 C0H ~ CFH。

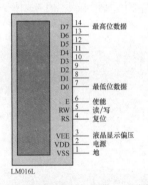

图5-16　字符型液晶显示器LCD引脚

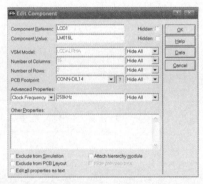

图5-17　字符型液晶显示器LM016L的属性设置

2. 电路原理设计

（1）从 Proteus 库中选取元器件如下。

● AT89S51：单片机。

● LM016L：字符型显示器。

● POT-LIN：电位器。

● RP1、RP2：排电阻。

（2）放置元器件→放置电源和地→连线→元器件属性设置→电气检测。所有操作都在 ISIS 中完成, 具体操作见 4.4 节的介绍。

3. C51 程序设计

通过 Keil μVision3 建立工程以及源程序"*.c"文件，详细操作见 4.5 节。参考程序如下：

```c
# include <reg51.h>
# include <intrins.h>                    //包含_nop_()空函数指令的头文件
# define uchar unsigned  char
# define uint  unsigned    int
# define out  P0
sbit RS=P2^0;                            //位变量
sbit RW=P2^1;                            //位变量
sbit E=P2^2;                             //位变量
void  lcd _initial();                    //LCD初始化函数
void  check_busy();                      //检查忙标志函数
void  write_command (uchar  com);        //写命令函数
void  write_data (uchar  dat);           //写数据函数
void  string (uchar  ad, uchar  *s);
void  lcd_test();                        //包含在LCD头文件
void  delay (uint  i);                   //延时函数
//主函数
void  main()
{
    SP=0x50;
    init();
    write_command (0x80);                //写入显示缓冲区起始地址为第1行第1列
    write_data (0x44);                   //第1行第1列显示字母"G"
    write_data (0x4f);                   //第1行第2列显示字母"O"
    write_data (0x4f);                   //第1行第3列显示字母"O"
    write_data (0x47);                   //第1行第4列显示字母"D"
    write_command (0xc5);                //写入显示缓冲区起始地址为第2行第6列
    write_data (0x42);                   //第2行第6列显示字母"B"
    write_data (0x59);                   //第2行第7列显示字母"Y"
    write_data (0x45);                   //第2行第8列显示字母"E"
    while (1);
}
```

```
void  init ()                      //初始化函数
{
    write_command (0x01);          //清屏
    write_command (0x38);          //使用8位数据,显示两行,使用5*7的字形
    write_command (0x0e);          //显示器开,光标开,字符不闪烁
    write_command (0x06);          //字符不动,光标自动右移一格
}
void  delat_last()                 //1ms延时子程序
{
    uchar  t_last;
    for (t_last=0;t_last<0x200;t_last++){;}
}
void  check_busy()                 //检查忙标志函数
{
    uchar  dt;
    do
    {
      dt=0xff;
      E=0;
      RS=0;
      RW=1;
      E=1;
      dt=out;
    }while (dt&0x80);
    E=0;
}
void  write_command (uchar com)     //写命令函数
{
    check_busy();
    E=0;
    RS=0;
    RW=0;
    out=com;
    E=1;
```

```
        _nop_();
        E=0;
        delay (1) ;
    }
    void  write_data (uchar  dat)          //写数据函数
    {
        check_busy();
        E=0;
        RS=1;
        RW=0;
        out=dat;
        E=1;
        _nop_();
        E=0;
        delay (1) ;
    }
    void  LCD_initial()                   //液晶显示器初始化函数
    {
        write_command (0x38);       //写入命令0x38:8位两行显示，5×7点阵字符
        write_command (0x0C);       //写入命令0x0C:开整体显示，光标关，无黑块
        write_command (0x06);       //写入命令0x06:光标右移
        write_command (0x01);       //写入命令0x01:清屏
        delay (1) ;
    }
    void  string (uchar  ad, uchar *s) //输出显示字符串的函数
    {
        write_command (ad);
        while (*s>0)
        {
            write_data (*s++);       //输出字符串,且指针加1
            delay (100);
        }
    }
```

　　最后通过按钮 Build target 编译源程序，生成目标代码"*.hex"文件。若编译失败，对程序修改调试直至编译成功。

4. Proteus仿真

（1）加载目标代码文件

打开元器件单片机属性窗口，在 Program File 栏中添加上面编译好的目标代码文件"*.hex"；在 Clock Frequency 栏中输入晶振频率 12MHz。

（2）仿真

单击仿真按钮 ▶ ，启动仿真结果如图 5-15 所示。

5.5 开关状态与键盘接口设计

5.5.1 开关检测

可使用单片机片内的 I/O 端口来进行开关状态的检测。将开关的一端接到 I/O 端口的引脚上，并通过上拉电阻接到 +5V，开关的另一端接地。当开关打开时，I/O 引脚为高电平；当开关闭合时，I/O 引脚为低电平。

【例 5-8】如图 5-18 所示，单片机 P1.0 和 P1.1 引脚接有两只开关 S0 和 S1，两只引脚上的高低电平共有 4 种组合，这 4 种组合分别点亮 P2.0~P2.3 引脚控制的 4 只 LED，即 S0、S1 均闭合，LED0 亮，其余灭；S1 闭合、S0 打开，LED1 亮，其余灭；S0 闭合、S1 打开，LED2 亮，其余灭；S0、S1 均打开，LED3 亮，其余灭。编程实现此功能。

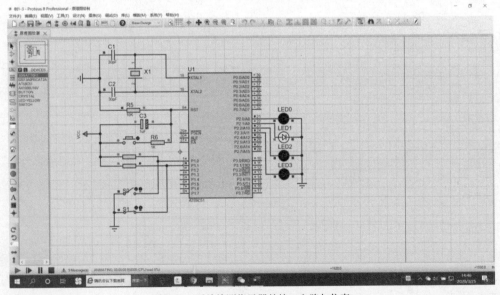

图 5-18　开关检测指示器的接口电路与仿真

参考程序如下：

```
#include <reg51.h>              //包含头文件
void  main()                    //主函数
{
    char state;
    do
    {
      P1=0xff;                  //P1口为输入方式
      state=P1;                 //读入P1口的状态，送入state
      state=state&0x03;         //屏蔽P1口的高6位
      switch (state)            //判断P1口的低2位的状态
      {
        case 0: P2=0x01;break;  //P1.1、P1.0=00，点亮P2.0脚LED
        case 1: P2=0x02;break;  //P1.1、P1.0=01，点亮P2.1脚LED
        case 2: P2=0x04;break;  //P1.1、P1.0=10，点亮P2.2脚LED
        case 3: P2=0x08;break;  //P1.1、P1.0=11，点亮P2.3脚LED
      }
    }while (1) ;
}
```

在以上程序中，用到了循环结构控制语句 do-while 以及 switch-case 语句。

键盘具有向单片机输入数据和命令等功能，是人与单片机对话的主要手段。键盘由若干按键按照一定的规则组成，每一个按键实质上是一个按键开关，按构造可分有触点开关按键和无触点按键。有触点开关按键常见的有触摸式键盘、薄膜键盘、导电橡胶和按键式键盘等，最常用的是按键式键盘。无触点开关按键有电容式按键、光电式按键和磁感应按键等。下面介绍按键式开关键盘的工作原理和工作方式，以及键盘的接口设计与软件编程。

5.5.2　键盘接口设计

1. 键盘的任务

键盘的任务有以下 3 项。

（1）判别是否有键按下，若有，进入第（2）步。

（2）识别哪一个键被按下，并求出相应的键值。

（3）根据键值，找到相应键值的处理程序入口。

2. 键盘输入特点

键盘的一个按键实质上就是一个按钮开关。图 5-19（a）所示按键开关的两端分别连接在行线和列线上，列线接地，行线通过电阻接到 +5V 上。键盘开关机械触点的断开和闭合，其行线输出电压波形如图 5-19（b）所示。

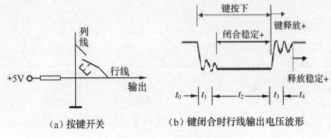

（a）按键开关　　　（b）键闭合时行线输出电压波形

图5-19　键盘开关及其行线输出波形

图 5-19（b）所示的 t_1 和 t_3 分别为键的闭合和断开过程中的抖动期（呈现一串负脉冲），抖动时间长短与开关机械特性有关，一般为 5～10ms，t_2 为稳定的闭合期，其时间由按键动作确定，一般为十分之几秒到几秒，t_0、t_4 为断开期。

3. 按键的识别

按键闭合与否，反映在行线输出电压上就是高电平或低电平，对行线电平高低状态进行检测，便可以确认按键是否按下与松开。为了确保单片机对一次按键动作只确认一次按键有效，必须消除抖动期 t_1 和 t_3 的影响。

4. 如何消除按键抖动

常用去抖动的方法有两种。一种是用软件延时来消除按键抖动，其基本思想是在检测到有键按下时，该键所对应的行线为低电平，执行一段延时 10ms 的子程序后，确认该行线电平是否仍为低电平，如果仍为低电平，则确认该行确实有键按下。当按键松开时，行线的低电平变为高电平，执行一段延时 10ms 的子程序后，检测该行线为高电平，说明按键确实已经松开。采取以上措施，可消除两个抖动期 t_1 和 t_3 的影响。另一种去除按键抖动的方法是采用专用的键盘／显示器接口芯片，这类芯片中都有自动去抖动的硬件电路。

键盘主要分为两类：非编码键盘和编码键盘。

非编码键盘是利用按键直接与单片机相连接而成，常用于按键数量较少的场合。该类键盘功能比较简单，需要处理的任务较少，按下按键的键号信息通过软件编码获得。

常见的非编码键盘有独立式键盘和矩阵式键盘两种结构。

5.5.3　独立式键盘接口应用

独立式键盘的特点是各键相互独立,每个按钮各接一条 I/O 口线,通过检测 I/O 输入线的电平状态,易判断哪个按钮被按下。

1. 独立式键盘的查询工作方式

图 5-20 所示为一个独立式键盘,4 个按钮 K1~K4 分别接到单片机的 P1.0~ P1.3 引脚上,图 5-20 中上拉电阻保证按键未按下时对应的 I/O 口线为稳定高电平。当某一按钮按下时,对应的 I/O 口线就变成低电平,与其他按键相连的 I/O 口线仍为高电平。

因此,只要读入 I/O 口线状态,判别是否为低电平,就能很容易地识别出哪个按钮被按下。独立式键盘适用于按键数量较少的场合,如按钮数量较多,要占用较多的 I/O 口线。

下面采用 Proteus 软件虚拟仿真独立式键盘实际案例。

【例 5-9】单片机有 4 个独立按钮 K1~K4 及 8 个 LED 指示灯的一个独立式键盘。4 个按钮接在 P1.0~P1.3 引脚,P3 口接 8 个 LED 指示灯,控制 LED 指示灯的亮与灭。电路原理如图 5-20 所示。当按下 K1 按钮,P3 口的 8 个 LED 正向(由上至下)流水点亮;按下 K2 按钮,P3 口的 8 个 LED 反向(由下至上)流水点亮;按下 K3 按钮,高、低 4 个 LED 交替点亮;按下 K4 按钮,P3 口的 8 个 LED 闪烁点亮。

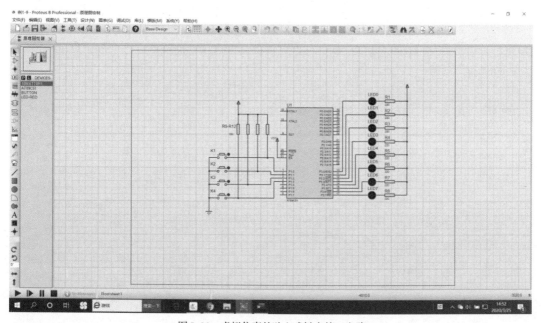

图 5-20　虚拟仿真的独立式键盘接口电路

本例中的 4 个按钮分别对应 4 个不同的点亮功能,且具有不同的按钮值 keyval。具体如下:

按下 K1 按钮时,keyval=1;

按下 K2 按钮时,keyval=2;

按下 K3 按钮时,keyval=3;

按下 K4 按钮时,keyval=4。

其工作原理如下。

（1）判断是否有按钮按下。将接有 4 个按钮的 P1 口低 4 位（P1.0~P1.3）写入 1,使 P1 口低 4 位为输入状态。然后读入低 4 位的电平,只要有一位不为 1,则说明有按钮按下。读取方法为:

```
P1=0xff;
if ((P1&0x0f)!=0x0f);        //读P1口低4位按钮值, 按位"与"运算后结果非0x0f,
                               表明低4位必有1位是0, 说明有按钮按下
```

（2）按钮去抖动。当判别有按钮按下时,调用软件延时子程序,延时约 10ms 后再进行判别,若按钮确实按下,则执行相应的按钮功能,否则重新扫描。

（3）获得键值。确认有按钮按下时,可采用扫描的方法来判别哪个按钮按下,并获取按钮值。

首先通过 Keil μVision3 建立工程,再建立源程序"*.c"文件。

参考程序如下:

```
# include <reg51.h>        //包含51单片机寄存器定义的头文件
sbit Button1=P1^0;         //将Button1位定义为P1.0引脚
sbit Button2=P1^1;         //将Button2位定义为P1.1引脚
sbit Button3=P1^2;         //将Button3位定义为P1.2引脚
sbit Button4=P1^3;         //将Button4位定义为P1.3引脚
unsigned  char keyval;     //定义键值储存变量单元
void  main()               //主函数
{
    keyval=0;              //键值初始化为0
    while (1)
    {
      key_scan();          //调用键盘扫描函数
      switch (keyval)
      {
        case 1:upward();   //按钮值为1, 调用正向流水点亮函数
          break;
        case 2:downward(); //按钮值为2, 调用反向流水点亮函数
          break;
```

```
        case 3:Alter();        //按钮值为3，调用高、低4位交替点亮函数
          break;
        case 4:blink();        //按钮值为4，调用闪烁点亮函数
          break;
      }
    }
}
void  key_scan()              //函数功能：键盘扫描
{
    P1=0xff;
    if ((P1&0x0f)!=0x0f)      //检测到有按钮按下
    {
      delay10ms();            //延时10ms再去检测
      if (Button1==0)         //按钮K1被按下
      keyval=1;
      if (Button2==0)         //按钮K2被按下
      keyval=2;
      if (Button3==0)         //按钮K3被按下
      keyval=3;
      if (Button4==0)         //按钮K4被按下
      keyval=4;
    }
}
void  upward()                //函数功能：正向流水点亮LED
{
    P3=0xfe;                  //LED0亮
    LED_delay();
    P3=0xfd;                  //LED1亮
    LED_delay();
    P3=0xfb;                  //LED2亮
    LED_delay();
    P3=0xf7;                  //LED3亮
    LED_delay();
```

```
    P3=0xef;                    //LED4亮
    LED_delay();
    P3=0xdf;                    //LED5亮
    LED_delay();
    P3=0xbf;                    //LED6亮
    LED_delay();
    P3=0x7f;                    //LED7亮
    LED_delay();
}
void downward()                 //函数: 反向流水点亮LED
{
    P3=0x7f;                    //LED7亮
    LED_delay();
    P3=0xbf;                    //LED6亮
    LED_delay();
    P3=0xdf;                    //LED5亮
    LED_delay();
    P3=0xef;                    //LED4亮
    LED_delay();
    P3=0xf7;                    //LED3亮
    LED_delay();
    P3=0xfb;                    //LED2亮
    LED_delay();
    P3=0xfd;                    //LED1亮
    LED_delay();
    P3=0xfe;                    //LED0亮
    LED_delay();
}
void  Alter()                   //函数: 交替点亮高4位与低4位LED
{
    P3=0x0f;
    LED_delay();
    P3=0xf0;
```

```
        LED_delay();
    }
    void blink()                    //函数: 闪烁点亮LED
    {
        P3=0xff;
        LED_delay();
        P3=0x00;
        LED_delay();
    }
    void LED_delay()                //函数: 流水灯显示延时
    {
        unsigned char i, j;
        for (i=0;i <220;i++)
        for (j=0;j <220;j++);
    }
    void delay10ms()                //函数: 软件消抖延时
    {
        unsigned char i, j;
        for (i=0;i <100;i++)
        for (j=0;j <100;j++);
    }
```

2. 独立式键盘的中断扫描方式

前面介绍过查询方式的独立式键盘接口与程序设计,为提高单片机扫描键盘的工作效率,可采用中断扫描方式,只有在键盘有键按下时,才进行扫描与处理。可见中断扫描方式的键盘实时性强,工作效率高。

【例5-10】采用中断扫描方式独立式键盘,只有在键盘有按键按下时,才进行处理。接口电路如图 5-21 所示。当键盘中有键按下时,8 输入与非门 74LS30 输出经过 74LS04 反相后,向单片机外中断请求输入引脚 $\overline{\text{INT0}}$,发出低电平中断请求信号,单片机响应中断,进入外部中断函数,在中断函数中,判断按键是否真的按下。如确实按下,则把标志 keyflag 置1,并得到按下的按键键值,然后从中断返回,根据键值跳向该键的处理程序。

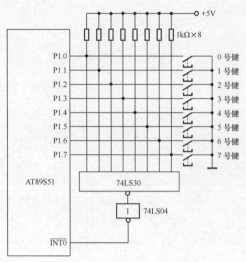

图5-21　中断扫描方式的独立式键盘接口电路

参考程序如下：

```c
# include <reg51.h>
# include <absacc.h>
# define uchar unsigned  char
# define  TRUE   1
# define  FALSE  0
sbit    key_flag;              //key_flag为按键按下的标志位
uchar   key_num;               //key_num为键值
void  delay_10ms();            //软件延时10ms函数，见例5-11
void  main()
{
   IE=0x81;                    //允许INT0中断
   IP=0x01;                    //设置INT0为高优先级
   key_flag=0;                 //设置按键按下标志为0
   do
   {
     if (key_flag)             //如果按键按下标志key_flag =1，则有键按下
     {
       key_num=~key_num;       //键值标志取反
       switch (key_num)        //根据按下键的键值进行分支跳转
```

```
            {
                case 1:…;              //处理0号键
                    break;
                case 2: …;             //处理1号键
                    break;
                case 4: …;             //处理2号键
                    break;
                case 8: …;             //处理3号键
                    break;
                case 16: …;            //处理4号键
                    break;
                case 32: …;            //处理5号键
                    break;
                case 64: …;            //处理6号键
                    break;
                case 128: …;           //处理7号键
                    break;
                default;
                    break;             //无效按键，例如多个键同时按下
            }
            key_flag=0;                //清按键按下标志
        }
    }while (TRUE);
}
void int0() interrupt 0            //有键按下，进入INT0中断
{
    uchar  Re_key;                 //Re_key为重读键值变量
    IE=0x80;                       //屏蔽INT0中断
    key_flag=0;                    //把按键按下标志key_flag清0
    P1=0xff;                       //向P1口写1，设置P1口为输入
    key_num=P1;                    //从P1口读入键盘的状态
    delay_10ms();                  //延时10ms
    Re_key=P1;                     //再次读键盘状态，并存入Re_key中
    if (key_num ==Re_key)          //比较两次读取的键值，如果相同，说明键按下
```

```
    {
      key_flag=1;                    //按键按下标志key_flag为1
    }
    IE=0x81;                         //重新允许INT0中断
}
```

以上程序中用到了外部中断INT0。当没有按键按下时,标志 key_flag=0,程序一直执行 do{ } while() 循环。当有键按下时,则 74LS04 输出端产生低电平,向单片机INT0脚发出中断请求信号,单片机响应中断,执行中断函数。如果确实有按键按下,在中断函数中把 key_flag 置 1,并得到键值。当执行完中断函数后,再进入 do{ }while() 循环,此时由于 if(key_flag)中的 key_flag=1,则可根据键值 key_num,采用 switch(key_num)分支语句,进行按下按键的处理。

5.5.4 矩阵式键盘接口应用

矩阵式(也称行列式)键盘用于按键数量较多的场合,由行线和列线组成,按键位于行和列的交叉点上。一个 4×4 的行、列结构可以构成一个 16 个按键的键盘,只需要一个 8 位的并行 I/O 口即可,如图 5-22 所示。如果采用 8×8 的行、列结构,可以构成一个 64 按键的键盘,只需要两个并行 I/O 口即可。很明显,在按键数量较多的场合,矩阵式键盘要比独立式键盘能节省更多的 I/O 口线。

下面介绍查询方式的矩阵式键盘程序设计。

【例5-11】对图 5-22 所示的矩阵式键盘编写查询式的键盘处理程序。

先判断有无键按下,即把所有行线 P1.0~P1.3 均置为低电平,然后检测各列线状态,若列线不全为高电平,则表示键盘中有键被按下;若所有列线均为高电平,则说明键盘中无键按下。

在确认有键按下后,即可查找具体的闭合键位置,其方法是依次将行线置为低电平,再逐行检查各列线的电平状态。若某列为低,则该列线与行线交叉处的键就是闭合键。参考程序如下:

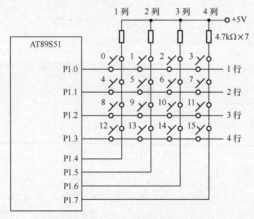

图5-22 矩阵式(行列式)键盘接口电路

```c
# include <reg51.h>
# define uchar unsigned  char
# define uint  unsigned  int
void  main()
{
    uchar  key;
    while (1)
    { key= key_scan();            //调用键盘扫描函数, 返回的键值送到变量key
      delay();                    //延时
} }
void  delay_10ms()               //延时函数
{
    uchar i;
    for (i=0;i <200;i++) {;}
}
uchar  key_scan()                //键盘扫描函数
{
    uchar  code_column;          //行扫描值P1.0 ~ P1.3
    uchar  code_row;             //列扫描值P1.4 ~ P1.7
    P1=0xf0;                     //P1.0 ~ P1.3行线输出都为0, 准备读列状态
    if ((P1&f0)!=0xf0)           //如果P1.4 ~ P1.7不全为1, 可能有键按下
    {
      delay_10ms();              //延时去抖动
      if ((P1&f0)!=0xf0)         //重读列值P1.4 ~ P1.7, 若不全为1, 确定有键按下
      code_column=0xfe;          //P1.0行线置为0, 开始行扫描
      while ((code_column&0x10)!=0xf0);
                                 //判断是否扫描到最后一行, 若不是, 继续扫描
      {
        P1= code_column;         //P1(P1.0 ~ P1.3)口输出行扫描值
        if ((P1&f0)!=0xf0);      //如果P1.4 ~ P1.7不全为1, 该行有键按下
        {
          code_row=(P1&0xf0|0x0f);   //保留P1口高4位, 低4位变1, 为列值
          return (( ~ code_column)+( ~ code_row));
                                 //键扫描值=行扫描值+列扫描值
```

```
    }
    else                    //若该行无键按下，往下执行
    code_column=(code_column < <1)|0x01;
                            //行扫描值左移，准备扫描下一行
    }
  }
  return (0) ;            //无键按下，返回0
}
```

【例5-12】数码管显示4×4矩阵键盘键号。单片机的P1口的P1.0~P1.7连接4×4矩阵键盘。矩阵键盘中各键编号如图5-23所示。运行仿真参见实验12-4。

数码管显示由P0口控制，当4×4矩阵键盘中的某一按键按下时，数码管上显示对应的键号，例如，1号键按下时，数码管显示1；E键按下时，数码管显示E等。

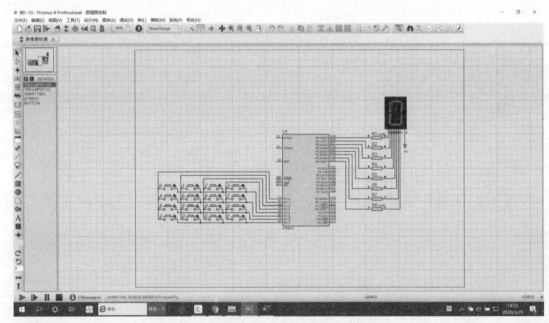

图5-23　数码管显示4×4矩阵键盘键号电路原理

参考程序如下：

```
# include <reg51.h>
# define uchar unsigned  char
sbit row1=P1^0;              //定义列
sbit row2=P1^1;
```

```
sbit row3=P1^2;
sbit row4=P1^3;
uchar 7_SEG[16]={0xc0, 0xf9, 0xa4, 0xb0, 0x99, 0x92, 0x82, 0xf8,
                0x80, 0x90, 0x88, 0x83, 0xc6, 0xa1, 0x86, 0x8e };
                                  //共阳极数码管字符0~F对应的段码值
uchar t_temp;
unsigned int time;
delay (time)                      //延时子程序
{
    unsigned   int   j;
    for (j=0;j <time;j++)
    {;}
}
main()                            //主函数
{
    uchar   temp, k, i;
    while (1)
    {
      P1=0xfe;                  //行扫描初值P1.0~ P1.3, P1.0=0, P1.1~P1.3=1
      temp=0xfe;               //保存行扫描初值
      t_temp=P1;              //读入P1口的状态
      for (i=0;i <=3;i=i++)         //按行扫描，一共4行
      {
        if (row1==0) P0= 7_SEG[i*4+0];
                    //判第1列有无键按下，若有，键值可能为0, 4, 8, C, 送显示
        if (row2==0) P0= 7_SEG[i*4+1];
                    //判第2列有无键按下，若有，键值可能为1, 5, 9, D, 送显示
        if (row3==0) P0= 7_SEG[i*4+2];
                    //判第3列有无键按下，若有，键值可能为2, 6, A, E, 送显示
        if (row4==0) P0= 7_SEG[i*4+3];
                    //判第4列有无键按下，若有，键值可能为3, 7, B, F, 送显示
      delay (500);
      temp=temp <<1;                 //P1.3~P1.0左移1位，准备下一行扫描
      temp=temp&0x0f;                //屏蔽掉P1.7~ P1.4
```

```
        P1=temp;                              //下一行行扫描值送P1口
    }
  }
}
```

程序说明：这里的关键是如何获取键号。具体来讲，这里采用了逐行扫描的操作方法，先驱动行 P1.0=0，然后依次读入各列的状态，第 1 列对应的 i=0，第 2 列对应的 i=1，第 3 列对应的 i=2，第 4 列对应的 i=3。假设 4 号键按下，此时第 2 列对应的 i=1，又 row2=0，执行语句 if（row2==0）P0=7_SEG[i*4+1] 后，i*4+1=5，从而查找到字形码数组 7_SEG[ ] 中的第 5 个元素，即显示 4 的段码 0x99（见表 5–1），把段码 0x99 送 P0 口驱动数码管显示 4。

5.5.5　非编码键盘扫描方式选择

单片机在忙于其他任务时，如何兼顾非编码键盘的输入，取决于键盘扫描的方式。键盘扫描方式选取的原则是，既要保证及时响应按键操作，又不过多占用单片机执行其他任务的时间。通常，键盘的扫描工作方式有以下 3 种。

1. 查询扫描

利用单片机的空闲时段，调用键盘扫描子程序，反复扫描键盘，但如果单片机查询频率过高，虽能及时响应键盘输入，也会影响其他任务的进行。如果查询频率过低，可能出现键盘按下漏判现象。所以要根据单片机系统的繁忙程度和键盘的操作频率来调整键盘扫描频率。

2. 定时扫描

也可以每隔一段时间扫描一次键盘，即定时扫描。这种方式通常是利用单片机内定时器产生的定时中断，进入中断子程序后对键盘进行扫描，在有键按下时识别出按下的键，并执行相应键的处理程序。由于每次按键的时间一般不会小于 100ms，所以为了不漏判有效按键，定时中断周期一般应小于 100ms。

3. 中断扫描

为进一步提高单片机扫描键盘的工作效率，可采用中断扫描方式，即只有在键盘有按键按下时，才会向单片机发出中断请求信号，单片机响应中断，执行键盘扫描中断程序，识别出按下的按键，并跳向该按键的处理程序。如果无键按下，单片机将不响应键盘。该方式的优点是，只有按键按下时，才进行处理，实时性强，工作效率高。

5.5.6　键盘/显示器芯片HD7279接口设计

单片机通过专用可编程键盘 / 显示器接口芯片与键盘 / 显示器连接,直接得到闭合键键号(编码键盘),还可以省去编写键盘 / 显示器动态扫描程序以及键盘去抖动程序的烦琐工作。

1. 各种专用的键盘/显示器接口芯片简介

目前各种芯片种类繁多,早期流行 Intel 公司的并行接口专用键盘 / 显示器芯片 8279,目前流行的键盘 / 显示器接口芯片与单片机的接口均采用串行连接方式,占用 I/O 的线少。常见的专用键盘 / 显示器芯片有 HD7279、ZLG7289A(周立功公司)和 CH451(南京沁恒公司)等。这些芯片对所连接的 LED 数码管全都采用动态扫描方式,并可对键盘自动扫描,直接得到闭合键键号(编码键盘),且自动去除按键抖动。

常见的专用键盘 / 显示器芯片如下。

(1)专用键盘 / 显示器接口芯片 8279。它是 Intel 公司的可编程键盘 / 显示器并行接口芯片。键盘控制部分可控制 8×8 的矩阵键盘,并自动获得闭合键的键号。它可以自动去抖动,并具有双键锁定保护功能。显示用 RAM 容量为 16B,最多可控制 16 位 LED 数码管显示。但是 8279 驱动电流较小,与 LED 数码管相连时,需要加驱动电路,元器件较多,电路复杂,占用较大 PCB 面积,综合成本高。且 8279 与单片机之间用三总线结构连接,占用多达 13 条口线,目前已逐渐淡出市场。

(2)专用键盘 / 显示器接口芯片 CH451。它可动态驱动 8 位 LED 数码管显示,具有 BCD 码译码、闪烁、移位等功能。内置大电流驱动电路,段电流不小于 30mA,位电流不小于 160mA,动态扫描控制,支持段电流上限调整,可省去所有限流电阻。对 8×8 矩阵键盘自动进行扫描,且自动去抖动,并提供键盘中断和按键释放标志位,可供查询按键状态。该芯片性价比较高,是使用较为广泛的专用键盘 / 显示器接口芯片之一。但是其抗干扰能力不是很强,不支持组合键的识别。

(3)专用键盘 / 显示器接口芯片 HD7279。该芯片功能强,具有一定的抗干扰能力,与单片机间采用串行连接,可控制并驱动 8 位 LED 数码管以及实现 8×8 键盘管理。由于外围电路简单,价格低廉,其键盘 / 显示器接口设计得到较为广泛应用。

2. HD7279A简介

HD7279A 能同时驱动 8 个共阴极 LED 数码管(或 64 个独立的 LED 发光二极管)和 8×8 的编码键盘。对 LED 数码管采用的是动态扫描的循环显示方式,其特性如下。

● 与单片机间采用串行接口方式,仅占用 4 条口线,接口简单。

● 具有自动消除键抖动并识别有效键值功能。

● 内部含有译码器,可接收 BCD 码或十六进制码,同时具有两种译码方式,实现 LED 数码管位寻址和段寻址,也可以方便地控制每位 LED 数码管中任意一段是否发光。

- 内部含驱动器,可直接驱动不超过8个LED数码管。
- 多种控制命令,如消隐、闪烁、左移、右移和段寻址、位寻址等。
- 含有片选信号输入端,容易实现多于8位显示器或多于64键的键盘控制。

（1）引脚说明与电气特性

HD7279A为28脚双列直插（DIP）封装,单一+5V供电。引脚如图5-24所示,引脚功能如表5-5所示。

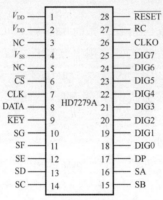

图5-24 HD7279A的引脚

表5-5 HD7279A引脚功能

引　脚	引脚名称	引脚功能
1、2	V_{DD}	+5V逻辑电源
3、5	NC	无连接,必须悬空
4	$\overline{CS}$	电源地
6	V_{SS}	片选信号
7	CLK	同步时钟
8	DATA	串行数据输入/输出端
9	$\overline{KEY}$	按键信号输出端
10~16	SG~SA	段g~a驱动输出
17	DP	小数点驱动输出
18~25	DIG0~DIG7	位驱动输出端
26	CLKO	振荡输出端
27	RC	RC振荡器连接端
28	$\overline{RESET}$	复位端

DIG0~DIG7：位驱动输出端,可分别连接8只 LED 数码管的共阴极；段驱动输出端 SA~SG 分别连接至每位 LED 数码管的 a~g 段的阳极,而 DP 引脚连至小数点 dp 的阳极。同时,

DIG0~DIG7、DP 和 SA~SG 还分别是 64 键键盘的列线和行线,完成对键盘的译码和键值识别。8×8 矩阵键盘中的每个键值可用读键盘命令读出,键值的范围是 00H~3FH。

HD7279A 与单片机连接仅需 4 条口线:$\overline{CS}$ 、DATA、CLK 和 $\overline{KEY}$ 。

$\overline{CS}$:片选信号,当单片机访问 HD7279A 芯片(写入命令,显示数据、位地址、段地址或读出键值等)时,应将 CS* 置为低电平。

DATA:串行数据输入/输出端,当单片机向 HD7279A 芯片发送数据时,DATA 为输入端;当单片机从 HD7279A 芯片读键值时,DATA 为输出端。

CLK:数据串行传送的同步时钟输入端,时钟的上升沿将数据写入 HD7279A 中或从 HD7279A 中读出数据。

$\overline{KEY}$:按键信号输出端,无键按下为高电平,有键按下为低电平,且一直保持到该键释放为止。

$\overline{RESET}$:复位端,通常该端接 +5V。若对可靠性要求较高,则可外接复位电路,或直接由单片机控制。注意与单片机复位信号的区别,单片机复位是高电平有效。

RC:该脚用于外接振荡元件,其典型值为 $R=1.5k\Omega$,$C=15pF$ 。

NC:悬空。

HD7279A 的电气特性如表 5-6 所示。

表5-6　HD7279A的电气特性

参　数	符　号	测试条件	最小值	典型值	最大值
工作电压	V_{DD}	—	4.5V	5.0V	5.5V
工作电流	I_{CC}	不接LED		3mA	5mA
工作电流	$I_{CC}\cdot$	LED全亮	—	60mA	100mA
按键响应时间	T_{key}			18ms	40ms
$\overline{KEY}$ 引脚输入电流	I_{xI}	—	—	—	10mA
$\overline{KEY}$ 引脚输出电流	I_{xD}	—	—	—	7mA

(2)控制命令介绍

控制命令由 6 条不带数据的单字节纯命令、7 条带数据的命令和 1 条读取键盘命令组成。

① 纯命令(6 条)都是单字节命令,如表 5-7 所示。

表5-7　单字节命令

命　令	符　号	LCD1602输出
右移	A0	所有LED显示右移1位,最左位为空,不改变消隐和闪烁
左移	A1	所有LED显示左移1位,最右位为空,不改变消隐和闪烁
循环右移	A2	所有LED显示右移1位,原来最右1位移至最左1位,不改变消隐和闪烁
循环左移	A3	所有LED显示左移1位,原来最左1位移至最右1位,不改变消隐和闪烁

续表

命　令	符　号	LCD1602输出
复位	A4	清除显示、消隐和闪烁等属性
测试	BFH	点亮所有LED，并处于闪烁状态，用于显示器的自检

② 带数据命令（7条）均由双字节组成，第1字节为命令标志码（有的还有位地址），第2字节为显示内容。带数据命令如表5-8所示。

表5-8　带数据命令

命　令	第1字节								第2字节							
	D7	D6	D5	D4	D3	D2	D1	D0	D7	D6	D5	D4	D3	D2	D1	D0
方式0译码显示命令	1	0	0	0	0	a2	a1	a0	dp	×	×	×	d3	d2	d1	d0
方式1译码显示命令	1	1	0	0	1	a2	a1	a0	dp	×	×	×	d3	d2	d1	d0
不译码显示命令	1	0	0	0	a2	a1	a0	dp	A	B	C	D	E	F	G
闪烁控制命令	1	0	0	0	1	0	0	0	d7	d6	d5	d4	d3	d2	d1	d0
消隐控制命令	1	0	0	1	0	0	0	0	d7	d6	d5	d4	d3	d2	d1	d0
段点亮命令	1	1	1	0	0	0	0	0	×	×	d5	d4	d3	d2	d1	d0
段关闭命令	1	1	0	0	0	0	0	0	×	×	d5	d4	d3	d2	d1	d0

a. 方式 0 译码显示命令如下：

a2、a1、a0：表示 8 只数码管的位地址，显示数据应送给哪一位数码管，a2a1a0=000 表示最低位数码管，a2a1a0=111 表示最高位数码管。

d3、d2、d1、d0：为显示数据。

dp：小数点显示控制位。dp=1，小数点显示；dp=0，小数点不显示。

方式 0 和方式 1 的译码显示命令如表 5-9 所示。

表5-9　方式0和方式1的译码显示命令

d3～d0(十六进制)	显示的字符		d3～d0(十六进制)	显示的字符	
	方式0	方式1		方式0	方式1
0H	0	0	8H	8	8
1H	1	1	9H	9	9
2H	2	2	AH	—	A
3H	3	3	BH	E	B
4H	4	4	CH	H	C
5H	5	5	DH	L	D
6H	6	6	EH	P	E
7H	7	7	FH	无显示	F

例如,命令第 1 字节为 80H,第 2 字节为 08H,则 L1 位(最低位)数码管显示 8,小数点 dp 熄灭;命令第 1 字节为 87H,第 2 字节为 8EH,则 L8 位(最高位)LED 显示内容为 P,小数点 dp 点亮。

b. 方式 1 译码显示命令如下:

该命令与方式 0 译码显示的含义基本相同,不同的是译码方式为 1,数码管显示的内容与十六进制相对应,如表 5-9 所示。方式 1 译码显示命令如表 5-8 所示。

例如,命令第 1 字节为 C8H,第 2 字节为 09H,则 L1 位数码管显示 9,小数点 dp 熄灭;命令第 1 字节为 C9H,第 2 字节为 8FH,则 L2 位数码管显示 F,小数点 dp 点亮。

c. 不译码显示命令如下:

命令中的 a2、a1 和 a0 为显示位的位地址,第 2 字节为 LED 显示内容,其中 dp 和 A～G 分别代表数码管的小数点和对应的段,当取值为 1 时,该段点亮,取值为 0 时,该段熄灭。

该命令可在指定位上显示字符。例如,若命令第 1 字为 95H,第 2 字节为 3EH,则在 L6 位LED 上显示 U,小数点 dp 熄灭。不译码显示命令如表 5-8 所示。

d. 闪烁控制命令如下:

该命令规定了每个数码管的闪烁属性。d7～d0 分别对应 L8～L1 位数码管,其值为 1 时,数码管不闪烁;其值为 0 时,数码管闪烁。该命令的默认值是所有数码管均不闪烁。

例如,命令第 1 字节为 88H,第 2 字节为 97H,则 L7、L6 和 L4 位数码管闪烁。闪烁控制命令如表 5-8 所示。

e. 消隐控制命令如下:

该命令规定了每个数码管的消隐属性。d7～d0 分别对应 L8～L1 位数码管,其值为 1 时,数码管显示;其值为 0 时消隐。应注意至少要有 1 个 LED 数码管保持显示,如果全部消隐,则该命令无效。消隐控制命令如表 5-8 所示。

例如,命令第 1 字节为 98H,第 2 字节为 81H,则 L7～L2 位的 6 位数码管消隐。

f. 段点亮命令如下:

该命令是点亮某位数码管中的某一段。段点亮命令如表 5-8 所示。

×× 为无影响位,d5～d0 取值为 00H～3FH,所对应的点亮段如表 5-10 所示。

例如,命令第 1 字节为 E0H,第 2 字节为 00H,则点亮 L1 位数码管的 g 段;如果第 2 字节为19H,则点亮 L4 位数码管的 f 段;再如,第 2 字节为 35H,则点亮 L7 位 LED 的 b 段。段点亮对应表如表 5-10 所示。

表5-10　段点亮对应表

数码管	L1								L2							
d5～d0取值	00	01	02	03	04	05	06	07	08	09	0A	0B	0C	0D	0E	0F
点亮段	g	f	e	d	c	b	a	dp	g	f	e	d	c	b	a	dp
数码管	L3								L4							
d5～d0取值	10	11	12	13	14	15	16	17	18	19	1A	1B	1C	1D	1E	1F

点亮段	g	f	e	d	c	b	a	dp	g	f	e	d	c	b	a	dp
数码管				L5								L6				
d5~d0取值	20	21	22	23	24	25	26	27	28	29	2A	2B	2C	2D	2E	2F
点亮段	g	f	e	d	c	b	a	dp	g	f	e	d	c	b	a	dp
数码管				L7								L8				
d5~d0取值	30	31	32	33	34	35	36	37	38	39	3A	3B	3C	3D	3E	3F
点亮段	g	f	e	d	c	b	a	dp	g	f	e	d	c	b	a	dp

g. 段关闭命令如下：

段关闭命令如表 5-8 所示。其作用是关闭某个数码管中的某一段。×× 为无影响位,d5~d0 的取值为 00H~3FH,所对应的关闭段如表 5-10 所示,仅仅是将点亮段变为关闭段。

例如,命令第 1 字节为 C0H,第 2 字节为 00H,则关闭 L1 位 LED 的 g 段；第 2 字节为 10H,则关闭 L3 位 LED 的 g 段。

③ 读取键盘命令。从 HD7279A 读出当前按下的键值格式如表 5-11 所示。

表5-11　读取键盘命令

第1字节								第2字节							
D7	D6	D5	D4	D3	D2	D1	D0	D7	D6	D5	D4	D3	D2	D1	D0
0	0	0	1	0	1	0	1	—	—	d5	d4	d3	d2	d1	d0

命令的第 1 字节为 15H,表示单片机写到 HD7279A 的是读键值命令,而第 2 字节 d7~d0 为从 HD7279A 中读出的按键值,其范围为 00H~3FH。当按键按下时,HD7279A 的 $\overline{KEY}$ 脚从高电平变为低电平,并保持到按键释放为止。在此期间,若 HD7279A 收到来自单片机的读键盘命令 15H,则 HD7279A 向单片机发出当前的按键代码。

应注意,HD7279A 只给其中 1 个按下键的代码,不适合 2 个或 2 个以上键同时按下的场合。如果确实需要双键组合使用,可在单片机某位 I/O 引脚接 1 个键,与 HD7279A 所连键盘共同组成双键功能。

（3）命令时序

HD7279A 采用串行方式与单片机通信,串行数据从 DATA 引脚送入或输出,并与 CLK 端同步。当片选 $\overline{CS}$ 信号变为低电平后,DATA 引脚上的数据在 CLK 脉冲上升沿的作用下写入或读出 HD7279A 的数据缓冲器中的数据。

① 纯命令时序。单片机发出 8 个 CLK 脉冲,向 HD7279A 发出 8 位命令,DATA 引脚最后为高阻态,如图 5-25 所示。

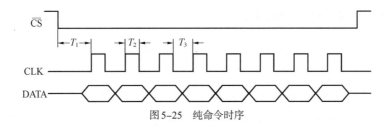

图5-25　纯命令时序

② 带数据命令时序。单片机发出 16 个 CLK 脉冲,前 8 个向 HD7279A 发送 8 位命令;后 8 个向 HD7279A 传送 8 位显示数据,DATA 引脚最后为高阻态,如图 5-26 所示。

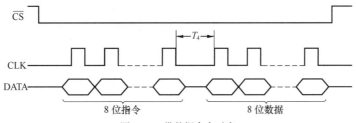

图5-26　带数据命令时序

③ 读键盘命令时序。单片机发出 16 个 CLK 脉冲,前 8 个向 HD7279A 发送 8 位命令;发送完毕之后 DATA 引脚为高阻态;后 8 个 CLK 由 HD7279A 向单片机返回 8 位按键值,DATA 引脚为输出状态。最后 1 个 CLK 脉冲的下降沿将 DATA 引脚恢复为高阻态,如图 5-27 所示。

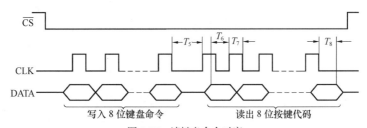

图5-27　读键盘命令时序

保证正确时序是 HD7279A 正常工作的前提条件。当选定振荡元件 R、C 和单片机的晶振后,应调节延时时间,使时序中的 $T_1 \sim T_8$ 满足表 5-12 所示要求。由表 5-12 中数值可知 HD7279A 的速度,应仔细调整 HD7279A 时序,使其运行时间接近最短。

表5-12　$T_1 \sim T_8$ 的数值　　　　　　　　　　　　　　　　　单位：μs

符　号	T_1	T_2	T_3	T_4	T_5	T_6	T_7	T_8
典型值	25	8	8	—	25	8	8	—

3. AT89S51 单片机与HD7279A接口设计

（1）接口电路

【例5-13】AT89S51 单片机通过 HD7279A 控制 8 个数码管及 64 个按键矩阵键盘的接口电路如图 5-28 所示。晶振频率为 12MHz。上电后，HD7279A 经过 15～18ms 才进入工作状态。

单片机通过 P1.3 脚检测 $\overline{KEY}$ 脚电平来判断键盘矩阵中是否有按键按下。HD7279A 采用动态循环的扫描方式，如普通数码管亮度不够，可采用高亮度或超高亮度数码管。

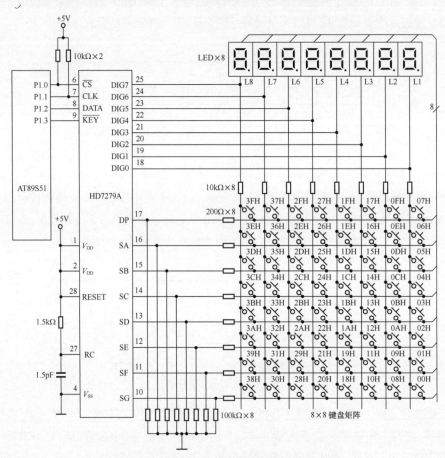

图5-28　AT89S51 单片机与HD7279A的接口电路

图 5-28 所示电路中，HD7279A 的 3、5、26 引脚悬空。

（2）程序设计

控制数码管显示及键盘的参考程序如下：

```
# include <reg51.h>
//以下定义各种函数
```

```
unsigned  char read7279(unsigned  char);          //读7279
void write7279(unsigned char, unsigned char) ;     //写7279
void send_byte (unsigned char);                    //发送1字节
unsigned char receive_byte() ;                     //接收1字节
void longdelay();                                  //长延时函数
void shortdelay();                                 //短延时函数
void  delay10ms(unsigned char)                     //延时10ms
//函数与变量、I/O口定义
unsigned  char key_number, i, j;
unsigned  int  temp;
unsigned  long  wait_cnter;
sbit  CS=P1^0;                                      //HD7279A的CS端连P1.0
sbit  CLK=P1^1;                                     //HD7279A的CLK端连P1.1
sbit  DATA=P1^2;                                    //HD7279A的DATA端连P1.2
sbit  KEY=P1^3;                                     //HD7279A的KEY端连P1.3
//HD7279A命令定义
# define  READKEY     0x15;                         //读键盘命令
# define  DECODE0     0x80;                         //方式0译码命令
# define  BLINKCTL    0x88;                         //闪烁控制命令
# define  RESET       0xa4;                         //复位命令
# define  DECODE1     0xc8;                         //方式1译码命令
# define  UNDECODE    0x90;                         //不译码命令
# define  SEGON       0xe0;                         //段点亮命令
# define  SEGOFF      0xc0;                         //段关闭命令
# define  TEST        0xbf;                         //测试命令
# define  RTL_UNCYL   0xa1;                         //左移命令
# define  RTR_UNCYL   0xa0;                         //右移命令
# define  RTL_CYCLE   0xa3;                         //循环左移命令
# define  RTR_CYCLE   0xa2;                         //循环右移指令
//主函数
void main()
{
    while (1)
    {
```

```
    for (temp=0;temp <0x3000;temp++);           //上电延时
    send_byte (RESET);                          //发送复位HD7279A命令
    send_byte (TEST);                           //发送测试命令
    for (j=0;j<5;j++)                           //延时约5s
    {
      delay10ms (100);
    }
    send_byte (RESET);                          //发复位命令，关显示器
//键盘监测：如有键按下，则显示键码，如10ms内无键按下或按下0键，则往下执行
    wait_cnter=0;
    key_number=0xff;
    write7279(BLINKCTL, 0xfc);                  //把第1、2两位设为闪烁显示
    write7279(UNDECODE, 0x08);                  //在第1位上显示下划线"_"
    write7279(UNDECODE+1, 0x08);                //在第2位上显示下划线"_"
    do
    {
      if (!key)                                 //如果键盘中有键按下
      {
        key_number=read7279(READKEY);           //读出键码
        write7279(DECODE1+1, key_number/16);    //在第2位显示按键码高8位
        write7279(DECODE1, key_number&0x0f);    //在第1位显示按键码低8位
        while (!key);                           //等待按键松开
        wait_cnter=0;
      }
      wait_cnter++;
    }
    while (key_number! =0&&wait_cnter <0x30000);
                                                //如果按键为"0"和超时，则往下执行
    write7279(BLINKCTL, 0xff);                  //清除显示器的闪烁设置
    //循环显示
    write7279(UNDECODE+7, 0x3b);                //在第8位以不译码方式，显示字符"5"
    delay10ms (100);                            //延时
    for (j=0;j <31;j++)                         //循环右移31次
    {
```

```
    send_byte (RTR_CYCLE);              //发送循环右移命令
    delay10ms (10) ;                    //延时
}
for (j=0;j <31;j++)                     //循环左移31次
{
    send_byte(RTL_CYCLE) ;              //发送循环左移命令
    delay10ms(10);                      //延时
}
delay10ms (200);                        //延时
send_byte (RESET);                      //关闭显示器显示
//不循环左移显示
for (j=0;j <16;j++)                     //向左移动
{
    send_byte (RTL_UNCYL);              //发左移命令
    write7279(DECODE0, j);              //译码方式0命令,在第1位显示
    delay10ms (10);                     //延时
}
delay10ms (200);                        //延时
send_byte (RESET);                      //关闭显示器显示
//不循环右移显示
for (j=0;j <16;j++)                     //向右移动
{
    send_byte (RTR_UNCYL);              //发右移命令
    write7279(DECODE1+7, j);            //译码方式1命令,在第8位显示
    delay10ms (50);                     //延时
}
delay10ms (200);                        //延时
send_byte (RESET);                      //关闭显示器显示
//显示器的64个段轮流点亮并同时关闭前一段
for (j=0;j <64;j++)
{
    write7279(SEGON, j);                //64个段逐段点亮
    write7279(SEGOFF, j-1);             //点亮该段,关闭前一个段
    delay10ms (50);
```

```
} }
//写HD7279函数
void  write7279 (unsigned char cmd, unsigned char data)
{
  send_byte (cmd);
  send_byte (data);
}
//读HD7279函数
unsigned  char read7279 (unsigned char cmd)
{
  send_byte (cmd);
  return (receive_byte());
}
void  send_byte (unsigned  char out_byte)     //发送1字节函数
{
  unsigned  char  i;
  CS=0;
  longdelay();
  for (i=0;i <8;i++)
  {
    if (out_byte&0x80)
      {DATA=1;}
    else
      {DATA=0;}
    CLK=1;
    shortdelay();
    CLK=0;
    shortdelay();
    out_byte=out_byte*2;
  }
  DATA=0;
}
//接收1字节函数
unsigned  char  receive_byte()
```

```
{
  unsigned char i, in_byte;
  DATA=1;                                    //设置为输入
  longdelay();                               //长延时
  for (i=0;i <8;i++)
  {
    CLK=1;
    shortdelay();
    in_byte=in_byte*2;
    if (DATA)
    {
      in_byte=in_byte|0x01;
    }
    CLK=0;
    shortdelay();
  }
  DATA=0;
  return (in_byte);
}
```

控制数码管显示及键盘监测等函数,读者可结合应用自行编写。

本章小结

通过对本章的学习,读者应当掌握 I/O 接口的功能与作用等。

本章重点在于 AT89 系列单片机 P0~P3 的 I/O 端口的概念与区别(全双向与准双向),单片机与常用的显示器件、开关以及键盘的接口设计与软件编程,I/O 接口与 CPU 数据交换的方式与特点等。

思考题及习题5

1. 下列说法中＿＿＿＿是正确的。

A. P0 口作为总线端口使用时,它是一个双向口

B. P0 口作为通用 I/O 端口使用时,外部引脚必须接上拉电阻,因此,它是一个准双向口

C. P1~P3 口作为输入端口使用时,必须先向端口寄存器写入 1

D. P0~P3 口的驱动能力是相同的

2. 了解数码管的原理,掌握数码管真值表的计算方法。

3. 学会长短按键的用法,编写实现从 1→9 连续快速键动作功能的程序。

4. Proteus 虚拟仿真

(1)以单片机为核心,设计一个节日彩灯控制器,设计要求如下:

在单片机的 P0 口接有 8 个发光二极管作为指示灯,P1.0~P1.3 接有 4 个按键开关,当不同引脚上的按键按下时,实现如下的功能:

按下 P1.0 脚的按键:8 只 LED 灯全亮然后全灭,再全亮然后全灭,交替闪亮。

按下 P1.2 脚的按键:LED 指示灯由上至下流动点亮。

按下 P1.3 脚的按键:LED 指示灯由下至上流动点亮。

按下 P1.1 脚的按键:停止点亮 8 只灯,所有灯全灭。在 Proteus ISIS 中绘制原理电路,并编写软件调试通过。

(2)用单片机控制 4 位 LED 数码管显示,先从左至右慢速动态扫描显示数字“1357”“2468”,然后再从左至右快速动态扫描显示字符“ABCD”“EFGH”。在 Proteus ISIS 中绘制出原理电路,并编写软件调试通过。

(3)单片机 P1 口的 P1.0~P1.7 连接 4×4 矩阵键盘,并通过 P0 口控制 2 位 LED 数码管显 4×4 矩阵键盘 16 个按键的键号,键号分别为“1,2,…,9,A,B,…,F”。当键盘中的某一按键按下时,2 位数码管上显示对应的十进制的键号。例如,1 号键按下时,2 位数码管显示 01;E 键按下时,2 位数码管显示 14 等。在 Proteus ISIS 中绘制出原理电路,并编写软件调试通过。

(4)用单片机控制字符型液晶显示器 LCD1602 显示字符信息 Happy New Year 和 Welcome to SDJU,要求上述信息分别从 LCD1602 右侧第 1 行、第 2 行滚动移入,然后从左侧滚动移出,反复循环显示。在 Proteus ISIS 中绘制出原理电路,并编写软件调试通过。

第6章 AT89S51单片机的中断系统

6.1 中断概述

单片机都具有实时处理能力,能对突然发生的事件,如人工干预、外部事件及意外故障做出及时响应处理,这是依靠它的中断功能来实现的。

关于中断的概念,可以用很多现实生活中的例子来解释。比如,教师在课堂讲授课程的过程中,突然有同学举手提问,老师暂停讲课内容,转而回答学生的问题,待解答完毕后,又重新接着讲解前面被中断的课程内容,这个过程就是中断。其中若还有其他中断情况发生,就形成了中断嵌套。比如,中断过程中又有其他学生举手示意或又有其他同学参与进来进行互动交流,这个就是中断过程又被中断的过程,相当于中断嵌套或者多级中断。

这种停止当前工作去执行其他更紧急的任务,等到紧急任务完成后,再继续执行原来的工作的过程,就是中断。

同理,单片机中也可能发生类似的中断问题。例如,若规定按键扫描处理优先于显示器输出处理,则 CPU 在处理显示器内容的过程中,可以被按键的动作打断,转而处理键盘扫描问题,待扫描结束后,再继续进行显示器处理过程。由此可见,所谓中断,是指单片机在运行当前程序的过程中,如果遇到紧急或突发事件,可以暂停运行当前的程序,转向处理该紧急或突发事件,处理完成后再从当前程序的间断处继续运行。单片机中断响应和处理过程如图 6-1 所示。

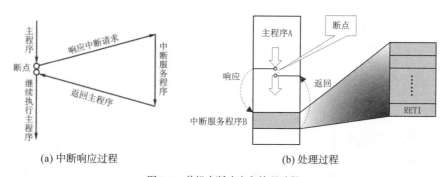

(a) 中断响应过程   (b) 处理过程

图6-1 单机中断响应和处理过程

如果单片机没有中断系统,就会花费大量时间查询是否有服务请求。无论是否存在服务请求,单片机都必须查询。采用中断技术可以消除查询操作占用的等待时间,提高单片机工作效率,保证其实时性。在这种方式下,CPU 不再被动等待,同时还可以执行其他程序,一旦外设为数据交换准备就绪,外设可以向 CPU 提出服务请求,CPU 如果响应该请求,CPU 便暂时停止执行当前程序,CPU 同时把中断现场的有关寄存器内容存入堆栈保护起来,转去执行与该请求对应的服务程序,待到中断处理完成后,再把保存的有关寄存器内容从堆栈中恢复出来,并继续执行之前被中断的程序。

中断处理方式的优点是显而易见的,但需要为每个 I/O 设备分配一个中断请求和相应的中断服务程序,此外还需要一个中断控制器(I/O 接口芯片)管理 I/O 设备提出的中断请求,例如设置中断屏蔽、中断请求优先级等。

6.2 AT89S51中断系统结构

单片机中断系统结构如图 6-2 所示。AT89S51 的中断系统有 5 个中断请求源(简称中断源)、2 个中断优先级,可实现 2 级中断服务程序嵌套。每一个中断源可用软件独立控制为允许中断或关闭中断状态;每一个中断源的优先级均可用软件设置。

中断处理包括中断请求、中断响应、中断服务、中断返回等环节。其中,中断请求在前文中已有介绍,中断返回与 C51 编程关系不大,故本节仅介绍与中断响应、中断服务有关的内容。

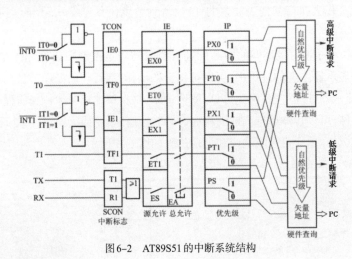

图6-2 AT89S51的中断系统结构

6.2.1 中断请求源

由图 6-2 可见,5 个中断请求源分别如下。

(1)$\overline{\text{INT0}}$:外部中断请求 0,外部中断请求信号(低电平或负跳变有效)由 INT0 引脚输入,中断请求标志为 IE0。

（2）$\overline{INT1}$：外部中断请求 1，外部中断请求信号（低电平或负跳变有效）由 $\overline{INT1}$ 引脚输入，中断请求标志为 IE1。

（3）定时器 / 计数器 T0：计数溢出发出的中断请求，中断请求标志为 TF0。

（4）定时器 / 计数器 T1：计数溢出发出的中断请求，中断请求标志为 TF1。

（5）串行口中断请求，中断请求标志为发送中断 TI 或接收中断 RI。

6.2.2　中断请求标志寄存器

5 个中断请求源的中断请求标志分别由特殊功能寄存器 TCON 和 SCON 相应位锁存。

1. TCON寄存器

TCON 为定时器 / 计数器的控制寄存器，字节地址为 88H，可位寻址。TCON 既包括定时器 / 计数器 T0、T1 溢出中断请求标志位 TF0 和 TF1，也包括两个外部中断请求的标志位 IE1 与 IE0，还包括两个外部中断请求源的中断触发方式选择位。特殊功能寄存器 TCON 格式如图 6-3 所示。

符号	D7	D6	D5	D4	D3	D2	D1	D0	地址
TCON	TF1	TR1	TF0	TR0	IE1	IT1	IE0	IT0	88H
位地址	8FH	—	8DH	—	8BH	8AH	89H	88H	

图6-3　特殊功能寄存器TCON格式

TCON 寄存器中与中断系统有关的各标志位功能如下。

（1）TF1：定时器 / 计数器 T1 溢出中断请求标志位。

当启动 T1 计数后，T1 从初值开始加 1 计数，当最高位产生溢出时，由硬件置 TF1 为 1，向 CPU 申请中断，当 CPU 响应 TF1 中断时，TF1 标志由硬件自动清 0，TF1 也可由软件清 0。

（2）TF0：定时器 / 计数器 T0 溢出中断请求标志位，与 TF1 类似。

（3）IE1：外部中断请求 $\overline{INT1}$ 中断请求标志位。

（4）IE0：外部中断请求 $\overline{INT0}$ 中断请求标志位，与 IE1 类似。

（5）IT1：选择外中断请求 1 为下跳沿触发方式还是电平触发方式。

（6）IT0：选择外中断请求 0 为下跳沿触发方式还是电平触发方式，与 IT1 类似。

其中，ITx（x=0,1）=0，低电平时，为电平触发方式，加到 INTx* 脚上的外中断请求输入信号为低电平有效，并把 IEx 置 1；转向中断服务程序时，则由硬件自动把 IEx 清 0。

ITx（x=0,1）=1，高电平时，为下跳沿触发方式，加到 INTx* 脚上的外中断请求输入信号从高到低的负跳变有效，并把 IEx 置 1；转向中断服务程序时，则由硬件自动把 IEx 清 0。

当 AT89S51 复位后，TCON 被清 0，5 个中断源的中断请求标志均为 0。

TR1（D6位）、TR0（D4位）这两位与中断系统无关,仅与定时器／计数器T1和T0有关,这部分内容将在第7章定时器／计数器中介绍。

2. SCON寄存器

串行口控制寄存器,字节地址为98H,可位寻址。SCON的低二位锁存串口的发送中断和接收中断的中断请求标志分别为TI和RI。格式如图6-4所示。

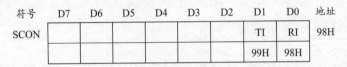

符号	D7	D6	D5	D4	D3	D2	D1	D0	地址
SCON							TI	RI	98H
							99H	98H	

图6-4　SCON中的中断请求标志位

SCON标志位功能如下。

（1）TI：串口发送中断请求标志位。当CPU将1字节的数据写入串口的发送缓冲器SBUF时,就启动发送一帧串行数据,每发送完一帧串行数据,硬件便令TI自动置1。当CPU响应串口发送中断时,并不清除TI中断请求标志,TI标志必须在中断服务程序中用软件指令对其清0。

（2）RI：串口接收中断请求标志位。在串口接收完一个串行数据帧时,硬件自动使RI中断请求标志置1。CPU在响应串口接收中断时,RI标志并不清0,需在中断服务程序中用指令对RI清0。

6.3　中断允许（IE）与中断优先级控制（IP）

中断允许控制和中断优先级控制分别由中断允许寄存器IE和中断优先级寄存器IP来实现。下面介绍这两个特殊功能寄存器。

6.3.1　中断允许寄存器IE

各中断源开放或屏蔽由片内中断允许寄存器IE控制。IE字节地址为A8H,可进行位寻址。格式如图6-5所示。

符号	D7	D6	D5	D4	D3	D2	D1	D0	地址
IE	EA	—	—	ES	ET1	EX1	ET0	EX0	A8H
	AFH	—	—	ACH	ABH	AAH	A9H	A8H	

图6-5　中断允许寄存器IE的格式

IE 对中断执行开放和关闭采取两级控制,即有一个总的中断开关控制位 EA(IE.7 位):当 EA=0 时,所有中断请求被屏蔽,CPU 不接受任何中断请求;当 EA=1 时,CPU 开放中断,但 5 个中断源的中断请求是否被允许,还要由 IE 中的低 5 位所对应的 5 个中断请求允许控制位的状态来决定(如图 6-2 所示)。

IE 中各位的功能如下。

(1)EA:中断允许总开关控制位。

EA=0,所有的中断请求被屏蔽。

EA=1,所有的中断请求被开放。

(2)ES:串行口中断允许位。

ES=0,禁止串行口中断。

ES=1,允许串行口中断。

(3)ET1:定时器 / 计数器 T1 溢出中断允许位。

ET1=0,禁止 T1 溢出中断。

ET1=1,允许 T1 溢出中断。

(4)EX1:外部中断 $\overline{\text{INT1}}$ 中断允许位。

EX1=0,禁止外部中断 $\overline{\text{INT1}}$ 中断。

EX1=1,允许外部中断 $\overline{\text{INT1}}$ 中断。

(5)ET0:定时器 / 计数器 T0 溢出中断允许位。

ET0=0,禁止 T0 溢出中断。

ET0=1,允许 T0 溢出中断。

(6)EX0:外部中断 $\overline{\text{INT0}}$ 中断允许位。

EX0=0,禁止外部中断 $\overline{\text{INT0}}$ 中断。

EX0=1,允许外部中断 $\overline{\text{INT0}}$ 中断。

AT89S51 复位后,IE 被清 0,所有中断请求被禁止。IE 中与各个中断源相应位可用指令置 1 或清 0,即可允许或禁止各中断源的中断申请。若使某一个中断源被允许中断,除了 IE 相应位被置 1 外,还必须使 EA 位置 1。

6.3.2　中断优先级寄存器IP

中断请求源有两个中断优先级,每一个中断请求源可由软件设置为高优先级中断或低优先级中断,也可实现两级中断嵌套。所谓两级中断嵌套,就是当 AT89S51 正在执行低优先级中断的服务程序时,可被高优先级中断请求中断,待高优先级中断处理完毕后,再返回低优先级中断服务程序。两级中断嵌套过程如图 6-6 所示。

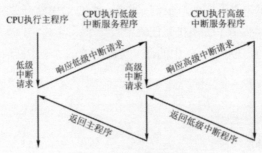

图6-6 两级中断嵌套过程

关于各中断源的中断优先级关系,可归纳为以下两条基本规则。

(1)低优先级可被高优先级中断,高优先级不能被低优先级中断。

(2)任何一种中断(不管高级还是低级)一旦得到响应,不会再被它的同级中断源所中断。如果某一中断源被设置为高优先级中断,在执行该中断源的中断服务程序时,则不能被其他任何中断源的中断请求所中断。

AT89S51 片内有一个中断优先级寄存器 IP,其字节地址为 B8H,可位寻址。只要用程序改变其内容,即可对各中断源进行中断优先级设置。IP 寄存器格式如图 6-7 所示。

	D7	D6	D5	D4	D3	D2	D1	D0	
IP	—	—	—	PS	PT1	PX1	PT0	PX0	B8H
	—	—	—	BCH	BBH	BAH	B9H	B8H	

图6-7 IP寄存器格式

中断优先级寄存器 IP 各位含义如下。

(1)PS:串行口中断优先级控制位,1 为高优先级,0 为低优先级。

(2)PT1:定时器 T1 中断优先级控制位,1 为高优先级,0 为低优先级。

(3)PX1:外部中断 $\overline{INT1}$ 中断优先级控制位,1 为高优先级,0 为低优先级。

(4)PT0:定时器 T0 中断优先级控制位,1 为高优先级,0 为低优先级。

(5)PX0:外部中断 $\overline{INT0}$ 中断优先级控制位,1 为高优先级,0 为低优先级。

中断优先级控制寄存器 IP 各位都可由程序置 1 和清 0,用位操作指令或字节操作指令可修改 IP 的内容,改变各中断源的中断优先级。

AT89S51 复位后,IP 内容为 0,各中断源均为低优先级中断。

下面介绍 AT89S51 的中断优先级结构。

中断系统有两个不可寻址的"优先级激活触发器",其中一个指示某高优先级中断正在执行,后来的所有中断均被阻止;另一个触发器指示某低优先级中断正在执行,所有同级中断都被阻止,但不阻断高优先级的中断请求。

在同时收到几个同优先级的中断请求时,哪一个中断请求能优先得到响应,取决于内部查询顺序。这相当于在同一个优先级还存在另一辅助优先级结构,其查询顺序如表 6-1 所示。

由表 6-1 可知,各中断源在同一优先级条件下,外部中断 0 的中断优先权最高,串行口中断的优先权最低。

表6-1　同级中断的查询顺序

中断源	中断级别
外部中断0	最高
T0溢出中断	↓
外部中断1	
T1溢出中断	
串行口中断	最低

6.4　中断请求响应与撤销

由中断管理系统处理突发事件的过程,称为 CPU 的中断响应过程;中断管理系统能够处理的突发事件,称为中断源;中断源向 CPU 提出的处理请,求称为中断请求。

1. 中断响应需满足的条件

中断响应是指CPU从发现中断请求到开始执行中断函数的过程。CPU 响应中断的基本条件如下。

① 有中断源发出中断请求;

② 中断总允许位 EA=1,即 CPU 开启中断;

③ 申请中断的中断源允许位为 1,即没有被屏蔽。

满足以上条件后,CPU 一般都会响应中断。但如果遇到一些特殊情况,例如 CPU 正在执行某些特殊指令,或 CPU 正在处理同级的或更高优先级的中断等时,中断响应还将被阻止。待这些中断情况撤销后,若中断标志尚未消失,CPU 将还可以继续响应中断请求,否则中断响应将被中止。

CPU 响应中断后,由硬件自动执行如下操作。

① 中断优先级查询,对后面的同级或低级中断请求不予响应;

② 保护断点,即把程序计数器 PC 的内容压入堆栈保存;

③ 清除可清除的中断请求标志位(见中断撤销);

④ 调用中断函数并开始运行;

⑤ 返回断点继续运行。

可见,除中断函数运行是软件方式外,其余的中断处理过程都是由单片机硬件自动完成的。

中断响应过程首先由硬件自动生成一条长调用指令 LCALL addr16,即程序存储区中相应的中断入口地址。例如,在对外部中断 $\overline{INT1}$ 做出响应时,硬件自动生成的长调用指令为 LCALL 0013H。生成 LCALL 指令后,由 CPU 执行该指令。首先将程序计数器 PC 内容压入堆栈以保护断点,再将中断入口地址装入 PC,使程序转向响应中断请求的中断入口地址。各中断源服务程序入口地址是固定的,如表 6-2 所示。

表6-2　8051单片机的中断号和中断向量地址

中断号n	中断源	中断向量($8 \times n+3$)
0	外部中断0	0003H
1	定时器0	000BH
2	外部中断1	0013H
3	定时器1	001BH
4	串行口	0023H
其他值	保留	$8 \times n+3$

其中两个中断入口地址,只相隔 8 字节单元,难以存放一段完整的中断服务程序。因此,通常总是在中断入口地址处放置一条无条件转移指令,使程序执行转向其他地址存放的中断服务程序入口。

中断响应是有条件的,并不 是查询到的所有中断请求都能被立即响应,当遇到下列 3 种情况之一时,中断响应会被封锁。

（1）CPU 正在处理同级或更高优先级的中断。因为当一个中断被响应时,要把对应的中断优先级状态触发器置 1（该触发器指出 CPU 所处理的中断优先级别）,从而封锁了低级中断请求和同级中断请求。

（2）所查询的机器周期不是当前正在执行指令的最后一个机器周期。设定这个限制的目的是只有在当前指令执行完毕后,才能进行中断响应,以确保当前指令执行的完整性。

（3）正在执行的指令是程序返回指令 RETI 或是访问 IE 或 IP 的指令。因为按中断系统的规定,在执行完这些指令后,需再执行完一条指令,才会响应新的中断请求。

如存在上述 3 种情况之一,CPU 将丢弃查询的中断结果,不响应中断请示。

2. 外部中断的响应时间

在使用外部中断时,有时需要考虑外部中断请求有效（外部中断请求标志置 1）到转向中断入口地址所需要的时间。

外部中断最短响应时间为 3 个机器周期。其中中断请求标志位查询占 1 个机器周期,而这个机器周期恰好处于指令的最后一个机器周期。在这个机器周期结束后,中断即被响应,CPU 接着执行 1 条子程序调用指令 LCALL 以转到相应的中断服务程序入口,这需要 2 个机器周期。

外部中断响应最长时间为 8 个机器周期。这种情况发生在 CPU 进行中断标志查询时,刚刚开始执行 RETI 或者访问 IE 或 IP 的指令,这时需要把当前指令执行完毕,再继续执行一条指令后,才能响应中断。执行上述的 RETI 或者访问 IE 或 IP 的指令,最长需要 2 个机器周期。而接着再执行 1 条指令,按最长的指令(乘法指令 MUL 和除法指令 DIV)来算,也只要 4 个机器周期,再加上子程序调用指令 LCALL 的执行,需要 2 个机器周期,所以,外部中断响应的最长时间为 8 个机器周期。

如果已经在处理同级或更高级中断,外部中断请求响应时间取决于正在执行的中断服务程序的处理时间,响应时间无法计算。在单一中断系统中,AT89S51 对外部中断请求的响应时间为 3~8 个机器周期。

3. 中断请求的撤销

中断响应后,TCON 和 SCON 中的中断请求标志位应及时清 0,否则中断请求仍将存在,可能引起中断再次误响应。不同中断请求的撤销方法是不同的。

(1)定时器/计数器中断,中断响应后,由硬件自动对中断标志位 TF0 和 TF1 清 0,中断请求自动撤销,无须采取其他措施。

(2)脉冲触发的外部中断请求,在中断响应后,也由硬件自动对中断请求标志位 IE0 和 IE1 清 0,即中断请求的撤销也是自动的。电平方式外中断请求撤销是自动的,但中断请求信号低电平可能继续存在,在以后的机器周期采样时,又会把已清 0 的 IE0 或 IE1 标志位重新置 1。要彻底解决电平方式外部中断请求撤销,除标志位清 0 之外,还需要在中断响应后把中断请求信号输入引脚从低电平强制改变为高电平。为此,可增加图 6-8 所示电路。

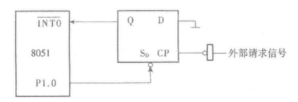

图 6-8　电平方式的外部中断请求的撤销电路

由图 6-8 可见,D 触发器锁存外来的中断请求低电平,并通过其输出端 Q 接到 $\overline{INT0}$(或 $\overline{INT1}$)。所以,增加的 D 触发器不影响中断请求。中断响应后,为撤销中断请求,可利用 D 触发器直接置 1 端 SD 实现,即把 SD 端接 AT89S51 的 P1.0。因此,只要 P1.0 端输出一个负脉冲就可以使 D 触发器置 1,从而撤销低电平的中断请求信号。在中断服务程序中先把 P1.0 置 1,再让 P1.0 为 0,再把 P1.0 置 1,可产生一个负脉冲输出。

(3)串行口中断请求的撤销,只是标志位清 0 的问题。串行口中断标志位是 TI 和 RI,但对这两个中断标志,CPU 不自动清 0。因为响应串口中断后,CPU 无法知道是接收中断还是发送中断,还需要通过测试这两个中断标志位来判定,然后才清除。所以串口中断请求撤销,只能通过使用软件在中断服务程序中把串行口中断标志位 TI、RI 清 0 来实现。

6.5 外部中断的触发方式

外部中断有以下两种触发方式。

1. 电平触发方式

若外部中断定义为电平触发方式，外部中断请求触发器的状态随着 CPU 在每个机器周期采样外部中断输入引脚的电平变化而变化，这能提高 CPU 对外部中断请求的响应速度。当外部中断源被设定为电平触发方式时，在中断服务程序返回之前，外部中断请求输入必须无效（即外部中断请求输入已由低电平变为高电平），否则 CPU 返回主程序后会再次响应中断。

所以电平触发方式适合于外部中断以低电平输入且中断服务程序能清除外部中断请求源（即外部中断输入电平又变为高电平）的情况。如何清除电平触发方式的外部中断请求源的电平信号，将在本章节后面的内容中进行介绍。

2. 下跳沿触发方式

外部中断若定义为下跳沿触发方式，外部中断请求触发器能锁存外部中断输入线上的负跳变。即便是 CPU 暂时不能响应，中断请求标志也不会丢失。在这种方式下，如果相继连续两次采样，一个机器周期采样到外部中断输入为高，下一机器周期采样为低，则中断申请触发器置 1，直到 CPU 响应此中断时，该标志才清 0。这样就不会丢失中断，但输入的负脉冲宽度至少要保持 1 个机器周期（若晶振频率为 12MHz，则为 1μs），才能被 CPU 采样到。外部中断的下跳沿触发方式适合于以负脉冲形式输入的外部中断请求。

6.6 中断函数与应用

6.6.1 中断函数

针对中断源和中断请求的服务函数称为中断函数。为了直接使用 C51 编写中断服务程序，C51 中定义了中断函数，在第 3 章中已做简要介绍。由于 C51 编译器在编译时，对声明的中断函数自动添加相应现场保护、阻断其他中断、返回时自动恢复现场等处理的功能程序，因此在编写中断函数时可不必考虑这些问题，这减少了编写中断服务程序的辅助工作。

1. 中断服务函数的一般形式

函数类型 函数名（形式参数表）

```
interrupt  n  using  m
```

关键字 interrupt 后面的 n 是中断号,对于 8051 单片机,n 的取值为 0 ~ 4,编译器从 $8 \times n+3$ 处产生中断向量。AT89S51 中断源对应的中断号和中断向量如表 6-2 所示。

AT89S51 内部 RAM 中可使用 4 个工作寄存器区,每个工作寄存器区包含 8 个工作寄存器（R0 ~ R7）。关键字 using 后面的 m 专门用来选择 4 个工作寄存器区。using 是一个可选项,如果不选,中断函数中的所有工作寄存器内容将被保存到堆栈中。

2. 关键字using对函数目标代码的影响

在中断函数入口处,将当前的工作寄存器区的内容保护到堆栈中,函数返回前将被保护的寄存器区的内容从堆栈中恢复。使用 using 确定一个工作寄存器区时必须十分小心,要保证所有工作寄存器区的切换都只在指定的控制区域中发生,否则将产生不正确的函数结果。

例如,外中断 $\overline{\text{INT1}}$() 中断服务函数如下:

```
void int1() interrupt 2 using 0    //中断号n=2,选择0区工作寄存器区
```

中断函数调用与标准 C 的函数调用是不一样的,当中断事件发生后,对应的中断函数被自动调用,既没有参数,也没有返回值,会带来如下影响。

（1）编译器会为中断函数自动生成中断向量。

（2）退出中断函数时,所有保存在堆栈中的工作寄存器及特殊功能寄存器被恢复。

（3）在必要时,特殊功能寄存器 Acc、B、DPH、DPL 以及 PSW 的内容被保存到堆栈中。

3. 编写AT89S51中断函数遵循的原则

（1）中断函数没有返回值,如果定义一个返回值,将会得到不正确结果。建议将中断函数定义为void 类型,明确说明无返回值。

（2）中断函数不能进行参数传递,如果中断函数中包含参数声明,将导致编译出错。

（3）任何情况下都不能直接调用中断函数,否则会产生编译错误,因为中断函数的返回是由汇编语言指令 RETI 完成的。RETI 指令会影响 AT89S51 硬件中断系统内不可寻址中断优先级寄存器的状态。在没有实际中断请求的情况下,直接调用中断函数,不会执行 RETI 指令,其操作结果有可能产生十分严重的错误。

（4）如果在中断函数中再调用其他函数,则被调用的函数所用的寄存器区与中断函数使用的寄存器区必须是不同的。

4. 中断函数与一般函数

图 6-1 表明,中断过程与调用一般函数的过程有许多相似之处,如两者都需要保护断点,都可以实现多级嵌套等。但中断过程与调用一般函数的过程从本质上讲是不同的,主要表现在服务时间与服务对象方面。

首先,调用一般函数的过程是程序设计者事先安排的,而调用中断函数的过程却是系统根据工作环境随机决定的。因此,前者在调用函数中的断点是明确的,而后者的断点则是随机的。其次,主函数与调用函数之间具有主从关系,而主函数与中断函数之间则是平行关系。最后,一般函数调用完全是软件处理过程,而中断函数调用却是需要软、硬件配合才能完成的过程。

中断是单片机的一个重要功能,采用中断技术可以实现以下功能。

(1)分时操作:单片机的中断系统可以使 CPU 与外设同时工作。CPU 在启动外设后,便继续执行主程序;而外设被启动后,开始进行准备工作。当外设准备就绪时,就向 CPU 发出中断请求,CPU 响应该中断请求并为其服务完毕后,返回到原来的断点处继续运行主程序。外设在得到服务后,也继续进行自己的工作。因此,CPU 可以使多个外设同时工作,并分时为各外设提供服务,从而大大提高了 CPU 的利用率和输入/输出的速度。

(2)实时处理:当单片机用于实时控制时,请求 CPU 提供服务是随机发生的。有了中断系统,CPU 就可以立即响应并加以处理。

(3)故障处理:单片机在运行时往往会出现一些故障,如电源断电、存储器奇偶校验出错、运算溢出等。有了中断系统,CPU 可及时转向执行故障处理程序,自行处理故障而不会死机。

下面通过几个例子介绍有关中断应用程序的编写。

6.6.2 外中断的应用

1. 单个外中断的应用

【例 6-1】产品产量计算方法是检测从外部中断 $\overline{INT0}$(P3.2)引脚输入的负脉冲,产品质量 = 每箱质量 × 计数脉冲。设每箱质量为 5kg,试计算产品总质量(单位:kg),产品总质量数据存 42H、41H、40H 单元。原理电路及仿真结果如图 6-9 所示。运行仿真参见实验 12-5。

通常 C51 程序不指定具体计数单元绝对地址,而只定义一个计数变量,其存储单元由编译器分配,例如,定义产品计数器 Total_weight。但是,若在中断函数中计数,Total_weight 必须设置为全局变量。

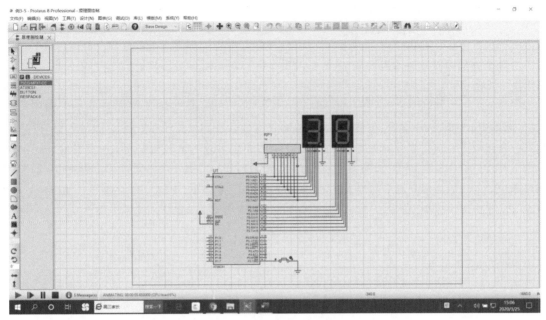

图6-9　利用外部中断产品产量计数电路图(修改—计数显示)

参考程序如下:

```
# include<reg51.h>              //包含访问sfr库函数reg51.h
unsigned long Total_weight=0;   //定义无符号长整型变量产品计数器Total_
                                  weight并赋值0
void main ()                    //主函数
{
    IE=0x81;                    //INT0开中断
    IT0=1;                      //INT0边沿触发
    IP=0x01;                    //INT0高优先级
    while (1);                  //无限循环,等待INT0中断并计数
}
void int0() interrupt 0 using 2 //外中断0的中断服务函数
{
    EX0=0;                      //禁止外部0中断
    Total_weight+=5;            //产品计数器Total_weight加5
    EX0=1;                      //中断返回前,打开外部0中断
}
```

这里的程序包含两部分：一部分是主程序段，完成中断系统初始化；另一部分是中断函数部分，实现产量的累加，然后从中断返回。

2. 两个外部中断同时作用

当需要多个中断源时，只需增加相应的中断服务函数即可。下面是两个外部中断请求的例子。

【例6-2】如图6-10所示，在单片机 P1 口上接有 8 只 LED。在外部中断 $\overline{INT0}$ 输入引脚（P3.2）接有一只按钮开关 K1。在外部中断 $\overline{INT1}$ 输入引脚（P3.3）接有一只按钮开关 K2。要求 K1 和 K2 都未按下时，P1 口的 8 只 LED 呈流水灯形式显示，仅 K1（P3.2）按下再松开时，上下各 4 只 LED 交替闪烁 10 次，然后再回到流水灯形式显示。当按下再松开 K2（P3.3）时，P1 口的 8 只 LED 全部闪烁 10 次，然后再回到流水灯形式显示。设置两个外中断的优先级相同。

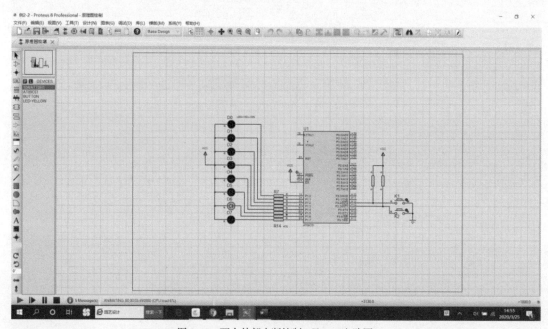

图6-10 两个外部中断控制8只LED电路图

参考程序如下：

```
# include <reg51.h>
# define uchar unsigned  char
void  delay (unsigned  int  i)        //延时函数delay()
{
    uchar  j;
    for (;i>0;i--)
```

```
    for (j=0;j<125;j++)
    {;}                    //空函数
}
void main()                //主函数
{
    uchar display[9]={0xff, 0xfe, 0xfd, 0xfb, 0xf7, 0xef, 0xdf, 0xbf, 0x7f};
    //流水灯显示数据数组
    unsigned  int  a;
    for (;;)
    {
      EA=1;                //总中断打开
      EX0=1;               //允许外部中断0中断
      EX1=1;               //允许外部中断1中断
      IT0=1;               //选择外部中断0为下跳沿触发方式
      IT1=1;               //选择外部中断1为下跳沿触发方式
      IP=0;                //两个外部中断均为低优先级
      for (a=0;a<9;a++)
      {
        delay (500);       //延时
        P1=display[a];     //将定义的流水灯显示数据送到P1口
      }
    }
}
void int0_LED (void) interrupt 0 using 1    //外中断0的中断服务函数
{
    uchar  n;
    for (n=0;n<10;n++)   //高、低4位显示10次
    {
      P1=0x0f;             //低4位LED灭，高4位LED亮
      delay (500);         //延时
      P1=0xf0;             //高4位LED灭，低4位LED亮
      delay (500);         //延时
    }
}
```

```
void int1_LED (void) interrupt 2 using 2      //外中断1中断服务函数
{
    uchar m;
    for (m=0;m<10;m++)                        //闪烁显示10次
    {
        P1=0xff;                              //全灭
        delay(500);                           //延时
        P1=0;                                 //全亮
        delay(500);                           //延时
    }
}
```

6.6.3 中断嵌套

中断嵌套只发生在当正在执行一个低优先级中断服务程序,此时又有一个高优先级中断产生时,就会产生高优先级中断去执行高优先级中断服务程序的操作。高优先级中断服务程序完成后,再继续执行低优先级中断程序。

【例6-3】设计一个中断嵌套程序,电路如图6-10所示。要求 K1 和 K2 都未按下时,P1 口 8 只 LED 呈现流水灯形式显示,当按一下 K1 时,产生一个低优先级外部中断 0 请求(下跳沿触发),进入外部中断 0 中断服务程序,上下 4 只 LED 交替闪烁。此时按一下 K2,产生一个高优先级的外部中断 1 请求(下跳沿触发),进入外中断 1 中断服务程序,使 8 只 LED 全部闪烁。当显示 5 次后,再从外部中断 1 返回继续执行外部中断 0 中断服务程序,即 P1 口控制 8 只 LED,上、下 4 只 LED 交替闪烁。设置外部中断 0 为低优先级,外部中断 1 为高优先级。

参考程序如下:

```
# include <reg51.h>
# define uchar unsigned  char
void delay (unsigned int i)              //延时函数delay()
{
    unsigned  int  j;
    for(;i > 0;i--)
    for(j=0;j<125;j++)
    {;}                                  //空函数
}
```

```
void  main()              //主函数
{
    uchar display [9]={0xfe, 0xfd, 0xfb, 0xf7, 0xef, 0xdf, 0xbf, 0x7f};
                          //流水灯显示数据组
    uchar  a;
    for (;;)
    {
      EA=1;               //总中断打开
      EX0=1;              //允许外部中断0中断
      EX1=1;              //允许外部中断1中断
      IT0=1;              //选择外部中断0为下跳沿触发方式
      IT1=1;              //选择外部中断1为下跳沿触发方式
      PX0=0;              //外部中断0为低优先级
      PX1=1;              //外部中断1为高优先级
      for (a=0;a<9;a++)
      {
        delay (500);  //延时
        P1=display[a]; //流水灯显示数据送到P1口驱动LED显示
      }
    }
}
void int0_LED (void) interrupt 0 using 1    //外中断0中断函数
{
    P1=0x0f;            //低4位LED灭, 高4位LED亮
    delay (400);       //延时
    P1=0xf0;           //高4位LED灭, 低4位LED亮
    delay (400);       //延时
}
void int1_LED (void) interrupt 2 using 2    //外中断1中断函数
{
    uchar m;
    for (m=0;m<5;m++)              //8位LED全亮全灭5次
    {
      P1=0;                       //8位LED全亮
```

```
        delay (500);                //延时
        P1=0xff;                    //8位LED全灭
        delay (500);                //延时
    } }
```

如果设置外部中断 1 为低优先级,外部中断 0 为高优先级,仍然先按下再松开 K1,后按下再松开 K2 或者设置两个外部中断源的中断优先级为同级,均不会发生中断嵌套。

本章小结

本章详细介绍了 AT89 系列单片机中断的基本原理、过程与系统,讲解了 AT89 系列单片机中断的初始化命令字和操作命令字、中断源管理。本章重点和难点内容在于 AT89 系列单片机中断过程与嵌套和相关注意事项。

思考题及习题6

1. 若寄存器 IP 的内容为 00010100B,则优先级最高者为 _____,最低者为 _____。

2. 各中断源发出的中断请求信号,都会标记在 _____。

A. IE 寄存器   B. TMOD 寄存器

C. IP 寄存器   D. TCON 寄存器

3. 在 AT89S51 的中断请求源中,需要外加电路实现中断撤销的是 _____。

A. 电平方式的外部中断请求   B. 下跳沿方式的外部中断请求

C. 串行口中断   D. 定时 / 计数中断

4. 下列选项中正确的是 _____。

A. 同一级别的中断请求,系统按时间的先后顺序响应

B. 同一时间同一级别的多中断请求,将形成阻塞,系统将无法响应

C. 低优先级中断请求不能中断高优先级中断请求,但是高优先级中断请求能中断低优先级中断请求

D. 同级中断不能嵌套

5. 什么是中断、中断优先级和中断源?

6. 一个中断源的中断请求要得到响应,需要满足哪些条件?

7. AT89S51 单片机有几级中断优先级? 如何设置?

8. AT89S51 单片机如何设置中断嵌套?

9. AT89S51 单片机的中断触发方式有几个? 如何设置?

10. AT89S51 单片机有几个中断源? 各中断标志是如何产生的? 又是如何复位的? CPU 响应各中断时,其中断入口地址是多少?

11. AT89S51 单片机响应外部中断的典型时间是多久? 在哪些情况下,CPU 将推迟对外部中断请求的响应?

12. 某系统有三个外部中断源 1、2、3,当某一中断源变低电平时便要求 CPU 处理,它们的优先处理次序由高到低为 3、2、1,处理程序的入口地址分别为 2000H、2100H、2200H。试采用 C51 编写主程序及中断服务程序。

13. Proteus 虚拟仿真

AT89S51 单片机 P1 口接有 1 个七段 LED 数码管,初始显示 0。外部中断输入引脚 $\overline{INT0}$ 接有 1 个按钮开关,该引脚平时为高电平。按钮开关按下 1 次时,则产生 1 个负跳变的外部中断请求,使数码管显示加 1,当按下第 10 次时,数码管从 9 再变为 0。

14. 试采用中断设计一个秒闪电路,其功能是发光二极管每秒闪亮 400ms,晶振频率为 24MHz。

第7章　AT89S51单片机定时器/计数器

在单片机应用系统中，常常会有定时控制的需要，如定时输出、定时检测和定时扫描等，也经常要对外部事件进行计数。虽然利用单片机软件延时的方法，可以实现定时控制，用软件检查 I/O 口状态的方法可以实现外部计数，但这些方法都要占用大量 CPU 机时，故应尽量少用。AT89S51 单片机片内集成了两个可编程定时器 / 计数器模块（Timer/Counter）T0 和 T1，它们既可以用于定时控制，也可以用于脉冲计数；还可作为串行口的波特率发生器。本章将对此进行系统的介绍。为简化表述，本章约定凡涉及 Tx、THx、TLx、TFx 等名称代号时，x 均作为 0 或 1 的简记符。

7.1　定时器/计数器结构与控制寄存器

AT89S51 定时器 / 计数器结构框图如图 7–1 所示，定时器 / 计数器 T0 由特殊功能寄存器 TH0、TL0 构成，T1 由特殊功能寄存器 TH1、TL1 构成。

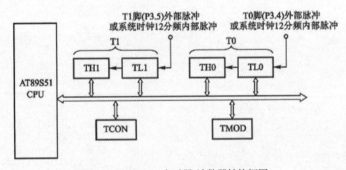

图 7–1　AT89S51 定时器/计数器结构框图

T0、T1 都有定时器和计数器两种工作模式，两种模式实质上都是对脉冲信号进行计数，只不过计数信号的来源不同。

计数器模式是对加在 T0（P3.4）和 T1（P3.5）两个引脚上的外部脉冲进行计数（如图 7–1 所示）；而定时器模式是系统时钟信号经 12 分频后的内部脉冲信号（机器周期）计数。由于系统时钟频率是定值,可根据计数值计算出定时时间。两个定时器/计数器属于加 1 计数器,即每计一个脉冲,计数器加 1。

T0、T1 具有 4 种工作方式(方式 0、方式 1、方式 2 和方式 3)。

图 7-1 中的特殊功能寄存器 TMOD 用于选择定时器/计数器 T0、T1 的工作模式和工作方式。特殊功能寄存器 TCON 用于控制 T0、T1 启动和停止计数,同时包含了 T0、T1 的状态。计数器起始计数从初值开始。单片机复位时,计数器初值为 0,也可给计数器装入 1 个新的初值 a,预先置入加 1 计数器,则当观察到 TFx 为 1 时,表明已经加入了($2^n{-}a$)个脉冲,如此便能计算出脉冲是否到达预定数量了。

如果上述脉冲信号是来自单片机外部的信号,则可通过这一方法进行计数统计,从而作为计数器使用。如果上述脉冲信号是来自单片机内部的时钟信号,则由于单片机的振荡周期精准,故而溢出时统计的脉冲数便可换算成定时时间,因此可作为定时器使用。

可见,上述定时器和计数器的实质都是计数器,差别仅在于脉冲信号的来源不同,通过逻辑切换实现二者的功能。这就是单片机中将定时器和计数器统称为定时器/计数器的原因。

1. 工作方式控制寄存器TMOD

TMOD 用于选择定时器/计数器的工作模式和工作方式,字节地址为 89H,不能位寻址。格式如图 7-2 所示。

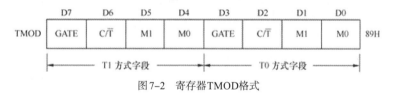

图7-2　寄存器TMOD格式

TMOD 的每 4 位分成一组,高 4 位控制 T1,低 4 位控制 T0。

TMOD 各位说明如下。

(1)GATE——门控位。

当 GATE=0 时,定时器是否计数,由控制位 TRx(x=0,1)来控制。

当 GATE=1 时,定时器是否计数,由外部中断引脚 INTx* 上的电平与运行控制位 TRx 共同控制。

(2)M1、M0——工作方式选择位。

M1、M0 的 4 种组合,对应于 4 种工作方式的选择,如表 7-1 所示。

(3)C/$\overline{\text{T}}$——计数器模式和定时器模式选择位。

当 C/$\overline{\text{T}}$=0 时,为定时器模式,对系统时钟 12 分频后的脉冲进行计数。

当 C/$\overline{\text{T}}$=1 时,为计数器模式,计数器对外部输入引脚 T0(P3.4)或 T1(P3.5)的外部脉冲(负跳变)计数。

表7-1　M1、M0工作方式选择

M1	M0	方 式	功能说明
0	0	0	13位定时器/计数器
0	1	1	16位定时器/计数器(变波特率)
1	0	2	8位定时器/计数器
1	1	3	16位定时器/计数器

2. 定时器/计数器控制寄存器TCON

TCON 字节地址为 88H，可位寻址，位地址为 88H ~ 8FH。格式如图 7–3 所示。

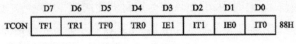

图7–3　TCON格式

第 6 章已经介绍了与外部中断有关的低 4 位功能。这里将对高 4 位功能进行介绍。

（1）TF1、TF0——计数溢出标志位。

当计数器溢出时，该位置 1。此位可供 CPU 查询，但应注意查询后，应使用软件及时将该位清 0。此位也可以作为中断请求标志位，进入中断服务程序后由硬件自动清 0。

（2）TR1、TR0——计数运行控制位。

当 TR1 位（或 TR0 位）=0 时，停止定时器 / 计数器计数。

当 TR1 位（或 TR0 位）=1 时，启动定时器 / 计数器计数的必要条件。

该位可由软件置 1 或清 0。

7.2　定时器/计数器的4种工作方式

定时器 / 计数器有 4 种工作方式。

7.2.1　方式0

当 M1M0=00 时，定时器 / 计数器工作在方式 0。定时器 / 计数器方式 0 的逻辑结构如图 7–4 所示（以 T1 为例，TMOD.5、TMOD.4=00）。

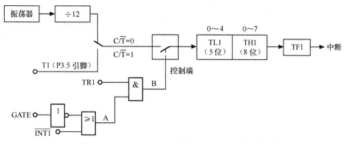

图7-4　定时器/计数器方式0的逻辑结构图

方式 0 为 13 位计数器,由 TL_x($x=0,1$)的低 5 位和 TH_x 的 8 位构成。TL_x 低 5 位溢出则向 TH_x 进位,TH_x 计数溢出则把 TCON 中的溢出标志位 TF_x 置 1。

图 7-4 中,C/$\overline{T}$ 位决定两种工作模式。

(1)当 C/$\overline{T}$ =0 时,电子开关打在上面位置,T1(或 T0)为定时器工作模式,对系统时钟 12 分频后的脉冲进行计数。

(2)当 C/$\overline{T}$ =1 时,电子开关打在下面的位置,T1(或 T0)为计数器工作模式,对 P3.5(或 P3.4)引脚上的外部输入脉冲计数,当引脚上发生负跳变时,计数器加 1。

GATE 位状态决定定时器 / 计数器运行控制取决于 TR_x 这一条件,还是取决于 TR_x 和 INTx*($x=0,1$)引脚状态这两个条件。

(1)当 GATE=0 时,A 点(见图 7-4)电平为 1,B 点电平仅取决于 TR_x 状态。当 TR_x=1 时,B 点为高电平,控制端控制电子开关闭合,允许 T1(或 T0)对脉冲计数;当 TR_x=0 时,B 点为低电平,电子开关断开,禁止 T1(或 T0)计数。

(2)当 GATE=1 时,B 点电平由 INTx($x=0,1$)的输入电平和 TR_x 的状态这两个条件来确定。当 TR_x=1,且 INTx=1 时,B 点电平为 1,电子开关闭合,允许 T1(或 T0)计数。此时,计数器是否计数由 TR_x 和两个条件来共同控制。

7.2.2　方式1

当 M1M0=01 时,定时器 / 计数器工作于方式 1。定时器 / 计数器方式 1 的逻辑结构如图 7-5 所示。

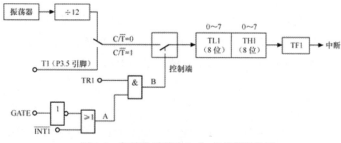

图7-5　定时器/计数器方式1的逻辑结构图

方式 1 和方式 0 的差别仅仅在于计数器的位数不同：方式 1 为 16 位计数器，由 THx 的 8 位和 TLx 的 8 位（x=0，1）共同构成 16 位定时器 / 计数器；方式 0 则为 13 位计数器。有关控制状态位含义（GATE、C/$\overline{T}$、TFx、TRx）与方式 0 相同。

7.2.3 方式 2

方式 0 和方式 1 的最大特点是计数溢出后，计数器为全 0。因此，在循环定时或循环计数应用时，会出现需要反复装入计数初值的问题，影响定时精度，方式 2 就是为解决此问题而设置的。

当 M1M0=10 时，定时器 / 计数器工作在方式 2。定时器 / 计数器方式 2 的逻辑结构如图 7-6 所示（以 T1 为例，x=1）。

工作方式 2 为自动恢复初值（初值自动装入）的 8 位定时器 / 计数器，THx（x=0，1）作为常数缓冲器，当 TLx 计数溢出时，在溢出标志 TFx 置 1 的同时，自动将 THx 中的初值送至 TLx，使 TLx 从初值开始重新计数。定时器 / 计数器方式 2 工作过程如图 7-7 所示。

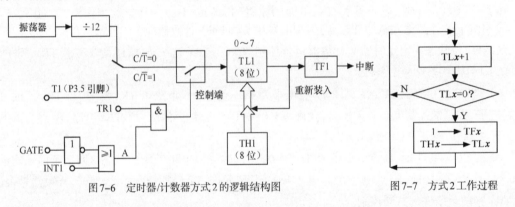

图 7-6　定时器/计数器方式 2 的逻辑结构图　　　　图 7-7　方式 2 工作过程

方式 2 可省去在软件中重装初值的指令执行时间，简化定时初值的计算方法，可以相当精确地定时。

7.2.4 方式 3

方式 3 是为增加一个附加 8 位定时器 / 计数器而设置的，这样可以使 AT89S51 具有 3 个定时器 / 计数器。方式 3 只适用于定时器 / 计数器 T0，定时器 / 计数器 T1 不能工作在方式 3。T1 方式 3 时相当于 TR1=0，停止计数（此时 T1 可作为串口波特率产生器）。

1. 工作方式 3 时的 T0

当 TMOD 的 M1M0=11 时，T0 为方式 3。引脚与 T0 的逻辑结构如图 7-8 所示。

T0 分为两个独立的 8 位计数器 TL0 和 TH0,TL0 使用 T0 的状态控制位 C/$\overline{T}$、GATE 和 TR0,而 TH0 被固定为一个 8 位定时器(不能作为外部计数模式),并使用定时器 T1 的状态控制位 TR1,同时占用定时器 T1 的中断请求源 TF1。

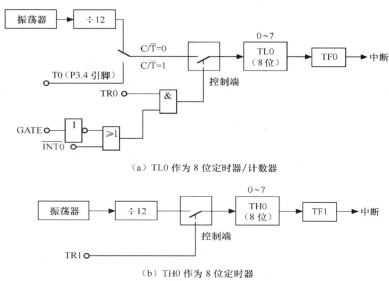

（a）TL0 作为 8 位定时器/计数器

（b）TH0 作为 8 位定时器

图7-8　定时器/计数器方式3的逻辑结构图

2. T0 工作在方式 3 时，T1 的各种工作方式

一般情况下,当 T1 用作串口波特率发生器时,T0 才工作在方式 3。因为 T0 工作在方式 3 时,占用了两个中断,所以 T1 不能产生中断,只能计数。

（1）T1 工作在方式 0

当 T1 的控制字中 M1M0=00 时,T1 工作在方式 0 的工作过程如图 7-9 所示。

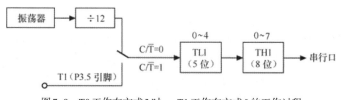

图7-9　T0工作在方式3时，T1工作在方式0的工作过程

（2）T1 工作在方式 1

当 T1 的控制字中 M1M0=01 时,T1 工作在方式 1 的工作过程如图 7-10 所示。

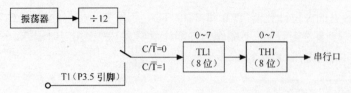

图7-10 T0工作在方式3时，T1工作在方式1的工作过程

（3）T1工作在方式2

当T1的控制字中M1M0=10时，T1为方式2的工作过程如图7-11所示。

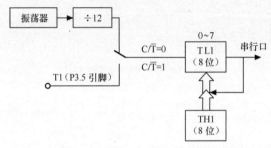

图7-11 T0工作在方式3时，T1工件在方式2的工作过程

（4）T1设置在方式3

T0工作在方式3时，再把T1也设置成方式3，此时T1停止计数。

7.3 定时器/计数器的编程和应用

7.3.1 外部计数输入信号

当定时器／计数器工作在计数器模式时，计数脉冲来自外部输入引脚 T0 或 T1。当输入信号产生负跳变时，计数值加1。每个机器周期 S_5P_2 期间，都对外部输入引脚 T0 或 T1 进行采样。如在第1个机器周期中采得的值为1，而在下一个机器周期中采得的值为0，则在紧跟的下一个机器周期 S_3P_1 期间，计数器加1。由于确认一次负跳变要经历2个机器周期，即24个振荡周期，因此，外部输入的计数脉冲的最高频率为系统振荡器频率的1/24。

如果选用6MHz晶体，允许输入的脉冲频率最高为250kHz。如果选用12MHz频率晶振，则可最高输入500kHz频率的外部脉冲。对输入信号占空比没有限制，但为确保某一给定电平在变化前能被采样1次，则该电平至少保持1个机器周期。故对外部计数输入信号的要求如图7-12所示。其中，T_{cy} 为机器周期。

在4种工作方式中，方式0与方式1基本相同，只是计数位

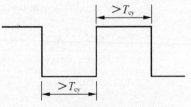

图7-12 对外部计数输入信号的要求

数不同。方式 0 为 13 位,方式 1 为 16 位。由于方式 0 是为兼容 MCS-48 而保留的,计数初值计算复杂,所以在实际应用中,一般不用方式 0,常采用方式 1。

7.3.2　计数器的应用

【例 7-1】如图 7-13 所示,定时器 T1 采用计数模式,方式 1 中断,计数输入引脚 T1(P3.5)上的外接按钮开关,作为计数信号输入。按 4 次按钮开关后,P1 口的 8 只 LED 闪烁不停。

(1)设置 TMOD 寄存器

T1 工作在方式 1,应使 TMOD 的 M1M0=01;置 C/$\overline{\text{T}}$ =1 为计数器模式;对 T1 的运行仅由 TR1 控制,使 GATE1=0。定时器 T0 不使用,各相关位均置为 0。所以,TMOD 寄存器应初始化为 0x50。

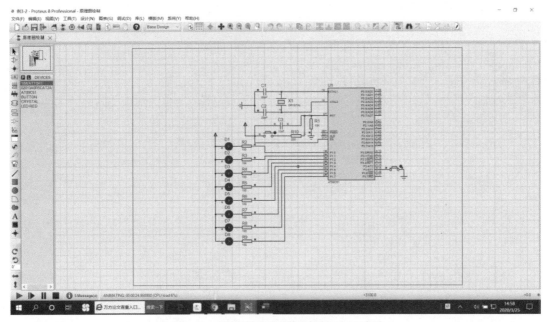

图 7-13　由外部计数输入信号控制 LED 电路图

(2)计算定时器 T1 的初值

由于每按 1 次按钮开关都计数 1 次,按 4 次后,P1 口 8 只 LED 闪烁不停。因此,计数器初值为 65536-4=65532,转换成十六进制后为 0xfffc,TH1=0xff,TL1=0xfc。

(3)设置 IE 寄存器

由于采用 T1 中断,因此需将 IE 寄存器的 EA、ET1 位置 1。

(4)启动和停止定时器 T1

将寄存器 TCON 中 TR1=1,则启动 T1 计数;TR1=0,则停止 T1 计数。

参考程序如下：

```c
# include <reg51.h>
void delay (unsigned int i)              //延时函数
{
    unsigned  int  j;
    for (;i>0;i--)                       //变量i由实际参数传递一个值
    for (j=0;j<125;j++)
    {;}                                  //空函数
}
void  main()                             //主函数
{
    TMOD=0x50;                           //设置定时器T1为方式1计数
    TH1=0xff;                            //向TH1写入初值的高8位
    TL1=0xfc;                            //向TL1写入初值的低8位
    EA=1;                                //总中断打开
    ET1=1;                               //定时器T1中断允许
    TR1=1;                               //启动定时器T1
    while(1);                            //无穷循环，等待计数中断
}
void  T1_int() interrupt 3              //T1中断函数
{
    for (;;)                             //死循环
    {
      P1=0xff;                           //8位LED全灭
      delay(500);                        //延时500ms
      P1=0;                              //8位LED全亮
      delay (500);                       //延时500ms
    }
}
```

7.3.3 LED灯定时循环显示

【例7-2】在 AT89S51 的 P1 口上接有 8 只 LED,电路原理如图 7-14 所示。采用 T0 方式 1 的定时中断方式,使 P1 口外接的 8 只 LED 每 0.5s 闪亮一次。

（1）设置 TMOD 寄存器

T0 工作在方式 1,应使 TMOD 寄存器的 M1M0=01；设置 C/$\overline{T}$ =0 为定时器模式;T0 的运行由 TR0 控制,相应的 GATE 置为 0。定时器 T1 不使用,各相关位均置为 0。所以,TMOD 寄存器初始化为 0x01。

（2）计算定时器 T0 的初值

假设定时时间为 5ms（即 5000μs）,若 T0 计数初值为 X,假设晶振频率为 11.0592MHz（$3^3 \times 2^{12}$）,则定时时间为

定时时间 =（2^{16}–X）× 12/ 晶振频率

则

5000=（2^{16}–X）× 12/11.0592

计算得

X= 60928

转换成十六进制后为 0xee00,其中 0xee 装入 TH0,0x00 装入 TL0。

（3）设置 IE 寄存器

由于采用定时器 T0 中断,需将 IE 寄存器中的 EA、ET0 位置 1。

（4）启动和停止定时器 T0

设置定时器控制寄存器 TCON 中的 TR0=1,则启动定时器 T0;TR0=0,则停止定时器 T0 定时。

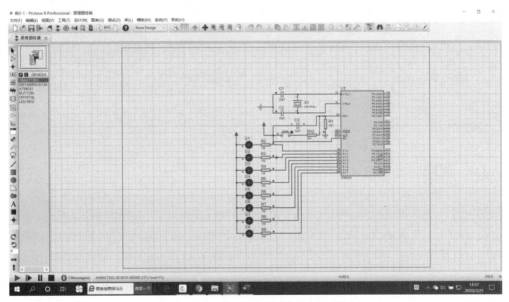

图7-14　方式1定时中断控制LED闪亮

参考程序如下：

```c
# include<reg51.h>
signed char i=100;
```

```
void  main()
{
    TMOD=0x01;                    //定时器T0为方式1
    TH0=0xee;                     //设置定时器初值
    TL0=0x00;
    P1=0x00;                      //P1口8个LED点亮
    EA=1;                         //总中断打开
    ET0=1;                        //开定时器T0中断
    TR0=1;                        //启动定时器T0
    while (1) ;                   //循环等待
}
void timer0() interrupt 1         //T0中断程序
{
    TH0=0xee;                     //重新赋初值
    TL0=0x00;
    i--;                          //循环次数减1
    if (i<=0)
    {
      P1=~P1;                     //P1口按位取反
      i=100;                      //重置循环次数
    }
}
```

7.3.4　周期信号输出

【例7-3】要求在P1.0引脚输出周期为400μs的方波,分别用T1工作方式1、2编程。

要在P1.0上产生周期为400μs的方波,定时器应产生400μs的定时中断,定时时间到则在中断服务程序中对P1.0取反。使用定时器T0,方式1定时中断,GATE不起作用,如图7-15所示。

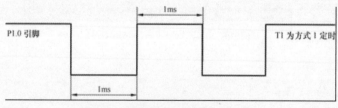

图7-15　定时器控制P1.0输出周期方波

在 P1.0 引脚接有用来观察输出信号的虚拟示波器,电路如图 7–16 所示。

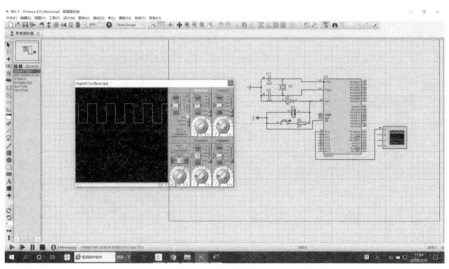

图 7–16　定时器控制 P1.0 输出周期方波电路图

设 T0 的初值为 X, T0 初值为

$(2^{16}-X) \times 1 \times 10^{-6} = 2 \times 10^{-4}$

即 $65536-X=200$

得 $X=65336$, 转为十六进制数 0xff38。将高 8 位 0xff 装入 TH0, 低 8 位 0x38 装入 TL0。

(1)工作方式 1 的 C51 程序

```
# include<reg51.h>          //包含访问sfr库函数reg51.h
sbit P1_0=P1^0;             //定义位标识符P1_0为P1.0
void main ()
{                           //主函数 置T1定时器方式1
    TMOD=0x10;
    TH1=0xff;TL1=0x38;      //置T1定时初值
    IP=0x08;                //置T1高优先级
    IE=0xff;                //全部开中断
    TR1=1;      .           //T1启动运行
    while (1);
}                           //无限循环,等待T1中断
void  T1() interrupt 3      //T1中断函数
{
    P1_0=!P1_0;             //P1.0引脚端输出电平取反
```

```
    TH1=0xff;TL1=0x38;        //重置T1定时初值
}
```

（2）工作方式2的C51程序设置

① 设置TMOD,令工作方式选择位M1M0=10,因此,TMOD=20H。

② 计算定时初值:T1。

初值=2^8-200μs/1μs=38H,因此,TH1=38H,TL1=38H。

③ 主程序只需要修改 TMOD、TH1 和 TL1 的赋值数据,删除中断服务程序 T1 重置初值指令（语句）,其余全部相同。方式2与方式1相比,优点是定时初值不需要重装。

④ T1初值的计算,也可以考虑采用定时计数脉冲数的方法。例设,设计数值为 a,则 T1 的初值为TH1=(65536-a)/256;TL1=(65536-a)/256。

7.3.5　秒表与时钟

1. 计时秒表

【例7-4】制作 LED 数码管显示的秒表,用2位数码管显示计时时间,最小计时单位为0.1s,计时范围为0.1～9.9s。当第1次按下计时功能键时,秒表开始计时并显示数值;第2次按下计时功能键时,停止计时,将计时的时间值发送到数码管显示出来;如果计时到9.9s,将重新开始从0计时;第3次按下计时功能键,秒表清0。再次按下计时功能键,则重复上述计时过程。运行仿真参见实验12-6。

这里,秒表应用定时器模式,计时范围为0.1～9.9s。LED 数码管显示的秒表电路图及仿真如图7-17所示。

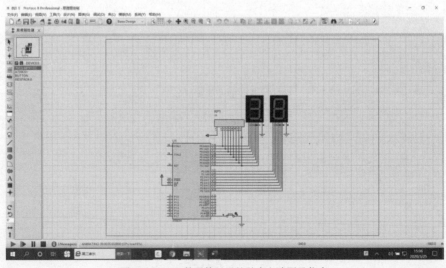

图7-17　LED数码管显示的秒表电路图及仿真

参考程序如下:

```c
# include<reg51.h>                      //包含51单片机寄存器定义的头文件
unsigned char code 7_SEGN[ ]={0xbf, 0x86, 0xdb, 0xcf, 0xe6, 0xed, 0xfd,
        0x87, 0xff, 0xef};             //数码管显示0～9的段码表, 带小数点
unsigned char code 7_SEGP[ ]={0x3f, 0x06, 0x5b, 0x4f, 0x66, 0x6d, 0x7d,
        0x07, 0x7f, 0x6f};             //数码管显示0～9的段码表, 不带小数点
unsigned char timer=0;                 //中断次数变量
unsigned char second;                  //秒变量
unsigned char key=0;                   //记录按键次数
main()                                 //主函数
{
    TMOD=0x01;                         //定时器T0方式1定时
    ET0=1;                             //允许定时器T0中断
    EA=1;                              //总中断打开
    second=0;                          //设初始值
    P0=7_SEGN[second/10];              //显示秒位0
    P2=7_SEGP[second%10];              //显示0.1s位0
    while (1)                          //循环
    {
        if((P3&0x80)==0x00)            //当按键被按下时
        {
            key++;                     //按键次数加1
            switch (key)               //根据按键次数分三种情况
            {
                case 1:                //第一次按下为启动秒表计时
                    TH0=0xee;          //向TH0写入初值的高8位
                    TL0=0x00;          //向TL0写入初值的低8位, 定时5ms
                    TR0=1;             //启动定时器T0
                    break;
                case 2:                //按下两次暂停秒表
                    TR0=0;             //关闭定时器T0
                    break;
                case 3:                //按下3次秒表清0
                    key=0;             //按键次数清
```

```
        second=0;                       //秒表清0
        P0=7_SEGN[second/10];           //显示秒位0
        P2=7_SEGP[second%10];           //显示0.1s位0
        break;
      }
    while ((P3&0x80)==0x00);            //如果按键时间过长在此循环
    }
  }
}
void int _T0() interrupt 1 using 2 //定时器T0中断函数
{
    TR0=0;                              //停止计时,执行以下操作(会带来计时误差)
    TH0=0xee;                           //向TH0写入初值的高8位
    TL0=0x00;                           //向TL0写入初值的低8位,定时5ms
    timer++;                            //记录中断次数
    if (timer==20)                      //中断20次,共计时20×5ms=100ms=0.1s
    {
      timer=0;                          //中断次数清0
      second++;                         //加0.1s
      P0=7_SEGN[second/10];             //显示秒位
      P2=7_SEGP[second%10];             //显示0.1s位
    }
    if (second==99)                     //当计时到9.9s时
    {
      TR0=0;                            //停止计时
      second=0;                         //秒数清0
      key=2;                            //按键数置2,当再次按下按键时
      //key++,即key=3,秒表清0复原
    }
    else                                //计时不到9.9s时
    {
      TR0=1;                            //启动定时器继续计时
    }
}
```

2. 时钟设计

【例 7-5】 图 7-18 中使用定时器实现一个 LCD 显示时钟,键盘程序中的去抖动延时程序可通过调用显示子程序来实现。键盘扫描子程序具有以下功能:判断键盘上有无按键按下;去键抖动影响;逐列扫描键盘以确定被按键的位置号,键号 = 行号 + 列号;判断闭合的按键是否释放等。键盘中键号为 0CH~0FH 的按键是功能键,键号为 0FH 的按键是 SET 键,其他设作 RESET 等功能。

软时钟是利用单片机内部的定时器计数进行处理:首先设定单片机内部的一个定时器 / 计数器工作于定时方式,对机器周期计数形成基准时间(如 2ms);然后用另一个定时器 / 计数器或软件计数的方法对基准时间计数形成 second(对 2ms 计数 500 次),计秒 60 次为一分钟,计分 60 次为一小时,小时计 24 次则计满一天,并通过数码管将时钟内容对应显示出来。

在具体操作中实现时,可将 T0 定时时间设为 2ms,采用中断方式进行溢出次数累计,满 500 次,则秒变量 second 加 1;若秒计满 60,则分钟变量 minute 加 1,同时将秒变量 second 清 0;若分钟计满 60,则小时变量 hour 加 1;若小时变量满 24,则将小时变量 hour 清 0。

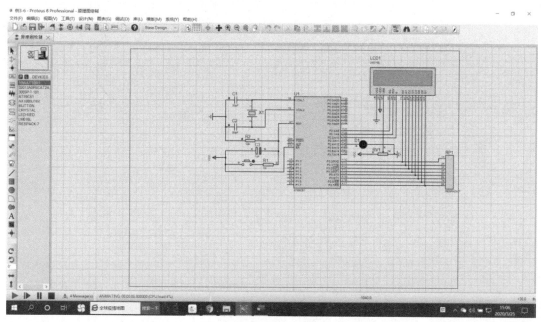

图 7-18　LCD 时钟电路原理图

先将定时器以及各变量设定完毕,然后调用时间显示子程序。秒计时由 T0 中断服务子程序来实现。

参考程序如下:

```c
# include<reg51.h>
# include<lcd1602.h>
```

```c
# define uchar unsigned  char
# define uint  unsigned  int
uchar int _time;                    //定义中断次数变量
uchar second;                       //秒变量
uchar minute;                       //分钟变量
uchar hour;                         //小时变量
uchar code Date[ ]="SDJU.CHINA";    //LCD第1行显示的内容
uchar code Time[ ]="TIME23:59:55"   //LCD第2行显示的内容
uchar second=55, minute=59, hour=23;
void clock_init()
{
    uchar  i, j;
    for (i=0;i<16;i++)
    {
      write_data (Date[i]);
    }
    write_com (0x80+0x40);
    for (j=0;j<16;j++)
    {
      write_data (time[j]);
    }
}
void clock_write (uchar s, uchar m, uchar h)
{
    write_sfm (0x47, h);
    write_sfm (0x4a, m);
    write_sfm (0x4d, s);
}
void  main()
{
    init1602();                     //LCD初始化
    clock_init();                   //时钟初始化
    TMOD=0x01;                      //设置定时器T0为方式1定时
    EA=1;                           //总中断打开
```

```
    ET0=1;                                      //允许T0中断
    TH0=(65536-46483)/256;                      //给T0装初值
    TL0=(65536-46483)%256;
    TR0=1;
    int_time=0;                                 //中断次数、秒、分、时单元清0
    second=55;
    minute=59;
    hour=23;
    while (1)
    {
      clock_write (second, minute, hour);
    }
}
void T0_interserve() interrupt 1 using 2     //定时器T0中断服务子程序
{
    int _time++;                               //中断次数加1
    if (int _time==20)                         //若中断次数计满20次
    {
      int _time=0;                             //中断次数变量清0
      second++;                                //秒变量加1
    }
    if (second==60)                            //若计满60s
    {
      second=0;                                //秒变量清0
      minute ++;                               //分钟变量加1
    }
    if (minute==60)                            //若计满60分
    {
      minute=0;                                //分钟变量清0
      hour ++;                                 //小时变量加1
    }
    if (hour==24)
    {
    hour=0;                                     //若小时计数计满24，将小时变量清0
```

```
        }
        TH0=(65536-46483)/256;              //定时器T0重新赋值
        TL0=(65536-46483)%256;
}
```

执行上述程序仿真运行,就会在 LCD 显示器显示实时时间。

7.3.6 脉冲宽度测量

利用门控位 GATE 测量加在 $\overline{INT1}$ 脚上的正脉冲宽度,如图 7-19 和图 7-20 所示。

【例 7-6】利用定时器 T0 测量某正脉冲信号宽度,脉冲从 P3.2 引脚输入,已知此脉冲宽度小于 10ms,系统时钟频率为 12MHz,要求测量此脉冲宽度,并把结果顺序存放在片内 30H 单元为首地址 的数据存储单元中。运行仿真参见实验 12-7。

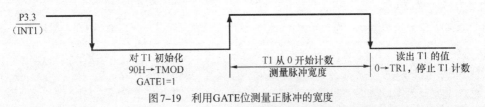

图 7-19　利用GATE位测量正脉冲的宽度

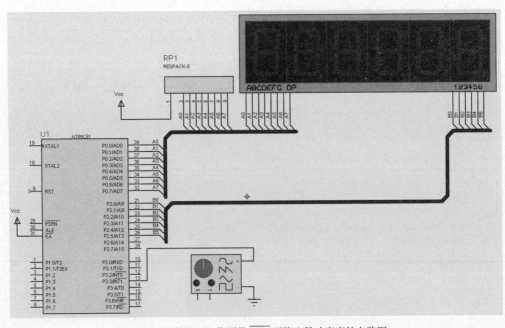

图 7-20　利用GATE位测量 INT1 引脚上脉冲宽度的电路图

```
# include<reg51.h>                         //包含访问sfr 库函数reg51.h
# define uint  unsigned   int
# define uchar unsigned   char
sbit P3_2=P3^2;                            //定义位标识符P3_2为P3.2
uchar shiwan, wan, qian, bai, shi, ge;    //定义脉冲宽度显示参数各位
uchar flag_int;                            //刷新
uchar code 7_SEG[ ]={0x3f, 0x06, 0x5b, 0x4f, 0x66, 0x6d, 0x7d, 0x07, 0x7f,
                 0x6f};
//共阴极数码管段码表
void width_display(uchar a, uchar b, uchar c, uchar d, uchar e, uchar f)
//数码管显示
{
    P2=0xfe;
    P0=7_SEG[f];
    delay (2) ;
    P2=0xfd;
    P0=7_SEG[e];
    delay (2) ;
    P2=0xfb;
    P0=7_SEG[d];
    delay (2) ;
    P2=0xf7;
    P0=7_SEG[c];
    delay (2) ;
    P2=0xef;
    P0=7_SEG[b];
    delay (2) ;
    P2=0xdf;
    P0=7_SEG[a];
    delay (2) ;
}
void main ()                               //主函数
{
    u int width;                           //定义脉冲宽度width
```

```
    TMOD=0x09;                          //置T0定时器方式1，运行受INT0引脚控制
    TL0=0x00;TH0=0x00;                  //T0(脉冲宽度计数器)清0
    while (P3_2==1);                    //等待P3.2(INT0)引脚低电平
    TR0=1;               //P3.2低电平启动T0，但尚需INT0高电平才能真正运行
    while (P3_2==0);     //等待被测正脉冲上升沿
    while (P3_2==1);     //正脉冲上升沿，T0真正开始运行计时，并等待正脉冲下降沿
    TR0=0;               //正脉冲下降沿，T0停(实际上，脉冲后沿使能T0自动停)
    width=TH0*256+TL0;//记录脉冲宽度
    shiwan=width/100000;
    wan=width%100000/10000;
    qian=width%10000/1000;
    bai=width%1000/100;
    shi=width%100/10;
    ge=width%10;
    while (flag_int!=100)               //LED刷新周期
    {
      flag_int++;
      width_display (ge, shi, bai, qian, wan, shiwan);
    }
    while (1);                          //原地等待
}
```

Keil C 调试，编译链接并进入调试状态后：① C51 程序打开变量观察窗口，Locals 页中局部变量 width 显示为0；②打开 T0 和 P3 对话窗口；③连续单击单步运行按钮，第一次暂停，等待 P3.2 出现低电平；④单击 P3 对话窗口的 P3.2，由高电平变为低电平，然后程序才能继续运行；⑤单击两次单步运行按钮，至第二处暂停，等待 P3.2 再次出现高电平；⑥单击 P3.2，使其变为高电平，开始进入脉冲宽度计数；⑦单击单步运行按钮，第 3 次暂停，等待 P3.2 出现低电平(即正脉冲后沿)；⑧单击全速运行按钮，T0 快速计数，暂停图标变为红色，C51 程序 width 显示数值；⑨单击 P3.2，使其变为低电平，T0 停止计数；⑩单击红色暂停图标，暂停图标复原为灰色，C51 程序 width 显示的就是脉冲宽度数值，与 T0 计数值相同。

执行上述程序仿真，把 INT1 引脚上出现的正脉冲宽度显示在 LED 数码管显示器上。在设计软件时，LED 采用动态显示方式，键盘采用行列式扫描工作方式，键盘程序中的去抖动延时程序可调用显示子程序来实现。注意：在仿真时，偶尔显示参数波动是因为信号源的问题，若将信号源换成频率固定的激励源则不会出现此问题。

本章小结

本章讲授了定时器/计时器的作用、工作原理以及对引脚信号、方式控制字等要求,分析其不同方式的共性和个性,讨论了它们之间的区别及其应用,如何初始化编程等。

通过学习本章内容,读者应当掌握定时器/计时器的工作原理和功能,熟悉定时器/计时器部件在频率与计数、脉冲宽度计算等方面的应用。

思考题及习题7

1. 熟练掌握单片机定时器的原理和应用方法。

2. 如果晶振频率为 24MHz,定时器/计数器工作在方式 0、1、2 下,其最大定时时间各为多长?

3. 定时器/计数器用作计数器模式时,对外部计数信号的频率有何要求?

4. 定时器/计数器的工作方式 2 有什么特点? 适用于哪些应用场合?

5. THx 与 TLx($x=0,1$)是普通寄存器还是计数器? 其内容可以随时用指令修改吗? 修改后的新值是立即刷新还是等当前计数器计满后才能刷新?

6. 定时器/计数器工作于定时和计数方式时有何异同点?

7. 当定时器/计数器 T0 用作方式 3 时,T1 可以工作在何种方式下? 如何控制 T1 的开启和关闭?

8. 对于 T2 的自动重装载方式,如何控制其向上计数还是向下计数?

9. T0、T1 的 4 种工作方式各有何特点? T2 的 3 种工作方式各有何特点?

10. 列举字节操作修改位的技巧,说明 T0HD=TMOD&0xF0、T0HD=TMOD|0x01 两个操作指令的作用。

11. Proteus 虚拟仿真

(1)使用定时器 T0,采用方式 2 定时,在 P1.0 脚输出周期为 400μs、占空比为 4∶1 的矩形脉冲信号,要求在 P1.0 脚接有虚拟示波器,观察 P1.0 脚输出的矩形脉冲信号波形。

(2)利用定时器 T1 中断,使 P1.7 控制蜂鸣器发出 1kHz 音频信号,假设系统时钟频率为 12MHz。

(3)制作一个 LED 数码管显示的秒表,用 2 位数码管显示计时时间,最小计时单位为 0.1s,计时范围为 0.1~9.9s。当第 1 次按下并松开计时功能键时,秒表开始计时并显示时间;第 2 次按下并松开计时功能键时,停止计时,计算两次按下计时功能键的时间,并在数码管上显示;第 3 次按下计时功能键,秒表清 0,再按 1 次计时功能键,重新开始计时。当计时到 9.9s 时,将停止计时,此时按下计时功能键,秒表清 0,再按下重新开始计时。

(4)制作一个采用 LCD1602 显示的电子钟,在 LCD 上显示当前的时间。显示格式为"时时：分分："秒秒"。设有 4 个功能键 K1～K4,功能如下：

① K1——进入时间修改。

② K2——修改小时,按一下,当前小时加 1。

③ K3——修改分钟,按一下,当前分钟加 1。

④ K4——确认修改完成,电子钟按修改后的时间运行显示。

2. 试用定时器 / 计数器 T1 对外部事件计数。要求每计数 100,就将 T1 改成定时方式,控制 P1.7 输出一个脉宽为 10ms 的正脉冲,然后又转为计数方式,如此反复循环。设晶振频率为 12MHz。

第二部分　应用篇

第8章 AT89S51单片机的串行口

单片机与外部设备的基本通信方式有两种,如图8-1所示:①同步通信,数据的各位同时进行传送,如图8-1(a)所示。其特点是传送速度快、效率高。但因数据有多少位就需要有多少根传输线,当数据位数较多、传送距离较远时,就会导致通信线路成本提高,因此它适合短距离传输信号。②串行通信,数据一位一位地按顺序进行传送,如图8-1(b)所示。其特点是一对传输线就可以实现通信。当传输距离较远时,可以显著减少传输线,降低通信成本,但是串行传送的速度较慢,不适合高速通信。尽管如此,串行通信因其经济实用,在单片机通信中获得了广泛应用。

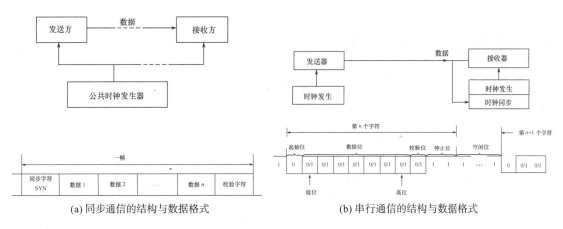

图8-1 单片机与外部设备的基本通信方式

在串行通信中,数据是在两个站之间进行传送的。按照数据传送方向,串行通信可分为单工(simplex)、半双工(half duplex)和全双工(full duplex)3种制式,如图8-2所示。异步通信数据收发双方使用独立的时钟。

在单工制式下,通信线的一端为发送器,另一端为接收器,数据只能按照一个固定的方向传送,如图8-2(a)所示。

在半双工制式下,系统的每个通信设备都由一个发送器和一个接收器组成,如图8-2(b)所示,因而数据能从A站传送到B站,也可以从B站传送到A站,但是不能在两个方向上同时传送,即只能一端发送、一端接收。收发开关一般用软件方式切换。

在全双工方式下,系统的各个终端都有发送器和接收器,可以同时发送和接收,即数据可以在两个方向上同时传送,如图 8-2(c)所示。

串行通信是单片机与外界交换信息的一种基本通信方式。本节主要介绍 AT89S51 单片机串行接口的结构、工作原理、工作方式及使用方法。

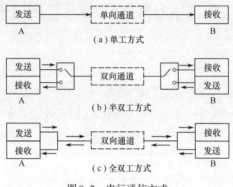

图 8-2　串行通信方式

8.1　串行口的结构与控制

AT89S51 片内集成一个全双工通用异步收发(UART)串行口。全双工是指两个单片机之间的串行数据可双向同时传输。异步通信是指收、发双方使用各自的时钟控制发送和接收,省去收发双方的 1 条同步时钟信号线,使异步串行通信连接简单方便。

AT89S51 串行口内部结构如图 8-3 所示。其有两个物理上独立的接收、发送缓冲器 SBUF(属于特殊功能寄存器),可同时发送、接收数据。发送缓冲器只能写入,不能读出;接收缓冲器只能读出,不能写入。两个缓冲器共用一个特殊功能寄存器字节地址(99H)。

串行口的工作方式选择、中断标志、可编程位设置、波特率倍增均是通过特殊功能寄存器 SFR 中的 SBUF、SCON、PCON 来控制的。

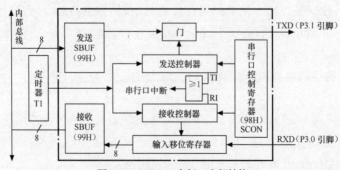

图 8-3　AT89S51 串行口内部结构

1. 控制寄存器SCON

串行口控制寄存器 SCON，字节地址为 98H，可位寻址，位地址为 98H～9FH，即 SCON 的所有位都可用软件来进行位操作置 1 或清 0。SCON 格式如图 8-4 所示。

符号	D7	D6	D5	D4	D3	D2	D1	D0	地址
SCON	SM0	SM1	SM2	REN	TB8	RB8	TI	RI	98H
位地址	9F	9E	9D	9C	9B	9A	99	98	

图8-4　串行口控制寄存器SCON格式

寄存器 SCON 各位功能如下。

（1）SM0、SM1：串行口 4 种工作方式选择。

SM0、SM1 的 2 位组合对应 4 种工作方式，如表 8-1 所示。

表8-1　串行口4种工作方式

SMD	SN1	方　式	功能说明
0	0	0	同步移位寄存器(用于扩展I/O口)
0	1	1	8位异步收发，波特率可变(由定时器控制)
1	0	2	9位异步收发，波特率固定f_{osc}/32或f_{osc}/64
1	1	3	9位异步收发，波特率可变(由定时器控制)

（2）SM2：多机通信控制位。

多机通信是在方式 2 和方式 3 下进行的，因此 SM2 位主要用于方式 2 或方式 3。

当串行口以方式 2 或方式 3 接收时，如 SM2=1，则只有当接收到的第 9 位数据（RB8）为"1"时，才使 RI 置 1，产生中断请求，并将接收到的前 8 位数据送入 SBUF；当接收到的第 9 位数据（RB8）为 0 时，则将接收到的前 8 位数据丢弃。

而当 SM2=0 时，则不论第 9 位数据是 1 还是 0，都将接收的前 8 位数据送入 SBUF 中，并使 RI 置 1，产生中断请求。

在方式 1 时，如果 SM2=1，则只有收到有效的停止位时才会激活 RI。

在方式 0 时，SM2 必须为 0。

（3）REN：允许串行口接收位，由软件置 1 或清 0。

REN=1，允许串行口接收数据。

REN=0，禁止串行口接收数据。

（4）TB8：发送的第 9 位数据。

在方式 2 和方式 3 时，TB8 是要发送的第 9 位数据，其值由软件置 1 或清 0。

在双机串行通信时，TB8 一般作为奇偶校验位使用；也可在多机串行通信中表示主机发送的是地址帧还是数据帧，TB8=1 为地址帧，TB8=0 为数据帧。

（5）RB8：接收的第 9 位数据。

在方式 2 和方式 3 时，RB8 存放接收到的第 9 位数据。在方式 1，如果 SM2=0，RB8 是接收到的停止位。在方式 0，不使用 RB8。

（6）TI：发送中断标志位。

串行口工作在方式 0 时，串行发送的第 8 位数据结束时，TI 由硬件置 1；在其他工作方式中，串行口发送停止位的开始时，置 TI 为 1。TI=1，表示 1 帧数据发送结束。TI 的位状态可供软件查询，也可产生中断请求。注意：TI 必须由软件清 0。

（7）RI：接收中断标志位。

串行口工作在方式 0 时，接收完第 8 位数据时，RI 由硬件置 1。在其他工作方式中，串行接收到停止位时，该位置 1。RI=1，表示 1 帧数据接收完毕，并产生中断请求，要求 CPU 从接收 SBUF 寄存器读取数据。该位状态也可供软件查询。

注意： 与 TI 标志位一样，RI 也必须由软件清 0。

2. PCON 寄存器

特殊功能寄存器 PCON 的字节地址为 87H，不能位寻址。PCON 格式如图 8-5 所示。

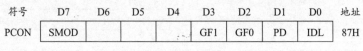

符号	D7	D6	D5	D4	D3	D2	D1	D0	地址
PCON	SMOD				GF1	GF0	PD	IDL	87H

图 8-5　特殊功能寄存器PCON格式

其中，仅最高位 SMOD 与串行口有关，低 4 位功能已在第 2 章中介绍。

SMOD 位：波特率选择位。

例如，方式 1 的波特率计算公式为

$$方式1波特率 = \frac{2^{SMOD}}{32} \times 定时器1的溢出率$$

SMOD=1 时的波特率相比 SMOD=0 时的波特率加倍了，所以也称 SMOD 位为波特率倍增位。

3. 串行通信过程

（1）接收数据：在进行通信时，当 CPU 允许接收 SCON 中 REN 置 1 时，外部数据通过 RXD（P3.0）串行输入，数据的最低位首先进入移位寄存器，一帧接收完毕后再并行送入接收 SBUF，同时将中断标志位 RI 置 1，向 CPU 发出中断请求。CPU 响应中断后，用软件将 RI 复位，同时读取输入的数据。接着又开始下一帧的输入，直至所有数据接收完毕。

（2）发送数据：CPU 要发送数据时，先将数据并行写入发送到 SBUF 中，同时通过 TXD（P3.1）引脚串行发送数据。当一帧数据发送完毕，即发送 SBUF 空时，将中断标志位 TI 置位，向 CPU 发出中断请求。CPU 响应中断后,用软件将 TI 复位。重复上述过程将下一帧数据写入 SBUF,直至所有数据发送完毕。

8.2　串行口的4种工作方式

串行口的 4 种工作方式由特殊功能寄存器 SCON 中的 SM0、SM1 位定义,见表 8-1。

8.2.1　方式0

方式 0 为同步移位寄存器输入／输出方式。该方式并非用于两个 AT89S51 单片机间的异步串行通信,而是用于外接移位寄存器,用来扩展并行 I/O 口。

方式 0 以 8 位数据为 1 帧,没有起始位和停止位,先发送或接收最低位。波特率是固定的,为 $f_{osc}/12$。方式 0 的帧格式如图 8-6 所示。

| … | D7 | D6 | D5 | D4 | D3 | D2 | D1 | D0 | …→ |

图8-6　方式0的帧格式

1. 方式0输出

(1)方式 0 输出的工作过程

当单片机执行将数据写入发送缓冲器 SBUF 指令的操作时,产生一个正脉冲,串行口把 8 位数据以 $f_{osc}/12$ 固定波特率从 RXD 脚串行输出,低位在先,TXD 脚输出同步移位脉冲,当 8 位数据发送完毕时,中断标志位 TI 置 1。

方式 0 的发送时序如图 8-7 所示。

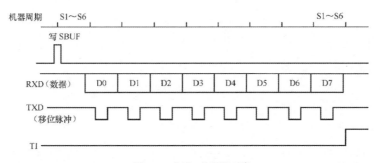

图8-7　方式0的发送时序

(2)方式 0 输出的应用案例

方式 0 输出的典型应用是串行口外接串行输入／并行输出的同步移位寄存器 74LS164 实现并

行端口的扩展。

通过74LS164输出控制8个外接 LED 发光二极管的亮或灭的接口电路,当串行口设置在方式0输出时,串行数据由 RXD 端(P3.0)送出,移位脉冲由 TXD 端(P3.1)送出。在移位脉冲的作用下,串行口发送缓冲器的数据逐位地从 RXD 端串行移入74LS164 中。

【例8-1】方式0输出外接8个 LED 接口电路如图8-8所示。编程控制8个发光二极管流水点亮。图中74LS164的8脚(CLK 端)为同步脉冲输入端,9脚为控制端,9脚电平由单片机的P1.0控制。当9脚为0时,允许串行数据由 RXD 端(P3.0)向74LS164的串行数据输入端 A 和 B(1脚和2脚)输入,此时74LS164的8位并行输出端关闭;当9脚为1时,A 和 B 输入端关闭,此时允许74LS164 中的8位数据并行输出。当串行口将8位串行数据发送完毕后,产生中断请求,在中断服务程序中,单片机向串行口输出下一个8位数据。采用中断方式串行口输出的参考程序如下:

```c
# include <reg51.h>
# include <stdio.h>
sbit P1_0=0x90;
unsigned char nSendByte;
void delay(unsigned int i)      //延时子程序
{
    unsigned  char  j;
    for (;i>0;i--)              //变量i由实际参数传递一个值
    for (j=0;j<125;j++);
}
main()                          //主函数
{
    SCON = 0x00;               //设置串行口为方式0
    EA=1;                      //总中断打开
    ES=1;                      //允许串行口中断
    nSendByte=1;               //点亮数据初始为0000 0001送入nSendByte
    SBUF=nSendByte;            //向SBUF写入点亮数据,启动串行发送
    P1_0=0;                    //允许串行口向74LS164串行发送数据
    while (1) {;}
}
Void Serial_Port() interrupt 4 using 2        //串行口中断服务程序
{
    if (TI)                    //如果TI=1,1个字节串行发送完毕
    {
```

```
        P1_0=1;                         //P1_0=1，允许74LS164并行输出，点亮灯
        SBUF=nSendByte;                 //向SBUF写入数据，启动串行发送
        delay (500);                    //延时，点亮二极管持续一段时间
        P1_0=0;                         //P1_0=0，允许向74LS164串行写入
        nSendByte=nSendByte<<1;         //点亮数据左移1位
        if (nSendByte==0)
        nSendByte=1;                    //判断点亮数据是否左移8次，若是，则重新发送数据
        SBUF=nSendByte;                 //向74LS164串行发送点亮数据
        }
    TI=0;
}
```

程序说明：

（1）该程序中定义了全局变量 nSendByte，以便在中断服务程序中能访问该变量。nSendByte 用于存放从串行口发出的点亮数据，在程序中使用左移1位操作符"<<"对 nSendByte 变量进行移位，使从串行口发出的数据为 0x01、0x02、0x04、0x08、0x10、0x20、0x40 和 0x80，从而流水点亮各个发光二极管。

（2）该程序中 if 语句的作用是当 nSendByte 左移1位由 0x80 变为 0x00 后，需对变量 nSendByte 重新赋值为1。

（3）主程序中 SBUF=nSendByte 语句从串行口发送数据，会产生发送完成中断。

（4）语句"while（1）{;}"实现反复循环的功能。

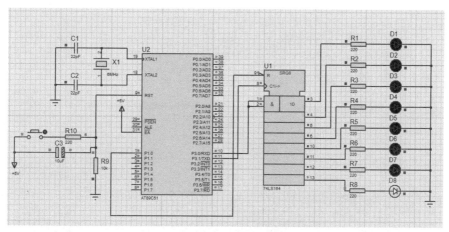

图8-8　方式0输出外接8个LED接口电路

2. 方式0输入

（1）方式0输入的工作过程：方式0输入时，REN 为串行口允许接收的控制位，当 REN=0 时，禁

止接收；当 REN=1 时，允许接收。当 CPU 向串行口 SCON 寄存器写入控制字（设置为方式 0，并使 REN 位置 1，同时 RI=0）时，产生一正脉冲，串行口开始接收数据。引脚 RXD 为数据输入端，TXD 为移位脉冲信号输出端，接收器以 $f_{osc}/12$ 固定波特率采样 RXD 引脚数据信息，当接收器接收完 8 位数据时，中断标志 RI 置 1，表示 1 帧接收完毕，可以进行下一帧的接收。方式 0 的接收时序如图 8-9 所示。

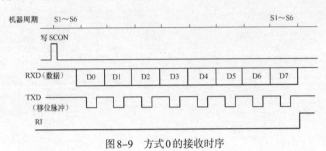

图8-9　方式0的接收时序

（2）方式 0 的输入应用举例

【例 8-2】图 8-10 所示为串行口外接一片 8 位并行输入、串行输出同步移位寄存器 74LS165，扩展一个 8 位并行输入口的电路，可将接在 74LS165 的 8 个开关 S0~S7 的状态通过串行口的方式 0 读入单片机内。74LS165 的 SH/$\overline{LD}$ 端（1 脚）为控制端，由单片机的 P1.1 脚控制。若 SH/$\overline{LD}$ = 0，则 74LS165 可以并行输入数据，且串行输出端关闭；当 SH/$\overline{LD}$ = 1 时，并行输入关断，可以向单片机串行传送。当 P1.0 连接的开关 K 合上时，进行开关 S0~S7 状态数字量的并行读入。采用中断方式对 S0~S7 状态进行读取，并由单片机 P2 口驱动对应二极管点亮（开关 S0~S7 中的任何一个按下，则对应的二极管点亮）。

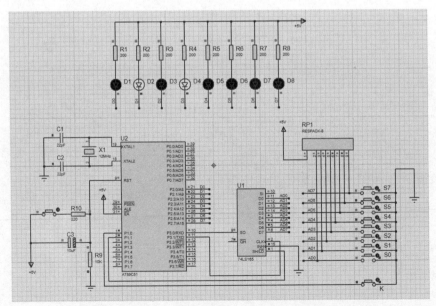

图8-10　串行口方式0外接并行输入、串行输出的同步移位寄存器

参考程序如下：

```c
# include <reg51.h>
# include <intrins.h>
# include<stdio.h>
sbit P1_0=0x90;
sbit P1_1=0x91;
unsigned char nRxByte;
void delay (unsigned int i)              //延时子程序
{
    unsigned  char  j;
    for (;i>0;i--)                       //变量i由实际参数传递一个值
    for (j=0;j<125;j++);
}
main()
{
    SCON=0x10;                           //串行口初始化为方式0，允许接收
    ES=1;                                //允许串行口中断
    EA=1;                                //总中断打开
    for (;;);
}
void Serial_Port() interrupt 4 using 2     //串行口中断服务子程序
{
    if (P1_0==0)           //如果P1_0=0表示开关K按下，则可以读开关S0~S7的状态
    {
     P1_1=0;               //P1_1=0并行读入开关的状态
     delay (1) ;
     P1_1=1;               //P1_1=1将开关的状态串行读入到串行口中
     RI=0;                 //接收中断标志RI清0
     nRxByte=SBUF;         //接收从SBUF读入到nRxByte 单元中
     P2=nRxByte;           //开关状态数据送到P2口，驱动发光二极管发光
    }
}
```

程序说明：当 P1.0 为 0，即开关 K 按下时，表示允许并行读入开关 S0~S7 的状态数字量，通过

P1.1 把 SH/$\overline{\text{LD}}$ 置 0，则并行读入开关 S0~S7 的状态。再让 P1.1=1，即 SH/$\overline{\text{LD}}$ 置 1，74LS165 将刚才读入的 S0~S7 状态通过 QH 端（RXD 脚）串行输入单片机的 SBUF 中，存入 nRxByte 单元，并送到 P2口，驱动 8 个发光二极管。

8.2.2　方式 1

串行口的方式 1 双机串行通信方式连接电路如图 8-11 所示。

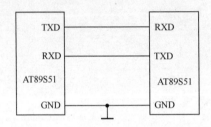

图 8-11　方式 1 双机串行通信方式连接电路

当 SM0、SM1=01 时，串行口设置为方式 1 双机串行通信。TXD 脚和 RXD 脚分别用于发送和接收数据。

方式 1 收发一帧数据有 10 位，1 个起始位（0），8 个数据位，1 个停止位（1），先发送或接收最低位。方式 1 的一帧格式如图 8-12 所示。

图 8-12　方式 1 的一帧格式

方式 1 时，串行口为波特率可变的 8 位异步通信接口。波特率由下面的式子确定：

$$方式1波特率 = \frac{2^{\text{SMOD}}}{32} \times 定时器1的溢出率$$

这个式子中，SMOD 为 PCON 寄存器最高位的值（0 或 1）。

1. 方式 1 发送

串行口以方式 1 输出，数据位由 TXD 端输出，发送一帧信息为 10 位，1 位起始位（0），8 位数据位（先低位）和 1 位停止位（1）。当 CPU 执行写数据到发送缓冲器 SBUF 的命令后，就启动发送。方式 1 发送时序如图 8-13 所示。

图 8-13 中，发送时钟 TX 时钟频率就是发送波特率。发送开始时，内部逻辑将起始位向 TXD 脚（P3.1）输出，此后每经 1 个 TX 时钟周期，便产生 1 个移位脉冲，并由 TXD 脚输出 1 个数据位。8 位

全部发送完毕后,中断标志位 TI 置 1。

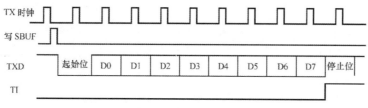

图 8-13 方式 1 发送时序

2. 方式 1 接收

串行口以方式 1（SM0、SM1=01）接收时（REN=1），数据从 RXD（P3.0）脚输入。当检测到起始位负跳变时,则开始接收。方式 1 接收时序如图 8-14 所示。

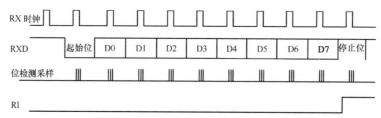

图 8-14 方式 1 接收时序

接收时,定时控制信号有两种:一种是接收移位时钟（RX 时钟）,频率和传送的波特率相同;另一种是位检测器采样脉冲,它的频率是 RX 时钟的 16 倍。也就是在 1 位数据期间,有 16 个采样脉冲,以波特率的 16 倍速率采样 RXD 引脚状态。

当采样到 RXD 端从 1 到 0 的负跳变（有可能是起始位）时,就启动接收检测器。接收的值是 3 次连续采样（第 7、8、9 个脉冲时采样）,取其中两次相同的值,确认真正起始位（负跳变）开始,这样能较好地消除干扰影响,保证能可靠地接收数据。

当确认起始位有效时,开始接收一帧信息。每接收一位数据时,都进行 3 次连续采样（第 7、8、9 个脉冲时采样）,接收的值是 3 次采样中至少两次相同的值,以保证接收到数据位的准确性。当一帧数据接收完毕后,必须同时满足以下两个条件,这次接收才真正有效。

（1）RI=0,即上一帧数据接收完成时,RI=1 发出的中断请求已被响应,SBUF 中的数据已被读取,说明"接收 SBUF"已空。

（2）SM2=0 或收到的停止位 =1（方式 1 时,停止位已进入 RB8）,则将接收到的数据装入 SBUF 和 RB8（装入的是停止位）,且中断标志 RI 置 1。

若无法同时满足这两个条件,收到的数据不能装入 SBUF,该帧数据将丢弃。

8.2.3 方式2

串行口工作于方式 2 和方式 3 时,定义为 9 位异步通信接口。每帧数据均为 11 位,1 位起始位 0,8 位数据位(先低位),1 位可程控为 1 或 0 的第 9 位数据和 1 位停止位。方式 2、方式 3 的帧格式如图 8-15 所示。

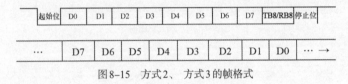

图8-15 方式2、 方式3的帧格式

方式 2 的波特率由下面的式子确定:

$$方式2波特率 = \frac{2^{SMOD}}{64} \times f_{osc}$$

1. 方式2发送

在串行口方式 2 发送前,先根据通信协议由软件设置 TB8(如双机通信时的奇偶校验位或多机通信时的地址/数据的标志位),然后将要发送的数据写入 SBUF,即可启动发送过程。串行口自动把 TB8 取出,并装入到第 9 位数据位的位置,再逐一发送出去。发送完毕,使 TI 位置 1。

串行口方式 2(方式 3 相同)的发送时序如图 8-16 所示。

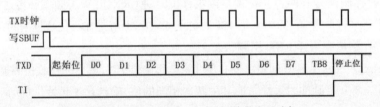

图8-16 串行口方式2(方式3相同)的发送时序

2. 方式2接收

当 SCON 寄存器 SM0、SM1=10 且 REN=1 时,允许串行口以方式 2 接收数据。接收时,数据由 RXD 端输入,接收 11 位数据。若检测到 RXD 引脚从 1 到 0 的负跳变,并判断起始位有效后,便开始接收一帧信息。在接收完第 9 位数据后,需满足以下两个条件,才将接收到的数据送入接收缓冲器 SBUF。

(1)RI=0,意味着接收缓冲器为空。

(2)SM2=0 或接收到的第 9 位数据位 RB8=1。

满足上述两个条件时,接收到的数据送入 SBUF(接收缓冲器),第 9 位数据送入 RB8,且 RI 置 1。若不满足这两个条件,该帧数据将丢弃。

串行口方式 2（方式 3 相同）的接收时序如图 8-17 所示。

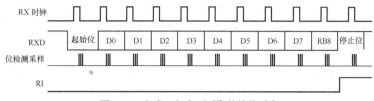

图 8-17　方式 2(方式 3 相同)的接收时序

8.2.4　方式 3

当 SM0、SM1 两位为 11 时，串行口被定义工作在方式 3。方式 3 为波特率可变的 9 位异步通信方式，除了波特率外，方式 3 和方式 2 相同。方式 3 的发送和接收时序如图 8-13 和图 8-14 所示。

方式 3 的波特率由下面的式子确定：

$$方式3波特率 = \frac{2^{SMOD}}{32} \times 定时器T1的溢出率$$

8.3　多机通信

多个 AT89S51 单片机可利用串行口进行多机通信，多采用主从式结构，如图 8-18 所示。该多机系统有 1 个主机（AT89S51 单片机或其他具有串行口的计算机）和 3 个或多个 AT89S51 单片机组成的从机系统。主机的 RXD 与所有从机的 TXD 端相连，主机的 TXD 与所有从机的 RXD 端相连。从机地址分别为 01H、02H 和 03H。

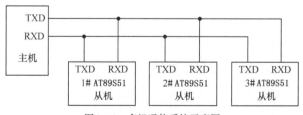

图 8-18　多机通信系统示意图

应用 AT89S51 单片机串行口这一特性，可实现 AT89S51 的多机通信。多机通信的工作过程如下。

（1）各从机初始化程序允许从机的串行口中断，将串行口编程为方式 2 或方式 3 接收，即 9 位异步通信方式，且 SM2 和 REN 位置 1，使从机只处于多机通信且接收地址帧的状态。

（2）主机和某个从机通信前，先将准备接收数据的从机地址发给各从机，接着才传送数据（或命令）。主机发出的地址帧信息的第9位为1,数据（或命令）帧的第9位为0。当主机向各从机发送地址帧时,各从机串行口接收到的第9位信息 RB8 为 1,且由于各从机 SM2=1,则中断标志位 RI 置 1,各从机响应中断,在中断服务程序中,判断主机送来的地址是否和本机地址相符,若为本机地址,则该从机 SM2 位清 0,准备接收主机的数据或命令；若地址不符,则保持 SM2=1 状态。

（3）接着主机发送数据（或命令）帧,数据帧的第9位为0。此时各从机接收到的 RB8=0,只有与前面地址相符的从机（即 SM2 位已清 0 的从机）才能激活中断标志位 RI,从而进入中断服务程序,在中断服务程序中接收主机发来的数据（或命令）。

与主机发来地址不符的从机,由于 SM2 保持为 1,且 RB8=0,因此不能激活中断标志 RI,也就不能接收主机发来的数据帧,从而保证了主机与从机间通信的正确性。此时主机与建立联系的从机已设置为单机通信模式,即在整个通信中,通信的双方都要保持发送数据的第9位（即 TB8 位）为0,防止其他的从机误接收数据。

（4）结束数据通信并为下一次多机通信做准备。在多机通信系统中,每个从机都被赋予唯一的地址。

例如,图 8-18 中 3 个从机的地址可设为 01H、02H 和 03H。还要预留 1～2 个"广播地址",它是所有从机共有的地址,例如将"广播地址"设为 00H。当主机与从机的数据通信结束后,一定要将从机再设置为多机通信模式,以便进行下一次的多机通信。这时与主机正在进行数据传输的从机一旦接收数据第9位（RB8）为1,则说明主机传送的不再是数据,而是地址,这个地址就有可能是"广播地址"。当收到"广播地址"后,便将从机的通信模式再设置成多机模式,为下一次多机通信做好准备。

8.4　串行口应用设计案例

在进行单片机串行通信接口设计时,需考虑以下几个问题。

（1）确定串行通信双方的传输率和通信距离。

（2）由串行通信的传输率和通信距离确定采用的串行通信接口标准。

（3）注意串行通信的通信线选择,一般选用双绞线较好,并根据传输距离选择纤芯的直径。如果空间干扰较多,还要选择带有屏蔽层的双绞线。

下面介绍有关串行通信各种接口的标准。

8.4.1　各种串行通信接口标准

AT89S51 串行口输入、输出均为 TTL 电平。这种以 TTL 电平来串行传输数据的方式,抗干扰性差,传输距离短,传输速率低。为提高串行通信可靠性、增加串行通信距离和提高传输速率,在实际设计中都采用标准串行接口,如 RS–232、RS–422A、RS–485 等。

1. TTL电平通信接口

如两个 AT89S51 单片机相距在 1.5m 之内,它们的串行口可直接相连。接口电路如图 8–11 所示。甲机 RXD 与乙机 TXD 端相连,乙机 RXD 与甲机 TXD 端相连,从而直接用 TTL 电平传输方法来实现双机通信。

2. RS–232C双机通信接口

如双机通信距离在 1.5～15m 时,可用 RS–232C 标准接口实现点对点的双机通信。RS–232C 双机通信接口电路如图 8–19 所示。图 8–19 中,芯片 MAX232A 是美国 MAXIM 公司生产的 RS–232C 全双工发送器 / 接收器电路。

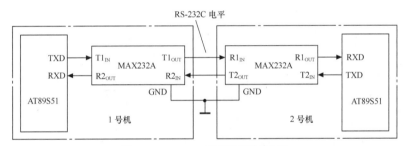

图 8–19　RS–232C双机通信接口电路

3. RS–422A双机通信接口

RS–232C 虽应用广泛,但推出较早,有明显缺点,如传输速率低、通信距离短、接口处信号易产生串扰等。于是又推出了 RS–422A 标准。RS–422A 与 RS–232C 的主要区别是,RS–422A 的收发双方信号不再共地,它采用了平衡驱动和差分接收的方法。每个方向用于数据传输的是两条平衡导线,这相当于两个单端驱动器。输入同一个信号时,其中一个驱动器输出永远是另一个驱动器的反相信号。于是,当两条线上传输的信号电平中的一个表示逻辑 1 时,另一条一定为逻辑 0。若传输过程中在信号中混入了干扰和噪声(以共模形式出现),在差分接收器的作用下,能识别有用的信号并正确接收传输信息,使干扰和噪声相互抵消。

因此,RS–422A 能在长距离、高速率下传输数据。其最大传输率为 10Mbit/s,电缆允许长度为 12m,如采用较低速率,最大传输距离可达 1219m。

为了增加通信距离,可以在通信线路上采用光电隔离方法。利用 RS–422A 标准进行双机通信的接口电路如图 8–20 所示。

在图 8–20 中,每个通道接收端都接有 3 个电阻 R_1、R_2 和 R_3,其中 R_1 为传输线的匹配电阻,取值范围在 50Ω～1kΩ,其他两个电阻是为了解决第 1 个数据误码而设置的匹配电阻。为起到隔离、抗干扰的作用,必须使用两组独立的电源。

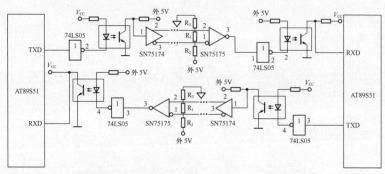

图8-20　RS-422A标准进行双机通信的接口电路

图8-20中,SN75174和SN75175是TTL电平到RS-422A电平、RS-422A电平到TTL电平的电平转换芯片。

4. RS-485 双机通信接口

RS-422A双机通信需要使用四芯传输线,长距离通信不经济。在工业现场,常采用双绞线传输的RS-485串行通信接口,易实现多机通信。RS-485是RS-422A的变形,与RS-422A的区别是:RS-422A为全双工,采用两对平衡差分信号线;而RS-485为半双工,采用一对平衡差分信号线。RS-485与多站互连十分方便,易于实现1对N的多机通信。

RS-485标准允许最多并联32台驱动器和32台接收器。RS-485双机通信接口电路如图8-21所示。RS-485与RS-422A一样,最大传输距离约1219m,最大传输速率为10Mbit/s。通信线路要采用平衡双绞线。

图8-21中,RS-485以双向、半双工方式实现双机通信。在AT89S51系统发送或接收数据前,应先将SN75176的发送门或接收门打开。当P1.0=1时,发送门打开,接收门关闭;当P1.0=0时,接收门打开,发送门关闭。

图8-21中的SN75176片内集成一个差分驱动器和一个差分接收器,兼有TTL电平到RS-485电平、RS-485电平到TTL电平的转换功能。

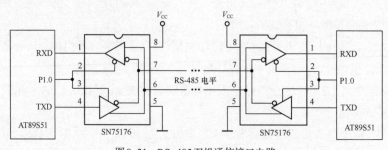

图8-21　RS-485双机通信接口电路

8.4.2　波特率的计算

在串行通信中,收、发双方发送或接收的波特率必须一致。通过软件对串行口可设定 4 种工作方式。其中方式 0 和方式 2 的波特率是固定的; 方式 1 和方式 3 的波特率是可变的,由定时器 T1 的溢出率(T1 每秒溢出的次数)来确定。

串行口每秒钟发送(或接收)的位数称为波特率。设发送一位所需要的时间为 T,则波特率为 $1/T$。

定时器采用不同的工作方式,所得到的波特率的范围是不一样的,这是由于定时器 / 计数器 T1 在不同工作方式下的计数位数不同。波特率和串行口工作方式有关。

(1)方式 0

波特率固定为时钟频率 f_{osc} 的 1/12,且不受 SMOD 位值的影响。若 f_{osc}=12MHz,波特率为 f_{osc}/12,即 1Mbit/s。

(2)方式 2

波特率仅与 SMOD 位的值有关。

$$方式2波特率 = \frac{2^{SMOD}}{64} \times f_{osc}$$

若 f_{osc}=12 MHz,当 SMOD=0 时,波特率 =187.5 ; 当 SMOD=1 时,波特率 =375 。

(3)方式 1 或方式 3

常用定时器 T1 作为波特率发生器参数的控制,其关系式为

$$波特率 = \frac{2^{SMOD}}{32} \times 定时器T1的溢出率 \tag{8-1}$$

由式(8-1)可知,波特率由 T1 的溢出率和 SMOD 的值共同决定。

在实际设定波特率时,用定时器方式 2(自动重装初值)确定波特率较为理想,它不需要用软件重装初值,可避免因软件重装初值带来的定时误差,且计算出的波特率比较准确,即 TL1 作为 8 位计数器,TH1 存放重装初值。

设定时器 T1 方式 2 的初值为 X,则有

$$波特率 = \frac{2^{SMOD}}{32} \times 定时器T1的溢出率$$

$$定时器T1的溢出率 = \frac{计数速率}{256-X} = \frac{f_{osc}/12}{256-X} \tag{8-2}$$

将式(8-2)代入式(8-1)中,则有

$$波特率 = \frac{2^{SMOD}}{32} \times \frac{f_{osc}}{12 \times (256-X)} \tag{8-3}$$

由式(8-3)可见,这种方式下波特率随 f_{osc}、SMOD 和初值 X 而变化。

在实际应用时,常根据已知的波特率和时钟频率 f_{osc} 来计算 T1 的初值 X。为避免烦琐的初值计算,常用波特率和初值 X 间的关系。用定时器 T1 产生的常用波特率如表 8-2 所示。

表8-2　用定时器T1产生的常用波特率

波特率/（Kbit/s）	f_{osc}/MHz	SMOD位	方　式	初值X
62.5	12	1	2	FFH
19.2	11.0592	1	2	FDH
9.6	11.0592	0	2	FDH
4.8	11.0592	0	2	FAH
2.4	11.0592	0	2	F4H
1.2	11.0592	0	2	E8H

在使用表8-2时,需要注意以下方面。

（1）在时钟振荡频率 f_{osc} 为 12MHz 或 6MHz 时,将初值 X 和 f_{osc} 代入式（8-3）中,不能整除,因此,算出的波特率有一定误差。要消除误差,可通过调整 f_{osc} 实现,例如采用的时钟频率为 11.0592MHz。所以,为减少波特率误差,应该使用的时钟频率必须为 11.0592MHz。

（2）如果串行通信选用很低的波特率（如波特率选为 55）,可将定时器 T1 设置为方式 1 定时。但在这种情况下,T1 溢出时,需在中断服务程序中重新装入初值。中断响应时间和执行指令时间会使波特率产生一定的误差,可用改变初值的方法加以调整。

【例 8-3】若 AT89S51 的时钟为 11.0592MHz,选用 T1 的方式 2 定时作为波特率发生器,波特率为 2400bit/s,求初值。

设 T1 为方式 2 定时,选 SMOD=0。

将已知条件代入式（8-3）中:

$$波特率 = \frac{2^{SMOD}}{32} \times \frac{f_{osc}}{12 \times (256 - X)}$$

得:$X=244=$F4H。

把 F4H 装入 TH1 和 TL1,则 T1 发出的波特率为 2400bit/s。实际编程中,该结果也可以直接从表 8-2 中查到。

在这个式子中,时钟振荡频率选为 11.0592MHz,就可使初值为整数,从而产生精确的波特率。

8.4.3　方式1的应用设计

【例 8-4】单片机甲、乙双机进行串行通信,双机的 RXD 和 TXD 相互交叉相连,甲机 P1 口接 8 个开关,乙机 P1 口接 8 个发光二极管,如图 8-22 所示。甲机设置为只能发送、不能接收的单工方式。要求甲机读入 P1 口的 8 个开关状态后,通过串行口发送到乙机,乙机将接收到的甲机的 8 个开关状态数据送入 P1 口,由 P1 口的 8 个发光二极管显示 8 个开关状态。双方晶振频率均采用 11.0592MHz。

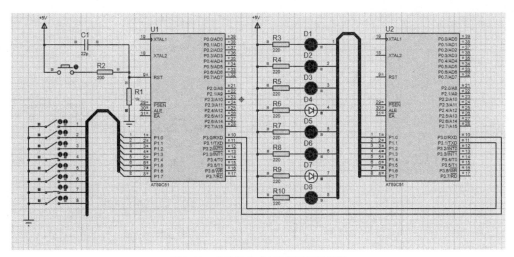

图8-22　单片机方式1双机通信的连接

参考程序如下：

```
//甲机串行发送
# include <reg51.h>
# define uchar unsigned  char
# define uint  unsigned  int
void  main()
{
    uchar  temp=0;
    TMOD=0x20;              //设置定时器T1为方式2
    TH1=0xfd;              //波特率9600
    TL1=0xfd;
    SCON=0x40;             //串行口初始化方式1发送，不接收
    PCON=0x00;             //SMOD=0
    TR1=1;                 //启动T1
    P1=0xff;               //设置P1口为输入
    while (1)
    {
      while (TI==0);       //如果TI=0，未发送完，循环等待
      TI=0;                //已发送完，把TI清0
      temp=P1;             //读入P1口开关的状态数据
      SBUF=temp;} }        //数据送串行口发送
```

```
//乙机串行接收
# include <reg51.h>
# define uchar unsigned  char
# define uint  unsigned   int
void  main()
{
    uchar temp=0;
    TMOD=0x20;              //设置定时器T1为方式2
    TH1=0xfd;              //波特率9600
    TL1=0xfd;
    SCON=0x50;             //设置串行口为方式1接收, REN=1
    PCON=0x00;             //SMOD=0
    TR1=1;                 //启动T1
    while (1)
    {
      while (RI==0);       //若RI为0, 未接收到数据
      RI=0;                //接收到数据, 则把RI清0
      temp=SBUF;           //读取数据存入temp中
      P1=temp;} }          //接收的数据送P1口控制8个LED的亮与灭
```

【例8-5】双方晶振频率均为 11.0592MHz, 波特率为 2400bit/s。甲机的 TXD 脚和 RXD 脚分别与乙机的 RXD 脚和 TXD 脚相连。为观察串行口传输的数据,电路中添加了两个虚拟终端来分别显示串行口发出的数据。添加虚拟终端只需单击图 4-2 左侧工具箱中的虚拟仪器图标,在预览窗口中显示各种虚拟仪器选项,单击"VIRTUAL TERMINAL"项,并放置在原理图编辑窗口,然后把虚拟终端的 RXD 端与单片机的 TXD 端相连即可。

甲、乙两机以方式1进行串行通信,用 C 语言编程实现双机通信,如图 8-23 所示。串行通信开始时,甲机首先发送数据 AAH,乙机收到后应答 BBH,表示同意接收。甲机收到 BBH 后,即可发送数据。如果乙机发现数据出错,就向甲机发送 FFH,甲机收到 FFH 后,重新发送数据给乙机。

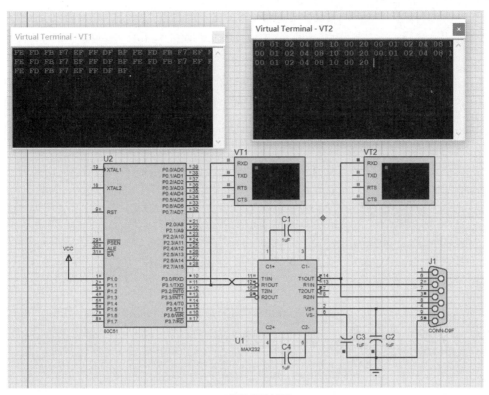

(a) 双机通信运行图

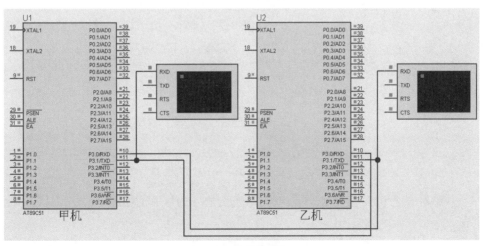

(b) 双机通信的连接

图8-23 方式1双机通信的连接

分析： 要求甲机发送，乙机接收，在收发时先要确定具体的通信协议和握手信号。当甲机开始发送时，先送出一个0AAH信号，乙机收到后发回一个0BBH信号，表示同意接收。

当甲机收到 0BBH 信号后,开始发送数据,每发送一个数据,求一次"校验和",以提高数据的可靠性。设数据块为 10 个字节,数据缓冲区 S_buf 的起始地址为 40H,数据块发送完毕后发送"校验和"。

乙机接收数据并将其转存到 50H 开始的缓冲区 S_buf,每接收到一个数据也求一次"校验和",一个数据块接收完毕后,再接收甲机来的"校验和",并与先前计算的结果相比较。如果两者相等,则说明接收正确,乙机发回 00H;若不等,则说明接收错误,乙机发回 0FFH,请求重发。甲机收到 00H 的回答后,结束发送;否则,将数据重发一次。

双方约定工作在串行方式 2,选择定时器 T1 为方式 2 定时,波特率不倍增,即 SMOD=0。查表 8-2,可得写入 T1 的初值应为 F4H。C 语言参考程序如下。

```c
//甲机发送程序
# include <reg51.h>
# define uchar unsigned char
uchar idata S_buf[10];
uchar sum;
uchar i;
void main ()
{
    PCON=0x00;
    SCON=0x90;                      //串行口工作在方式2,允许接收
    do{
        SBUF=0xAA;                  //发送联络信号"AA"
        while(TI==0);
        TI=0;
        while (RI==0);
        RI=0;                       //等待乙机回答
    }while ((SBUF^0xBB)!=0);        //乙机未准备好,继续联络
    do{
      sum=0;
      for (i=0;i<10;i++)
      {
        SBUF=S_buf[i];
        sum+=S_buf[i];              //求校验和
        while (TI==0);
```

```
        TI=0;
      }
    SBUF=sum;                       //发送校验和
    while (TI==0);
    TI=0;
    while (RI==0);
    RI=0;                           //等待乙机应答
    }while (SBUF!=0);               //出错则重发
}
//乙机接收程序
# include<reg51.h>
# define uchar unsigned char
uchar idata S_buf[10];
uchar sum;
uchar i;
void main ()
{
    PCON=0x00;
    SCON=0x90;                      //串行口工作在方式2, 允许接收
    do{
      while (RI==0);
      RI=0;
    }while ((SBUF^0xAA)!=0);        //判断A机是否发出请求
    SBUF=0xBB;                      //发送应答信号 "BB"
    while (TI==0);                  //等待结束
    TI=0;
    while (1)
    {
      sum=0;                        //清校验和
      for (i=0;i<10;i++)
      {
      while (RI==0);
      RI=0;
      S_buf[i]=SBUF;                //接收数据
```

```
      sum+=S_buf[i];
    }while (RI==0);              //等待接收校验和
  RI=0;
  if ((SBUF^sum)==0)             //比较检验和
  {
    SBUF=0x00;break;             //校验和相同则发"00"
  }
  else
  {
    SBUF=0xFF;                   //出错发"FF"，重新接收
    while (TI==0);
    TI=0;
  }
  }
}
```

8.4.4 方式2和方式3的应用设计

方式 2 与方式 1 相比，有两点不同之处。

（1）方式 2 接收 / 发送 11 位信息，第 0 位为起始位，第 1~8 位为数据位，第 9 位是程控位，由用户设置的 TB8 位决定，第 10 位是停止位（1），这是方式 2 与方式 1 的一个不同点。

（2）方式 2 的波特率变化范围比方式 1 的小，方式 2 的波特率 = 振荡器频率 /n。

当 SMOD = 0 时，n=64；

当 SMOD = 1 时，n=32。

而方式 2 和方式 3 相比，除了波特率有差别外，其他都相同。下面介绍方式 3 的应用编程，该编程也适用于方式 2。

【例 8-6】甲、乙两单片机进行方式 3（或方式 2）串行通信，如图 8-24 所示。甲机将控制 8 个流水灯点亮的数据发送给乙机并点亮其 P1 口的 8 个 LED。方式 3 比方式 1 多了 1 个可编程位 TB8，该位一般作为奇偶校验位。乙机接收到的 8 位二进制数据有可能出错，需进行奇偶校验，其方法是将乙机的 RB8 和 PSW 的奇偶校验位 P 进行比较，如果相同，则接收数据，否则拒绝接收。运行仿真参见实验 12-8。

这里使用了一个虚拟终端来观察甲机串行口发送的数据。

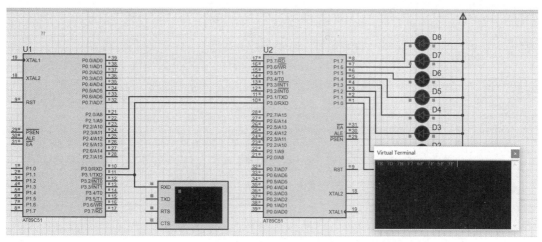

图8-24 甲、乙两个单片机进行方式3(或方式2)串行通信

参考程序如下：

```
//甲机发送程序
# include <reg51.h>
sbit p=PSW^0;                //p位定义为PSW 寄存器的第0位，即奇偶校验位
unsigned char S_char[8]= {0xfe, 0xfd, 0xfb, 0xf7, 0xef, 0xdf, 0xbf, 0x7f};
//控制流水灯显示数据数组
void main()                  //主函数
{
    unsigned  char  i;
    TMOD=0x20;               //设置定时器T1为方式2
    SCON=0xc0;               //设置串行口为方式3
    PCON=0x00;               //SMOD=0
    TH1=0xfd;                //给定时器T1赋初值，波特率设置为9600
    TL1=0xfd;
    TR1=1;                   //启动定时器T1
    while (1)
    {
      for (i=0;i<8;i++)
      {
        Send (S_char[i]);
        delay();             //大约200ms发送一次数据
      }
```

```
        }
    }
void Send (unsigned char dat)    //发送1字节数据的函数
{
    TB8=p;                       //将奇偶校验位作为第9位数据发送，偶校验
    SBUF=dat;
    while (TI==0);               //检测发送标志位TI，TI=0，未发送完
    ;                            //空操作
    TI=0;                        //1字节发送完，TI清0
}
void delay()                     //延时约200ms的函数
{
    unsigned  char m, n;
    for (m=0;m<250;m++)
    for (n=0;n<250;n++);
}
//乙机接收程序
# include <reg51.h>
sbit p= PSW^0;                   //p位为PSW 寄存器的第0位，即奇偶校验位
void main()                      //主函数
{
    TMOD=0x20;                   //设置定时器T1为方式2
    SCON=0xd0;                   //设置串行口为方式3，允许接收REN=1
    PCON=0x00;                   //SMOD=0
    TH1=0xfd;                    //给定时器T1赋初值，波特率为9600
    TL1=0xfd;
    TR1=1;                       //启动定时器T1
    REN=1;                       //允许接收
    while (1)
    {
      P1= Receive ();            //将接收到的数据送P1口显示
    }
}
unsigned char Receive()          //接收1字节数据的函数
{
```

```
unsigned  char dat;
while (RI==0);              //检测接收中断标志RI, RI=0, 未接收完, 则循环等待
RI=0;                      //已接收一帧数据, 将RI清0
ACC=SBUF;                  //将接收缓冲器的数据存于ACC
if (RB8==p)                //只有奇偶校验成功才能往下执行, 接收数据
{
  dat=ACC;                 //将接收缓冲器的数据存于dat
  return dat;              //将接收的数据返回
}
}
```

8.4.5　多机通信

下面通过一个具体案例介绍如何来实现单片机的多机通信。

【例8-7】实现主单片机分别与3个从单片机串行通信的原理电路与仿真, 如图8-25所示。用户通过分别按下开关 K1、K2 或 K3 来选择主机与对应 1#、2# 或 3# 从机串行通信, 当黄色 LED 点亮, 表示主机与相应的从机连接成功; 该从机的 8 个绿色 LED 闪亮, 表示主机与从机在进行串行数据通信。如果断开 K1、K2 或 K3, 则中断主机与相应从机的串行通信。

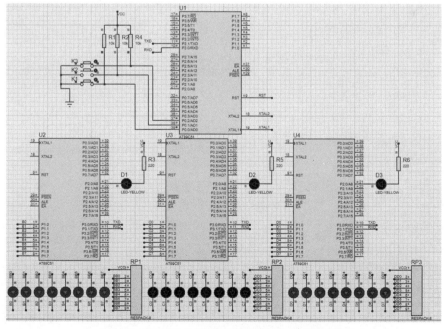

图8-25　主机与3个从机的多机通信的原理电路与仿真

本案例实现了主、从机的串行通信,各从机程序都相同,只是地址不同。串行通信约定如下。

(1)3 台从机的地址为 01H ~ 03H。

(2)主机发出的 0xff 为控制命令,使所有从机都处于 SM2=1 的状态。

(3)其余的控制命令:00H——接收命令,01H——发送命令。这两条命令是以数据帧的形式发送的。

(4)从机的状态字如图 8-26 所示。

	D7	D6	D5	D4	D3	D2	D1	D0
状态字	ERR	0	0	0	0	0	TRDY	RRDY

图 8-26 从机状态字格式

其中:

ERR(D7 位)=1,表示收到非法命令;

TRDY(D1 位)=1,表示发送准备完毕;

RRDY(D0 位)=1,表示接收准备完毕。

串行通信时,主机采用查询方式,从机采用中断方式。主机串行口设为方式 3,允许接收,并置 TB8 为 1。因只有 1 个主机,所以主机 SCON 控制寄存器中的 SM2 不要置 1,故控制字为 11011000,即 0xd8。

参考程序如下:

```
//主机程序
# include <reg51.h>
# include <math.h>
# define AUX_addr 0x01      //为3个从机定义地址，分别为0x01，0x02，0x03
sbit switch1=P0^0;          //定义K1与P0.0连接
sbit switch2=P0^1;          //定义K2与P0.1连接
sbit switch3=P0^2;          //定义K3与P0.2连接
void main()                 //主函数
{
    EA=1;                   //总中断打开
    TMOD=0x20;              //设置定时器T1，定时方式2，自动重装载定时常数
    TL1=0xfd;               //波特率设为9600
    TH1=0xfd;
    PCON=0x00;              //SMOD=0，不倍增
    SCON=0xd8;              //SM2设为0，TB8设为0
```

```
    TR1=1;                    //启动定时器T1
    ES=1;                     //允许串行口中断
    SBUF=0xff;                //串行口发送0xff
    while (TI==0);            //判断是否发送完毕
    TI=0;                     //发送完毕，TI清0
    while (1)
    {
      delay_ms (100);
      if (switch1==0)         //判断是否K1按下，K1按下往下执行
      {
        TB8=1;                //发送的第9位数据为1，送TB8，准备发地址帧
        SBUF=0x01;            //串行口发1#从机的地址 0x01 以及TB8=1
        while (TI==0);        //判断是否发送完毕
        TI=0;                 //发送完毕，TI清0
        TB8=0;                //发送的第9位数据为0，送TB8，准备发数据帧
        SBUF=0x00;            //串行口发送0x00以及TB8=0
        while (TI==0);        //判断是否发送完毕
        TI=0;                 //发送完毕，TI清0
      }
      if (switch2==0)         //判断是否K2按下，K2按下往下执行
      {
        TB8=1;                //发送的第9位数据为1，发地址帧
        SBUF=0x02;            //串行口发2#从机的地址AUX_addr为0x02
        while (TI==0);        //判断是否发送完毕
        TI=0;                 //发送完毕，TI清0
        TB8=0;                //准备发数据帧
        SBUF=0x00;            //发数据帧0x00及TB8=0
        while (TI==0);        //判断是否发送完毕
        TI=0;                 //发送完毕，TI清0
      }
      if (switch3==0)         //判断是否K3按下，如按下，则往下执行
      {
        TB8=1;                //准备发地址帧
        SBUF=0x03;            //发3#从机地址AUX_addr 为0x03
```

```
        while (TI==0);      //判断是否发送完毕
        TI=0;               //发送完毕，TI清0
        TB8=0;              //准备发数据帧
        SBUF=0x00;          //发数据帧0x00及TB8=0
        while (TI==0);      //判断是否发送完毕
        TI=0;               //发送完毕，TI清0
        }
    }
}
void delay_ms (unsigned int i)    //延时函数
{
    unsigned  char  j;
    for (;i>0;i--)
    for (j=0;j<125;j++);
}
//从机1串行通信程序
# include <reg51.h>
# include <math.h>
sbit led=P2^0;              //定义P2.0连接的黄色LED
sbit rrdy=0;               //接收准备标志位rrdy=0，表示未做好接收准备
sbit trdy=0;               //发送准备标志位trdy=0，表示未做好发送准备
sbit err=0;                //err=1，表示接收到的命令为非法命令
void  main()               //从机1主函数
{
    EA=1;                  //总中断打开
    TMOD=0x20;             //工作方式2，自动重装载，用于串行口设置波特率
    TL1=0xfd;
    TH1=0xfd;              //波特率设为9600
    PCON=0x00;             //SMOD=0
    SCON=0xd0;             //SM2设为0，TB8设为0
    TR1=1;                 //启动定时器T1
    P1=0xff;               //向P1写入全1，8个绿色LED全灭
    ES=1;                  //允许串行口中断
    while (RI==0);         //接收控制指令0xff
```

```c
    if(SBUF==0xff)err=0;        //如果接收到的数据为0xff, err=0, 表示正确
    else err=1;                 //err=1, 表示接收出错
    RI=0;                       //接收中断标志清0
    SM2=1;                      //多机通信控制位, SM2置1
    while(1);}
void int1() interrupt 4         //T1收发中断函数
{
    if (RI)                     //如果RI=1
    {
      if (RB8)                  //如果RB8=1, 表示接收的为地址帧
      {
        RB8=0;
        if (SBUF==AUX_addr)     //从机的地址AUX_addr分别定义为01-03
        {
          SM2=0;               //则SM2清0, 准备接收数据帧
          led=0;               //点亮本从机黄色发光LED
        }
      }
      else                      //如果接收的不是本从机地址
      {
        rrdy=1;                //准备好接收标志置1
        P1=SBUF;               //串行口接收的数据送P1
        SM2=1;                 //SM2仍为1
        led=1;                 //熄灭本从机黄色发光二极管
      }
      RI=0;
    }
    delay_ms (50);
    P1=0xff;                    //熄灭本从机8个绿色发光二极管
}
void delay_ms(unsigned int i)   //延时函数
{
    unsigned char j;
    for (;i>0;i--)
```

```
    for (j=0;j<125;j++);
}
```

8.4.6 单片机与PC串行通信

工业现场测控系统中,常用单片机进行监测点的数据采集,单片机再通过串行口与 PC 通信,把采集的数据串行传送到 PC 上,然后在 PC 上进行数据处理。PC 是 RS-2329 针 D 型标准串行口。D型 9 针插头引脚定义如图 8-27 所示。

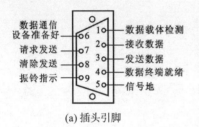

引　脚	第二功能	信号名称
P3.0	RXD	串行数据接收
P3.1	TXD	串行数据发送
P3.2	$\overline{INT0}$	外部中断 0 申请
P3.3	$\overline{INT1}$	外部中断 1 申请
P3.4	T0	定时/计数器 0 的外部输入
P3.5	T1	定时/计数器 1 的外部输入
P3.6	$\overline{WR}$	外部 RAM 写选通
P3.7	$\overline{RD}$	外部 RAM 读选通

(a) 插头引脚　　　　　　　　　(b) P3 口引脚定义

图 8-27　D型 9 针插头引脚定义

由于两者电平不匹配,需将单片机输出的 TTL 电平转换为 RS-232 电平。单片机与 PC 的 RS-232C 串行通信接口如图 8-28 所示。图 8-28 中电平转换芯片为 MAX232,接口连接只用了 3 条线,即 RS-232 插座中的 2 脚、3 脚与 5 脚。

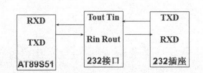

图 8-28　单片机与PC的RS-232C串行通信接口

1. 单片机向PC发送数据

【例 8-8】单片机向计算机发送数据的 Proteus 仿真电路如图 8-29 所示。要求单片机通过串行口的 TXD 脚向计算机串行发送 8 个字节数据。这里使用两个串行口虚拟终端,观察串行口线上出现的串行传输数据。

图 8-29 中弹出两个虚拟终端窗口,VT1 窗口显示的数据表示单片机串行口向 PC 发送数据,VT2 显示的数据表示的是由 PC 经 RS-232 串行口模型 COMPIM 接收到的数据,由于使用了串行口模型 COMPIM,从而省去了 PC 模型,解决了单片机与 PC 串行通信的虚拟仿真问题。

单片机与计算机之间、单片机与单片机之间发送数据的方法完全一样,从两个虚拟终端窗口观察到的串行通信数据如图 8-30 所示。

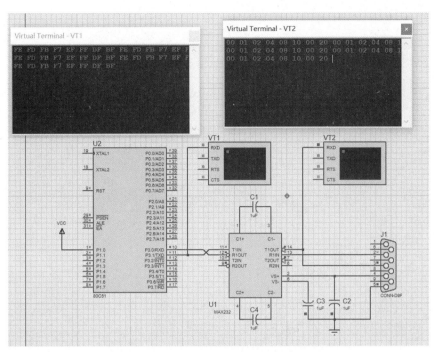

图8-29　单片机向PC发送数据的Proteus仿真电路

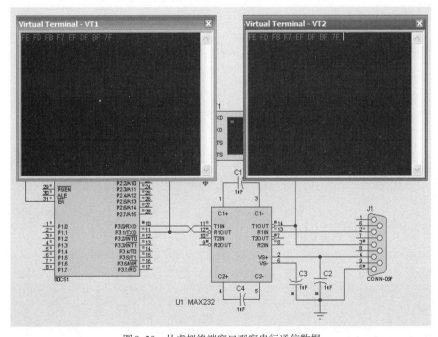

图8-30　从虚拟终端窗口观察串行通信数据

参考程序如下：

```c
# include <reg51.h>
code S_char[ ]={0xfe, 0xfd, 0xfb, 0xf7, 0xef, 0xdf, 0xbf, 0x7f};
void send(unsigned char dat)
{
    SBUF=dat;                   //待发送数据写入发送缓冲寄存器
    while (TI==0);              //串行口未发完，等待
    ;                           //空操作
    TI=0;                       //1字节发送完，软件将TI标志清0
}
void  delay()                   //延时约200ms的函数
{
    unsigned  char m, n;
    for (m=0;m<250;m++)
    for (n=0;n<250;n++);
}
void  main()                    //主函数
{
    unsigned char i;
    TMOD=0x20;                  //设置T1为定时器方式2
    SCON=0x40;PCON=0x00;        //串行口方式1，TB8=1
    TH1=0xfd;TL1=0xfd;          //波特率9600
    TR1=1;                      //启动T1
    while (1)                   //循环
    {
      for (i=0;i<8;i++)         //发送8次流水灯控制码
      {
        send (S_char[i]);       //发送数据
        delay();               //每隔200ms发送一次数据
      }
    }
    while (1) ;
    }
}
```

2. 单片机接收PC发送的数据

【例8-9】单片机接收计算机发送的串行数据,并把接收到的数据送 P1 口 8 位 LED 显示。采用串行口来模拟 PC 的串行口。单片机接收 PC 发送的串行数据的原理电路如图 8-31 所示。

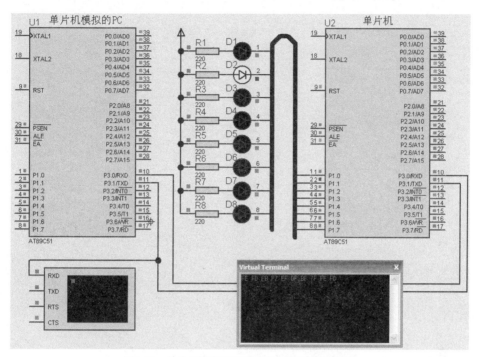

图8-31 单片机接收PC发送的串行数据的原理电路

参考程序如下:

```
//PC发送程序(用单片机串行口模拟PC串行口发送数据)
# include <reg51.h>
# define uchar unsigned  char
# define uint  unsigned   int
uchar tab[ ]={0xfe, 0xfd, 0xfb, 0xf7, 0xef, 0xdf, 0xbf, 0x7f};
void delay (unsigned  int  i)
{
    unsigned char j;
    for (;i>0;i--)
    for (j=0;j<125;j++);
}
void main()
```

```
{
    uchar i;
    TMOD=0x20;                    //设置定时器T1为方式2
    TH1=0xfd;TL1=0xfd;            //波特率9600
    SCON=0x40;                    //方式1，只发，不收
    PCON=0x00;                    //串行口初始化为方式0
    TR1=1;                        //启动T1
    while (1)
    {
      for (i=0;i<8;i++)
      {
        SBUF=tab[i];              //数据送串行口发送
        while (TI==0);            //如果TI=0，未发送完，循环等待
        TI=0;                     //已发送完，再把TI清0
        delay (1000);
} } }
//单片机接收程序
# include <reg51.h>
# define uchar unsigned  char
# define uint  unsigned  int
void main()
{
    uchar  temp=0;
    TMOD=0x20;                    //设置T1为方式2
    TH1=0xfd;TL1=0xfd;            //波特率9600
    SCON=0x50;                    //设置串行口为方式1接收，REN=1
    PCON=0x00;                    //SMOD=0
    TR1=1;                        //启动T1
    while (1)
    {
      while (RI==0);              //若RI为0，未接收到数据
      RI=0;                       //接收到数据，则把RI清0
      temp=SBUF;                  //读取数据存入temp中
      P1=temp ;                   //接收的数据送P1口控制8个LED的亮与灭
} }
```

3. PC与多个单片机的串行通信

PC 与多片单片机构成小型的分布式测控系统,如图 8-32 所示。

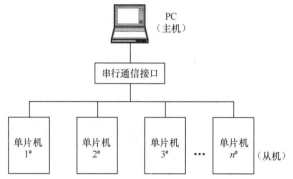

图 8-32 PC与多片单片机构成小型的分布式测控系统

图 8-32 所示的系统在许多实时工业控制和数据采集中,具有功能强、抗干扰性好、面向对象控制等优点,同时,PC 可弥补单片机在数据处理和人机对话等管理方面的不足。

一般应用系统多以 PC 为主机,定时扫描以 AT89S51 为核心的前端单片机,以便采集数据或发送控制信息。以 AT89S51 为核心的智能测量和控制仪表(从机)既能独立完成数据处理和控制任务,又可以将数据传送给 PC(主机)。PC 将数据进行处理、显示和打印等,同时将各种控制命令传送给各从机,以实现集中管理和最优控制。要组成这样一个分布式测控系统,首先要解决 PC 与单片机间的串行通信接口问题。

PC 与数台 AT89S51 单片机进行多机通信时,PC 配有 RS-232C 串行标准接口,可通过转换电路转换成 RS-485 串行接口,AT89S51 单片机本身具有一个全双工的串行口,该串行口加驱动电路后就可实现 RS-485 串行通信。PC 与 AT89S51 串行通信接口电路如图 8-33 所示。

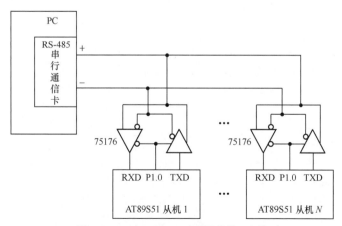

图 8-33 PC与AT89S51串行通信接口电路

图 8-33 中，AT89S51 单片机串行口通过 75176 芯片驱动后就可以转换成 RS-485 标准接口，根据 RS-485 接口特性，从机数量不多于 32 个。PC 与 AT89S51 间通信采用主从方式，PC 为主机，各单片机为从机，由 PC 来确定与哪个单片机进行通信。有关 PC 与多片单片机的串行通信软件编程资料较多，读者可查阅相关的参考文献。

本章小结

通过学习本章内容，读者应当掌握 AT89 系列单片机串行口的工作原理、功能与特点，串行传输的方式控制字、数据格式、串行接口标准等；了解对外引脚信号与一般接口芯片在距离传输方面的区别。

思考题及习题8

1. 帧格式为 1 个起始位、8 个数据位和 1 个停止位的异步串行通信方式是 _____。

2. 下列选项中，_____ 是正确的。

A. 串行口通信的第 9 数据位的功能可由用户定义

B. 发送数据的第 9 数据位的内容是在 SCON 寄存器的 TB8 位中预先准备好的

C. 串行通信帧发送时，指令把 TB8 位的状态发送到 SBUF

D. 串行通信接收到的第 9 位数据，送入 SCON 寄存器的 TB8

E. 串行口方式 1 的波特率是可变的，通过定时器 / 计数器 T1 的溢出率设定

3. 串行口工作方式 2 的波特率是 _____。

A. 固定的，为 f_{osc}/32   B. 固定的，为 f_{osc}/16

C. 可变的，通过定时器 T1 的溢出率设定   D. 固定的，为 f_{osc}/64

4. 什么是并行通信和串行通信？它们各有什么特点？

5. 根据数据传输的方向，串行通信有哪几种方式？

6. 串行异步通信中，数据帧的格式是怎样的？

7. 在异步串行通信中，接收方是如何知道发送方开始发送数据的？

8. 什么是波特率？通信双方对波特率有什么要求？

9. 与串行通信有关的寄存器有哪些？分别起什么作用？

10. AT89S51 单片机的串行口工作设置有哪几种方式？各有什么特点？单片机编程时如何对它们进行初始化？

11. 为什么 AT89S51 单片机串行口的方式 0 帧格式没有起始位 0 和停止位 1？

12. 直接以 TTL 电平串行传输数据的方式有什么缺点？为什么在串行传输距离较远时，常用 RS–422A 和 RS–485 标准串行接口来进行串行数据传输？比较 RS–232C、RS–422A 和 RS–485 标准串行接口各自的优缺点。

13. 已知串行异步通信中，每个字符发送时的数据帧格式是 1 个起始位、8 个数据位和 1 个停止位，求每分钟传输 2400 个字符时的波特率。

14. 为什么定时器 / 计数器 T1 用作串行口波特率发生器时，常采用方式 2？若已知时钟频率和串行通信的波特率，如何计算装入 T1 的初值？

15. 若晶体振荡频率为 11.0592MHz，串行口工作于方式 1，波特率为 4800bit/s，写出用 T1 作为波特率发生器的方式控制字和计数初值。

16. Proteus 虚拟仿真

（1）利用串行口的方式 0 输入和输出，外扩一片 74LS165，在 741LS165 的并行输入端接有 8 个开关，同时还外扩 2 片 74LS164，74LS164 的并行输出端各接有 1 个 LED 数码管。开关未合上时，74LS165 检测的输入为高电平；开关合上时，74LS165 的输入为低电平。要求把 8 个开关的状态以 2 位十六进制数的形式显示在 2 位数码管上。例如，8 个开关全合上，此时 2 位数码管应显示 00，高 4 位开关合上（为 0），低 4 位开关断开（为 1），则应显示 OFF。

（2）甲机和乙机之间采用方式 1 双向串行通信，要求：

①甲机的 K1 按键可通过串行口控制乙机的 LED1 亮，LED2 灭；甲机的 K2 按键控制乙机的 LED1 灭，LED2 亮；甲机的 K3 按键控制乙机的 LED1 和 LED2 全亮。

②乙机的 K4 按键可控制串行口向甲机发送"按键按下的次数"，并显示在甲机 P0 口的数码管上。

17. 利用串行口工作方式 0，画出芯片 74LS164 的扩展应用图，并将内部 30H 单元开始的 16 个单元数据依次通过串行口送出去。

18. 利用串行口工作方式 0，画出芯片 74LS165 的扩展应用图，并从 74LS165 中读取数据，存到内部 40H 单元。

19. 使用 AT89S51 的串行口按方式 1 工作进行串行数据通信，假定波特率为 2400bit/s，以中断方式传送数据，请编写全双工通信程序。

第 9 章　AT89S51 单片机的并行扩展

AT89S51 单片机片内集成了 4KB 程序存储器和 128B 的数据存储器以及 4 个端口。

单片机在一块芯片上集成了计算机的基本功能部件，因而 8051 单片机就是一个最小的单片机系统。在较简单的应用场合下，可直接采用单片机的最小系统。但在很多情况下，单片机内部 RAM、ROM 和 I/O 端口功能有限，无法满足使用要求，这就需要进行扩展，涉及的总线、I/O 扩展、隔离与驱动等内容都是单片机接口技术的基础，掌握这些知识对我们进一步提高单片机应用能力是必要的。系统扩展分为并行扩展和串行扩展，本章介绍 AT89S51 单片机片外程序与数据的两个存储器空间的地址分配，如何扩展外部数据存储器和外部程序存储器、I/O 接口芯片，以及 I/O 端口编址方式、地址译码和分配，I/O 接口与 CPU 数据交换方式等。

9.1　并行扩展

9.1.1　三总线结构

单片机系统是由众多功能部件组成的，每个功能部件分别完成系统整体功能中的一部分，所以各功能部件与 CPU 之间存在如何进行相互连接并实现信息交换的问题。如果所需连接线的数量非常多，将造成单片机组成结构的复杂化。为了减少连接线，把具有共性的连线归并成一组公共连线，就形成了总线。例如，专门用于传输数据的公用连线称为数据总线（Data Bus，DB）；专门用于传输地址的公用连线称为地址总线（Address Bus，AB）；专门用于实施控制的公用连线称为控制总线（Control Bus，CB）。它们统称为"三总线"。单片机系统并行扩展结构如图 9-1 所示。

由图 9-1 可以看出，系统并行扩展主要包括数据存储器扩展、程序存储器扩展和 I/O 接口扩展。AT89S51 单片机采用程序存储器空间和数据存储器空间截然分开的哈佛结构，因此形成两个并行外部存储器空间。在 AT89S51 系统中，I/O 接口与数据存储器采用统一编址方式，即接口芯片的每一个端口寄存器就相当于一个 RAM 存储单元。

由于 AT89S51 单片机采用并行总线结构，各扩展部件只要符合总线规范，就可以方便地接入系统。并行扩展是通过总线把 AT89S51 单片机与各个扩展部件连接起来的。因此，要进行并行扩展，首先要构建系统总线。

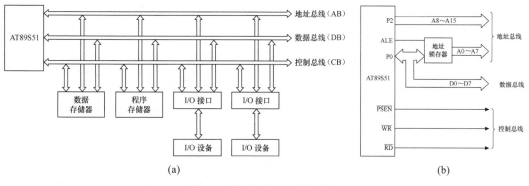

图9-1 单片机系统并行扩展结构

系统总线按功能通常分为3组。

（1）地址总线（Address Bus, AB）：用于传送单片机单向发出的地址信号, 以便进行存储单元和 I/O 接口芯片中的寄存器单元选择。

（2）数据总线（Data Bus, DB）：用于单片机与外部存储器之间或与 I/O 接口之间双向传送数据。

（3）控制总线（Control Bus, CB）：是单片机发出的各种控制信号线。

下面介绍如何构建系统的三总线。

51 单片机属于总线型结构, 片内各功能部件都是按总线关系设计并集成为整体的。51 单片机与外部设备的连接既可以采用 I/O 口方式（即非总线方式, 如以前各章中采用的单片机外接指示灯、按键和数码管等应用系统）, 也可以采用总线方式。一般单片机的 CPU 外部都有单独的三总线引脚, 而 51 单片机因受到引脚数量的限制, 数据总线与地址总线采用复用 P0 口方案。为了将它们分开, 需要在单片机外部增加接口芯片才能构成片外三总线。

可以看出, 8 位数据总线由 P0 口组成, 16 位地址总线由 P0 和 P2 口组成, 控制总线则由 P3 口及相关引脚组成。采用片外三总线连接外设, 可以充分发挥 51 单片机的总线结构特点, 简化编程, 节省 I/O 口线, 便于外设扩展。为了能与 51 单片机片外总线兼容, 各国公司设计开发了许多标准外围芯片来便于扩展。

1. P0 口作为低8位地址/数据总线

AT89S51 单片机受引脚数目限制, P0 口既用作低 8 位地址总线, 又用作数据总线（分时复用）, 因此需增加 1 个 8 位地址锁存器才能构建 16 位地址总线。AT89S51 单片机对外部扩展的存储器单元或 I/O 接口寄存器进行访问时, 先发出低 8 位地址送地址锁存器锁存, 锁存器输出作为系统的低 8 位地址（A0 ~ A7）。随后, P0 口又作为数据总线口（D0 ~ D7）。AT89S51 单片机扩展的片外三总线以及数据线和地址线如图 9-2 所示。

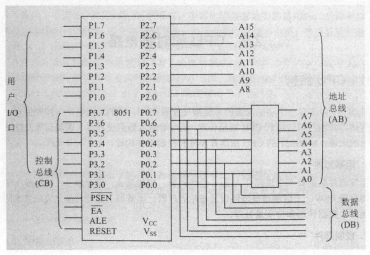

(a) 片外三总线

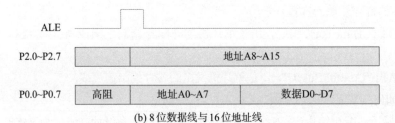

(b) 8位数据线与16位地址线

图9-2　AT89S51单片机扩展的片外三总线以及数据线和地址线

2. P2口作为高位地址

P2口的全部8位口线用作系统高8位地址线，与地址锁存器输出提供的低8位地址结合，共同构成系统的16位地址总线（如图9-2所示），从而使单片机系统的寻址范围达到64KB。

3. 控制总线

除了地址总线和数据线总外，还需要控制总线。控制总线的信号有的是单片机引脚信号，有的则是P3口第二功能信号。其中包括以下内容。

（1）$\overline{PSEN}$信号作为外部扩展程序存储器的读选通控制信号。

（2）$\overline{RD}$和$\overline{WR}$信号作为外部扩展数据存储器和I/O接口寄存器的读、写选通控制信号。

（3）ALE信号作为P0口发出的低8位地址的锁存控制信号。

（4）$\overline{EA}$信号为片内、片外程序存储器访问允许控制端。

控制总线：P3+控制引脚。

数据总线：P0。

地址总线：P0＋P2。

地址锁存器：低 8 位地址暂时存放处。

地址总线宽度为 16 位（A0～A15），片外可寻址范围为 64K（2^{16}）。

由以上可以看出，尽管 AT89S51 单片机有 4 个并行 I/O 口，共 32 条口线，但由于系统扩展的需要，真正留给用户作为通用 I/O 使用的，就只剩下 P1 口和 P3 口的部分口线了。

4. 控制信号时序

单片机的 CPU 在访问片外 ROM 的一个机器周期内，信号 ALE 出现了 2 次（正脉冲），ROM 选通信号也 2 次有效，这说明在一个机器周期内 CPU 2 次访问片外 ROM，即在一个机器周期内 CPU 可以处理 2 个字节的指令代码。因此在 80C51 系列单片机指令系统中有很多单周期双字节指令。外部 ROM 读时序如图 9-3 所示。

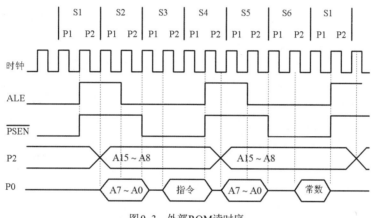

图9-3 外部ROM读时序

由于单片机采用哈佛结构，RAM 与外设统一编址，控制信号也完全一样，所以对于 RAM 的操作就是对扩展外部设备的操作。

外部扩展程序存储器只能读内部的数据和控制指令，所以其只有读的操作而没有写入的操作。单片机的 CPU 在访问片外 RAM 的一个机器周期内，信号 ALE 出现了 2 次（正脉冲），RAM 选通信号也 2 次有效，这说明在一个机器周期内 CPU 2 次访问片外 RAM，即在一个机器周期内 CPU 可以处理 2 个字节的指令代码。因此单片机指令系统中有很多单周期双字节指令。

扩展 RAM 和扩展 ROM 类似，由 P2 口提供高 8 位地址，P0 口分时地作为低 8 位地址线和 8 位双向数据总线。外部 RAM 读、写时序分别如图 9-4(a) 和图 9-4(b) 所示。外部 ROM、RAM 控制信号连接如图 9-5 所示。

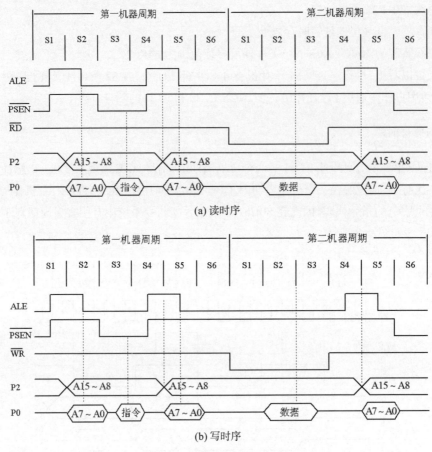

(a) 读时序

(b) 写时序

图9-4 外部RAM读、写时序

从时序图可以看到外部扩展 RAM 的读、写时序,ALE 与 $\overline{RD}$($\overline{WR}$)控制信号起作用。除了读、写控制信号以外,其他的过程状态几乎完全一样。程序存储器只有读的过程,$\overline{PSEN}$ 与 ALE 控制信号起作用,在第 1 个取指周期以及第 2 个数据周期前后过程几乎相同。

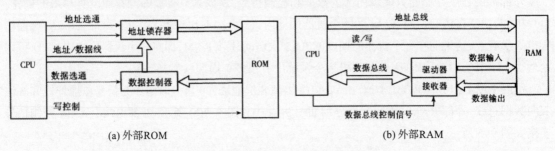

(a) 外部ROM

(b) 外部RAM

图9-5 外部ROM、RAM控制信号连接

9.1.2　空间地址与分配

如何把片外两个 64KB 地址空间分配给各个存储器与 I/O 接口芯片,使一个存储单元只对应一个地址,避免单片机在访问某个地址单元时发生数据冲突,这就是存储器空间的地址分配问题。

AT89S51 发出的地址信号用于选择某存储器单元,在外扩多片存储器芯片时,要完成这种功能,必须进行两种选择:一是必须选中该存储器芯片,这称为"片选",只有被"选中"的存储器芯片才能被单片机访问,未被选中的芯片不能被访问;二是在"片选"的基础上,还要同时"选中"芯片的某一单元对其进行读/写,这称为"单元选择"。每个扩展的芯片都有"片选"引脚,同时每个芯片也都有多条地址引脚,以便对其内部单元进行操作。需要注意的是,"片选"和"单元选择"都是单片机通过地址线一次发出的地址信号来完成选择的。

常用的存储器地址空间分配方法有两种:线性选择法(简称线选法)和地址译码法(简称译码法)。下面分别对这两种方法进行介绍。

1. 线选法

若系统只扩展少量的 RAM 和 I/O 芯片,可采用线选法,即把单独的地址线(通常是 P2 口的某一条线)接到外围芯片的片选端上,只要该地址线为低电平,就选中该芯片。除了可以扩展 6116 为 2KB 的数据存储器,还可以扩展 I/O 扩展芯片 8255、8155、DAC0832 转换器和定时器/计数器 8253 等。这些芯片除了片选地址外,还有片内地址。片内地址则是由低位地址线经过全译码而选择的,其中未用到的地址位可设成 1,也可设为 0。对于片选信号,则必须保证同一时刻只能选中一个芯片,否则将发生错误。

线选法的优点是硬件电路结构简单,但地址空间没有充分利用,芯片之间地址不连续。

2. 译码法

当芯片所需的片选信号多于可利用的地址线时,常采用全地址译码法。用译码器对高位地址进行译码,译出的信号作为片选线。一般可采用 74LS138 作为地址译码器。如果译码器的输入端占用 3 条最高位地址线,则剩余的 13 条地址可作为片内地址线。译码器的 8 条输出线分别对应一个 8KB 的地址空间。

译码法就是使用译码器对 AT89S51 单片机的高位地址进行译码,将译码器译码输出作为存储器芯片的片选信号。该方法能有效地利用存储器空间,适用于多芯片的存储器扩展。如 8KB 的 RAM 地址为 A0~A12 共 13 条地址线,而 A13、A14 和 A15 作为 74LS138 译码器的输入线,其输出 8 根线可作为 8 个外围芯片的选线。

常用的译码器芯片有 74LS138(3-8 译码器)、74LS139(双 2-4 译码器)和 74LS154(4-16 译

码器）。下面介绍一下 74LS138 和 74LS139 译码器芯片。

（1）74LS138 是 3-8 译码器，有 3 个数据输入端，经译码后产生 8 种状态。74LS138 引脚如图 9-6（a）所示，74LS138 真值表如表 9-1 所示。

由表 9-1 可见，当译码器输入为某一固定编码时，其 8 个输出引脚 $\overline{Y_0} \sim \overline{Y_7}$ 中仅有 1 个引脚输出为低，其余全为高。而输出低电平的引脚作为片选信号。

表9-1　74LS138真值表

输入端						输出端							
G1	$\overline{G2A}$	$\overline{G2B}$	C	B	A	$\overline{Y_7}$	$\overline{Y_6}$	$\overline{Y_5}$	$\overline{Y_4}$	$\overline{Y_3}$	$\overline{Y_2}$	$\overline{Y_1}$	$\overline{Y_0}$
1	0	0	0	0	0	1	1	1	1	1	1	1	0
1	0	0	0	0	1	1	1	1	1	1	1	0	1
1	0	0	0	1	0	1	1	1	1	1	0	1	1
1	0	0	0	1	1	1	1	1	1	0	1	1	1
1	0	0	1	0	0	1	1	1	0	1	1	1	1
1	0	0	1	0	1	1	1	0	1	1	1	1	1
1	0	0	1	1	0	1	0	1	1	1	1	1	1
1	0	0	1	1	1	0	1	1	1	1	1	1	1
其他状态			×	×	×	1	1	1	1	1	1	1	1

注：1表示高电平，0表示低电平，×表示任意。

（2）74LS139 是双 2-4 译码器。两个译码器完全独立，分别有各自的数据输入端、译码状态输出端以及数据输入允许端。74LS139 引脚如图 9-6（b）所示，其中 1 组真值表如表 9-2 所示。

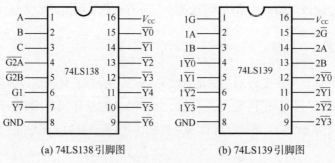

(a) 74LS138引脚图　　　　(b) 74LS139引脚图

图9-6　74LS138和74LS139引脚图

表9-2 74LS139真值表

输入端			输出端			
允 许	选 择					
G	B	A	$\overline{Y}_3$	$\overline{Y}_2$	$\overline{Y}_1$	$\overline{Y}_0$
0	0	0	1	1	1	0
0	0	1	1	1	0	1
0	1	0	1	0	1	1
0	1	1	0	1	1	1
1	×	×	1	1	1	1

注：1表示高电平，0表示低电平，×表示任意。

这里以 74LS138 为例，说明如何进行空间地址分配。例如，要扩展 8 片 8KB 的 RAM6264，如何通过 74LS138 把 64KB 空间分配给各个芯片？由 74LS138 真值表可知，把 G1 接到 +5V、$\overline{G2A}$、$\overline{G2B}$ 接地，P2.7、P2.6 和 P2.5（高 3 位地址线）分别接到 74LS138 的 C、B 和 A 端，由于对高 3 位地址译码，这样译码器就有 8 个输出 $\overline{Y}_0 \sim \overline{Y}_7$，分别接到 8 片 6264 的"片选"端，实现 8 选 1 片选。

而低 13 位地址（P2.4 ~ P2.0，P0.7 ~ P0.0）完成对选中的 6264 芯片中的各个存储单元的"单元选择"。这样就把 64 KB 存储器空间分成 8 个 8 KB 空间了。64 KB 地址空间分配如图 9-7 所示。

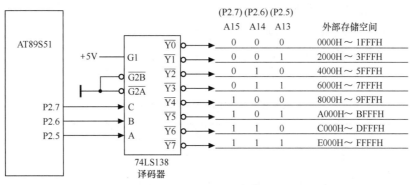

图9-7 64 KB地址空间分配

当 AT89S51 单片机发出 16 位地址码时，每次只能选中一片芯片以及该芯片的唯一存储单元。采用译码器划分的地址空间块相等，如将地址空间块划分为不等的块，可用 FPGA 实现非线性译码逻辑来代替译码器。

9.1.3 外部地址锁存器

AT89S51 单片机受引脚数的限制，P0 口兼用数据线和低 8 位地址，为了将它们分离出来，需要在单片机外部增加地址锁存器。目前，常用的地址锁存器芯片有 74LS373 和 74LS573 等。

1. 锁存器74LS373

这是带有三态门的 8D 锁存器,其引脚和内部结构如图 9-8 所示。

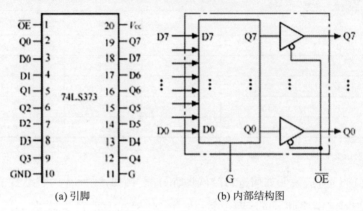

(a) 引脚　　　　　　　(b) 内部结构图

图 9-8　74LS373 的引脚和内部结构

74LS373 引脚说明:

- D0 ~ D7:8 位数据输入线。
- Q0 ~ Q7:8 位数据输出线。
- G:数据输入锁存选通信号。当加到该引脚的信号为高电平时,外部数据选通到内部锁存器。
- $\overline{OE}$:数据输出允许信号,低电平有效。当该信号为低电平时,三态门打开,锁存器中的数据输出到数据输出线;当该信号为高电平时,输出线为高阻态。

74LS373 锁存器控制功能如表 9-3 所示。

表9-3　74LS373锁存器控制功能

$\overline{OE}$	G	D	Q
0	1	1	1
0	1	0	0
0	0	×	不变
1	×	×	高电平

AT89S51 单片机与 74LS373 锁存器的连接如图 9-9 所示。

2. 锁存器74LS573

带三态门的 8D 锁存器的功能及内部结构与 74LS373 完全一样,只是其引脚排列与 74LS373 不同,74LS573 的输入 D 端和输出 Q 端依次排列在芯片两侧,为绘制印制电路板提供了较大方便。

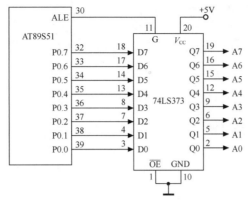

图9-9　AT89S51单片机与74LS373锁存器的连接

9.2　外部程序存储器EPROM的扩展

程序存储器具有非易失性,在电源关断后,存储器仍能保存程序,在系统上电后,CPU 可取出这些指令重新执行。

程序存储器采用只读存储器 ROM(Read Only Memory)。ROM 中的信息一旦写入就不能随意更改,特别是不能在程序运行过程中写入新的内容,故称为只读存储器。

目前许多公司生产的 8051 内核单片机在芯片内部大多都集成了数量不等的 Flash ROM。例如,美国 ATMEL 公司生产的 AT89C2051、AT89C51、AT89S51、89C52 和 89S52 和 89C55,片内分别有不同容量的 Flash ROM 作为片内程序存储器使用。若选择的单片机片内的 Flash ROM 能够满足要求,则可省去外部程序存储器的扩展。

向 ROM 中写入信息称为 ROM 编程。根据编程方式不同,可分为以下几种。

(1)掩膜 ROM:在制造过程中编程,编程是以掩膜工艺在工厂实现的。这种芯片存储结构简单,集成度高,但由于掩膜工艺成本较高,因此只适合于大批量生产。

(2)可编程 PROM(可编程只读存储器):芯片出厂时无任何程序信息,用户用编程器写入。但写入一次内容后就不能再修改,是一次可编程芯片(OTP)。

(3)EPROM:用电信号编程、紫外线擦除的只读存储器芯片。在芯片外壳中间有一个圆形透明窗口,通过该窗口照射紫外线可擦除原有内部代码。使用编程器可将调试完毕的程序写入。

(4)E^2PROM(EEPROM):用电信号编程和擦除的 ROM 芯片。对 E^2PROM 的读/写操作与 RAM 存储器几乎没有差别,只是写入速度慢一些,但断电后仍能保存信息。

(5)Flash ROM 又称闪烁存储器(简称闪存):是在 EPROM、E^2PROM 的基础上发展起来的一种电擦除型读写存储器,可快速在线修改存储单元中的数据,改写次数可达 1 万次,其读写速度很快,存取时间可达 70ns,成本却比普通 E^2PROM 低得多。

9.2.1　常用的EPROM芯片

扩展并行接口程序存储器使用较多的是27系列产品,如2764(8KB)、27128(16KB)、27256(32KB)和27512(64KB),型号名称27后面的数字表示其位的存储容量。如果换算成字节容量,只要将该数字除以8即可。例如,27128中27后面的数字为128,128÷8=16KB。

1.常用的EPROM芯片的引脚

27系列EPROM芯片的常用EPROM芯片引脚如图9–10所示,各引脚功能如下。

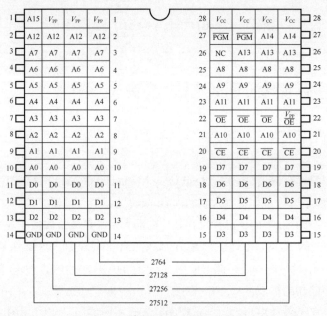

图9–10　常用EPROM芯片引脚图

- A0～A15:地址线,它的数目由芯片的存储容量决定,用于进行单元选择。
- D0～D7:数据线。
- $\overline{CE}$:片选控制端。
- $\overline{OE}$:输出允许控制端。
- $\overline{PGM}$:编程时,编程脉冲的输入端。
- V_{PP}:编程时,编程电压(+12V或+25V)输入端。
- V_{CC}:+5V,芯片的工作电压。
- GND:数字地。
- NC:无用端。

2. EPROM芯片的工作方式

该芯片一般有 5 种工作方式,由 $\overline{\text{CE}}$、$\overline{\text{OE}}$、PGM 各信号状态组合确定。EPROM 的 5 种工作方式如表 9-4 所示。

表9-4　EPROM的5种工作方式

工作方式	引　脚			
	$\overline{\text{OE}}$/PGM	$\overline{\text{CE}}$	V_{PP}	D0 ~ D7
读出	低	低	+5V	程序读出
未选中	高	×	+5V（或12V）	编程
编程	正脉冲	高	+25V（或12V）	程序写入
程序校验	低	低	+25V（或12V）	程序读出
编程禁止	低	高	+25V（或12V）	高阻

（1）读出方式。片选控制线 $\overline{\text{CE}}$ 和 $\overline{\text{OE}}$ 为低电平,V_{PP} 为 +5V,就可将 EPROM 中的指定地址单元的内容从数据引脚 D7 ~ D0 上读出。

（2）未选中方式。$\overline{\text{CE}}$ 此时为高,数据输出为高阻悬浮状态,不占用数据总线。EPROM 处于低功耗的维持状态。

（3）编程方式。在 V_{PP} 端加上规定高压,$\overline{\text{CE}}$ 和 $\overline{\text{OE}}$ 端加上合适电平（不同芯片要求不同）,就能将数据写入指定的地址单元。此时,编程地址和编程数据分别由单片机的 A0 ~ A15 和 D0 ~ D7 提供。

（4）程序校验方式。在 V_{PP} 端保持相应的编程电压（高压）,再按读出方式操作,读出编程固化好的内容,以校验写入内容是否正确。

（5）编程禁止方式。编程禁止方式输出呈高阻状态,不写入程序。

9.2.2　扩展EPROM的接口设计

51 系列单片机的 8051/8751 片内有 4KB 的 ROM 或 EPROM,而 8031 片内无 ROM。由于集成技术的提高,目前 8051 等单片机片内的程序存储器容量也越来越大,片内 ROM 的单价也大为下降。因此,程序存储器的片外扩展已不是必须,但作为一项技术,我们仍可以了解一下。

1. 访问程序存储器的控制信号

AT89S51 访问片外程序存储器时,控制信号有 3 个。

（1）ALE：用于低 8 位地址锁存控制信号。

（2）$\overline{PSEN}$：片外程序存储器"读选通"控制信号。它接外扩 EPROM 的 $\overline{OE}$ 脚。

（3）$\overline{EA}$：片内和片外程序存储器访问的控制信号。当 $\overline{EA}=1$ 时，若单片机发出的地址小于片内程序存储器的最大地址，则访问片内程序存储器；当 $\overline{EA}=0$ 时，只访问片外程序存储器。

如果指令是从片外 EPROM 中读取的，除了 ALE 用于低 8 位地址锁存信号之外，控制信号还有 $\overline{PSEN}$，$\overline{PSEN}$ 接外扩 EPROM 的 $\overline{OE}$ 脚。此外，还要用 P0 口分时作为低 8 位地址总线和数据总线，P2 口用作高 8 位地址线。

2. 扩展程序存储器时的总线功能和操作时序

$\overline{EA}$ 为选择片内和片外程序存储器的信号。当 $\overline{EA}=0$ 时，单片机从片外程序存储器取指令；当 $\overline{EA}=1$ 时，单片机从片内取指令。根据 $\overline{EA}$ 电平的不同，单片机有两种取指令过程。

当 $\overline{EA}=1$ 时，8051 片内程序存储器有效，此时程序存储器的寻址范围为 0000~0FFFH，程序计数器 PC 在此范围内时，P0 口、P2 口及 PSEN 无信号输出。只有当 PC 的值超出上述范围，P0 口输出程序存储器的低 8 位地址和 8 位数据在 ALE 的下降沿时，P0 口上出现稳定的程序存储器的低 8 位地址输出，因此可用 ALE 信号锁存在低 8 位地址。

3. 扩展片外程序存储器

片外程序存储器可以选用 EPROM 和 E²PROM，如 2732、2764、27128 及 2864 等。

这些 ROM 与单片机的连接仅在于高位地址总线位数的差别。作为低 8 位地址锁存用的地址锁存器，一般选用 74LS373 锁存器。

由于目前各种单片机片内都集成不同容量的 Flash ROM，扩展外部程序存储器的工作可以省略。但是作为外部程序存储器的并行扩展基本方法，读者还是需要有所了解的。

4. AT89S51 单片机与单片EPROM的硬件接口电路

由于外扩的 EPROM 在正常使用中只读不写，故 EPROM 芯片没有写入控制引脚，只有读出控制引脚 $\overline{PSEN}$，该脚与 AT89S51 的 $\overline{PSEN}$ 相连，地址线和数据线分别与 AT89S51 的地址线、数据线相连，可采用线选法或译码法对片选端进行控制。

下面介绍 27128 芯片和 AT89S51 单片机的接口。至于更大容量的 27256 和 27512 与单片机连接的情况，它们的差别只是与 AT89S51 连接的地址线数目不同。

AT89S51 单片机与 27128 的接口电路如图 9-11 所示，与地址无关的电路部分未画出。由于只扩展一片 EPROM，片选端 $\overline{CE}$ 可直接接地，也可以接到某一高位地址线上（A15 或 A14）进行线选控制。当然也可采用译码器法，$\overline{CE}$ 接到某一地址译码器的输出端。

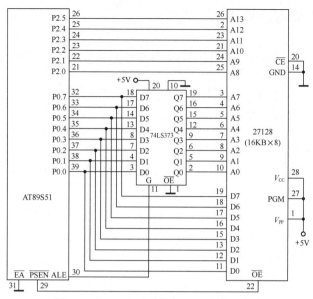

图9-11 AT89S51单片机与27128的接口电路

5. 扩展多片EPROM的接口电路

扩展多片 EPROM 时,需要区分片选端,其他均与单片扩展电路相同。AT89S51 单片机和 4 片 27128 EPROM 的接口电路如图 9-12 所示。片选控制信号 $\overline{CE}$ 由译码器产生。4 片 27128 各自所占的空间地址需要读者自己来分析。

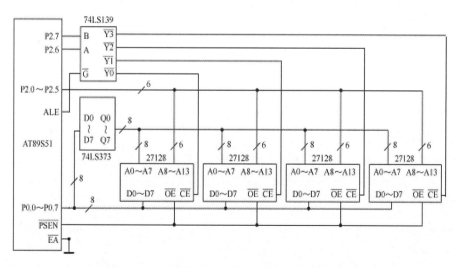

图9-12 AT89S51单片机和4片27128 EPROM的接口电路

9.2.3 Flash存储器的编程

下面讨论如何把已调试完毕的程序代码写入单片机片内的 Flash 存储器,即如何对 AT89S51 的 Flash 存储器编程。

1. 片内Flash存储器的基本特性

单片机芯片出厂时,Flash 存储器为全空白状态(各单元均为 0xFF),可直接进行编程。若 Flash 不全为空白状态(单元中有不是 0xFF 的),应首先将芯片擦除(即各单元均为 0xFF)后,方可向其写入调试通过的程序代码。

AT89S51 片内的 Flash 存储器有 3 个可编程加密位,定义了 3 个加密级别,用户只要对 3 个加密位——LB1、LB2、LB3 进行编程即可实现 3 个不同级别的加密。经上述加密处理后,解密难度加大,但还是可以解密。现在还有一种非恢复性加密(OTP 加密)方法,就是将 AT89S51 的第 31 脚($\overline{EA}$ 脚)烧断或某些数据线烧断,经上述处理后芯片仍正常工作,但不再具有读取、擦除和重复烧写等功能。这是一种较强的加密手段。国内某些厂家生产的编程器直接就具有此功能(例如 RF-1800 编程器)。

如何将调试好的程序写入片内 Flash 存储器中,即为 AT89S51 片内 Flash 存储器的编程问题。AT89S51 片内 Flash 存储器有低电压编程(V_{PP}=+5V)和高电压编程(V_{PP}=12V)两类芯片。低电压编程可用于在线编程,高电压编程与一般常用的 EPROM 编程器兼容。在 AT89S51 芯片的封装面上都标有低电压编程还是高电压编程的标识。

AT89S51 程序代码(*.hex 目标文件)在 PC 中与在线仿真器以及用户目标板一起调试通过后,必须写入 AT89S51 片内的闪烁存储器中。

2. Flash存储器的编程

目前常用的编程方法主要有两种:一种是使用通用编程器编程;另一种是使用下载型编程器编程。

(1)通用编程器编程

采用通用编程器编程,就是在下载程序时,编程器只是将 AT89S51 看作一个待写入程序的外部程序存储器芯片。PC 中的程序代码通过串口或 USB 口与 PC 连接,并有相应的应用程序。在编程器与 PC 连接好后,运行应用程序,先选择所要编程的单片机型号,再调入程序代码文件,将调试通过的程序代码烧录到片内 Flash 中。用户只需在市场上购买现成的编程器即可完成上述工作。

(2)ISP 编程

AT89S5x 系列支持对片内 Flash 存储器在线编程(ISP),即在电路板上的被编程的空白器件可直接写入程序代码,编程器件也可用 ISP 方式擦除或再编程。ISP 下载编程器与单片机一端连接的端口通常采用 ATMEL 公司提供的接口标准。

　　ISP 下载编程器可自行制作,只需几个简单元件及连线即可。也可以采用市面销售的 ISP 下载型编程器 ISPro。购买 ISPro 时,会随机赠送安装光盘。用户运行安装程序 SETUP.exe 即可,安装后在桌面上建立一个"ISPro.exe 下载型编程器" 图标,双击该图标,即可启动编程软件。ISPro 下载型编程器的使用参照使用说明书操作即可。上面两种程序的下载方法,使用 ISP 下载方式已逐步成为主流。

9.3　外部数据存储器RAM的扩展

　　AT89S51 片内有 128B RAM,如果不能满足应用要求,则需扩展外部数据存储器。在单片机系统中,外扩数据存储器都采用静态数据存储器(SRAM)。

　　AT89S51 对外部数据存储器进行访问,由 P2 口提供高 8 位地址,P0 口分时提供低 8 位地址和 8 位双向数据总线。片外数据存储器 RAM 的读和写由 AT89S51 的 $\overline{RD}$(P3.7)和 $\overline{WR}$(P3.6)信号控制,而片外程序存储器 EPROM 的输出端允许($\overline{OE}$)与单片机的读选通信号 $\overline{PSEN}$ 相连。尽管外部数据存储器与 EPROM 地址空间范围都相同,但分别属于程序和数据两个不同的存储空间,控制信号不同,故不会发生数据冲突。

9.3.1　常用静态RAM(SRAM)芯片

　　单片机系统中常用的 RAM 典型芯片有 6116(2KB)、6264(8KB)、62128(16KB)和 62256(32KB)。

　　这些芯片都用单一 +5V 电源供电,双列直插,6116 为 24 引脚,6264、62128 和 62256 为 28 引脚。常用的 RAM 引脚如图 9-13 所示。各引脚功能如下。

- A0 ~ A14:地址输入线。
- D0 ~ D7:双向三态数据线。
- $\overline{CE}$:片选信号输入线,低电平有效。对于 6264 芯片,当 24 脚($\overline{CS}$)为高电平且 $\overline{CE}$ 为低电平时,才选中该片。
- $\overline{OE}$:读选通信号输入线,低电平有效。
- $\overline{WE}$:写使能信号输入线,低电平有效。
- V_{CC}:工作电源 +5V。
- GND:地。

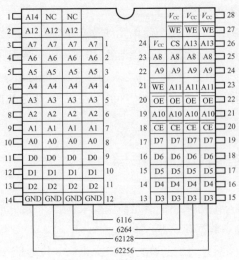

图9-13　常用的RAM引脚

RAM 存储器有读出、写入和维持 3 种工作方式，如表 9-5 所示。

表9-5　6116、6264和62256芯片的3种工作方式

工作方式	引　脚			
	$\overline{CE}$	$\overline{OE}$	$\overline{WE}$	D0 ~ D7
读出	0	0	1	数据读出
写入	0	1	0	数据写入
维持	1	×	×	高阻

9.3.2　RAM的扩展接口

访问外部扩展数据存储器，要由 P2 口提供高 8 位地址，P0 口分时提供低 8 位地址和 8 位双向数据总线。AT89S51 对片外 RAM 的读和写由 AT89S51 的 $\overline{RD}$（P3.7）和 $\overline{WR}$（P3.6）信号控制，片选端 $\overline{CE}$ 由地址译码器译码输出控制。因此，接口设计主要解决地址分配、数据线和控制信号线的连接问题。若对读、写速度要求较高，还要考虑单片机与 RAM 的读、写速度匹配问题。

线选法扩展外部数据存储器电路图如图 9-14 所示。6264，地址线为 A0 ~ A12，故 AT89S51 剩余地址线为 3 条。线选法可扩展 3 片 6264 芯片对应的存储器空间如表 9-6 所示。

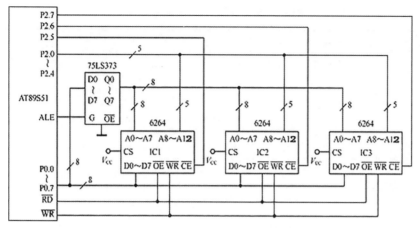

图9-14 线选法扩展外部数据存储器电路图

表9-6 3片6264芯片对应的存储器空间

P2.7	P2.6	P2.5	P2.4 ~ P2.3	P2.2 ~ P2.0	P0.7 ~ P0.0	地址范围	选中芯片	存储容量（KB）
1	1	0	x, x	000	0000 0000	C000H ~ DFFFH	IC1	8
1	1	0	x, x	1111	1111 1111			
1	0	1	x, x	000	0000 0000	A000H ~ BFFFH	IC2	8
1	0	1	x, x	111	1111 1111			
0	1	1	x, x	000	0000 0000	6000H ~ 7FFFH	IC3	8
0	1	1	x, x	111	1111 1111			

译码法扩展外部数据存储器电路图如图 9-15 所示。图 9-15 中 RAM 选用 62128,该芯片地址线为 A0 ~ A13,这样,AT89S51 剩余地址线为 2 条,采用 2-4 译码器可扩展 4 片 62128。各 62128 芯片的地址空间分配如表9-7 所示。

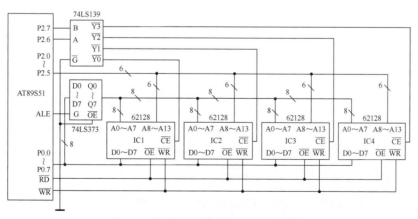

图9-15 译码法扩展外部数据存储器电路图

表9-7　各62128芯片的地址空间分配

2-4译码器输入		2-4译码器	选中芯片	地址范围	存储容量（KB）
P2.7	P2.6	有效输出			
0	0	$\overline{Y_0}$	IC1	0000H ~ 3FFFH	16
0	1	$\overline{Y_1}$	IC2	4000H ~ 7FFFH	16
1	0	$\overline{Y_2}$	IC3	8000H ~ BFFFH	16
1	1	$\overline{Y_3}$	IC4	C000H ~ FFFFH	16

9.3.3　同时扩展外ROM和外RAM

外部 EPROM 和 RAM 作为存储器扩展部分的综合应用,可以实现 51 单片机 EPROM 和 RAM 接口的扩展应用。AT89S51 同时扩展外 ROM 和外 RAM 时的典型接口电路如图 9-16 所示。

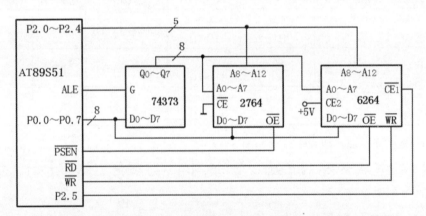

图9-16　AT89S51同时扩展外ROM和外RAM时的典型接口电路

（1）地址线、数据线仍按 80C51 一般扩展外 ROM 时的方式连接。

（2）片选线,因外 ROM 只有一片,所以无须片选。外 RAM 虽然也只有一片,但系统可能还要扩展 I/O 口,而 I/O 口与外 RAM 是统一编址的,因此一般需要片选。6264 的 CE1 接 P2.5,$\overline{OE}$ 接 $\overline{RD}$,这样 6264 的地址范围为 C000H ~ DFFFH,P2.6、P2.7 可留给扩展 I/O 口片选用。

（3）读 / 写控制线,读外 ROM 执行 MOVC 指令,由 $\overline{PSEN}$ 控制 2764 $\overline{OE}$,读、写外 RAM 执行 MOVX 指令,由 $\overline{RD}$ 控制 6264 $\overline{OE}$,$\overline{WR}$ 控制 6264 $\overline{WR}$。

【例9-1】编写程序,已知 10 个压缩 BCD 码,存于片外 ROM 首地址为 1000H 的连续单元中,设分别为 c[10]={0xa1,0xb2,0xc3,0xd4,0xe5,0xf6,0x07,0x18,0x29,0x3a,0x4b},要求将其取出存

于片外 RAM 首地址为 D000H 的连续单元中,分离后存入片内 RAM 首地址为 200H 的 20 个连续单元中。运行仿真参见实验 12-9。

参考程序如下:

```
#include<reg51.h>//访问sfr库函数reg51.h
unsigned char code c[20] _at_0x1000; //字符型数组c, 绝对地址片内RAM 200H
unsigned char data a[20] _at_0x200;  //字符型数组a, 绝对地址片内RAM 200H
unsigned char xdata b[10] _at_0xD000; //字符型数组b, 绝对地址片外RAM D000H
unsigned char code c[20]={0xa1, 0xb2, 0xc3, 0xd4, 0xe5, 0xf6, 0x07,
                         0x18, 0x29, 0x3a, 0x4b};
void main (){                          //主函数
  unsigned char i;                     //循环次数 i
  for (i=0;i<10;i++){                   //循环与变量更新
    b[i]=c[i] ;                         //内存单元转存外部单元
    a[2*i]=b[i]&0x0f;                   //偶数单元变换数据
    a[2*i+1]=b[i]>>4;}                  //奇数单元变换数据
  while (1);}//原地等待
```

9.4 并行I/O芯片82C55的应用

AT89S51 有 4 个通用的并行 I/O 口 P0 ~ P3,但真正用作通用 I/O 口线的只有 P1 口和 P3 口的某些位线。当 AT89S51 的 4 个并行 I/O 口不够用时,需进行外部 I/O 接口扩展。本节介绍 AT89S51 单片机扩展可编程并行 I/O 接口芯片 82C55 的设计。此外,还会介绍 74LS 系列 TTL 芯片扩展并行 I/O 接口,以及使用 AT89S51 串行口来扩展并行 I/O 口。

9.4.1 I/O接口扩展

前面已经介绍,扩展 I/O 接口与扩展存储器一样,都属于系统扩展的内容。扩展的 I/O 接口作为单片机与外设交换信息的桥梁,应满足以下功能要求。

(1)实现和不同外设的速度匹配

多数外设速度慢,无法和单片机的速度相比。单片机只有在确认外设已为数据传送做好准备的前提下才会进行数据传送。若想知道外设是否准备好,需要 I/O 接口电路与外设间传送状态信息,以实现单片机与外设间的速度匹配。

（2）输出数据锁存

与外设相比，单片机工作速度快，送出数据在总线上的保留时间十分短暂，无法满足慢速外设的数据接收。所以在扩展的 I/O 接口电路中应有输出数据锁存器，以保证单片机输出数据能被慢速接收设备接收。

（3）输入数据三态缓冲

外设向单片机输入数据时，要经过数据总线，但数据总线上可能"挂"有多个数据源。为使传送数据时不发生冲突，只允许当前时刻正在接收数据的 I/O 接口使用数据总线，其余的 I/O 接口应处于隔离状态，要求 I/O 接口电路能为输入数据提供三态缓冲功能。

所谓可编程的接口芯片，是指其功能可由微处理器指令控制接口芯片，利用编程的方法，可以使一个接口芯片执行多种不同的接口功能。目前各国生产厂家已生产了很多个系列的可编程接口芯片，例如可编程定时器 / 计数器 8253、可编程串行接口 8250 和可编程中断控制器 8259 等。8255A 是最常用的并行 I/O 口扩展可编程芯片之一，它和 AT89S51 相连后，可为外设提供 3 个 8 位的 I/O 端口。本节将对其原理与基本应用进行介绍。

1. I/O端口编址

在介绍 I/O 端口编址之前，我们首先了解一下 I/O 接口（Interface）和 I/O 端口（Port）的概念。I/O 接口是单片机与外设间连接电路的总称。I/O 端口（简称 I/O 口）是指 I/O 接口电路中具有单元地址的寄存器或缓冲器。一个 I/O 接口芯片可以有多个 I/O 端口，传送数据端口称为数据口，传送命令端口称为命令口，传送状态端口称为状态口。当然，并不是所有外设都需要 3 种端口齐全的 I/O 接口。

每个 I/O 接口中的端口都要有地址，以便 AT89S51 进行端口访问，与外设交换信息。常用 I/O 端口编址有两种方式，即独立编址方式和统一编址方式，类似于前面的线选和全译码。

2. I/O数据的传送方式

为了实现和不同外设速度匹配，I/O 接口需根据不同外设选择恰当 I/O 数据传送方式。I/O 数据传送方式有同步传送、异步传送和中断传送。

（1）同步传送

同步传送又称无条件传送。当外设速度和单片机速度相近时，常采用同步传送方式。最典型的同步传送就是单片机和外部数据存储器间的数据传送。

（2）异步传送

异步传送实质上就是查询传送。单片机通过查询外设"准备好"后，再进行数据传送。这一方式的优点是通用性好，硬件连线和查询程序简单，但由于程序在运行中经常查询外设是否"准备好"，故工作效率不高。

（3）中断传送

为提高单片机对外设的工作效率,常采用中断传送方式,即利用 AT89S51 本身的中断功能和 I/O 接口芯片的中断功能来实现数据传送。单片机只有在外设准备好后,才中断主程序执行,从而执行与外设进行数据传送的中断服务子程序。中断服务完成后又返回主程序断点处继续执行,中断方式可大大提高单片机的工作效率。

3. 常用的通用可编程I/O接口芯片

（1）82C55：可编程的通用并行接口电路（3 个 8 位 I/O 口）。

（2）81C55：可编程的 I/O/RAM 扩展接口电路（2 个 8 位 I/O 口,1 个 6 位 I/O 口,256 个 RAM 字节单元,1 个 14 位的减法计数器）。

它们都可以和 AT89S51 单片机直接连接,且接口电路简单。下面仅介绍 AT89S51 与 82C55 的接口设计。

9.4.2　并行I/O芯片82C55

本小节首先介绍可编程并行 I/O 接口芯片 82C55 的应用特性,然后介绍 AT89S51 单片机与 82C55 的接口电路设计以及软件设计。

1. 82C55 的引脚和内部结构

82C55 是 Intel 公司生产的可编程并行 I/O 接口芯片,它具有 3 个 8 位并行 I/O 口,3 种工作方式,可编程,因而使用起来方便灵活,可作为单片机与多种外设连接时的中间接口电路。82C55 的引脚和内部结构如图 9-17 所示。

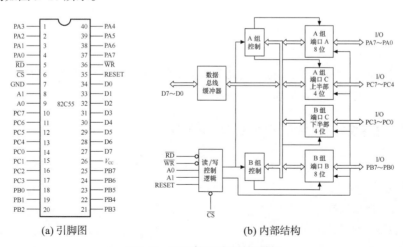

(a) 引脚图　　　　　　　　　(b) 内部结构

图9-17　82C55 的引脚和内部结构

（1）引脚说明

82C55 为双列直插封装,有 40 只引脚,功能如下。

- D0～D7：三态双向数据线,与单片机的 P0 口连接,用来与单片机之间传送数据信息。
- $\overline{CS}$：片选信号线,低电平有效,表示芯片被选中。
- $\overline{RD}$：读信号线,低电平有效,用来读出 82C55 端口数据的控制信号。
- $\overline{WR}$：写信号线,低电平有效,用来向 82C55 写入端口数据的控制信号。
- V_{CC}：+5V 电源。
- PA0～PA7：端口 A 输入 / 输出线。
- PB0～PB7：端口 B 输入 / 输出线。
- PC0～PC7：端口 C 输入 / 输出线。
- A1、A0：地址线,选择 82C55 内部 4 个端口。
- RESET：复位引脚,高电平有效。

（2）内部结构

82C55 的左侧引脚与单片机连接,右侧引脚与外设连接。由图 9-17 可见,82C55 内部有 4 个逻辑单元结构。

① A 口、B 口和 C 口：这是 82C55 连接外设的 3 个通道,每个通道有一个 8 位控制寄存器,对外有 8 根引脚,可以传送外设的输入 / 输出数据或控制信息。

② A 组和 B 组控制电路：这是两组控制 82C55 工作方式的电路。其中,A 组控制 A 口及 C 口的高 4 位,B 组控制 B 口及 C 口的低 4 位。

③ 数据总线缓冲器：这是一个双向三态 8 位驱动接口,用于连接单片机的数据总线,传送数据或控制字。

④ 读 / 写控制逻辑电路

读 / 写控制逻辑电路接收 AT89S51 单片机发来的控制信号 $\overline{RD}$、$\overline{WR}$、RESET 以及地址信号 A1 和 A0。A1 和 A0 共有 4 种组合 00、01、10 和 11,分别选择 PA、PB、PC 及控制寄存器的端口地址。根据控制信号的不同组合,端口数据被 AT89S51 读出,或者将 AT89S51 送来的数据写入端口。

82C55 各端口工作状态选择如表 9-8 所示。

2. 工作方式选择控制字及端口PC置位/复位控制字

AT89S51 可向 82C55 控制寄存器写入两种不同控制字：工作方式选择控制字及 PC 口按位置位 / 复位控制字。

（1）工作方式选择控制字

82C55 有以下 3 种工作方式。

方式 0：基本输入 / 输出。

方式1：应答输入/输出。

方式2：双向传送（仅PA口有此工作方式）。

表9-8 82C55各端口工作状态选择

A1	A0	$\overline{\text{WD}}$	$\overline{\text{WR}}$	$\overline{\text{CS}}$	工作状态
0	0	0	1	0	PA口数据→数据总线(读端口A)
0	1	0	1	0	PB口数据→数据总线(读端口B)
1	0	0	1	0	PC口数据→数据总线(读端口C)
0	0	1	0	0	总线数据→PA口(写端口A)
0	1	1	0	0	总线数据→PB口(写读端口B)
1	0	1	0	0	总线数据→PC口(写读端口C)
1	1	1	0	0	总线数据→控制寄存器(写控制字)
×	×	×	×	1	总线数据为三态
1	1	0	1	0	非法状态
×	×	1	1	0	总线数据为三态

3种工作方式由写入控制寄存器的方式控制字决定。82C55的方式控制字格式如图9-18所示。最高位D7=1，为本控制字标志，以便与PC口按位置位/复位控制字相区别（PC口按位置位/复位控制字最高位D7=0）。

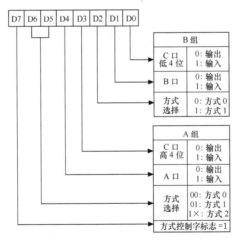

图9-18 82C55的方式控制字格式

3个端口中PC口被分为两个部分，上半部分与PA口称为A组，下半部分与PB口称为B组。其中PA口可工作于方式0、方式1和方式2中，而PB口只能工作在方式0和方式1上。

（2）PC口按位置位/复位控制字

为写入82C55的另一个控制字，即PC口8位中的任一位，可用一个写入82C55控制口的置位/

复位控制字对 PC 口按位置 1 或清 0。该功能主要用于位控。PC 口按位置位 / 复位控制字格式如图 9-19 所示。

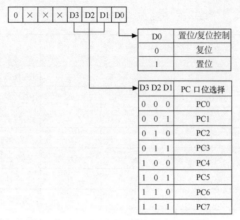

D0	置位/复位控制
0	复位
1	置位

D3 D2 D1	PC 口位选择
0 0 0	PC0
0 0 1	PC1
0 1 0	PC2
0 1 1	PC3
1 0 0	PC4
1 0 1	PC5
1 1 0	PC6
1 1 1	PC7

图9-19 PC口按位置位/复位控制字格式

【例 9-2】AT89S51 单片机向 82C55 控制寄存器（端口地址为 0xFF7F）写入工作方式控制字 0x95，将 82C55 编程设置为：PA 口方式 0 输入，PB 口方式 1 输出，PC 口的上半部分（PC4~PC7）输出，PC 口的下半部分（PC0~PC3）输入。

参考程序如下：

```
# include<absacc.h>
# define 8255_COM XBYTE[0xFF7F]      //0xFF7F为82C55的控制寄存器地址
# define uchar unsigned char
...
void  init_8255(void)
{
  8255_COM=0x95;                      //方式选择控制字写入82C55控制寄存器
  ...
}
```

9.4.3 82C55的3种工作方式与接口设计

1. 82C55的3种工作方式

（1）方式 0

方式 0 是一种基本输入 / 输出方式。在方式 0 下，单片机可对 82C55 进行 I/O 数据无条件传送。例如，单片机从 82C55 的某一输入口读入一组开关状态，从 82C55 输出来控制一组指示灯的亮与灭。这些操作并不需要任何条件，外设 I/O 数据可以在 82C55 各端口得到锁存和缓冲。因此，方式 0 为基本输入 / 输出方式。

在方式 0 下，3 个端口都可以由软件设置为输入或输出，不需要应答联络信号。方式 0 的基本功能如下。

① 具有两个 8 位端口（ PA、PB ）和两个 4 位端口（ PC 的上半部分和下半部分 ）。

② 任何端口都可以设定为输入或输出，各端口输入、输出共有 16 种组合。

82C55 的 PA 口、PB 口和 PC 口均可设定为方式 0，并可根据需要向控制寄存器写入工作方式控制字（ 如图 9-18 所示 ），用于规定各端口为输入或输出方式。

（2）方式 1

方式 1 是应答联络的输入 / 输出工作方式。PA 口和 PB 口皆可独立设置该工作方式。在方式 1 下，82C55 的 PA 口和 PB 口通常用于 I/O 数据传送，PC 口用作 PA 口和 PB 口的应答联络信号线，以实现采用中断方式来传送 I/O 数据。PC 口中的某些线作为应答联络线已事先规定方式 1 输入和输出应答联络信号，分别如图 9-20 和图 9-21 所示，图中标有 I/O 的各位用作基本输入 / 输出，不作为应答联络使用。

下面介绍方式 1 输入 / 输出时的应答联络信号与工作过程。

① 方式 1 输入

方式 1 输入各应答联络信号如图 9-20 所示。其中 $\overline{STB}$ 与 IBF 为一对应答联络信号。各应答联络信号功能如下。

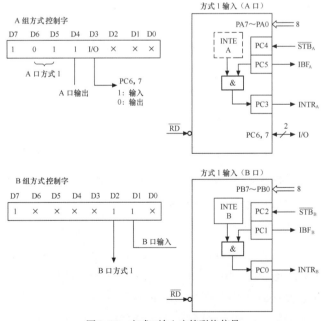

图 9-20 方式 1 输入应答联络信号

● $\overline{\text{STB}}$：输入外设发给 82C55 的选通输入信号。

● IBF：输入缓冲器满，应答信号，82C55 通知外设已收到外设发来的数据。

● INTR：82C55 向单片机发出的中断请求信号。

● INTE_A：PA 口是否允许中断的控制信号，由 PC4 置位 / 复位来控制。

● INTE_B：PB 口是否允许中断的控制信号，由 PC2 置位 / 复位来控制。

② 方式 1 输出

方式 1 输出时的应答联络信号如图 9-21 所示。

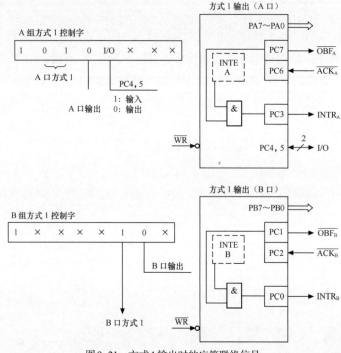

图9-21　方式1输出时的应答联络信号

$\overline{\text{OBF}}$ 与 $\overline{\text{ACK}}$ 构成了一对应答联络信号，功能如下。

● $\overline{\text{OBF}}$：端口输出缓冲器满信号，是 82C55 发给外设的联络信号，表示单片机已经把数据输出至 82C55 的指定端口，外设可读取数据。

● $\overline{\text{ACK}}$：外设的应答信号，表示外设已读取 82C55 端口的数据。

● INTR：中断请求信号，表示该数据已被外设读取，向单片机发出中断请求，如果单片机响应该中断，则在中断服务子程序中向 82C55 端口输出下一个数据。

● INTE_A：PA 口是否允许中断的控制信号，由 PC6 置位 / 复位来控制。

● INTE_B：PB 口是否允许中断的控制信号，由 PC2 置位 / 复位来控制。

（3）方式2

只有 PA 口才能设定为方式2,实质上是方式1输入和方式1输出组合。方式2特别适用于键盘、显示器一类的外设,有时需要把键盘上输入的编码信号通过 PA 口发送给单片机,有时又要把单片机发出的数据通过PA口发送给显示器显示。

PA 口方式2工作示意图如图9-22所示。在方式2下,PA0~PA7 为双向 I/O 总线。当作为输入端口使用时,PA0~PA7受 $\overline{STB}$ 和 IBF_A 控制,其工作过程和方式1输入相同; 当作为输出端口使用时,PA0~PA7受 $\overline{OBF_A}$ 和 $\overline{ACK_A}$ 控制,其工作过程和方式1输出时相同。

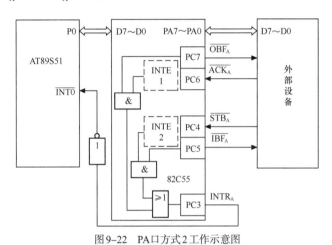

图9-22　PA口方式2工作示意图

【例9-3】假设82C55的控制字寄存器端口地址为0xFF7F,则令 PA 口和 PC 口的高4位工作在方式0输出,PB 口和 PC 口的低4位工作在方式0输入。初始化程序如下:

```
uchar xdata 8255_COM _at_ 0xFF7F     //0xFF7F为82C55控制寄存器地址
...
void  init_8255(void)
{
  8255_COM=0x83;                     //工作方式选择控制字写入控制寄存器
  ...
}
```

2. 单片机与82C55的接口设计

（1）硬件接口电路

AT89S51 单片机扩展一片 82C55 的接口电路,如图 9-23 所示。图 9-23 中,74LS373 是地址锁存器,P0.1 和 P0.0 经 74LS373 与 82C55 的地址线 A1 和 A0 连接;P0.7 经 74LS373 与片选端 $\overline{CS}$ 相

连，其他地址线悬空；82C55 的控制线 $\overline{RD}$ 、$\overline{WR}$ 直接与单片机的 $\overline{RD}$ 和 $\overline{WR}$ 端相连；单片机数据总线 P0.0 ~ P0.7 与 82C55 的数据线 D0 ~ D7 连接。

（2）确定 82C55 端口地址

图 9-23 中 82C55 只有 3 条线与 AT89S51 单片机的地址线相接，片选端 $\overline{CS}$ 与 P0.7 相连，端口地址选择端 A1 和 A0 分别与 P0.1 和 P0.0 连接，其他地址线未用。显然，只要保持 P0.7 为低电平，即可选中 82C55；若 P0.1 和 P0.0 再为 00，则选中 82C55 的 PA 口；同理，P0.1，P0.0 为 01、10、11 则分别选中 PB 口、PC 口及控制口。

若端口地址用十六位表示，其他未用端全为 1，则 82C55 的 PA、PB、PC 及控制口地址分别为 0xFF7CH、0xFF7DH、0xFF7EH 和 0xFF7FH。

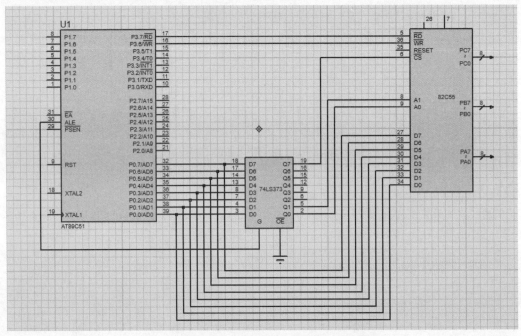

图 9-23　AT89S51 单片机扩展一片 82C55 的接口电路

（3）软件编程

在实际应用设计中，需根据外设类型选择 82C55 操作方式，并在初始化程序中把相应的控制字写入控制口。下面介绍对 82C55 的编程。

【例 9-4】根据图 9-23，要求 82C55 的 PC 口工作在方式 0，并从 PC5 脚输出连续的方波信号，频率为 500Hz。参考程序如下：

```
# include<reg51.h>
# include<absacc.h>
```

```
# define 8255_PA      XBYTE[0xFF7c]      //0xFF7c为82C55 PA端口地址
# define 8255_PB      XBYTE[0xFF7d]      //0xFF7d为82C55 PB端口地址
# define 8255_PC      XBYTE[0xFF7e]      //0xFF7e为82C55 PC端口地址
# define 8255_COM     XBYTE[0xFF7f]      //0xFF7f为82C55控制端口地址
# define uchar unsigned char
extern void delay_1000us();              //1ms
void  init_8255(void)
{
  8255_COM=0x85;                         //工作方式控制字写入控制寄存器
}
void  main (void)
{
  init_8255(void);
  for (;;)                               //死循环
  {
    8255_COM=0x0b;                       //PC5脚为高电平
    delay_H1000us();                     //高电平持续1ms
    8255_COM=0x0a;                       //PC5脚为低电平
    delay_L1000us();                     //低电平持续1ms
  }
}
```

9.5　串行方式扩展I/O接口

AT89S51 串行口方式 0 用于并行 I/O 的扩展。在方式 0 时,串行口为同步移位寄存器工作方式,其波特率是固定的,为 $f_{osc}/12$ (f_{osc} 为系统的振荡器频率)。数据由 RXD 端(P3.0)输入,同步移位时钟由 TXD 端(P3.1)输出。发送和接收的数据是 8 位,低位在先。

9.5.1　74LS165扩展并行输入口

利用 74LS165 串口用于扩展并行输入口,如图 9-24 所示。

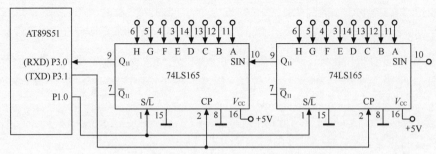

图9-24 利用74LS165串口用于扩展并行输入口

74LS165 是 8 位并行输入串行输出的寄存器。当 74LS165 的 $\overline{S/L}$ 端由高到低跳变时,并行输入端的数据被置入寄存器;当 $\overline{S/L}=1$,且时钟禁止端(第 15 脚)为低电平时,允许 TXD(P3.1)移位时钟输入,这时在时钟脉冲的作用下,数据由右向左移动。

图 9-24 中,TXD(P3.1)作为移位脉冲输出端与所有 74LS165 的移位脉冲输入端 CP 相连;RXD(P3.0)作为串行数据输入端与 74LS165 的串行输出端 Q_H 相连;P1.0 与 $\overline{S/L}$ 相连,用来控制 74LS165 的串行移位或并行输入;74LS165 的时钟禁止端(第 15 脚)接地,表示允许时钟输入。

当扩展多个 8 位输入口时,相邻两芯片的首尾(Q_H 与 SIN)相连。

【例9-5】下面的程序是从 16 位扩展口读入 4 组数据(每组 2B),并存入到内部 RAM 缓冲区。参考程序如下:

```
# include<reg51.h>
Typedef unsigned char BYTE;
BYTE rx_data[8];
sbit P1_0-P1^0;                //定义工作状态控制端
sbit test_flag;                //定义读入字节的奇偶标志
BYTE receive (void)            //读入接收数据
{
    BYTE temp;
    while (RI= =0);RI=0;temp=SBUF;
    return (temp);
}
void  main (void)              //主函数
{
    BYTE i;
    test_flag=1;               //奇偶标志初始值为1, 表示读的是奇数字节
```

```
for (i=0;i<4;i++)              //循环读入10字节数据
{
  if (test_flag= =1)
  {
    P1_0=0;                    //并行置入2字节数据
    P1_0=1;
  }                           //允许串行移位读入
  SCON=0x10;                  //设置串行口方式0
  rx_data[i]=receive();//接收1字节数据
  test_flag= ~ test_flag; //改写字节奇偶性,以决定是否重新置入
}
}
```

上面的程序串行接收过程采用查询等待的控制方式,也可以改用中断方式。按图9-24进行扩展的输入口几乎是无限的,但扩展越多,读写操作速度也就越慢。

9.5.2 74LS164扩展并行输出口

利用74LS164扩展并行输出口如图9-25所示。74LS164是8位串入并出移位寄存器。

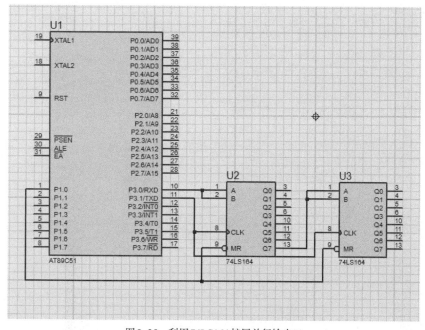

图9-25 利用74LS164扩展并行输出口

当单片机串行口工作在方式 0 发送状态时,串行数据由 RXD（P3.0）送出,移位时钟由 TXD（P3.1）送出。在移位时钟的作用下,串行口发送缓冲器的数据一位一位地从 RXD 移入 74LS164 中。需要指出的是,由于 74LS164 无并行输出控制端,因而在串行输入过程中,其输出端的状态会不断变化,故在某些应用场合,在 74LS164 的输出端应加接输出三态门来控制,以便保证串行输入结束后再输出数据。

【例 9-6】将内部 RAM 缓冲区的 8 字节经串口由 74LS164 并行输出。参考程序如下:

```c
# include<reg51.h>
typedef unsigned char BYTE;
BYTE i;                          //i为右边的74LS164的输出
BYTE j;                          //j为左边的74LS164的输出
BYTE data[8]={0x01, 0x02, 0x03, 0x04, 0x05, 0x06, 0x07, 0x08}
void main (void)                 //主函数
{
    SCON=0x00;                   //设置串行口方式0
    for (i=0;i<=8;i++)           //输出8字节数据
    {
        for (j=0;j<=8;j++)       //输出8位数据
        {
            SBUF=data[j];
            while (TI= =0);TI=0;
            SBUF=data[i];
            while (TI= =0);TI=0;
        }
    }
    if (test_flag= =1)
    {
        P1_0=0;                  //并行置入2字节数据
        P1_0=1;                  //允许串行移位读入
    }
    rx_data[i]=receive();        //接收1字节数据
    test_flag= ~ test_flag;      //判断奇偶性,以决定是否重新并行置入
}
```

9.6　接口电路驱动与扩展

单片机端口本身的驱动能力有限,其中,P0口输出驱动能力最强,在输出高电平时,可提供800μA的电流;输出低电平(0.45V)时,吸电流能够达到3.2 mA。而P1、P2和P3口可提供的驱动电流只有P0口的一半。因此,任何一个端口要想获得大的驱动能力,只能用低电平输出。

当P0和P2口作为总线方式使用时,只有P1和P3口可以用作输出口,可见其驱动能力是极为有限的。在单片机测控系统中,根据驱动电流和驱动功率的要求,可以分别采用三态门或OC门驱动电路、小功率晶体管驱动电路和达林顿驱动电路等。

9.6.1　TTL扩展并行I/O口

在AT89S51应用系统中,有些场合可以采用TTL电路、CMOS电路锁存器或三态门电路构成简单输入/输出口。通常这种I/O都是通过P0口扩展的。由于P0口只能分时复用,作为输出口时,必须具有锁存功能;作为输入口时,要求接口芯片具有三态缓冲或锁存选通。

74LS系列TTL电路扩展I/O举例如图9-26所示。74LS244和74LS373的工作受单片机的P2.0、$\overline{RD}$、$\overline{WR}$ 3条控制线控制。74LS244是缓冲驱动器,作为扩展的输入口,它的8个输入端分别接S7~S0这8个开关。74LS373是8D锁存器,作为扩展的输出口,输出端接8个发光二极管LED7~LED0。当某输入口线的开关按下时,该输入口线为低电平,读入单片机后,其相应位为0,然后再将口线的状态经74LS373输出,某位低电平时,二极管发光,从而显示出按下的开关的位置。

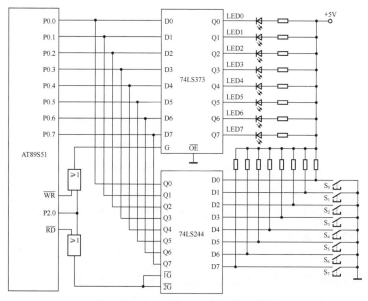

图9-26　74LS系列TTL电路扩展I/O举例

由图 9-26 可以确定扩展的 74LS244 和 74LS373 芯片具有相同的端口地址：0xF7FF，读入时，P2.0 和 $\overline{RD}$ 有效，选中 74LS244；输出时 P2.0 和 $\overline{WR}$ 有效选中 74LS373。

【例 9-7】电路如图 9-26 所示，编程把开关 S7～S0 的状态通过 74LS373 输出端的 8 个发光二极管显示出来。参考程序如下：

```
# include<absacc.h>
# define uchar unsigned char
...
uchar i;
i=XBYTE[0xF7FF];
XBYTE[0xF7FF]=i;
...
```

由以上程序可以看出，对于所扩展接口的输入 / 输出如同对外部 RAM 读 / 写数据一样方便。图 9-26 仅扩展了 1 片输出芯片和 1 片输入芯片，如果仍不够用，可仿照上述思路，根据需要扩展多片 74LS244、74LS373 等芯片，但需要在端口地址上对各芯片加以区分。

9.6.2　三态门和OC门驱动电路

单片机端口本身的驱动能力有限，其中，P0 口的输出驱动能力最强，在输出高电平时，可提供 800μA 的电流；输出低电平（0.45V）时，吸电流能够达到 3.2mA。而 P1、P2 和 P3 口可以提供的驱动电流只有 P0 口的一半。因此，任何一个端口要想获得大的驱动能力，只能用低电平输出。在单片机测控系统中，根据驱动电流和驱动功率的要求，可以分别采用三态门或 OC 门驱动电路、小功率晶体管驱动电路和达林顿驱动电路等。

OC 门的驱动电流在几十毫安量级，如果要求几十到几百毫安的驱动电流，可以通过小功率晶体管电路驱动。三极管具有放大、饱和及截止 3 种工作状态，在开关量驱动应用中，一般控制三极管工作在饱和区或截止状态，尽量减小饱和到截止的过渡时间。当三极管作为开关元件使用时，输出电流为输入电流乘以三极管的增益。例如，某三极管在 500mA 和 10V 处，典型正向电流增益为 30，则要开关 500mA 的负载电路时，其基极至少应提供 17mA 的电流，故一般三极管的前级驱动电路常采用 OC 门电路。

常用于功率驱动的 PNP 三极管有 9013 和 8050，NPN 三极管有 9015 和 8550 等。其中，9013 的驱动能力为 40mA，8050 的驱动能力为 500mA。

（1）TTL 三态门缓冲器

74LS244 和 74LS245 等门电路芯片具有 TTL 三态门缓冲器，其高电平输出电流为 15mA，低电平输入电流为 24mA，均大于单片机 I/O 口，一般可用于光电耦合器和 LED 数码管等小电流负载的驱动。

（2）集电极开路门（OC门）

OC门驱动电路的输出级是一个集电极开路的三极管,所以又称为开集输出。应用OC门组成控制电路时,OC门的输出端必须通过上拉电阻接至正电源。OC门是一种既能放大电流又能放大电压的开关量驱动电路。

在实际应用中,OC门可以用于低压开关量的输出控制场合,如低压电磁阀、指示灯、直流电机、微型继电器和LED数码管等。

9.6.3　小功率晶体管驱动电路

小功率直流负载主要有发光二极管、LED数码显示器、小功率继电器和晶闸管等器件,要求提供5~40mA的驱动电流。通常采用小功率三极管（如9012、9013和9014等）以及集成电路（如75451、74LS245和SN75466等）作为驱动电路。

达林顿管是由内部两个三极管构成的复合管,具有输入电流小、输入阻抗高、增益高、输出功率大、电路保护措施完善等特点。达林顿管的输出驱动电流可达几百毫安,能够用于驱动中规模电器、小功率步进电机和电源开关,典型芯片有ULN2003、ULN2068等。达林顿管的输出驱动电路如图9-27所示。

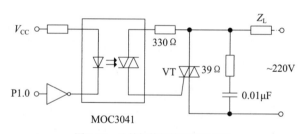

图9-27　达林顿管的输出驱动电路

9.6.4　扬声器报警接口

当单片机测控系统发生故障或处于某种紧急状态时,单片机系统应能发出提醒人们警觉的声音报警。使用单片机系统I/O口容易实现该功能。

常见的扬声器报警电路的设计只需要购买市售的扬声器,然后使用AT89S51的1根I/O口控制驱动扬声器发声,可根据扬声器的功率来决定是否使用功率驱动器。使用采用了TTL电路的74LS06芯片作为驱动器。报警接口电路如图9-28所示。

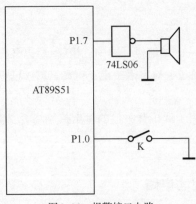

图9-28　报警接口电路

　　为使扬声器发出报警信号,可用 P1.7 输出 1kHz 和 500Hz 的音频信号驱动扬声器作为报警信号,要求 1kHz 和 500Hz 的音频信号交替进行。是否发出报警信号,可由 P1.0 接 1 个开关 K 控制,K 合上时,报警信号为高;K 断开时,报警信号为低。如果想要发出更大的声音,可采用大功率的扬声器作为发声器件,这时要采用相应功率的驱动电路。

本章小结

　　通过学习本章内容,读者可了解静态与动态数据存储器、只读存储器的基本结构和工作原理,以及各类存储器的分类、技术指标和组成等。

　　在并行 I/O 的扩展方面,我们需要了解单片机总线的基本概念、分类、指标和结构特征;掌握总线的工作方式和状态信号的有关技术。重点掌握存储器的扩展接口设计,存储器设计中应考虑的问题,程序存储器和数据存储器扩展的主要不同之处在于控制总线的连接方法不同。

　　本章还介绍了 I/O 端口的编址方式、地址译码和地址分配,I/O 接口与 CPU 数据交换的方式与特点等。在接口扩展时,我们要注重控制信号之间的配合以及相互的时序逻辑关系。

思考题及习题9

1. 单片机存储器的主要功能是存储 _____ 和 _____。

2. 在存储器扩展中,无论是线选法还是译码法,最终都是为扩展芯片的 _____ 端提供 _____ 信号。

3. 起止范围为 0000H ~3FFFH 存储器的容量是 _____ KB。

4. 在 AT89S51 单片机中,PC 和 DPTR 都用于提供地址,但 PC 是为访问 _____ 存储器提供地址,而 DPTR 是为访问 _____ 存储器提供地址。

5. 单片机 11 条地址线可选 _____ 个存储单元,16KB 存储单元需要 _____ 条地址线。

6. 4KB RAM 存储器的首地址若为 1000H,则末地址为 _____ H。

7. 判断下列说法是否正确,为什么?

A. 由于 82C55 不具有地址锁存功能,因此与 AT89S51 接口电路时必须加地址锁存器。

B. 在 82C55 芯片中,决定各端口编址的引脚是 PA1 和 PA0。

C. 82C55 具有三态缓冲器,因此可以直接挂在系统的数据总线上。

D. 82C55 的 PB 口可以设置成方式 2。

8. I/O 接口和 I/O 端口有什么区别? I/O 接口的功能是什么?

9. I/O 数据传送有哪几种传送方式? 分别在哪些场合使用?

10. 常用的 I/O 端口编址有哪两种方式? 它们各有什么特点? AT89S51 单片机的 I/O 端口编址采用的是哪种方式?

11. 试编写 C51 程序(如将 05H 和 06H 拼为 56H),设原始数据放在片外数据区 2001H 单元和 2002H 单元中,按顺序拼装后的单字节数放入 2002H 单元中。

12. 编写 C51 程序,将外部数据存储器中的 4000H~40FFH 单元全部清 0。

13. 在 AT89S51 单片机系统中,扩展程序存储器和数据存储器共 16 位地址线和 8 位数据线,为何不会发生冲突?

14. "方式控制字"和"PC 口按位置位 / 复位控制字"都可以写入 82C55 的同一控制寄存器,82C55 是如何来区分这两个控制字的?

15. AT89S51 单片机中存储器的空间地址分布图以及各存储器的地址译码电路如图 9-29 所示,为使地址译码电路按图 9-29 所示的要求进行正确寻址,画出:

（1）A 组跨接端子的内部正确连线图;

（2）B 组跨接端子的内部正确连线图。

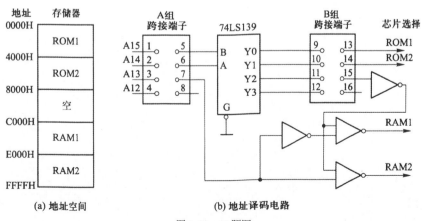

图 9-29　15题图

16. Proteus 虚拟仿真

（1）为单片机扩展 1 片静态 RAM6264，在 Proteus ISIS 下画出原理电路。编写程序：单片机向 6264 的前 256 个单元写入数据 00H~0FFH，单击仿真运行按钮，然后通过菜单 Debug → Memory Contents → U1（U1 为原理图中的 6264 序号）打开 6264 存储器窗口；通过菜单 Debug → Debug Watch Window，在弹出的观察窗口右击，选择"以观察项的名称添加观察项"，在弹出的对话框中添加 ACC 和数据指针 DPTR。单击按钮，暂停仿真，观察 6264 存储器前 256 个单元的内容以及 ACC 和 DPTR 中的内容。

（2）为单片机扩展一片 82C55 可编程并行接口芯片，利用 82C55 的 PA 口方式 0 输出，控制 8 个 LED 指示灯的亮灭，PB 口用作方式 0 输入，接 8 个按钮开关。8 个按钮开关分别对应 8 个 LED 指示灯，按下按钮开关 1，指示灯 1 亮；按下按钮开关 2，指示灯 2 亮……按下按钮开关 8，指示灯 8 亮。

（3）单片机扩展一片 82C55 的 PA 口接有一个 4×4 矩阵键盘，PB 口接有一个七段的 LED 数码管，要求能对矩阵键盘进行扫描，识别出键盘中按下键的键号，并在 LED 数码管上以十六进制数的形式显示出来。

17. AT89S51 单片机用地址译码法最多可扩展多少片 6264？它们的地址范围各是多少？试画出其逻辑关系图。

18. 一个 AT89S51 扩展系统扩展了一片 27256、一片 62256、一片 74LS377、一片 74LS245、一片 8255、一片 AD0809 和一片 DAC0832，试画出其逻辑图，并写出各器件的地址范围。

第10章　AT89S51单片机与DAC、ADC接口

单片机广泛应用于工业检测及作业过程的自动控制中，必须先把外部采集到的模拟量（如电压、电流、温度、压力、速度或加速度等）通过模/数转换器，即A/D转换器（Analog to Digital Converter，ADC）转换成数字量，再送到单片机进行处理。单片机处理后的结果再通过D/A（数/模）转换器（Digital to Analog Converter，DAC）转换为与输入数字量成正比例的模拟量（如电压、电流或脉冲宽度等），去驱动执行部件完成对被控对象参数的控制。所以D/A和A/D转换器也是单片机在工业控制中不可缺少的部分。本章将介绍典型的DAC和ADC芯片以及AT89S51单片机的硬件接口与驱动程序设计。

10.1　并行8位DAC0832芯片

多数单片机只能输出数字量，但是在某些控制场合中，常常需要输出模拟量，例如直流电动机的转速控制。本节将介绍单片机如何通过DAC输出模拟量。

目前集成化的DAC芯片种类繁多，通过了解它们的功能、引脚外特性以及与单片机的接口设计方法后，设计者只需要合理选用芯片即可。由于现在部分单片机芯片中集成了DAC，转换位数在10位左右，且转换速度也很快，所以独立DAC具有较高的位数和转换速度，逐步采用串行接口方式。而低端的并行8位DAC转换器逐渐被市场淘汰。但在实验室或涉及某些工业控制方面的应用，低端8位DAC以其优异的性价比应用范围较大。

10.1.1　并行DAC0832转换器

1. 概述

使用DAC转换器时，要注意有关DAC转换器选择的几个问题。

（1）DAC转换器的输出形式

DAC转换器有两种输出形式，一种是电压输出，另一种是电流输出。电流输出的DAC转换器如

需要模拟电压输出,要在其输出端加一个由运算放大器构成的 I-U 转换电路,将电流输出转换为电压输出。

（2）DAC 转换器与单片机的接口形式

单片机与 DAC 转换器的连接,早期多采用 8 位并行传输的接口,现在除了并行接口外,带有串行口的 DAC 转换器品种也不断增多。除了通用 UART 串行口外,目前较为流行的还有 I^2C、SPI 以及单总线串行接口等。所以在选择单片 DAC 转换器时,要根据系统结构考虑单片机与 DAC 转换器的接口形式。典型芯片 DAC0832 的引脚如图 10-1（a）所示。

2. 结构与技术指标

DAC0832 的内部逻辑结构如图 10-1（b）所示,片内共有两级寄存器,第一级为 8 位输入寄存器,用于缓冲和锁存单片机送来的数字量,由 LE1（即 M1=1 时）加以控制;"8 位 DAC 寄存器"是第二级 8 位输入寄存器,用于存放待转换的数字量,由 LE2 控制（即 M3=1 时）,这两级 8 位寄存器构成了两级输入数字量缓存。"8 位 DAC 转换电路"受"8 位 DAC 寄存器"输出的数字量控制,输出与数字量成正比的模拟电流。如要得到模拟输出电压,需外接 I-U 转换电路。

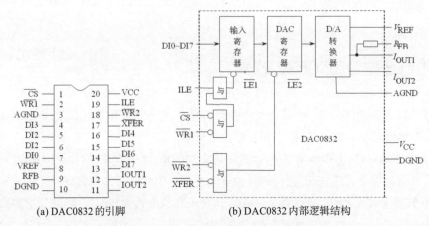

(a) DAC0832 的引脚　　　　　　(b) DAC0832 内部逻辑结构

图 10-1　DAC0832 的引脚与内部逻辑结构

DAC0832 各引脚的功能如下。

- DI0 ~ DI7（DI0 为最低位）: 8 位数字量输入端。
- ILE: 数据允许控制输入,高电平有效。
- $\overline{CS}$: 片选信号。
- $\overline{WR1}$、$\overline{WR2}$: 写信号线 1-2。
- $\overline{XFER}$: 数据传送控制信号输入,低电平有效。
- I_{OUT1}: 模拟电流输出 1,它是数字量输入为 1 的模拟电流输出端。

- I_{OUT2}：模拟电流输出 2，它是数字量输入为 0 的模拟电流输出端，采用单极性输出时，I_{OUT2} 常常接地。
- R_{FB}：片内反馈电阻引出线，反馈电阻在芯片内部，用作外接运算放大器的反馈电阻。
- V_{REF}：基准电压。电压范围为 $-10 \sim +10V$。
- V_{CC}：工作电源，可接 $+5 \sim +15V$ 电源。
- AGND：模拟地。
- DGND：数字地。

DAC 转换器的指标很多，主要考虑分辨率、精度和转换速度等指标。

DAC0832 的 D/A 转换原理如图 10-2 所示。

D/A 转换器由电阻网络、开关及基准电源等部分组成，为便于接口，有些 D/A 芯片内还含有锁存器。D/A 转换器的组成原理有多种，采用最多的是 $R\text{-}2R$ 梯形网络 D/A 转换器。

$R\text{-}2R$ 网络的各个 $2R$ 分支分别通过各自的模拟开关接入地或者是直接接入集成运放的虚地，所有分支回路的输入电流叠加，通过反馈回路电阻 R_F 输出，每下一级 $2R$ 分支电的电流分别是前一级的一半，逐次递减。

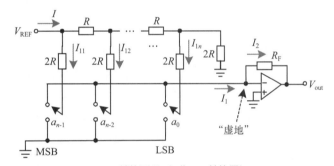

(a) D/A转换原理 （n位D/A转换器）

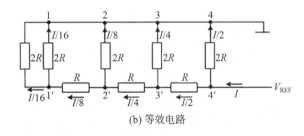

(b) 等效电路

图10-2　DAC0832的D/A转换原理与等效电路

由于 $V^- = V^+ = 0$，所以，无论开关 S3、S2、S1 和 S0 与哪一边接通，各 $2R$ 电阻的上端都相当于接通"低电位"端，电阻网络的等效电路如图 10-2（b）所示。计算各支路电流的等效电路，输出的电压 V_{out} 可以按下面的式子进行计算。

$$I = V_{\mathrm{REF}} / R$$

$$I_{11} = I / 2 = V_{\mathrm{REF}} / 2R$$

$$I_{12} = I / 2^2 = V_{\mathrm{REF}} / 2^2 R$$

...

$$I_{1n} = I / 2^n = V_{\mathrm{REF}} / 2^n R$$

$$I_1 = a_{n-1} I_{11} + a_{n-2} I_{12} + \cdots + a_0 I_{1n}$$

$$= (a_{n-1} / 2 + a_{n-2} / 2^2 + \cdots + a_0 / 2^n) V_{\mathrm{REF}} / R$$

$$= (a_{n-1} 2^{n-1} + a_{n-2} 2^{n-2} + \cdots + a_1 2^1 + a_0 2^0) V_{\mathrm{REF}} / 2^n R$$

$$= N V_{\mathrm{REF}} / 2^n R$$

因为 $I_2 \approx I_1 = - V_{\mathrm{out}}/R_{\mathrm{F}}$，所以 $V_{\mathrm{out}} = - R_{\mathrm{F}} N V_{\mathrm{REF}} / 2^n R$。

可以实现模拟量输出电压与输入的数字量之间的转换,此实现方法被广泛地应用。

10.1.2　DAC 转换器应用

AT89S51 单片机控制 DAC0832 可实现数字调压,单片机只要向 DAC0832 发送不同的数字量,即可实现不同的模拟电压输出。

DAC0832 的输出可采用单缓冲方式或双缓冲方式。单缓冲方式是指 DAC0832 片内的两级数据寄存器中的一个处于直通方式,另一个处于受 AT89S51 单片机控制的锁存方式。在实际应用中,如果只有一路模拟量输出,或虽是多路模拟量输出,但并不要求多路输出同步的情况下,即可采用单缓冲方式。

单片机控制 DAC0832 实现数字调压的单缓冲方式接口电路如图 10-3 所示。由于 $\overline{\mathrm{XFER}} = 0$,WR=0,所以第二级"8 位 DAC 寄存器"处于直通方式。"8 位 DAC 输入寄存器"为单片机控制的锁存方式,锁存控制端的 ILE 接高电平,$\overline{\mathrm{CS}}$ 和 $\overline{\mathrm{WR1}}$ 分别由单片机的 P2.0 和 P2.1 来控制。

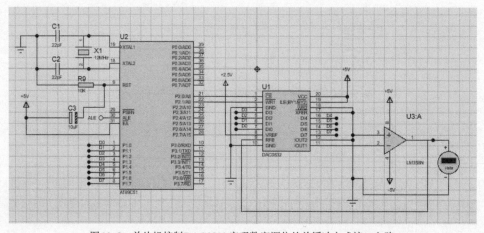

图10-3　单片机控制DAC0832实现数字调位的单缓冲方式接口电路

DAC0832 的输出电压 V_{out} 与输入数字量 B 的关系为

$$V_{\text{out}} = (B - 128) \frac{V_{\text{REF}}}{128}$$

由上面的式子可见,DAC0832 输出的模拟电压 V_{out} 和输入数字量 B 以及基准电压 V_{REF} 成正比,且 B 为 0 时,V_{out} 也为 0;B 为 255 时,V_{out} 为最大绝对值输出,且不会大于 V_{REF}。下面介绍单缓冲方式下单片机扩展 DAC0832 程控电压源的设计。

【例 10-1】单片机与 DAC0832 单缓冲方式接口如图 10-3 所示,单片机的 P2.0 引脚控制 DAC0832 的 $\overline{\text{CS}}$ 引脚,P2.1 控制 $\overline{\text{WR1}}$ 端。当 P2.0 引脚为低时,如果同时 WR 有效,单片机就会把数字量通过 P1 口送入 DAC0832 的 DI7 ~ DI0 端,并转换输出。用虚拟直流电压表测量经运放 LM358 的 I-U 转换后的电压值,并观察输出电压的变化。

仿真运行后,可看到虚拟直流电压表测量的电压在 -2.5~0V(参考电压为 2.5V)范围内不断线性变化。如果参考电压为 +5V,则输出电压在 -5~0V 范围内变化。如果虚拟直流电压表太小,看不清楚电压的显示值,则可用鼠标滚轮放大直流电压表。

参考程序如下:

```
# include<reg51.h>
# define uchar unsigned  char
# define uint  unsigned   int
# define out   P1
sbit  DAC_cs=P2^0;
sbit  DAC_wr=P2^1 ;
void  main()                    //主函数
{
   uchar   temp, i=255 ;
   while (1)
   {
     out=temp;
     DAC_cs=0;                  //单片机控制CS引脚为低
     DAC_wr=0;                  //单片机控制WR1为低, 写入转换数字量
     DAC_cs=1 ;
     DAC_wr=1 ;
     temp++;
     while ( --i);              //i先减1, 然后再使用i的值
   } }
```

单片机向 DAC0832 发送不同的数字量,就可以得到不同的输出电压,从而使单片机控制

DAC0832 成为一个程控电压源。

【例10-2】单片机输出不同波形的数据至 DAC0832 芯片,就可以产生各种不同的波形信号。利用单片机控制 DAC0832 产生正弦波、方波、三角波、梯形波和锯齿波。在 Proteus ISIS 下绘制的单片机与 DAC0832 接口波形电路如图10-4所示。单片机的 P1.0~P1.4 接有5个按键,当按键按下时,分别对应产生正弦波、方波、三角波、梯形波和锯齿波。运行仿真参见实验12-10。

单片机控制 DAC0832 产生各种波形,实质上就是单片机把波形的采样点数据送至 DAC0832,经 DAC 转换后输出模拟信号。改变送出的函数波形采样点时间间隔,就可以改变函数波形的频率。

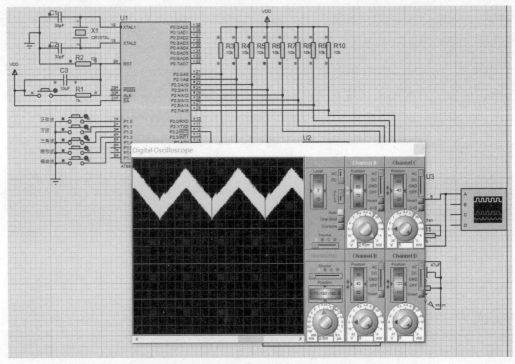

图10-4 单片机与DAC0832接口波形电路

产生各种函数波形的原理如下:

① 正弦波的产生原理

单片机把正弦波的 256 个采样点数据发送给 DAC0832。正弦波采样数据可采用软件编程或 MATLAB 等工具计算。

② 方波的产生原理

单片机采用定时器定时中断,时间常数决定方波高、低电平的持续时间。

③ 三角波的产生原理

单片机把初始数字量 0 发送给 DAC0832 后,不断加 1,增至 0xff 后,再把发送给 DAC0832 的数字量不断减 1,减至 0 后,再重复上述过程。

④ 锯齿波的产生原理

单片机把初始数据 0 发送给 DAC0832 后,数据不断加 1,增至 0xff 后,再加 1 溢出时清 0,模拟输出又为 0,然后重复上述过程,如此循环,则输出锯齿波。

⑤ 梯形波的产生原理

输入给 DAC0832 的数字量从 0 开始,逐次加 1。当输入数字量为 0xff 时,延时一段时间,形成梯形波的平顶,然后波形数据再逐次减 1,如此循环,则输出梯形波。

参考程序如下:

```
# include<reg51.h>
sbit   wr=P3^6;
sbit   rd=P3^2;
sbit   key0 =P1^0;              //定义 P1.0引脚的按键为正弦波键 key0
sbit   key1 =P1^1;              //定义 P1.1引脚的按键为方波键 key1
sbit   key2 =P1^2;              //定义 P1.2引脚的按键为三角波键 key2
sbit   key3 =P1^3;              //定义 P1.3引脚的按键为梯形波键 key3
sbit   key4 =P1^4;              //定义 P1.4引脚的按键为锯齿波键 key4
unsigned   char flag;          //flag为1、2、3、4、5时对应正弦波、方波、三
                                 角波、梯形波、锯齿波
                               //以下为各个波形采样点数组的 32 个数据
unsigned char code SinWave[]={    //正弦波波值表
127, 152, 176, 198, 217, 233, 245, 252, 255, 252, 245, 233, 217, 198, 176,
152, 127, 102, 78, 56, 37, 21, 9, 2, 0, 2, 9, 21, 37, 56, 78, 102, };
unsigned char code TriWave[]={    //三角波波值表
0, 16, 32, 48, 64, 80, 96, 112, 128, 144, 160, 176, 192, 208, 224, 240, 255,
240, 224, 208, 192, 176, 160, 144, 128, 112, 96, 80, 64, 48, 32, 16, };
unsigned char code SawWave[]={    //锯齿波波值表
0, 8, 16, 24, 32, 40, 48, 56, 64, 72, 80, 88, 96, 104, 112, 120, 128, 136,
144, 152, 160, 168, 176, 184, 192, 200, 208, 216, 224, 232, 240, 248, }
unsigned char code TRAPEZOIDAL Wave[]={    //梯形波波值表
0, 48, 96, 144, 192, 240, 255, 255, 255, 255, 255, 255, 255, 255, 255,
255, 255, 255, 255, 255, 255, 255, 255, 255, 255, 255, 255, 208, 160,
112, 64, 16, };
unsigned char keyscan()        //键盘扫描函数
{
```

```
    unsigned char keyscan_num, temp;
    P1=0xff;                  //P1口输入
    temp=P1;                  //从P1口读入键值, 存入temp中
    //判断是否有键按下, 即键值不为0xff, 则有键按下
    if (key0==0)              //产生正弦波的按键按下, P1.0=0
    keyscan_num=1;            //得到的键值为1, 表示产生正弦波
    elseif (key1==0)          //产生方波的按键按下, P1.1=0
    keyscan_num=2;            //得到的键值为2, 表示产生方波
    elseif (key2==0)          //产生三角波的按键按下, P1.2=0
    keyscan_num=3;            //得到的键值为3, 表示产生三角波
    elseif (key3==0)          //产生梯形波的按键按下, P1.3=0
    keyscan_num=4;            //得到的键值为4, 表示产生梯形波
    elseif (key4==0)          //产生锯齿波的按键按下, P1.4=0
    keyscan_num=5;            //得到的键值为5, 表示产生锯齿波
    else
    keyscan_num=0;            //没有按键按下, 键值为0
    return keyscan_num;       //得到的键值返回
}
void initDAC0832()           //DAC0832初始化函数
{
    rd=0;
    wr=0;
}
void SIN()                   //正弦波函数
{
    unsigned inti;
    P2=SinWave[i];           //由P2口输出给DAC0832正弦波数据
    i=i+1;                   //数组数据指针增1
    |while (i<32);           //判断是否已输出完256个波形数据, 未完继续输出数据
}
void  Triangle()             //三角波函数
{
    unsigned inti;
    P2= TriWave[i];          //由P2口输出给DAC0832三角波数据
```

```
    i=i+1;                    //数组数据指针增1
    |while (i<32);            //判断是否已输出256个波形数据，未完继续输出数据
}
void SAWTOOTH()               //锯齿波函数
{
    unsigned inti;
    P2=SawWave[i];            //由P2口输出给DAC0832锯齿波数据
    i=i+1;                    //数组数据指针增1
    |while (i<32);            //判断是否已输出256个波形数据，未完继续输出数据
}
void TRAPEZOIDAL()            //梯形波函数
{
    unsigned inti;
    P2=TrapezoidalWave[i];    //由P2口输出给DAC0832梯形波数据
    i=i+1;                    //数组数据指针增1
    |while (i<32);            //判断是否已输出256个波形数据，未完继续输出数据
}
    void main()              //主函数
    init_DAC0832();           //DAC0832的初始化函数
do{
    flag=keyscan();          //将键盘扫描函数得到的键值赋给flag
}while (!flag);
while (1)
{
    switch (flag)
    {
      case 1:
      do{
        flag=keyscan();
        SIN();
      }while (flag==1);
      break;
      case 2:
      Square();
```

```
      do{
        flag=keyscan();
      }while{flag==2);
      TR0=0;
      break;
      case 3:
      do{
        flag=keyscan();
        Triangle();
      }whil (flag==3);
      break;
      case 4:
      do{
        flag=keycan();
        Trapeoidal();
      }while (flag==4);
      break;
      case 5:
      do{
        flag=keyscan();
        Sawtooth();
      }whil (flag=5);
      break;
      default:
      flag=keyscan();
      break;
}}}
void timer0(void) interrupt 1      //定时器T0的中断函数
{
    P2=~P2;                        //方波的输出电平求反
    TH0=0x00;                      //重装定时时间常数
    TL0=0x83;
    TR0=1;                         //启动定时器T0
}
```

在 Proteus ISIS 下进行仿真运行时,可以看到弹出的虚拟示波器,从虚拟示波器的屏幕上可以观察到由按键选择的函数波形输出。

【例 10-3】单片机控制两片 DAC0832 采用双缓冲方式驱动 X-Y 绘图仪多路 DAC 转换后的模拟量要求同步输出时,必须采用双缓冲同步方式,此时数字量的输入锁存和 DAC 转换输出是分两步完成的。AT89S51 单片机和两片 DAC0832 的双缓冲方式接口电路如图 10-5 所示。

由图 10-5 可见,电路中用 P2.5、P2.6 和 P2.7 来进行片选。P2.5=0 选通 1#DAC0832 的数据输入;P2.6=0 选通 2#DAC0832 的数据输入;P2.7=0 时,实现两片 DAC0832 同时转换并同步输出模拟量。所以 1#DAC0832 的数据端口地址为 0xdfff(P2.5=0),2#DAC0832 的数据端口地址为 0xbfff(P2.6=0)。两片 DAC0832 同时转换并输出的地址为 0x7fff(P2.7=0)。

将图 10-5 中 DAC 输出的模拟电压 V_x 和 V_y 分别加到 X-Y 绘图仪的 X 通道和 Y 通道,X-Y 绘图仪由 X、Y 两个方向的步进电机驱动,其中一个电机控制绘笔沿 X 方向运动,另一个电机控制绘笔沿 Y 方向运动。对 X-Y 绘图仪的控制要求是:两路模拟信号同步输出,使绘制的曲线光滑。如果不能同步输出,例如先输出 X 通道的模拟电压 V_x,再输出 Y 通道的模拟电压 V_y,则绘图笔先向 X 方向移动,再向 Y 方向移动,此时绘制的曲线就是 Y 阶梯状的,这就是 DAC 设置双缓冲方式的目的。

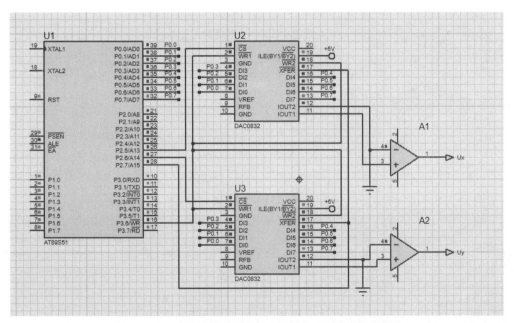

图 10-5　AT89S51单片机和两片DAC0832双缓冲方式接口电路

参考程序如下:

```
# include<reg51.h>
# include<stdio.h >
```

```
# define DAC083201Addr    0xdfff      //1#DAC0832的第1级寄存器的端口地址
# define DAC083202Addr    0xbfff      //2#DAC0832的第1级寄存器的端口地址
# define DAC0832Addr      0x7fff      //两片DAC0832同时转换的第2级端口地址
# define uchar unsigned  char
# define uint  unsigned    int
sbit   P2^5=0xa5, P2^6=0xa6, P2^7=0xa7;
void  writechip1(uchar  DAc0832data);
void  writechip2(uchar  DAc0832data);
void  TransforData (uchar  DAc0832data);
void  main()
{
    xdata cdigitl1=0;
    xdata cdigitl2=0;
    P0=0xff;                        //端口初始化
    P1=0xff;
    P2=0xff;
    P3=0xff;
    delay();                        //延时
    while (1)
    {
      cdigitl1=0x80;                //1#DAC0832的地址
      cdigitl2=0xff;                //2#DAC0832的地址
      writechip1(cdigitl1);         //向1#DAC0832第1级寄存器写入数据
      writechip2(cdigitl2);         //向2#DAC0832第1级寄存器写入数据
      TransforData (0x00);          //控制两片 DAC0832第2级寄存器同时转换
    }
}
void  writechip1(uchar  c0832data)//向1#DAC0832芯片写入数据函数
{
    *((uchar  xdata*)DAC083201Addr) =c0832data;
}
void  writechip2(uchar  c0832data)//向2#DAC0832芯片写入数据函数
{
    *((uchar xdata*)DAC083202Addr) =c0832data;
}
void TransforData (uchar c0832data)  //两片DAC0832芯片同时进行转换的函数
```

```
{
    *((uchar xdata*)DAC0832Addr) =c0832data;
}
void  delay()                        //延时程序
{
    uint  i;
    for (i=0;i<200;i++) ;
}
```

程序说明：

（1）在调用函数 writechip1 时，只是向 1#DAC0832 芯片写入数据，不会写到 2#DAC0832 中，因为 2#DAC0832 没有被选通，对于函数 writechip2 也是同样的道理。

（2）在调用函数 TransforData() 时，函数参数可以为任意值，因为被转换的数字量已经被锁存到 DAC 寄存器中。调用函数 TransforData() 时，只是发出启动第二级转换的控制信号，数据线上的数据不会被锁存。

（3）程序的 3~5 行对 DAC0832 的 3 个端口使用了 3 个宏定义。例如，将 DAC0832Addr 的端口地址 0x7fff 宏定义为 DAC0832Addr（第 5 行），方便使用和修改。使用该地址向 DAC0832 写入时要先进行类型转换。用（uchar xdata *）把 DAC0832Addr 转换为指向 0x7fff 地址的指针型数据，再使用指针进行间接寻址。这种方法是较为经典和精简的代码风格，可以用等价和拆分的方式理解这句代码。

首先，由于宏替换，（uchar xdata *）DAC0832Addr 相当于（uchar xdata *）0x7fff，即将 0x7fff 强制转换为指向外部数据空间的 unsigned char 类型的指针，指针内容为 0x7fff，即指向了 DAC0832 数据转换端口（即两片 DAC0832 的第二级 DAC 寄存器，如图 10-2 所示）。

10.1.3 DAC0832 双极性输出

DAC0832 双极性输出电路连接如图 10-6 所示。

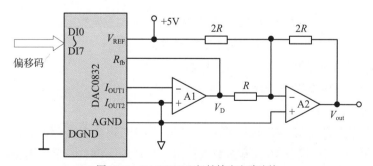

图10-6 DAC0832 双极性输出电路连接

双极性输出时的分辨率比单极性输出时降低一半,这是由于在双极性输出中,最高位作为符号位只有 7 位数值位。

10.2 串行10位DAC——TLC5615芯片

10.2.1 TLC5615 功能

TLC5615 是美国 TI 公司的产品,其为串行接口的 DAC 和电压输出型,最大输出电压是基准电压值的 2 倍。TLC5615 带有上电复位功能,即上电时把 DAC 寄存器复位至零。单片机只需用 3 条串行总线就可以完成 10 位数据的串行输入。

TLC5615 的引脚图如图 10-7 所示。

8 只引脚的功能如下。

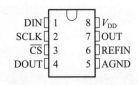

图10-7 TLC5615 的引脚图

- DIN:串行数据输入端。
- SCLK:串行时钟输入端。
- $\overline{\text{CS}}$:片选端,低电平有效。
- DOUT:用于级联时的串行数据输出端。
- AGND:模拟地。
- REFIN:基准电压输入端,2V~(V_{DD}–2V)。
- OUT:DAC 模拟电压输出端。
- V_{DD}:正电源端,4.5~5.5V,通常取 5V。

TLC5615 的内部功能框图如图 10-8 所示。

组成部分如下。

- 10 位 DAC 电路。一个 16 位移位寄存器,接收串行移入的二进制数,可级联数据输出端 DOUT。
- 10 位 DAC 寄存器,为 10 位 DAC 电路提供待转换的二进制数据。
- 电压跟随器为参考电压端提供高输入阻抗,大约 10MΩ。
- ×2 电路提供最大值为 2 倍于 REFIN 的输出。
- 上电复位电路和控制逻辑电路。

有两种工作方式:

(1)第 1 种工作方式为 12 位串行数据输入。从图 10-8 可以看出,16 位移位寄存器分为高 4 位的虚拟位、低 2 位的填充位以及 10 位有效数据位。TLC5615 工作时,只需要向 16 位移位寄存器先后输入 10 位有效位和低 2 位的任意填充位即可。

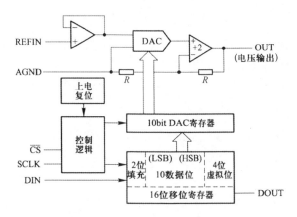

图10-8 TLC5615的内部功能框图

（2）第2种工作方式为级联方式，即16位数据列，可将本片的DOUT接到下一片的DIN端，需要向16位移位寄存器先后输入高4位虚拟位、10位有效位和低2位填充位，由于增加了高4位虚拟位，所以需要16个时钟脉冲。

利用带有串行接口的 TLC5615 DAC 转换电路，调节可变电阻器，使输出电压可在0~5V内调节。调整电位器，用电压表测量D/A转换输出的电压值。

当 TLC5615 的片选 $\overline{\text{CS}}$ 为低电平时，在每一个 SCLK 时钟的上升沿将 DIN 的一位数据移入16位移位寄存器，串行输入数据被移入16位移位寄存器。注意，二进制最高有效位被导前移入。接着，$\overline{\text{CS}}$ 的上升沿将16位移位寄存器的10位有效数据锁存于10位 DAC 寄存器，供 DAC 电路进行转换；当片选端 $\overline{\text{CS}}$ 为高电平时，串行输入数据不能被移入16位移位寄存器。

10.2.2 串行TLC5615接口设计

【例10-4】单片机控制串行 TLC5615 进行 D/A 转换，单片机与 TLC5615 的接口电路如图10-9所示。TLC5615 的输出电压可在0~5V 内调节，从虚拟直流电压表可观察到 DAC 转换输出的电压值。

当 TLC5615 的片选引脚 $\overline{\text{CS}}$ 为低电平时，在每一个 SCLK 时钟的上升沿将 DIN 的一位数据移入16位移位寄存器，接着，$\overline{\text{CS}}$ 的上升沿将10位有效数据锁存于10位 DAC 寄存器，供 DAC 电路进行转换。

参考程序如下：

```
# include<reg151.h>
# include< intrins.h>
# define uchar unsigned  char
# define uint  unsigned   int
```

```
uchar  bdata  datin_high;              //高8位数据
uchar  bdata  datin_low;               //低8位数据
sbit   high_7 =datin_high^7;           //高8位数据符号定义
sbit   low_7 =datin_low^7;             //低8位数据符号定义
sbit   SCL=P1^1;
sbit   CS=P1^2;
sbit   DIN=P1^0;
void   Write_12bits()                  //一次向 TLC5615中写入12bit数据函数
{
    uchar  i;
    SCL=0;                             //SCL置0，为写 bit做准备
    CS=0;                              //片选端CS=0
    for (i=0;i<2;i++)                  //循环2次，发送高两位
    {
      if (high_7)                      //先发高位
      DIN=1;                           //将数据送出
      SCL=1;                           //启动时钟信号，写操作在时钟上升沿触发
      SCL=0;                           //结束该位传送，为下次写做准备
    }
    else
    {
      DIN=0;
      SCL=1;
      CL=0;
    }
    datin_high<<=1;
    for (i=0;i<8;i++)                  //循环8次，然后发送低8位
    {
      if (low_7)
      {
        DIN=1;                         //发送数据
        SCL=1;                         //启动时钟信号，写操作在时钟上升沿触发
        SCL=0;                         //结束该位传送，为下次写做准备
      }
```

```
        else
        {
          DIN=0;
          SCL=1;
          SCL=0;
        }
        datin_low<<=1 ;
      }
      for (i=0;i<2;i++)                    //循环2次，发送两个填充位
      {
        DIN=0;
        SCL=1;
        SCL=0;
      }
      CS=1;
      SCL=0;
}
void TLC5615_Start (uint datin)      //DAC转换
{
      datin%=1024;
      datin_high=datin/256;
      datin_low=datin%256;
      datin_high<<=6;
      Write_12bits();
}
void delay_ms (uint j)               //延时函数
{
      uchar i=250;
      for (;j>0;j--)
      {
        while ( --i) ;
        i=249;
        while (--i);
        i=250;
```

```
    } }
void  main (void )                      //主函数
{
    while (1)
    {
     TLC5615_Start (0xffff);
     delay_ms (1) ;
    }
}
```

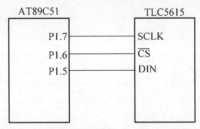

图10-9　单片机与TLC5615的接口电路

10.3　并行8位ADC0809芯片

10.3.1　ADC0809转换器

1. A/D转换器简介

A/D 转换器的种类很多,在单片机应用系统中主要有逐次比较型转换器和双积分型转换器,此外, $\sum$ —Δ式转换器也逐渐得到重视和应用。

逐次比较型 A/D 转换器在精度、速度和价格上适中,是最常用的 A/D 转换器。双积分型 A/D 转换器具有精度高、抗干扰性好、价格低廉等优点,与逐次比较型 A/D 转换器相比,其转换速度较慢,近年来在单片机应用领域中已得到广泛应用。 $\sum$ —Δ式转换器具有积分型与逐次比较型转换器的双重优点。它对串模干扰具有较强的抑制能力,与双积分型转换器相比,有较高的转换速度;与逐次比较型转换器相比,有较高的信噪比,分辨率高,线性度好。

A/D 转换器按照输出数字量的有效位数分为 4 位、8 位、10 位、12 位、14 位和 16 位并行输出以及 BCD 码输出的 3 位、4 位和 5 位等多种。目前,除了并行输出的 A/D 转换器外,带有同步 SPI 串行接口的 A/D 转换器的使用也逐渐增多。串行输出的 A/D 转换器具有占用单片机端口线少、使用方便、接口简单等优点。

较为典型的串行 A/D 转换器为美国 TI 公司的 TLC549（8 位）、TLC1549（10 位）和 TLC1543（10 位）以及 TLC2543（12 位）。

A/D 转换器按照转换速度可大致分为超高速（转换时间 ≤ 1ns）、高速（转换时间 10ns）、中速（转换时间 ≤ 1μs）和低速（转换时间 ≤ 1ms）等几种不同转换速度的芯片。为适应系统集成需要，有些转换器还将多路转换开关、时钟电路、基准电压源、二 / 十进制译码器和转换电路集成在一个芯片内，为用户提供了方便。

2. A/D转换器的主要技术指标

（1）分辨率。n 位 A/D 转换器的分辨率为 2^n，习惯上以二进制的位数或 BCD 码的位数表示，标志着 A/D 转换器对输入电压微小变化的响应能力。例如，8 位的 ADC 分辨率为输入满刻度值 V_{FS} 的 1/256，当 $V_{FS}=5V$ 时，数字输出的最低位 LSB 所对应的电平值为 5V ÷ 256=0.02V，也即输入电压低于此值时，转换器无响应，数字输出量为 0。

（2）转换速率。转换速率是完成一次 A/D 转换所需要的时间的倒数。而完成一次 A/D 转换的时间是指从转换启动到转换结束所需的时间。不同型号的 ADC 转换时间差别很大，一般大于 1ms 为低速，1ms~1μs 为中速，小于 1μs 为高速，小于 1ns 为超高速，逐次逼近式的 A/D 转换器属于中速。

分辨率取决于 A/D 转换器的位数，所以习惯上用输出的二进制位数或码位数来表示。例如，A/D 转换器 AD1674 的满量程输入电压为 5V，可输出 12 位二进制数，即用 2^{12} 个数进行量化，能分辨出输入电压 1.221mV 的变化。又如，双积分型输出 BCD 码的 A/D 转换器 14433，其满量程输入电压为 2V，输出最大的十进制数为 1999，分辨率为 3 位，即三位半，如果换算成二进制位数表示，其分辨率约为 11 位，因为 1999 最接近于 $2^{11}=2048$。

量化过程引起的误差称为量化误差。量化误差是由于有限位数字量对模拟量进行量化而引起的误差。量化误差理论上规定为一个单位分辨率的 ±LSB，提高 A/D 转换器的位数，既可以提高分辨率，又能够减少量化误差。

（3）转换精度。转换精度定义为一个实际 A/D 转换器与一个理想 A/D 转换器在量化值上的差值，可用绝对误差或相对误差表示。

10.3.2 ADC0809 转换器应用

1. ADC0809引脚及功能

ADC0809 是一种逐次比较型 8 路模拟输入、8 位数字量输出的 A/D 转换器，其引脚如图 10-10 所示。

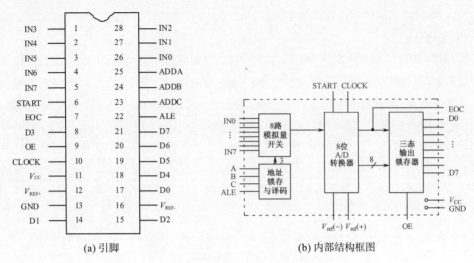

(a) 引脚　　　　　　　(b) 内部结构框图

图10-10　ADC0809引脚与内部结构框图

ADC0809共有28个引脚,双列直插式封装,引脚的功能如下。

● IN0~IN7:8路模拟量输入端。

● D0~D7:8位数字量输出端。

● ADDA、ADDB、ADDC:3位地址输入线,用于选择8路模拟通道中的一路。

● ALE:地址锁存允许信号,输入,由低电平变高电平锁存。

● START:A/D转换启动信号,输入,由高电平变低电平启动。

● EOC:A/D转换结束信号,输出。当启动转换时,该引脚为低电平;当A/D转换结束时,该线引脚输出高电平。

● OE:数据输出允许信号,输入,高电平有效。当转换结束后,如果从该引脚输入高电平,则打开输出三态门,输出锁存器的数据从D0~D7送出。

● CLOCK:时钟脉冲输入端。要求时钟频率不高于640kHz。

● V_{REF+}、V_{REF-}:基准电压输入端。

● V_{CC}:电源,接+5V电源。

● GND:地。

2. ADC0809的内部结构

ADC0809采用逐次比较的方法完成A/D转换,由单一5V电源供电。片内带有锁存功能的8选1的多路模拟开关,由加到ADDA、ADDB和ADDC引脚上的编码来确定所选通道。ADC0809完成一次转换需要100μs(此时加在CLOCK引脚的时钟频率为640kHz,即转换时间与加在CLOCK引脚的时钟频率有关),它具有TTL输出三态锁存器,可直接连到AT89S51单片机的数据总线上。通过适当的外接电路,ADC0809可对0~5V模拟信号进行转换。

3. 输入模拟电压与输出数字量的关系

ADC0809 的输出的转换结果 D 与模拟输入电压 V_{in} 之间的关系为

$$V_{in}=V_{REF-}+(V_{REF+}-V_{REF-})D/2^8$$

其中，V_{in} 处于 $V_{REF+} \sim V_{REF-}$ 之间，D 为十进制数。通常情况下 V_{REF+} 接 +5V，V_{REF-} 接地，即模拟输入电压范围为 0 ~ +5V，对应的 8 位二进制数字量为 0x00~0xff。

4. ADC0809 的转换工作原理

在讨论接口设计之前，先了解一下单片机如何控制 ADC 开始转换，如何得知转换结束以及如何读入转换结果。

单片机控制 ADC0809 进行 A/D 的转换过程如下：首先由加到 ADDA、ADDB 和 ADDC 上的编码决定选择 ADC0809 的某一路模拟输入通道，同时产生高电平加到 ADC0809 的 START 引脚，开始对选中通道 A/D 转换。当转换结束时，ADC0809 发出转换结束 EOC（高电平）信号。当单片机读取转换结果时，需控制 OE 端为高电平，把转换完毕的数字量读入单片机内。

单片机读取 A/D 转换结果可采用查询方式和中断方式。

查询方式是检测 EOC 引脚是否变为高电平，如已变为高电平，则说明转换结束，然后单片机读入转换结果。

中断方式是单片机开始启动 A/D 转换之后，单片机执行其他程序。ADC0809 转换结束后，EOC 变为高电平，EOC 信号通过反相器向单片机发出中断请求信号，单片机响应中断，进入中断服务程序，在中断服务程序中读入转换完毕的数字量。

【例 10-5】输入给 ADC0809 模拟电压可通过调节电位器 RV1 来实现，如图 10-11 所示，ADC0809 将输入的模拟电压转换成二进制数字，并通过 P0 口输出来控制发光二极管的亮与灭，显示转换结果的二进制数字量。运行仿真参见实验 12-11。

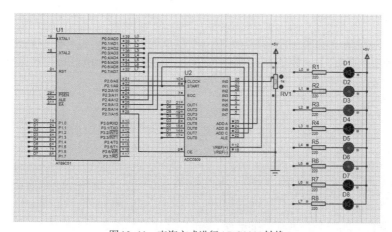

图 10-11　查询方式进行 ADC0809 转换

ADC0809 进行 A/D 转换一次大约需要 100μs,采用查询方式,即使用 P2.3 来查询 EOC 引脚的电平来判断 A/D 转换是否结束。如果 EOC 引脚为高电平,说明转换结束,单片机从 P1 口读入转换二进制数字量的结果,然后把结果从 P0 口输出给 8 个发光二极管,发光二极管被点亮的位对应转换结果 0。

参考程序如下:

```c
# include"reg51.h"
# define uchar unsigned  char
# define uint  unsigned   int
# define LED  P0
# define Out   P1
sbit  start =P2^1, add_a=P2^4, add_b=P2^5, add_c=P2^6;
sbit  OE=P2^7 , EOC=P2^3, CLOCK=P2^0;
void  main()
{
    uchar  temp;
    add_a=0;add_b=0;add_c=0;          //选择 ADC0809的通道0
    while (1)
    {
      start=0;
      start =1 ;
      start=0;                        //启动转换
      while (1)
      {
        clock=!clock;
        if (EOC= =1) break;
      }                               //等待转换结束
      OE=1;                           //允许输出
      temp=Out;                       //暂存转换结果
      OE=0;                           //关闭输出
      LED=temp;                       //采样结果通过P0口输出到 LED
    }
}
```

A/D 转换器在转换时必须要加基准电压,基准电压由高精度稳压电源供给,电压的变化要小于

LSB,这是保证转换精度的基本条件。否则当被转换的输入电压不变,而基准电压变化大于 LSB 时,也会引起 A/D 转换器输出的数字量变化。

采用中断方式读取转换结果。可将 EOC 引脚与单片机的 P2.3 引脚断开,EOC 引脚接反相器(如74LS06)的输入,反相器输出接至单片机的外部中断请求输入端(INT0 或 INT1 引脚),从而在转换结束时,向单片机发出中断请求信号。读者可将本例接口电路及程序进行修改,使单片机采用中断方式来读取 A/D 转换结果。

【例 10-6】设计一个单片机采用中断方式对 2 路模拟电压交替采集的数字电压表。数字电压表的原理电路与仿真如图 10-12 所示。

这里,将 1.5V 和 2.5V 作为两路输入信号的报警值,当通道 IN0 和 IN1 的电压分别超过 1.25V 和 2.5V 时,此时对应的二进制数值分别为 0x40 和 0x80。当 A/D 转换结果超过这一数值时,将驱动发光二极管 LED 闪烁并驱动蜂鸣器发声,表示超限。

2 路 0~5V 被测电压分别加到 ADC0809 的 IN0 和 IN1 通道,进行 A/D 转换,测得的输入电压交替显示在 LED 数码管上,同时也显示在两个虚拟电压表的图标上,通过鼠标滚轮放大虚拟电压表的图标,可清楚地看到输入电压的测量结果。两路输入电压的大小可通过手动调节 RV1 和 RV2 来实现。

ADC0809 采用的基准电压为 +5V。根据 10.3 节的介绍,转换所得结果的二进制数字 addata 所代表的电压绝对值为(addata ÷ 256)× 5V,若将其显示到小数点后两位,不考虑小数点的存在(将其乘以 100),计算数值为(addata × 100 ÷ 256)× 5V=addata × 1.96V。控制小数点显示在左边第二位数码管上,即为实际的测量电压。

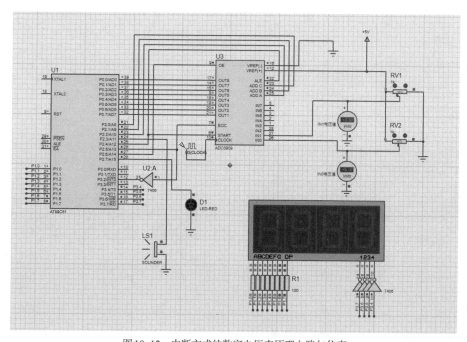

图 10-12 中断方式的数字电压表原理电路与仿真

参考程序如下：

```c
# include<reg51.h>
# include<intrins.h>              //包含_nop_()函数的头文件
unsigned char 7_SEG[ ]={0x3f, 0x06, 0x5b0x4f, 0d6, 0x6d, 0x07, 0x7f,
0x6f, 0x7, 0x7e, 0x39, 0x5e, 0x79, 0x71};
unsigned char  temp[4];
unsigned  int ad_data=0, i;
sbit START=P2^4, OE=P2^6;
sbit add_a=P2^2 , add_b=P2^1, add_c=P2^0;
sbit Buzzer=P2^3, LED=P2^7;
sbit disp_position1 =P3^4, disp_position2=P3^5, disp_
    position3=P3^6, disp_position4=P3^7;
void  dispaly()
{
    disp_position1 =1;
    P1=temp[0] ;
    delay_ms (1) ;
    disp_position1 =0;
    disp_position2 =1 ;
    P1=temp[1];
    delay_ms (1) ;
    disp_position2=0;
    disp_position3 =1 ;
    P1=temp[2]+128;
    delay_ms (1) ;
    disp_position3 =0;
    disp_position4 =1 ;
    P1=temp[3];
    delay_ms (1) ;
    disp_position4 =0;
}
void  main()
{
```

```c
    EA=1;                              //总中断打开
    IT0=1 ;
  void  delay_ms (unsigned  int  count)
  {
    unsigned  int  i, j;
    for (i=0;i<count;i++)
    for (j=0;j<120;j++) ;
  }
    EX0=1 ;
    while (1)
    {
      START=0;                         //采集第一路信号
      add_a=0;
      add_b=0;
      add_c=0;
      START=1 ;
      START=0;
      delay_ms(10);
      START=0;
      add_a=1;                         //采集第二路信号
      add_b=0;
      add_c=0;
      START=1;                         //根据时序启动ADC0809的AD转换
      START=0;
      delay_ms (10) ;
    }
}
void int0_ad() interrupt 0            //AD中断转换函数
{
    OE=1 ;
    ad_data=P0 ;
    if (ad_data> =0x4E)               //当大于1.5V时，则使用1和蜂鸣器报警
    {
      for (i=0;i<=100;i++)
```

```
        {
          LED=~LED;
          Buzzer=~ Buzzer;
        }
        LED=1;                    //否则取消报警
        Buzzer=1 ;
    }
    else
    {
      LED=0;
      Buzzer=0;
    }
    ad_data=ad_data* 1.96; //将采得的二进制数转换成可读的电压显示到数码管上
    OE=0;
    temp[0] =7_SEG[ad_data%10];
    temp[1] =7_SEG[ad_data/10% 10];
    temp[2] =7_SEG[ad_data/100%10];
    temp[3] =7_SEG[ad_data/1000];
    for (i=0;i<=200;i++)
    {
      dispaly() ;
    }
}
```

10.4 串行12位ADC——TLC2543芯片

串行 A/D 转换器与单片机连接具有占用 I/O 口线少的优点,下面介绍串行 A/D 转换器 TLC2543 的基本特性,以及其与 AT89S51 连接的工作过程。

10.4.1 TLC2543 的功能

TLC2543 是美国 TI 公司生产的 12 位串行 SPI 接口的 A/D 转换器,转换时间为 10ns。片内有 1 个 14 路模拟开关,用来选择 11 路模拟输入以及 3 路内部测试电压中的 1 路进行采样。为了保证测量结果的准确性,该器件具有 3 路内置自测试方式,可分别测试"V_{REF+}"高基准电压值、"V_{REF-}"低基准电压值和"$V_{REF+}/2$"值,该器件的模拟量输入范围为 $V_{REF-}{\sim}V_{REF+}$,一般模拟量的变化范围为 0~+5V,所以此时 V_{REF+} 引脚接 +5V,V_{REF-} 引脚接地。

由于 TLC2543 与 8051 单片机的接口电路简单,价格适中,分辨率较高,因此在智能仪器仪表中有着较为广泛的应用。

1. TLC2543 的引脚

TLC2543 的引脚如图 10-13 所示。各引脚功能如下。

- AIN0~AIN10:11 路模拟量输入端。
- $\overline{CS}$:芯片选择。
- DATAOUT:A/D 转换结果的串行数据输出端。
- DATAINPUT:串行数据输入端。由 4 位串行地址来选择模拟量通道。
- I/OCLK:时钟脉冲输入端。
- EOC:A/D 转换结束信号,输出。当启动转换时,该引脚为低电平;当 A/D 转换结束时,该线引脚输出高电平。
- REF+、REF−:基准电压输入端。
- V_{CC}:电源,接 +5V 电源。
- GND:地。

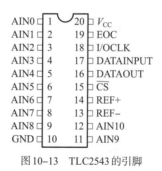

图 10-13　TLC2543 的引脚

2. TLC2543 的工作过程

TLC2543 的工作过程分为两个周期:I/O 周期和实际转换周期。

（1）I/O 周期

I/O 周期由外部提供的 I/OCLK 定义,延续 8、12 或 16 个时钟周期,取决于选定的输出数据的长度。器件进入 I/O 周期后同时进行两种操作。

① TLC2543 的工作时序如图 10-14 所示。在 I/OCLK 的前 8 个脉冲的上升沿以前导方式从

DATAINPUT 端输入 8 位数据到输入寄存器。其中前 4 位为模拟通道地址,控制 14 多路模拟通道从 11 个模拟输入和 3 个内部自测电压中选通 1 路到采样保持器,该电路从第 4 个脉冲的下降沿开始,对所选的信号进行采样,直到最后一个 I/OCLK 脉冲的下降沿。I/O 脉冲的时钟个数与输出数据长度(位数)有关,D3~D2 组合可选择 8 位、12 位或 16 位输出数据。当工作于 12 位或 16 位时,在前 8 个脉冲之后,DATAINPUT 无效。

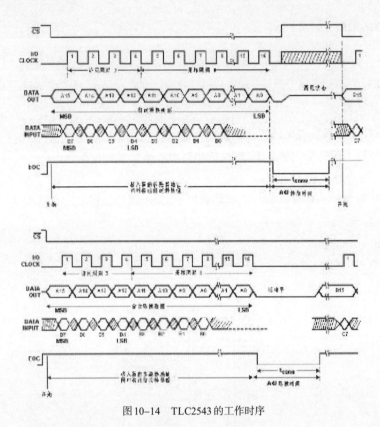

图 10-14　TLC2543 的工作时序

② 在 DATAOUT 端串行输出 8 位、12 位或 16 位数据。当 $\overline{CS}$ 保持为低电平时,第 1 个数据出现在 EOC 的上升沿,若转换由 $\overline{CS}$ 控制,则第 1 个输出数据发生在 $\overline{CS}$ 的下降沿。这个数据是前 1 次转换的结果,在第 1 个输出数据位之后的每个后续位,均在后续的 I/OCLK 脉冲下降沿输出。

（2）实际转换周期

在 I/O 周期的最后一个 I/OCLK 脉冲下降沿之后,EOC 变低,采样值保持不变,转换周期开始,片内转换器对采样值进行逐次逼近式 A/D 转换,其工作由与 I/OCLK 同步的内部时钟控制。转换结束后,EOC 变高,转换结果锁存在输入 / 输出数据寄存器中,待下一个 I/O 周期输出。I/O 周期和转换周期交替进行,从而可减少外部的数字噪声对转换精度的影响。

3. TLC2543 的命令字

每次转换都必须向 TLC2543 写入命令字,以便确定被转换的信号来自哪个通道,转换结果用多少位输出,输出的顺序是高位在前还是低位在前,输出的结果是有符号数还是无符号数。命令字的写入顺序是高位在前。命令字格式如下:

通道地址选择(D7~D4)数据的长度(D3~D2)数据的顺序(D1)数据的极性(D0)

(1)通道地址选择位,用来选择输入通道。二进制数 0000 ~ 1010 分别是 11 路模拟量 AIN0~AIN10 的地址;地址 1011、1100 和 1101 所选择的自测试电压分别是($V_{REF+}-V_{REF-}$)/2、V_{REF-} 和 V_{REF+}。1110 是掉电地址,选择掉电后,TLC2543 处于休眠状态,此时电流小于 20μA。

(2)数据的长度(D3~D2)位,用来选择转换的结果用多少位输出。D3D2 为 00,表示 12 位输出;D3D2 为 01,表示 8 位输出;D3D2 为 11,表示 16 位输出。

(3)数据的顺序位(D1),用来选择数据输出顺序。D1=0,高位在前;D1=1,低位在前。

(4)数据的极性位(D0),用来选择数据的极性。D0=0,数据是无符号数;D0=1,数据是有符号数。

10.4.2　TLC2543 的接口设计

TLC2543 与单片机的接口采用 SPI 串行接口(SPI 是串行外设接口,将在第 11 章进行介绍),由于 AT89S51 不带 SPI 接口,需采用软件与单片机 I/O 口线相结合的方式来模拟 SPI 的接口时序。TLC2543 的三个控制输入端分别为 I/OCLK(18 引脚,输入 / 输出时钟)、DATAINPUT(17 引脚,4 位串行地址输入端)以及 $\overline{CS}$ (15 引脚,片选),它们分别由单片机的 P1.3、P1.1 和 P1.2 来控制。转换结果(16 引脚)由单片机的 P1.0 引脚串行输入,AT89S51 将命令字通过 P1.1 引脚串行写入 TLC2543 的输入寄存器中。

下面介绍单片机与 TLC2543 接口的设计及软件编程。

采集的数据为 12 位无符号数,首先输出高位数据。写入 TLC2543 的命令字位为 0xa0。由 TLC2543 的工作时序命令字的写入和转换结果的输出是同时进行的,即在读出转换结果的同时也写入下一次的命令字,采集 11 个数据要进行 12 次转换。

【例 10-7】AT89S51 单片机与 TLC2543 的接口电路如图 10-15 所示,编写程序对 AIN2 模拟通道进行数据采集,结果在数码管上显示,输入电压通过调节 RV1 完成。

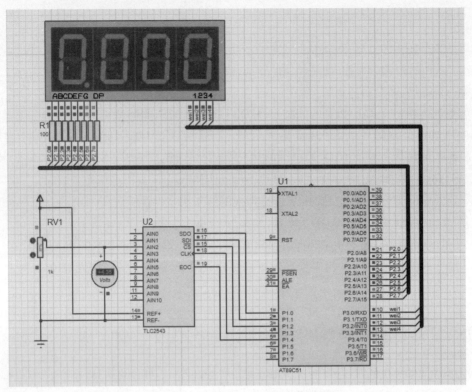

图10-15　AT89S51单片机与TLC2543的接口电路

参考程序如下：

```
# include<reg51.h>
# include<intrins.h>                //包含_nop_()函数的头文件
# define uchar  unsigned  char
# define uint   unsigned  int
unsigned char code 7_SEGN[ ]={0xc0, 0xf9, 0xa4, 0xb0, 0x99, 0x92,
                0x82, 0xf8, 0x80, 0x90};
uint   adresult[11];              //11个通道的转换结果单元
sbit   DATOUT=P1^0;               //定义P1.0与DATAOUT相连
sbit   DATIN=P1^1;                //定义P1.1与DATAINPUT相连
sbit   CS=P1^2;                   //定义P1.2与CS端相连
sbit   IOCLK=P1^3;                //定义P1.3与I/OCLK相连
sbit   EOC=P1^4;                  //定义P1.4与EOC引脚相连
sbit   disp_position1=P3^0;
```

```
sbit  disp_position2=P3^1;
sbit  disp_position3 =P3^2;
sbit  disp_position4=P3^3;
void  delay_ms (uint  i)
{
    int  j;
    for (; i>0; i--)
    for (j=0; j<123; j++);
}
uint getdata(uchar channel)        //getdata()取转换结果, channel为通道号
{
    uchar  i, temp;
    uint  read_addata=0;           //分别存放采集的数据, 先清0
    channel =channel <<4;          //结果为12位数据格式, 单极性xxxx0000
    IOCLK=0;
    CS=0;                          //CS下降沿, 并保持低电平
    temp=channel;                  //输入要转换的通道
    for (i=0;i<12;i++)
    {
      if (DATOUT) read_addata=read_addata|0x01;    //读入转换结果
      DATIN=(bit)(temp&0x80);      //写入方式/通道命令字
      IOCLK=1;                     //I/OCLK上升沿
      _nop_();_nop_();_nop_();     //空操作延时
      IOCLK =0;                    //I/OCLK下降沿
      _nop_() ;_nop_() ;_nop_() ;
      temp=temp<<1;                //左移1位, 发送通道控制字下一位
      read_addata<<=1;             //转换结果左移1位
      CS =1;                       //CS上升沿
      read_addata>>=1;             //恢复第12次右移, 得到12位转换结果
      return ( read_addata);
    }
}
void  dispaly()                    //显示函数
{
```

```
    uchar  qian, bai, shi, ge;          //定义千、百、十、个位
    uint  value;
    value=adresult[2] * 1.221;          //*5000/4095
    qian=value% 10000/1000 ;
    bai=value% 1000/100;
    shi=value%100/10;
    ge=value%10;
    disp_position1 =1 ;
    P2=7_SEGN[qian] -128;
    delay_ms (1) ;
    disp_position1 =0;
    disp_position2 =1 ;
    P2 =7_SEGN[bai] ;
    delay_ms (1) ;
    disp_position2 =0;
    disp_position3 =1 ;
    P2 =7_SEGN[shi] ;
    delay_ms (1) ;
    disp_position3=0;
    disp_position4=1;
    P2 =7_SEGN[ge] ;
    delay_ms (1) ;
    disp_position4 =0;
}
main()
{
    adresult[2]=getdata(2);         //启动2次转换，第1次转换结果无意义
    while (1)
    {
      nop_(); _nop_() ; _nop_();
      adresult[2] =getdata(2);      //读取本次转换结果，同时启动下次转换
      while ( !EOC) ;               //判断是否转换完毕，未转换完则循环等待
      dispaly() ;
    }
}
```

由此可见,AT89S51 单片机与 TLC2543 的接口电路十分简单,只需用软件控制 4 条 I/O 引脚,按照规定时序对 TLC2543 进行操作即可实现。

10.5　AD1674模数转换器的接口

　　在某些单片机应用系统中,8 位分辨率的 ADC 常常无法满足要求,这时必须选择分辨率大于 8 位的芯片,如 10 位、12 位或 16 位 A/D 转换器,由于单片机与 10 位、12 位、14 位和 16 位的 ADC 接口类似,这里介绍常用的 12 位 A/D 转换器 AD1674 芯片。

1. AD1674 简介

　　AD1674 是美国 AD 公司生产的 12 位逐次比较型的并行输出 A/D 转换器,AD1674/AD574 的引脚与内部结构图如图 10-16 所示,它是 28 引脚双列直插式封装,转换时间为 10μs,单通道最大采集速率为 100kbps。

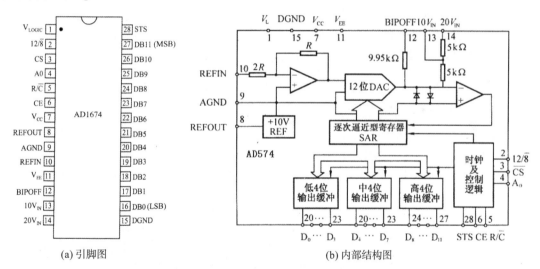

图 10-16　AD1674/AD574 的引脚与内部结构图

　　AD1674 片内有三态输出缓冲电路,因而可直接与各种 8 位或 16 位的单片机相连。AD1674 片内集成了高精度的基准电压源和时钟电路,从而使该芯片在不需要任何外加电路和时钟信号的情况下完成 A/D 转换,使用起来非常方便。

　　AD1674 是 AD574A/674A 的更新换代产品。它们的内部结构和外部应用特性基本相同,引脚功能与 AD574/674A 完全兼容,尤其是高、低温下的稳定性更好,提高了可靠性。AD1674 可以直接替换 AD574、AD674 使用,但最大转换时间已由 25μs 降至 10μs。

- $\overline{CS}$：芯片选择。$\overline{CS}$ =0,芯片被选中。
- CE：芯片启动信号。
- $R/\overline{C}$：读/启动转换信号。高电平时读 A/D 转换结果,低电平时启动 A/D 转换。
- $12/\overline{8}$：输出数据长度控制信号,高电平为 12 位,低电平为 8 位。本引脚与 TTL 电平不兼容,故只能直接接至 5V 或 0V。
- A0：当 $R/\overline{C}$ 低时,A0 为高,启动 8 位 A/D 转换；A0 为低,启动 12 位 A/D 转换。当 $R/\overline{C}$ 高时,A0 为高,输出低 4 位数据；A0 为低,输出高 8 位数据。
- STS：输出状态信号引脚。转换开始时,STS 为高电平,转换过程中保持高电平。转换完成时,为低电平。STS 可以作为转换状态信息被 CPU 查询,也可以用它的下降沿向单片机发出中断申请,通知单片机 A/D 转换已完成,可以读取转换结果。

除上述控制引脚外,其他引脚功能如下。

- REFOUT：+10V 基准电压输出。
- REFIN：基准电压输入。将从 REFOUT 引脚输出的基准电压引入 AD1674 内部的 12 位 ADC,才能正常进行 A/D 转换。
- BIPOFF：双极性补偿。对此引脚进行适当的连接,可实现单极性或双极性的输入。

AD1674 的上述控制信号组合的真值表如表 10-1 所示。

表10-1 AD1674控制信号组合的真值表

CE	$\overline{CS}$	$R/\overline{C}$	$12/\overline{8}$	A0	操　作
0	X	x	x	x	无操作
x	1	x	x	x	无操作
1	0	0	x	0	启动12位转换
1	0	0	x	1	启动8位转换
1	0	1	+5V	x	允许12位并行输出
1	0	1	0V	0	高8位输出
1	0	1	0V	1	低4位+高4位为0输出

2. AD1674 的工作过程

AD1674 的工作状态由表 10-1 中的 5 个控制信号 CE、$\overline{CS}$、$R/\overline{C}$、$12/\overline{8}$ 和 A0 决定。

由表 10-1 可知,当 CE=1,$\overline{CS}$ =0 同时满足时,AD1674 才可以工作。

当 AD1674 处于工作状态时,$R/\overline{C}$ =0 时启动 A/D 转换；$R/\overline{C}$ =1 时读出转换结果。

$12/\overline{8}$ 和 A0 端用来控制转换字长和数据格式。A0=0 时启动转换,按完整的 12 位 A/D 转换方式工作;A0=1 时启动转换,则按 8 位 A/D 转换方式工作。

AD1674 处于数据读出工作状态($R/\overline{C}=1$)时,A0 和 $12/\overline{8}$ 成为数据输出格式控制端。$12/\overline{8}=1$ 时,对应 12 位并行输出;$12/\overline{8}=0$ 时,则对应 8 位双字节输出。其中,A0=0 时,输出高 8 位;A0=1 时,输出低 4 位,并以 4 个 0 补足接着的 4 位。

注意,A0 的转换结果数据在输出期间不能变化。

AD1674 以独立方式工作时,需将 CE 和 $12/\overline{8}$ 端接入 +5V,$\overline{CS}$ 和 A0 接至 0V,将 $R/\overline{C}$ 作为数据读出和启动转换控制。

$R/\overline{C}=1$ 时,数据输出端出现被转换后的数据;$R/\overline{C}=0$ 时,即启动 1 次 A/D 转换。延时 0.5μs 后,STS 高电平表示转换正在进行。经过一个转换周期后,STS 跳回低电平,表示 A/D 转换完毕,可以读取新的转换数据。

注意,只有在 CE=1 且 $\overline{CS}$ =0 时才启动转换,在启动信号有效前,$R/\overline{C}$ 必须为低电平,否则将产生读取数据的操作。

3. AD1674 单极性和双极性输入的电路

通过改变 AD1674 引脚 8、10 和 12 的外接电路,可使 AD1674 实现单极性输入和双极性输入模拟信号的转换。AD1674 转换电路与工作时序如图 10-17 所示。

(1)单极性输入电路。

(2)双极性输入电路。

图 10-17(b) 所示为双极性转换电路,可实现输入信号 −10~+10V 或 0~+20V 的转换。图中电位器 R_{P1} 用于调零。双极性输入时,输出的转换结果 D 与模拟输入电压 V_{in} 之间的关系为

$$V_{in}=D\ V_{fs}\ /2^n$$

或:

$$D=V_{in}\ 2^n\ /V_{fs}$$

式中,V_{fs} 为满量程电压。

上面的式子求出的 D 为 12 位偏移二进制码,把 D 的最高位取反便得到补码。补码对应输入模拟量的符号和大小。同样,从 AD1674 读出的或代入到上式中的数字量 0 也是偏移二进制码。例如,当模拟信号从 $10V_{in}$ 引脚输入,则 $V_{fs}=10V$,若读得 $D=$FFFH,即 111111111111B=4095,代入式中,可求得 $V_{in}=4.9976V$。AD1674 的工作时序如图 10-17 (c)所示。

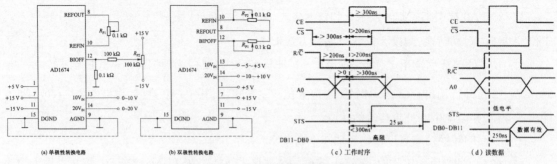

图10-17 AD1674转换电路与工作时序

4. AT89S51单片机与AD1674的接口

【例10-8】采用查询方式,利用图10-18电路完成1次12位的A/D转换。程序中把启动AD1674进行1次转换作为函数,调用此函数可得到转换结果。

AD1674与AT89S51单片机的接口电路如图10-18所示。该电路采用双极性输入接法,可对 $-5 \sim +5V$ 或 $-10 \sim +10V$ 的模拟信号进行转换。转换结果的高8位从 DB11$\sim$DB4输出,低4位从DB3$\sim$DB0输出,即A0=0时,读取结果的高8位;当A0=1时,读取结果的低4位。STS引脚接单片机的 P1.0引脚,采用查询方式读取转换结果。当单片机执行对外部数据存储器写指令,使得 CE=1、$\overline{CS}=0$ 、R/$\overline{C}=0$ 和 A0=0时,启动12位 A/D 转换;当单片机查询到 P1.0引脚为低电平时,转换结束。CE=1,$\overline{CS}=0$,A0=0,R/$\overline{C}=1$,读取结果的高8位;CE=1,$\overline{CS}=0$,A0=1,R/$\overline{C}=1$,读取结果的低4位。

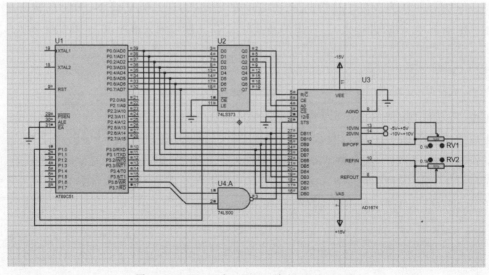

图10-18 AD1674与AT89S51单片机的接口电路

参考程序如下：

```
# include<reg51.h>
# include<absacc.h>
# define uint unsigned int
# define ADCOM      XBYTE[0xff7c]      //使CS=0, A0=0, R/C=0
# define ADLO       XBYTE[0xff7f]      //使CS=0, A0=1, R/C=1
# define ADHI       XBYTE[0xff7d]      //使CS=0, A0=0, R/C=1
sbit r=P3^7;
sbit w=P3^6;
sbit adbusy=P1^0;
uint ad1674()                         //AD1674转换函数
{
    r=0;                              //产生CE=1
    W=0;
    ADCOM=0;                          //启动转换
    while (adbusy= =1);               //等待转换结束
    return((uint)(ADHI<<4)+ADLO&0x0f));   //返回12位转换结果
}
main()
{
    uint idata result;               //启动1次A/D转换，得到转换结果
    result=ad1674();
}
```

上述程序是按查询方式设计的，图 10-18 中的 STS 引脚也可以接单片机的外中断输入 $\overline{\text{INT0}}$ 引脚，即采用中断方式读取转换结果。

AD1674 接口电路全部连接完毕后，在模拟输入端输入稳定的标准电压，启动 A/D 转换，12 位数据也应稳定。如果变化较大，说明电路稳定性差，则要从电源及接地布线等方面查找原因。AD1674 的电源电压要有较好的稳定性和较小的噪声，设计印制电路板时，要注意电源去耦、布线以及地线的布置这些方面，当位数较多的 ADC 与单片机接口时，要对这些问题予以重视。

如果需要更高分辨率的 ADC，可采用 14 位的 A/D 转换器 AD7685 或 16 位的 A/D 转换器 AD7656。AD7656 是 6 通道、逐次逼近型 ADC，每通道可达 250kbps 的采样率，可对模拟输入电压 -10 ~ +10V 或 0 ~ +20V 进行 A/D 转换。片内包含 1 个 2.5V 内部基准电压源和基准缓冲器。AD7656 还具有高速并行和串行接口，能提供一个菊花链连接方式，以便把多个 ADC 连接到 1 个串行接口上。

本章小结

通过学习本章内容,读者应当了解 AD/DA 转换器的组成与内部结构和工作原理,以及相关的分类、技术指标等;了解 AD/DA 转换器在实际模拟信号输入 / 输出过程的工作特征,以及多路模拟信号同步传输时的控制等。

思考题及习题10

1. 对于电流输出的 D/A 转换器,为了得到电压输出,应使用 _____。

2. 使用双缓冲同步方式的 D/A 转换器,可实现多路模拟信号的 _____ 输出。

3. 下列说法中 _____ 是正确的。

A. "转换速度" 这一指标仅适用于 A/D 转换器,D/A 转换器不用考虑"转换速度" 问题

B. ADC0809 可以利用"转换结束" 信号 EOC 向 AT89S51 单片机发出中断请求

C. 输出模拟量的最小变化量称为 A/D 转换器的分辨率

D. 对于周期性的干扰电压,可使用双积分型 A/D 转换器

4. D/A 转换器的主要性能指标有哪些? 设某 D/A 为 12 位二进制,满量程输出电压为 5V,试问它的分辨率是多少?

5. A/D 转换器的两个主要技术指标是什么?

6. 分析 A/D 转换器产生量化误差的原因,一个 8 位 A/D 转换器,当输入电压为 0~5V 时,其最大量化误差是多少?

7. 目前应用较广泛的 A/D 转换器主要有哪几种类型? 它们各有什么特点?

8. ADC 和 DAC 的主要技术指标中,"量化误差""分辨率" 和"精度" 有何区别?

9. Proteus 虚拟仿真

(1)设计一个单片机与 DAC0832 组成的波形发生器,要求利用片内定时器产生 2ms 定时中断输出周期为 1s、电平为 0~5V 的三角波,并通过虚拟示波器观察三角波的周期与幅值。

(2)利用 AT89S51 单片机与 ADC0809 制作一个简易数字电压表,测量 0~5V 的电压,用 4 位一体的 LED 数码管显示测量值,要求最高位显示模拟通道号,其余 3 位显示测量结果,有小数点显示,小数点后显示 2 位数字。要求测量的最小分辨率为 19.6mV,测量误差为 ±0.02 V。

10. 在一个 AT89S51 扩展系统中,P0 口、P2 口作为扩展总线口使用,扩展一片 8255 和一片 DAC0832,试画出其逻辑图,并编写初始化子程序,使 8255 的 PA、PC 口为方式 0 输出,PB 口为方式 0 输入。

11. 在图 10-12 所示系统中,试编写一个程序,使 DAC0832 输出一个幅度为 4V 的三角波形。

12. 在图 10-12 所示系统中,晶振频率为 12MHz,利用程序存储器中 0E00H~0FFFH 表格内的 512B 数据,通过 D/A 转换,产生频率约为 1Hz 的周期波形。试编写有关程序。

13. 在一个 AT89S51 扩展系统中,以中断方式外接并行口 8255 读取 MC14433 的 A/D 转换结果,存入内部 RAM 20H~21H,试画出有关逻辑关系图,并编写读取 A/D 结果的中断服务程序。

14. 设计一个 AT89S51 与 ADC0809 的接口电路。要求采用中断方式读取 A/D 转换的结果,并编写相应的程序,将 8 个模拟通道的转换结果分别存放在内存 50H~57H 中。

第11章　单片机串行总线扩展

新一代单片机技术的特点之一就是串行扩展总线的推出。在专用串行扩展总线之前，或是利用 UART 串行口的移位寄存器方式扩展并行 I/O，或是通过并行总线扩展外围器件。由于并行总线扩展时连线过多，外围器件工作方式各异，外围器件与数据存储器混合编址等，造成外围器件在系统中软、硬件的独立性较差，无法实现单片机应用系统的模块化、标准化设计，给单片机应用系统设计带来了诸多不便。

11.1　串行总线分类与特点

单片机中使用的串行扩展接口有 Motorola 生产的 SPI（Serial Peripheral Interface，串行外设接口），NS（National Semiconductor）公司生产的 Microwire/Plus 和 Philips 公司生产的 I^2C（Inter-Integrated Circuit，I^2C）总线，以及 Dallas 公司设计的单总线（One-wire）技术。其中 I^2C 总线具有标准的规范以及众多带 I^2C 接口的外围器件，形成了较为完备的串行扩展总线应用案例。

11.1.1　串行扩展分类

根据单片机串行扩展传输信号总线的数量（不包括电源、接地线和片选线），串行扩展可分为一线制、二线制、三线制和移位寄存器串行扩展。

1. 一线制

One-wire 总线是 Dallas 公司研制开发的一种协议。它利用一根线实现双向通信，由一个总线主节点、若干个从节点组成系统，通过一根信号线对从机芯片进行数据的读取。每一个符合 One-wire 协议的从机芯片都有一个唯一的地址，包括 48 位的序列号、8 位的家庭代码和 8 位的 CRC 代码。主芯片对各个从机芯片的寻址依据这 64 位的地址代码来判断。

一线制的典型代表为 Dallas 公司推出的单总线（One-wire）芯片 DS18B20，如图 11-1 所示。例如该公司生产的 DS18B20 的输入 / 输出端，多片 DS18B20 挂在总线上。

MCU 通过总线对每片 DS18B20 寻址和传输信号。

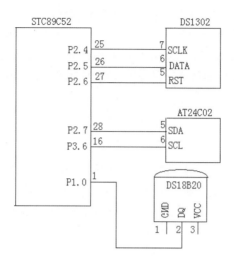

图 11-1　总线连接示意图

图 11-1 中,DS1302 是三总线引脚,AT24C02 是二总线引脚,DS18B20 是单总线引脚,二者与单片机 I/O 引脚连接。

2. 二线制

串行总线扩展技术以 Philips 公司推出的芯片之间 I²C 串行传输总线最为著名。与并行扩展总线相比,串行扩展总线的优点是:电路结构简单,程序编写方便,易于实现用户系统软、硬件的模块化、标准化等。目前 I²C 总线技术已被许多公司广泛应用于视频、音像系统中。

I²C 总线用两根线实现了全双工同步数据传送,可以方便地构成多机系统和外围器件扩展系统,通过软件寻址避免器件片选线寻址方法,使系统硬件扩展灵活。

二线制的典型代表为 Philips 公司推出的 I²C 总线(Inter Integrated Circuit Bus),I²C 总线扩展示意图如图 11-2 所示。

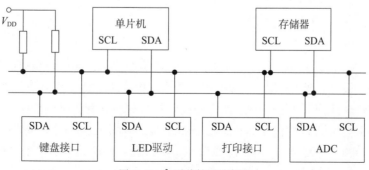

图 11-2　I²C总线扩展示意图

I²C 总线由数据线 SDA 和时钟线 SCL 构成,SDA/SCL 总线上可以挂接单片机(MCU)和外围器件(如 A/D、D/A、时钟、ROM、RAM 和 I/O 口等),或者外设接口(如键盘、显示器和打印机等),但所有挂接在 I²C 总线上的器件和接口电路都应具有 I²C 总线接口,总线输出端为漏极开路,需外接上拉电阻,总线驱动能力为 400pF(通过驱动可达 4000pF),信号传输速率为 100Kbit/s,MCU 通过总线对挂接到总线上的串行扩展器件进行寻址和读写。典型的 I²C 器件是 24Cx 系列串行 E²PROM 存储器。

3. 三线制

三线制的品种较多,其中应用较为广泛的主要有两种:SPI 总线和 Microwire 总线。二者的硬件架构和信号运作方式基本相同,有三根信号线:时钟线、数据输出线和数据输入线。多片应用时,需要另外连接寻址片选线,并不能像 One-wire 总线和 I²C 总线那样通过数据传输线寻址。但两种总线仍有差异,不能兼容。SPI 总线扩展示意图如图 11-3 所示。

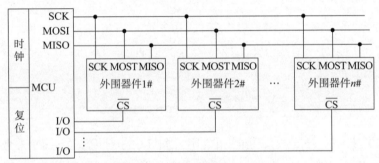

图 11-3　SPI总线扩展示意图

(1)SPI(Serial Peripheral Interface)总线是 Motorola 公司提出的一种同步串行外设接口,允许 MCU 与各种外围设备以同步串行方式进行通信,其外围设备种类繁多。时钟线 SCK、数据输出线 MOSI(主发从收)、数据输入线 MISO(主收从发)和数据线连接时成环形结构,即主器件的 MOSI 和从器件的 MISO 相连,主器件的 MISO 和从器件的 MOSI 相连。SPI 是一种高速同步双向通信总线,硬件上比 I²C 总线稍微复杂一些,但数据传输速度比 I²C 总线要快,可达到每秒几兆比特,主要适用于 EPROM、FLASH、时钟、A/D 转换器、数字信号处理器和显示驱动器等,典型器件是 25xxx 系列串行 EPROM 存储器。

由于 SPI 系统总线只需 3 根公共的时钟线、数据线和从机选择线(依据从机数目而定),在 SPI 从机设备较少而且没有总线扩展能力的单片机系统中使用特别方便。即使在有总线扩展能力的系统中,采用 SPI 设备也可以省去很多常规电路中的接口器件,从而简化了电路设计。

(2)Microwire 总线是美国国家半导体(National Semi-Conductor)公司推出的三线同步串行总线。这种总线由一根时钟线(SK)、一根数据输出线(DO)和一根数据输入线(DI)组成(各器件需接片选线)。典型器件是串行 EPROM 存储器 93C46 和串行 A/D 转换器 ADC0832。

近年来,有些新型单片机在片内集成了 SPI 接口,构成在线系统编程(In-System Programming, ISP),可以直接通过 PC 及编程软件下载到片内应用程序。比较而言,SPI 总线比 Microwire 总线功能更强、架构更灵活。

4. AT89S51 移位寄存器串行扩展

AT89S51 的串行口工作方式 0 为同步移位寄存器工作方式,可收发串行数据;若外接适当的移位寄存器,能够实现串行数据并行输出,或将并行数据串行输入。

另有其他类型的总线,如 USB(Universal Serial Bus)通用串行总线,其较于其他传统接口的一个优势是即插即用,也称为热插拔。USB 3.0 接口的最高传输速率可达 5Gbit/s,理论上说,一个 USB 口可以连接 127 个 USB 设备,连接方式灵活。CAN 总线(Controller Area Network)局域网控制器是国际上应用最广泛的现场总线之一。由德国 Bosch 公司最先提出的电子主干系统中,均接入了 CAN 控制装置。起初,CAN 被设计作为车载各电子控制装置 ECU 之间交换信息的微控制器网络,比如发动机管理系统、变速箱控制器、仪表装备等。一个由 CAN 总线构成的网络中,理论上可以挂接无数个节点。实际应用中,节点数目受网络硬件电气特性限制。

11.1.2　串行扩展的特点

近年来,单片机的并行扩展功能已日渐萎缩,许多原本带有并行总线的单片机系列推出了非总线型单片机,原来用于并行扩展占用的 P0、P2 口资源,直接用于 I/O 口。例如,AT89C2051 只有 20 个引脚,其中 15 个引脚为 I/O 端线,最大限度地发挥了最小系统的资源功能。STC 系列单片机将目前已很少使用或基本不用的 PEY、EA 和 ALE 等引脚也改造成了 I/O 引脚。串行扩展有如下特点。

(1)简化连接线路。串行扩展只需 1~4 根信号线,器件间连线简单,可简化系统设计,大大缩小了系统外形尺寸,适用于小型单片机应用系统,最大限度地发挥了最小系统的资源功能。

(2)扩展性好。串行总线可方便地构成由 MCU 和少量外围器件组成的单片机系统。在总线上加接器件,不影响系统正常工作,系统易修改扩展。

(3)串行扩展的不足之处是数据吞吐容量较小,信号传输速度较慢,但随着 CPU 芯片工作效率的提高,以及串行扩展芯片功能的增强,这些不足可得到有效改善。

11.1.3　虚拟串行扩展概念

串行扩展要求 MCU 和扩展器件均具有相应的串行总线接口。虽然目前已有大量具有串行接口功能的扩展器件可供单片机系统选用,仍然有部分单片机不具备串行总线接口,限制了串行扩展功能的应用。如 AT89S51 系列单片机串行口只有方式 0 可用于串行扩展,其结构形式与上述几种串行扩展方式不完全匹配。若采用虚拟技术,通过 I/O 口来模拟串行接口功能构成虚拟串行扩展接口,可便于任何型号的单片机系统中的串行接口应用。目前，所有串行扩展总线和扩展接口均采用同步数据传送，只要严格按照同步信号传送时序要求进行模拟，就可以满足串行数据传送的功能要求。实际应用时，只要调用相应的虚拟串行扩展接口功能子程序和定义相应的 I/O 口即可，应用方便灵活。

11.2 I²C串行总线

11.2.1 I²C总线系统基本结构

I²C 总线是 Philips 公司推出的芯片间串行传输总线。总线传输中的所有状态都生成相对应的状态码，系统中的主机能够依照这些状态码自动进行总线管理，在程序中装入这些标准处理模块，完成 I²C 总线的初始化并启动 I²C 总线，就能自动完成规定的数据传送操作。I²C 总线接口电路结构如图 11-4 所示。

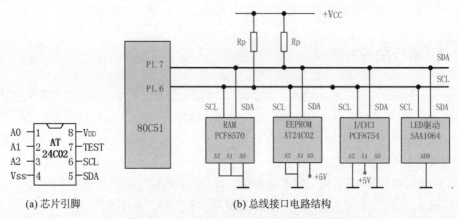

(a) 芯片引脚　　　　　　　(b) 总线接口电路结构

图 11-4　AT24C 02 芯片引脚P与I²C总线接口电路结构

I²C 总线接口为开漏或开集电极输出，需要在总线上增加上拉电阻 R_p。系统中所有的单片机和外围器件都将数据线 SDA 和时钟线 SCL 的同名端连接在一起，总线上的所有节点都由器件和引脚确定芯片地址。系统可以连接具有 I²C 总线接口的单片机，也可以通过总线扩展芯片或 I/O 口的软件仿真与 I²C 总线相连。在 I²C 总线上可以挂接各种 I²C 接口类型的外围器件，如 RAM/EPROM、日历 / 时钟、A/D 转换器、D/A 转换器以及 I/O 口和显示驱动器等各种模块。

I²C 总线上数据传送的基本单位为字节，低位在前。主从器件之间一次传输的数据称为一帧，由启动信号、若干数据字节和应答位以及停止信号组成。可以看出，I²C 命令只有读、写两种，不同器件的读、写时序关系相同。因此，下位机只要具备 I²C 的基本时序即可。这些基本时序包括启动、写字节、读字节、应答位和停止信号，可以组合成读 N 字节和写 N 字节两个子程序。

11.2.2 I²C数据传送的模拟与应用

芯片带有 I²C 器件的读、写操作有多种形式,其中写操作有两种类型:字节写和页面写;读操作有三种类型:读当前地址内容、读随机地址内容和读顺序地址内容。I²C 读、写操作时序如图 11-5 所示。

1. 当前地址读

该操作将从所选器件的当前地址读,读的字节数不指定。格式如下:

S	控制码(R/W=1)	A	数据1	A	数据2	A	P

2. 指定单元读

该操作将从所选器件的指定地址读,读的字节数不指定。格式如下:

S	控制码(R/W=0)	A	器件单元地址	A	S	控制码(R/W=1)	A	数据1	A	数据2	A	P

3. 指定单元写

该操作将从所选器件的指定地址写,写的字节数不指定。格式如下:
(其中:S 表示开始信号,A 表示应答信号,P 表示结束信号。)

S	控制码(R/W=0)	A	器件单元地址	A	数据1	A	数据2	A	P

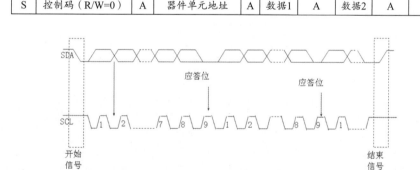

图11-5 I²C读、写操作时序

主控制器每次传送的信息的第一个字节必须是指定单元,第二个字节为器件单元地址,用于实现选择所操作的器件的内部单元,从第三个字节开始为传送的数据。其中指定单元的格式如下:

D7	D6	D5	D4	D3	D2	D1	D0
器件类型码				片选			R/W

其中指定单元说明如下。

① 指定单元的第 7~4 位为从器件地址位,用于确认器件类型。AT24C01 的指定单元为 1010,表示从器件为串行 EPROM。

② 指定单元的第 3~1 位为第 1~8 片的片选或存储器内的页面地址选择位。

如在存储容量为 8KB(1024×8 位)的 AT24C01 内部,存储矩阵分为 4 个页面,每一页面有 256 个字节。通过指定单元的第 2 位和第 1 位,可以选择数据读、写的页面。

③ 指定单元的第 0 位为读、写(R/W)操作控制码。若此位为 1,下一字节进行读操作(R);若此位为 0,下一字节进行写操作(W)。

AT24C01 每接收一个字节,便发送一个确认应答信号位 ACK,即时序中的响应信号。此时单片机产生一个与此确认位相应的时钟脉冲。AT24C01 在读、写操作时,具有地址自动加 1 的功能,即读、写完某一地址空间后,会自动指向下一个地址单元。

I^2C 总线最显著的特点是规范的完整性和结构的独立性。

在软件方面,Philips 公司为用户提供了一套完善的总线状态处理软件包,用户可以不必熟悉 I^2C 总线规范与管理方法,只要掌握 I^2C 总线的应用程序设计方法就可以方便地使用 I^2C 总线。

在硬件结构上,任何一个具有 I^2C 总线接口的外围器件,不管其功能差别有多大,都具有相同的电气接口。除总线外,各器件节点没有其他电气连接,甚至各节点的电源都可以单独供电。在各器件节点上没有并行扩展时所必需的片选线,器件地址的设定取决于器件类型与单元电路结构。在软件上,无论何种器件,其 I^2C 总线的数据传送都具有相同的操作模式,且每个器件的操作过程与其他器件节点无关。在实际使用中,总线节点上的器件甚至可以在总线工作状态下随时与总线挂上或撤除。

【例 11-1】读、写 8 个字节的程序。运行仿真参见实验 12-12。

参考程序如下:

```
# include<reg51.h>              //包含访问sfr库函数reg51.h
# include<intrins.h>            //访问sfr库函数intrins.h
sbit SCL=P1^0;                  //时钟线SCL为P1.0
sbit SDA=P1^1;                  //数据线SDA为P1.1
void STAT();                    //启动信号子函数STAT。略,实验调试时需插入
void ACK();                     //发送应答A子函数ACK。略,实验调试时需插入
void NACK();                    //发送应答A子函数NACK。略,实验调试时需插入
bit CACK();                     //检查应答子函数CACK。略,实验调试时需插入
void WR1B();                    //发送一字节子函数WR1B。略,实验调试时需插入
unsigned char RD1B();          //接收一字节子函数RD1B。略,实验调试时需插入
void WRNB();                    //写AT24Cxxn字节子函数。略,实验调试时需插入
void RDNB();                    //读AT24Cxxn字节子函数。略,实验调试时需插入
```

```
void STOP();                      //终止信号子函数STOP。略，实验调试时需插入
void main(){                      //主函数
unsigned char a[8]={             //写入数组a[8]，并赋值
    0x1a, 0x2b, 0x3c, 0x4d, 0x5e, 0x6f, 0x79, 0x80};
    unsigned char b[8];          //存入数组b[8]
    WRNB (a, 8, 0x50);           //调用写n字节子函数
    //实参：写入数组a，写入字节数8，写入起始地址0x50
    RDNB (b, 8, 0x50);           //调用读n字节子函数
    //实参：读出起始地址0.50，字节数8，存入数组b
while (1);}//原地等待
```

目前,I²C 总线大量应用于视频和音像系统中,Philips 推出的近 200 种 I²C 总线接口器件主要用于视频和音像系统中,在单片机测控领域系统中也逐步得到推广应用。

11.3 SPI串行总线

11.3.1 SPI总线

1. SPI总线结构

SPI 总线系统是 Motorola 公司提出的一种同步串行外设接口,其允许 MCU 与各种外围设备以同步串行方式进行通信。SPI 总线接口一般使用 3 根线：串行时钟线 SCK、主机输入 / 从机输出数据线 MISO 和主机输出 / 从机输入数据线 MOSI,另外还有一个低电平有效的从机选择线 $\overline{\text{CS}}$ 。SPI 总线接口电路结构与时序如图 11-6 所示。

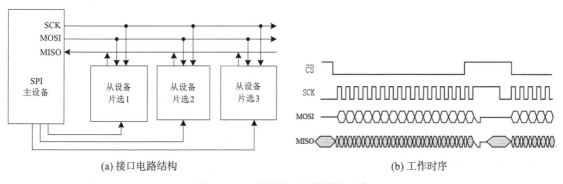

(a) 接口电路结构　　　　　　　　　　　　　(b) 工作时序

图11-6　SPI总线接口电路结构与时序

SPI 模块为了和外设进行数据交换，根据外设工作要求，其输出的串行同步时钟极性和相位可以进行配置。时钟极性（CPOL）对传输协议没有太大影响。如果 CPOL=0，串行同步时钟的空闲状态为低电平；如果 CPOL=1，串行同步时钟的空闲状态为高电平。时钟相位（CPHA）用于选择两种不同的传输协议进行数据传输。如果 CPHA=0，在串行同步时钟的第一个跳变沿（上升或下降）数据被采样；如果 CPHA=1，在串行同步时钟的第二个跳变沿（上升或下降）数据被采样。SPI 主模块和外设之间通信时，时钟相位和极性应保持一致。

由于 SPI 系统总线只需 3~4 位数据线和控制线即可与具有 SPI 总线接口功能的各种 I/O 器件连接，而扩展并行总线则需要 8 根数据线、8~16 位地址线和 2~3 位控制线，采用 SPI 总线接口可以简化电路设计，节省很多常规电路中的接口器件和 I/O 接口线。因此，在智能仪器和工业测控系统中，对于不具有 SPI 接口的单片机，当传输速率要求不高时，使用 SPI 总线可以增加应用系统接口器件的种类，改善系统性能。

2. SPI总线软件模拟

某些类型的单片机没有提供 SPI 接口，这时通常可使用软件模拟 SPI 总线操作时序方法，实现串行时钟、数据输入和输出等操作。

存储容量为 4KB 的 E^2PROM MCM2814 有 SPI 接口，AT89S51 系列单片机与 MCM2814 的 SPI 总线接口如图 11-7 所示。

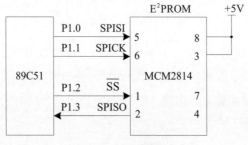

图 11-7　SPI总线接口

在图 11-7 中，P1.0 模拟 SPI 的数据输出端（SPISI），P1.1 模拟 SPI 的 SPICK 输出端，P1.2 模拟 SPI 的从机选择端（$\overline{SS}$），P1.3 模拟 SPI 的数据输入端（SPISO）。

编写的程序要适用于上升沿输入和下降沿输出的各种串行外围接口芯片（如 D/A 和 A/D 转换芯片、实时时钟芯片、LED 显示驱动芯片等）。对于下降沿输入、上升沿输出的串行外围接口芯片，只要改变 P1.1 的输出电平顺序，这些子程序也同样适用。如先置 P1.1 为低电平，之后再置 P1.1 为高电平，再置 P1.1 为低电平等。

11.3.2　SPI串行扩展应用实例

【例11-2】将 AT89S51 片内 RAM 30H 和 31H 单元中的 16 位数据经过 SPI 总线接口传送到数模转换器 TLC5615 中。

分析：TLC5615 是 3 线串行总线接口、10 位电压输出数模转换器，它既可与单片机的 SPI 总线接口相连，又可与单片机的 Microwire 总线（另外一种三线制总线）接口相连。TLC5615 的内部结构如图 11-8 所示。

TLC5615 通过固定增益为 2 的运放缓冲电阻网络，把 10 位数字数据转换为模拟电压。在 TLC5615 芯片上电时，内部电路把 D/A 寄存器复位为 0。其输出电压具有与基准输入相同的极性：$V_o = 2 \times R_{EF} \times CODE/1024$。

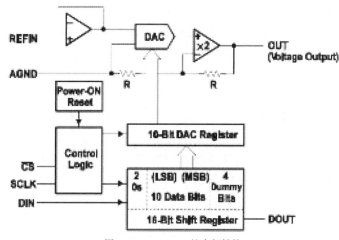

图11-8　TLC5615 的内部结构

其中，CODE 是通过串行总线接口输入的待转换的数据；REF 是基准电压。

AT89S51 与 TLC5615 通过串行总线接口传送 8 位数据，如图 11-9 所示。

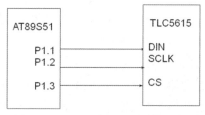

图11-9　AT89S51 与 TLC5615 接口总线

TLC5615 最大的串行时钟速率不超过 14MHz，10 位 DAC 的建立时间为 12.5μs，通常更新速率限制在 80kHz 以内。TLC5615 的 16 位移位寄存器在 SCLK 的控制下从 DIN 引脚输入数据，高位在前，低位在后。16 位移位寄存器中间的 10 位数据在上升沿的作用下输入 10 位的 D/A 寄存器，供给

D/A 转换器转换。

由于 AT89S51 没有 SPI 接口,可用软件方法来模拟 SPI 总线操作。P1.1 模拟 SPI 数据输出端（MOSI）,P1.2 模拟 SPI 的 SCK 输出端,P1.3 模拟 SPI 从机选择端（$\overline{\text{CS}}$）;TLC5615 是数 / 模转换器,不会向 AT89S51 发送数据,故不需要模拟 SPI 数据输入端（MISO）。

11.4　单总线技术

单总线（One–wire）是 Dallas 公司设计的串行总线技术,与 SPI、I²C 等总线不同,它采用一条总线进行双向数据通信的方式,该线既传送控制信号,又传送数据信号,可节省单片机的 I/O 接口资源,减少印制线路板的面积。

单总线适合于单主机系统。AT89S51 作为系统中的主机,其他具有单总线接口的芯片作为系统的从机。当只有一个从机芯片与总线连接时,该系统称为单节点系统;当多个从机芯片与总线连接时,该系统称为多节点系统。

11.4.1　单总线工作原理

具备单总线通信功能的集成电路芯片称为单总线芯片。单总线芯片通过漏极开路引脚并联在单总线上,总线通过一个约 5kΩ 的上拉电阻接电源。AT89S51 系列单片机可通过 I/O 口与单总线连接。当连接在总线上的某芯片不使用总线时,输出高电平释放总线,因此总线的闲置状态为高电平。

单总线中数据的交换是在主机控制下进行的。AT89S51 和其他单总线芯片交换数据的过程分为 3 个步骤:第 1 步是主机对总线的初始化,包括呼叫从机芯片和从机芯片应答;第 2 步是单片机发出芯片寻址指令,通过与每个芯片固有的 64 位 ROM 地址代码相比较,使指定芯片成为数据交换的对象,而其余的芯片则处于等待状态;第 3 步是单片机发送具体操作指令进行读、写操作。在只有一个从机芯片的情况下,可以省略其中的寻址过程,仅执行一条“跳转”命令,然后进入第 3 步。

单总线硬件连接简单,而相应的软件控制过程则比较复杂。除从机芯片的寻址过程复杂外,对总线的操作要严格按照单总线通信协议的时序规定要求进行。

（1）初始化序列时序。该时序由主机发出,对单总线系统进行复位,并由从机发出应答信号。单总线的所有通信过程都从初始化时序开始,初始化时序包括主机发出的复位脉冲和从机的应答脉冲,该过程至少需要 960μs。主机在总线上输出 0 电平并保持至少 480μs 作为复位脉冲,表示主机对系统复位并呼叫从机,然后主机释放总线,总线在上拉电阻的作用下变为 1 电平,至此复位脉冲完成。从机在接到主机的复位脉冲后,先对自己内部复位,然后对总线输出 0 电平,并保持 60~240μs,作为对主机呼叫的应答信号,主机检测到该信号,即可确认总线上有从机存在,如图 11–10 所示。

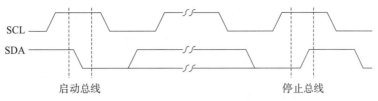

图11-10　单总线初始化时序(开始和停止总线时序)

（2）写时序。在"写时序"中，主机对从机写1位数据。一个写时序至少保持60μs，在两个写时序之间要有1μs的恢复时间，如图11-11所示。

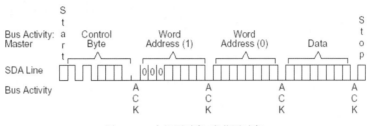

图11-11　主机写时序(字节写时序)

① 写0。主机向总线输出0，并保持60μs后释放总线。从机在写时序开始15μs后，开始对总线采样，读入总线数据。

② 写1。主机向总线输出0，1μs后输出1并保持60μs。从机在写时序开始15μs后开始对总线采样，读入总线数据。

（3）读时序。单总线器件仅在主机发出读时序时才向主机送出数据，所以在主机发出读数据命令后，必须立即产生读时序，使从机开始传送数据。每个读时序也至少需要60μs的时间，且两个读时序的时间间隔也至少为1μs。读时序由主机发起，拉低总线至少15μs后，从机接管总线，开始发送0或1，主机在1μs后采样总线接收数据，如图11-12所示。

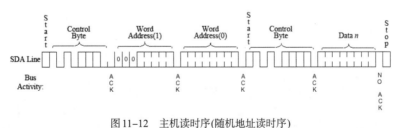

图11-12　主机读时序(随机地址读时序)

11.4.2　单总线数字温度传感器DS18B20

单总线数字温度传感器DS18B20用来测量温度参数，并在单总线上传送温度测量数据。和传统模拟信号测量方式相比，该芯片提高了抗干扰能力，适用于环境控制、设备控制、过程控制以及测温消费电子类产品。DS18B20 外形如图 11-13 所示。

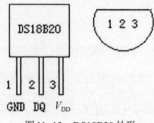

图 11-13　DS18B20 外形

图 11-13 中是芯片的两种封装形式,SOIC 为小外形集成电路封装和三极管外形封装。三极管外形封装的 DS18B20,其外形如同一只小功率三极管,其引脚定义如下。

- DQ：单总线接口。
- V_{DD}：电源。
- GND：接地。

1. DS18B20 芯片的主要特点

- 工作电压 3.0~5.5V。
- 温度测量范围 -55~125℃。
- 在 -10~+85℃范围内,测量精度为 ±0.5℃。
- 待机状态下无功率消耗。
- 可编程分辨率 9~12 位,每位分别代表 0.5℃、0.25℃、0.125℃和 0.0625℃。
- 温度测量时间为 200ms。

2. DS18B20 芯片的内部结构

数字化温度传感器 DS18B20 芯片是世界上第一片采用单总线方式的温度传感器。其芯片内部结构与功能框图如图 11-14 所示。

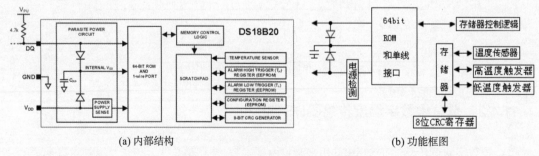

(a) 内部结构　　　　　　　　　　　　　　　　(b) 功能框图

图 11-14　DS18B20 内部结构与功能框图

DS18B20 芯片内部的主要部件是 64 位光刻 ROM 和温度传感器。

温度传感器是芯片的核心部分,它连续测量温度,并将新测量的结果存放在高速暂存器 RAM 中,存放形式如下。

测量温度值被放在两个字节中,高字节的高 5 位是符号位,代表 1 位符号。若这 5 位均为 0,表示符号为正,测量温度为正值;若这 5 位均为 1,则表示符号为负,测量的温度为负值。高字节的低 3 位和低字节的 8 位共计 11 位,是测量的数值部分。测量值为正时,将数值乘以 0.0625 即可得到实际测量温度数;测量值为负时,将数值求补码再乘以 0.0625 即可得到实际测量温度的绝对值。比如温度 +125℃对应的转换数值为 07D0H,温度 –55℃对应的转换数值为 FC90H。

64 位的光刻 ROM 存放着 64 位的序列号代码,在出厂前被设计好并固化在芯片中,是该芯片的地址序列代码。代码排序是:开始 8 位(28H)是产品类型标号,接下来的 48 位是该芯片自身的序列号,最后 8 位是前面 56 位数字的循环冗余校验码(CRC=x^8+x^5+x^4+x+1)。该序列代码在主机发出读 ROM 指令后可被读出,用以确定芯片身份(地址),如同 I²C 芯片引脚地址。序列号代码的作用是允许在一个单总线系统中连接多个 DS18B20 芯片,一个系统中最多可以连接 8 个 DS18B20 芯片;若再增加数量,则需要扩大 MCU 端口的总线驱动能力。

3. DS18B20 的 ROM 指令和 RAM 指令

ROM 指令用来确认 DS18B20 身份(地址),即在众多的单总线芯片或多个 DS18B20 中指定某一个芯片作为操作对象。确定的方式是核对各芯片的 64 位序列号代码,该过程比较复杂,需要若干条 ROM 指令的配合;在仅有一个 DS18B20 芯片的场合,只需用"跳转"指令(CCH)即可,可省略确定身份(地址)的过程。

DS18B20 的 RAM 指令如表 11-1 所示。RAM 指令用来对已经确认身份(地址)、被指定为操作对象的 DS18B20 芯片进行具体的读、写操作。

表11-1　DS18B20的RAM指令

命 令	描 述	命令代码	发送命令后,单总线上的响应信息	注 释
温度转换命令				
转换温度	启动温度转换	44H	无	1
存储器命令				
读暂存器	读全部的暂存器内容,包括CRC字节	BEH	DS18B20传输多达9B至主机	2
写暂存器	写暂存器第2、3和4个字节的数据（即T_H、T_L和配置寄存器）	4EH	主机传输3B数据至DS18B20	3
复制暂存器	将暂存器中的T_H、T_L和配置字节复制到E²PROM中	48H	无	1
回读EEPROM	将T_H、T_L和配置字节从E²PROM回读至暂存器中	B8H	DS18B20传送回读状态至主机	

4. DS18B20的读、写操作过程

DS18B20 属于单总线芯片,数据交换时,要符合单总线操作时序和 3 个操作步骤(见 11.4.1 小节)。对 DS18B20 的读、写步骤如下。

(1)发出初始化时序。MCS–51 单片机将总线拉低 480μs,DS18B20 收到复位信号后开始复位,并发出应答信号进入测量状态,将所测温度存入暂存器 RAM 中,等待读出。

(2)发出读 ROM 指令,即选择进行数据交换的具体芯片。若只有一只 DS18B20 芯片,可用"跳转"指令越过选择芯片的步骤而直接指定该芯片。

(3)发出对 RAM 读操作的指令,读出温度数据。

【例 11–3】可以利用 AT89S51 和 DS18B20 与执行机构组成温度检测与控制单元,实现温度控制,使被测物体的温度保持在预先设置的范围之内。由 DS18B20 测量温度,测量值送入 AT89S51 后,AT89S51 将测量温度与设置温度的上、下限值进行比较。若测量温度小于设置下限,进行加热处理;若测量温度大于上限值,则进行降温处理。DS18B20 温度检测如图 11-15 所示。

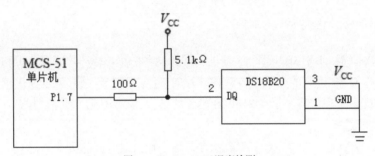

图 11–15　DS18B20 温度检测

参考程序如下:

```
# include <AT89X52.H>
# include <INTRINS.h>
unsigned char time_count;
unsigned char read_data[9];
unsigned char temp_L;            //温度转换结果低字节
unsigned char temp_H;            //温度转换结果高字节
sbit DQ=P1^7;
bit sflag;
void main (void)
{
```

```
    while (reset_pulse ());        //发送复位脉冲，确认DS18B20存在
    write_cmd_18b20(0xcc);         //发送跳过ROM命令
    write_cmd_18b20(0x4e);         //发送写高速暂存器命令
    write_cmd_18b20(0x75);         //发送写TH字节
    write_cmd_18b20(0x18);         //发送写TL字节
    write_cmd_18b20(0x3f);         //发送CONFIG字节，分辨率0.25
    while (reset_pulse ());        //发送复位脉冲，确认DS18B20存在
    write_cmd_18b20(0xcc);         //发送跳过ROM命令
    write_cmd_18b20(0x44);         //启动DS18B20温度转换
    for (i=195;i>0;i--);           //延时190ms等待DS18B20完成温度转换
    for (j=250;j>0;j--);
    time_count=0;
    while (reset_pulse ());        //发送复位脉冲，确认DS18B20存在
    write_cmd_18b20(0xcc);         //发送跳过ROM命令
    write_cmd_18b20(0xbe);         //发送读高速暂存器命令
    temp_L= read_data_18b20();     //读取测量温度数据
    temp_H= read_data_18b20();
}
bit reset_pulse (void)            //DS18B20复位脉冲子函数
{
    unsigned char i;
    DQ=0;                          //数据线拉低电平
    for (i=255;i>0;i--);           //延时480~960μs
    DQ=1;                          //设置数据线为输入状态
    for (i=60;i>0;i--);            //延时>15μs
    return (DQ);                   //读取DS18B20存在信息返回
    for (i=200;i>0;i--);           //延时至480μs，完成复位操作返回
}
void write_cmd_18b20(unsigned char cmd) //DS18B20写命令字子函数
{
    unsigned char i, j;
    for (i=0;i<8;i++);             //循环发送8位数据
```

```
    {if ((cmd & 0x01)==0){          //判断命令字最低位:0/1
      DQ=0;                          //写数据"0"时隙
      for (j=40;j>0;j--);            //数据线持续60μs低电平
      DQ=1;                          //释放数据线
      }
      else
      {
        DQ=0;                        //写数据"1"时隙
        for (j=3;j>0;j--);           //数据线持续低电平>1μs
        DQ=1;                        //释放数据线
        for (j=40;j>0;j--);          //延时至60μs,完成写时隙"1"操作结束
      }
      cmd=_cror_(cmd, 1);            //命令字右移一位,写时隙间隔1μs
}}
unsigned char read_data_18b20(void)    //DS18B20读数据字节子函数
{
    unsigned char i, j;
    unsigned char;data=0;
    for (i=0;i<8;i++)                //读8位数据
    {
      data =_cror_( data, 1);        //数据字节右移一位
      DQ=0;                          //数据线持续低电平>1μs
      for (j=2;j>0;j--);DQ=1;        //释放数据线
      for (j=10;j>0;j--);            //延时15μs,等待DS18B20输出信息
      if (DQ==1)
      {data = data | 0x80;           //读数据"1"时隙
      }
      else
      {
        data = data | 0x00;          //读数据"0"时隙
      }
      for (j=200;j>0;j--);           //延时至60μs,结束读时隙周期
```

```
    }
    return (data);                    //返回接收数据字节data
}
```

本章小结

I^{2}C 总线是具备多主机系统,包括总线裁决和高低速器件同步功能的高性能串行总线。它只有两根信号线,一根是双向数据线 SDA,另一根是时钟线 SCL。所有连接到 I^{2}C 总线上的器件的串行数据都接到总线的 SDA 线上,而各器件的时钟均接到总线的 SCL 线上。

在实际应用中,多数单片机系统仍采用单主结构的形式,在主节点上可以采用不带 I^{2}C 总线接口的单片机,如 AT89C2051 等。这些单片机的普通 I/O 口可以模拟实现 I^{2}C 总线主节点对 I^{2}C 总线器件的读、写操作。

I^{2}C 总线数据的传送大大扩展了 I^{2}C 总线器件的适用范围,单总线使用连线最少。但芯片的寻址相对复杂,通信占用时间也更多。因此,该类芯片的品种比前两种 SPI、I^{2}C 要少得多。

通过对本章的学习,读者应当掌握 AT89 系列单片机串行口扩展的要求特点和工作原理,针对不同串行功能芯片,按照相应的串行传输控制字、数据格式和串行接口标准,对串行接口芯片区别控制等。

思考题及习题11

1. 与并行扩展相比,串行扩展有什么优缺点?

2. 什么叫虚拟串行扩展? 为什么要虚拟串行扩展?

3. I^{2}C 总线的优点是什么?

4. SPI(I^{2}C)串行接口与 CPU 连接时,除 $\overline{CS}$ 和 SCK(SCL、SDA)控制线外,还有其他控制线吗?

5. SPI 总线和 I^{2}C 总线的通信方式是同步的还是异步的? SPI 与 I^{2}C 总线上挂有多个从器件,如何选中某一个 SPI 或 I^{2}C 从器件?

6. 在 AT89S51 应用系统中,扩展两片 AT24C04,请画出电路图。

7. 串行 EPROM AT24C01 地址线 A2、A1、A0 为 110,向 AT24C01 的 02 单元写入（或读出）数据 55H,画出完成上述操作 SCL 和 SDA 的波形图（包括开始和停止信号）。

8. AT89S51 单片机与串行 A/D 芯片 TLC2543 连接,P1.0 接 $\overline{\text{CS}}$,P1.1 接 CLOCK,P1.2 接 DATA_OUT,P1.3 接 DATA_IN。$\overline{\text{CS}}$ 的下降沿触发 A/D 转换,输出数据长度为 8 位,以 MSB 导前。从 A/D 读出转换结果,下一次对通道 2 进行转换,画出完成上述操作 P1.1（$\overline{\text{CS}}$）和 P1.3（DATA_IN）的波形图。

第三部分　综合应用篇

第12章　单片机的应用设计

12.1　设计原则与步骤

12.1.1　设计原则

在单片机系统的设计过程中,应考虑操作要方便,开关或按钮不宜过多、复杂,降低对操作人员在专业知识方面的要求,可以使操作人员快速掌握单片机系统的使用方法。

单片机系统还应有很好的可维护性,结构要规范化、模块化,应具有现场故障诊断程序,以便确定故障更换相应模块,尽快恢复正常运行。设计应遵循以下原则。

(1)满足功能及技术指标要求。

(2)便于操作和维护,操作简单。

(3)工艺结构合理。

(4)开放式设计。

(5)性价比高。

单片机系统中既有硬件又有软件,随着智能程度的提高,软件的地位将逐渐增强,要综合考虑硬件和软件的协调问题,根据算法的复杂性、系统的实时性来选择微处理器。还要考虑成本,性能指标能对软、硬件的功能进行协调。既可以采用硬件实现,也可以采用软件解决的某些功能(如逻辑运算、定时、滤波),应结合速度、编程复杂度进行选择,在不影响仪器的速度和性能的前提下,可用软件代替硬件完成任务。

12.1.2　设计步骤

1. 功能与指标

单片机系统的研发是从确定系统功能和技术指标开始的。设计前,相关人员必须对应用对象的工作过程进行调查和分析,根据应用场合、工作环境和用途等提出合理、详尽的技术指标,应对产品在可靠性、便利性和先进性等方面进行综合考虑,这是系统设计的依据和出发点,也是决定产品用途的关键。同时,在开发过程中还应不断调整、完善技术指标参数。

2. 单片机芯片选择

选择单片机型号应考虑市场货源,系统设计者只能从市场上能够提供的单片机中选择,特别是作为产品大批量生产的应用系统,所选的单片机型号必须有稳定、充足的货源。目前国内市场上常见的有 Intel、Freescale、ATMEL、TI 等公司的单片机产品。

设计者应根据系统的功能要求和各种单片机的性能选择最容易实现系统技术指标,而且能达到较高的性能价格比的型号。同等情况下,应考虑选择自己熟悉的单片机型号,现在不同厂家在产品的开发工具和指令系统功能方面相差不大。

3. 元器件与外设选择

一个单片机系统中,除了单片机以外,还可能有传感器、模拟电路、输入 / 输出设备、执行机构和打印机等附加的功能部件,这些功能部件的选择应符合系统技术指标,比如满足精度、速度和可靠性等方面的要求。

4. 硬件设计考虑因素

设计时,设计者可以把复杂、难处理的问题分为若干个较简单、较容易处理的问题,按照以下步骤进行。

(1)将系统划分成若干硬、软件产品的模块,用现成的功能模块可以迅速配套成各种用途的应用系统,简化设计并缩短设计周期。

(2)结构灵活,便于扩充和更新,系统适应性强。

(3)维修方便快捷。模块大量采用 LSI 和 VLSI 芯片,在故障出现时,只需更换 IC 芯片或功能模板,修理时间可以降低到最低限度。

5. 软件模块化设计

模块化的设计方法,不仅易于编程和调试,也可以减少软件故障率并提高软件的可靠性。同时,对软件进行全面测试也是检验错误、排除故障的重要手段。

设计者应按照设计任务书规定的设计要求拟定一个测试方案,对各项功能和指标进行逐项测试。如果某项指标不符合要求,还得查明原因,作相应调整; 直至完全达到设计要求为止。

12.2　软硬件设计与可靠性设计

在设计一个产品时,设计者需要考虑如何让这个产品使用起来更舒服、让人更愉悦,产品更人性化,而不是单单将所需功能杂乱堆积。例如,把日期和时间都设计显示到液晶上,如此看起来主次就不是很分明,显得杂乱。人性化设计考虑的是大多数人的行为习惯,这与设计人员的经验和审美等因素有关。比如仪器的操作面板布局,右上部分是显示器件,右下部分是按键输入,有一些外围器件如上拉电阻和三极管等可以隐藏到液晶底下,这些都是大多数人的设计习惯,充分体现了人性化设计的理念,硬件电路是根据实际项目需求来设计的。

12.2.1　硬件设计

硬件设计的任务是根据总体设计要求,在所选择机型的基础上,具体确定系统中所要使用的元器件,设计出系统的电路原理图,必要时做一些部件实验以验证电路的正确性,接下来再对工艺结构进行设计加工、制作印制板以及组装样机等。

在设计时,设计者应考虑留有充分余量,电路设计力求准确无误,因为在系统调试中不易修改硬件结构。在设计 51 单片机应用系统硬件电路时要注意以下几个问题。

1. 程序存储器EPROM

它是国内较早应用的单片机,其片内不带程序存储器,随着集成电路的发展,目前大多数单片机内部都集成了 FLASH、E^2PROM(如 AT89C52、AT89C55 等),无须扩展程序存储器。

2. 数据存储器RAM和I/O接口

对于数据存储器的需求量,各个系统之间差别比较大。对于常规测量系统和控制器,片内 RAM 已能满足要求。若需扩展少量的 RAM,宜选用带有 RAM 的接口芯片(如 81C55),这样既扩展了 I/O 接口,又扩展了 RAM。

51 单片机应用系统一般都要扩展 I/O 接口,设计者在选择 I/O 接口时应从体积、价格、负载和功能等方面考虑。选用可编程的 I/O 接口电路(如 8255)可使接口功能完善、使用方便,对总线负载小,但有时它们的 I/O 线和接口的功能没有得到充分利用,造成浪费。应根据系统总的输入／输出要求来选择接口电路。

3. 地址译码电路

通常采用全译码、部分译码或线选法,设计者选择时应充分考虑存储空间和简化硬件逻辑等方面的问题。一般来讲,接口芯片较少时,可以采用线选法;接口芯片超过 6 片但不会过多时,可以采用部分译码法;当存储器和 I/O 芯片较多时,可选用专用译码器 74LS138 或 74LS139 实现全译码。51 系列单片机有充分的存储空间,片外可扩展 64KB 程序存储器和 64KB 数据存储器,所以在一般的控制应用系统中,应主要考虑简化硬件逻辑。

4. 总线驱动

51系列单片机的外部扩展功能很强,但4个8位并行口的负载能力是有限的。P0只能驱动3个门电路。如采取较多的门电路,则应采用总线驱动电路,以提高端口的驱动能力和系统的抗干扰能力。

设计人员根据系统功能和设计要求提出系统设计的总任务,并绘制硬件和软件总框图(总体设计),然后将任务分解成一批可独立表征的子任务,这些子任务还可以再向下分,直到每个低级的子任务足够简单,可以直接而且容易地实现为止。这些低级子任务可采用某些通用模块,并可作为单独的实体进行设计和调试。

设计者在进行设计时不应盲目追求复杂、高级的方案。在满足性能指标的前提下,应尽可能采用简单成熟的方案,这就意味着要满足元器件少、开发、调试、生产方便,可靠性高。

12.2.2　软件设计

为了提高系统运行的可靠性,在应用软件中应设置自诊断程序,系统工作前先运行自诊断程序,用以检查系统各特征参数是否正常。

1. 问题与关系模型

问题的提出,是要明确软件所要完成的任务,确定输入 / 输出的形式,对输入的数据进行哪些处理,以及如何处理可能发生的错误。

软件所要完成的任务在总体设计阶段有总的规定,现在要结合硬件结构进一步明确所要处理的每个任务的细节,确定具体的实施方法。描述出各个输入变量和各个输出变量之间的数学关系,建立数学模型,进而确定算法。数学模型的正确程度是系统性能好坏的决定性因素之一。

2. 软件结构设计

合理的软件结构是设计出一个性能优良的单片机系统软件的基础,设计人员必须给予足够的重视。

(1)任务确定后,接下来就是确定任务循环,单片机应用系统从接通电源开始就不停地循环执行多个任务,所以软件总体框架就是一个任务循环结构。在编写代码的过程中,可能要用到各种算法的代码,例如均值滤波、数据加减乘除及码制变换运算等,应尽量将这些相对独立的操作用子程序实现,以保证软件良好的模块化结构。

(2)一个较为复杂的单片机应用系统,其软件要实现的操作可以划分为若干相对独立的"任务",其执行的时间、顺序和触发条件各有不同。当然,大部分任务都是定时启动的,例如某些定时键盘扫描、采样等,有些任务则是需要一定的触发条件,比如某种参数的报警提示等。

（3）软件代码编写要遵循软件工程的要求。例如，各种数值常量、芯片地址和数据变量地址（位变量、字节变量、字变量、浮点数变量）等，均用符号表示，这样做一是便于设计修改，二是便于理解记忆。

（4）运行状态要实现标志化。各个功能程序的运行状态、运行结果以及运行要求都要设置状态标志以便查询，程序的转移、运行和控制都可以根据状态标志条件来控制。不要将大量代码堆积在主程序循环中，尽量用子程序实现相对独立的功能，程序中的语句注释如功能、入口参数、使用参数等，可提高软件的可读性，减少代码错误，编程规范。

对于简单的单片机系统，通常采用顺序设计方法。这种软件由主程序和若干个中断服务程序构成。根据系统中各个操作的特性，指定哪些操作由中断服务程序完成，哪些操作由主程序完成，并指定各个中断的优先级。

主程序是一个顺序执行的无限循环的程序，顺序查询各个事件标志（一般由中断程序置1，也称为激活，使用标志的地方清0），以完成日常事务的处理。

此外，当一个项目的程序代码很多时，需要多个程序员同时编程，模块化的结构便于将所有程序员的代码融合对接。模块的划分并没有什么教条可以遵循，要视情况灵活处理。

中断服务程序对实时事件请求做必要的处理，使系统能实时并行地完成各个操作。中断的发生是随机的，它可能在任意地方打断主程序的运行，这时的程序状态无法预知，因此，中断程序需要保护主程序的现场状态，现场保护的内容由中断服务程序所使用的资源决定。

12.2.3 可靠性设计

单片机系统一般都是实时系统，对系统的可靠性要求比较高。提高系统可靠性的关键应从软硬件出发，采用抗干扰措施，提高对环境的适应能力，提高元器件的质量等。

为了进一步提高系统的可靠性，在设计硬件电路时，应采取一系列抗干扰措施。

（1）IC芯片电源供电端 V_{CC} 应加高频滤波电容，视负载大小加入合适的去耦合电容。

（2）采用多种容错技术，通信中采用奇偶校验、累加和校验和循环校验等措施。另外，当系统复位执行初始化程序时，应区分是上电复位还是看门狗复位，以便做不同处理，使由于死机产生的复位对系统影响减至最小等。

（3）开关量 I/O 通道与外界的隔离可采用光耦合器件，特别是与继电器、晶闸管等连接的通道，一定要采取隔离措施。

（4）传感器后级的变送器应尽量采用电流型传输方式，因电流型比电压型的抗干扰能力强。

（5）电路应有合理的布线及接地方法。

当一个单片机系统设计完成后，对于不同的单片机系统产品会有不同的测试项目和方法来测试单片机软件功能的完善性以及上电、掉电测试和端口抗干扰能力等。

单片机都会有一些标志寄存器，可以用来判断复位原因；也可以在 RAM 中设置一些标志。每当出现复位情况时,判断标志查找复位原因;还可以根据不同的标志直接跳到相应的程序,可以使程序运行连续平稳。

设计软件时,设计者应采取一系列冗余、热备份等抗干扰保障措施。

12.3　系统调试

12.3.1　软硬件调试

系统调试,包括硬件调试和软件调试两项内容。硬件调试的任务是排除应用系统的硬件电路故障,包括设计性错误和工艺性故障。一般来说,硬件系统的样机制造好后,需单独调试好,再与用户软件联合调试。这样,在联合调试时若碰到问题,则可以视为是软件的问题。

1. 硬件调试

硬件电路的调试一般分两步进行：脱机检查和联机调试,即硬件电路检查和硬件系统诊断。

（1）脱机检查

脱机检查在开发系统外进行,主要检查电路制作是否准确无误。为保护芯片,先对芯片插座的电位（或电源）进行检查,确定无误后再插入芯片进行检查,检查各芯片是否有温升异常。上述情况都确认正常后,就可以进入硬件的联机调试阶段。用万用表或逻辑测试笔按照原理图逐步检查样机中各器件的电源、各芯片引脚端连接是否正确,检查数据总线、地址总线和控制总线是否有短路等故障。不要在加电状态下插拔任何电路芯片。

（2）联机调试

联机调试是在开发机上进行的,用开发系统的仿真插座代替应用系统中的单片机。分别接通开发机和样机的电源,加电以后,若开发机能正常工作,说明样机硬件正常,否则应断电仔细检查样机线路,直至排除故障为止。

分别测试不同类型的 I/O 口和 I/O 设备。I/O 的类型较多,有只读的输入口和只写的输出口,以及可编程的 I/O 接口等。对于输入口,可用读命令来检查读入结果是否和所连设备状态相同；对于输出口,可写数据到输出口,观察和所连设备的状态是否相同；对于可编程的接口,先将控制字写入控制寄存器,再用读写命令来检查对应的状态。

通过以上几种方法,可以基本排除目标系统中的硬件故障。

2. 软件调试

系统硬件确认正常后,就可以进入软件调试阶段,其任务是排除软件错误以及硬件可能存在的其他隐形问题。常见的软件错误类型如下。

（1）程序"跑飞"

当程序以断点或连续方式运行时,目标系统没有按规定的逻辑进行操作,造成程序"跑飞"或在某处死循环,产生的原因可能有转移地址错误、堆栈或工作寄存器冲突等。

（2）中断故障

① 输入 / 输出错误。程序运行时出现输入 / 输出操作杂乱无章或根本不动作。产生的原因可能有输入 / 输出程序的 I/O 硬件逻辑问题（如写入的控制字和规定的 I/O 操作不当等）,或时序上冲突等。

② CPU 持续响应中断,CPU 不能正常地执行主程序或其他中断服务程序。造成这种现象的原因多为外部中断以电平触发方式请求中断,没有有效清除外部中断源,或由于硬件故障使中断源一直有效,以致 CPU 连续响应中断。

12.3.2　联调

首先进行硬件安装和调试。PCB 电路制版完成后,需要检查制版质量,可目视及使用万用表,认真检查各线路的通断是否正确；然后,焊接、安装元器件或其插座。确认无误后,通电测试检查数字部分各电源电压是否正常。

硬件确认正常后,进行软硬件联合调试。对于较复杂的系统,首先用一些简单、专门编写的检测程序检测硬件各部分电路是否工作正常,可同时完成硬件初测与功能软件设计。这些小的测试程序,可分别检查诸如各类硬件的结构或逻辑关系是否正常等问题。

初步完成上述调试工作后,通调系统软件,调试过程中若出现问题,容易定位问题所在,有许多产品在实验室完成调试后,仍可能存在软硬件问题,需要不断补充完善。

12.4　功能程序设计

功能程序的设计,总体上遵循原则为"三个充分,三个保障"。

在设计程序时,设计人员要做到"三个充分"来实现"三个保障"。"三个充分",就是利用前面提及的程序的结构与单片机语言能够提供的资源：①充分发挥单片机循环功能的作用；②充分发挥数组指针变量的作用；③充分发挥处理应急状态时的中断向量的作用。

"三个充分"是说软件设计人员在设计时充分发挥单片机资源和能力的作用；"三个保障"是保障单片机在为人所用时用户的体验。

通过这"三个充分",使单片机达到在功能性、可靠性和人性化操作便利性方面的"三个保障"作用。

单片机的程序结构分为顺序、分支与循环,对应这三种基本结构进行程序设计的优化,也就是：对于顺序,实现的方法是使用逻辑或者数组指针,把数据首先按序列排列好；对于分支,判别分支走向的方法,就是符合条件时设置标志位;对于循环,其实现方法也是利用数组或者指针变量,通过调整指针或者数组下标,实现不同数组或矩阵元素序列的地址寻址,从而实现对数组不同元素的操作。

但是,日常编程时,比如在做显示或者键盘判别时,在构建一个数组后,大多数情况下会把数组下标变量当成一个固定值来处理,如分别把 4 个、8 个或者 N 个显示与键盘单独处理,却忽视了数组下标变量循环的作用。

还有一种情况是没有充分利用单片机中断的作用,在中断程序里做了大量本该在正常程序中做的工作,甚至在中断里进行了多次循环或者死循环,这完全违背了单片机中断处理应急状态的设置初衷。

多数初学者在利用人的视觉滞留效应做动态 LED 显示时,程序处理得不好,容易使 LED 显示产生忽闪忽亮忽灭的不良视觉效应,虽经反反复复调整,仍不能很好地解决问题。这也是由于在处理显示刷新过程中,不能真正实现 20ms 刷新而造成的后果,实际上只要在一个中断里设置好刷新时间间隔标志位,出来后判别该标志进行定时刷新就可以了。

也有一些初学者感觉单片机的 5 个中断中只有 2 个定时 / 计数中断,应用时感到棘手,实际上充分利用好定时中断应急状态处理的作用,在一个中断里设置多个时间间隔标志位,中断执行完成后,用不同的时间标志位进行不同的采样间隔或者时间过程状态处理,就可以解决单片机时钟中断短缺的问题了。

还有一个问题是,在不同码制之间转换及在数的处理方面意识不够,比如超范围使用定义好的字符、整型变量,或者把无符号数当成有符号数进行判别处理,如无符号数的取值范围是 0~N,在对结果判别时,却判别其数值是否小于 0,造成该项条件始终无法满足。

在应用调试软件调试或者设置断点调试时,可以在数据变化前后或者在判别条件前后分别设置断点。仿真运行到设置断点的地方,程序自动停止,可以人工调整变量符号或者寄存器内容,或者调整条件状态让其满足不同条件,执行下一条指令,从而转入所希望的不同分支或者运行结果处理。比如中断状态,进行到了某一个语句时,正好符合中断条件,设置好中断标志位、启动中断或开中断,单步执行下一条指令自动转到中断程序。

再比如在一些数值条件中,或者在计数一定数值后,才能进行分别转移,那就可以在这条指令处设置断点,运行到该语句处暂停,人工调整数值范围让其可以满足判别转移条件,单步执行下一条指令符合转移条件,而跨越整个模拟仿真的数字运行周期范围。

还有些情况如按键有误、操作由正变负或由负变正、双号逻辑运算改成了单号逻辑运算、显示不稳定时、设置的刷新时间可调、送位码时再送段码、没有关闭前面的位码和显示乱码等,中断入口地址与中断向量寄存器组的选择以及看门狗定时器都会有相关的要事先声明,在寄存器文件 reg51.h 中没有 WDT 变量定义,都可能影响程序正常运行。

与上述问题相同或类似的问题,一般在网上都有相关的帖子进行讨论,所以大家在遇到问题时,首先就应该形成一个到网上搜索的条件反射,可以在网上搜诸如"循环显示与刷新""数码管消隐"或者"数码管鬼影解决""循环键盘输入""复合按键""长短按键" 等关键词试一下,可以从中检验、实验、优化选择。会搜索也是一种能力。

12.4.1　循环显示与刷新

1. 数码管循环显示

下面是一个在单片机开发中经常使用的秒计数七段数码管循环显示典型程序段。

```
void SecondCount()    //秒计数函数，每秒进行一次秒数+1，并转换为数码管显示字符
{
    cnt ++;             //记录T0中断次数
    if (cnt>=50)        //判断T0溢出是否达到50次
    cnt=0;              //达到50次后计数值清0
    sec++;             //秒计数自加1
    LedBuff[0]=7_SEG[sec%10];
    LedBuff[1]=7_SEG[sec/10%10];
    LedBuff[2]=7_SEG[sec/100%10];
    LedBuff[3]=7_SEG[sec/1000%10];
    LedBuff[4]=7_SEG[sec/10000%10];
    LedBuff[5]=7_SEG[sec/100000%10];
}
void LedRefresh ()   //数码管动态扫描刷新函数
{
static unsigned char i=0;       //动态扫描的索引
switch (i)
{
    case 0:dip_position2=0;dip_position1=0;dip_position0=0;i++;P0=
        LedBuff[0];break;
    case 1:dip_position2=0;dip_position1=0;dip_position0=1;i++;P0=
        LedBuff[1];break;
    case 2:dip_position2=0;dip_position1=1;dip_position0=0;i++;P0=
        LedBuff[2];break;
    case 3:dip_position2=0;dip_position1=1;dip_position0=1;i++;P0=
        LedBuff[3];break;
    case 4:dip_position2=1;dip_position1=0;dip_position0=0;i++;P0=
        LedBuff[4];break;
```

```
    case 5:dip_position2=1;dip_position1=0;dip_position0=1;i=0;P0=
           LedBuff[5];break;
    default:break;
}
```

上面的程序中并没有使用循环对数组进行操作,而是对数组的各个变量分别进行了赋值。

在这里,为了能用循环程序实现变量计算赋值,可以把时间 s 转换为个、十、百、千、万,将循环指令分别用除数和除余运算符计算表示,各七段码的亮灭可由对应位的高低控制,就可以对应不同七段码的显示了。把前面的程序改成如下程序,可以实现同样的功能。其他相同部分未列出。

```
tmp=sec;
for (i=0;i<6;i++)
{
    tmp= tmp%10;
    LedBuff[i]=7_SEG[tmp];
}
...
case k:dip_position[k];k++;P0=LedBuff[k];break;
...
```

其中,dip_position 是各个七段码的位码,P0=LedBuff[ ] 对应各个位码的七段码。

同样,下面是一个经常用到的超声波测距仪的数据计算、转换、显示与处理程序段。

```
tmp=tp;                      /*接收整数,将小数点定在十位上,即为实际温度值*/
dispbuf[5]=tmp/100000;       /*温度值为50~99℃,因此,只取高两位*/
tmp=tmp%100000;
dispbuf[4]=tmp/10000;        /*温度值个位
                             /*以下为距离的转换*/
tmp=distance;
dispbuf[3]=tmp/10000;        /*将距离转化为4位BCD码(取高4位)*/
tmp=tmp%10000;
dispbuf[2]=tmp/1000;
tmp=tmp%1000;
dispbuf[1]=tmp/100;
tmp=tmp%100;
dispbuf[0]=tmp/10;
```

还有比如：多个变量参数需要进行设置，每一个变量的每一位要分别进行调整或者显示，可以把这 N 个数据变量设置成一个两维数组 Samp_D[m,n] 的形式，每一个行元素代表一个变量，每一个列变量表示各个元素的位，对应各个元素的位就可以分别进行设置或者显示处理。

单片机中有许多赋值、显示、输入与输出功能类似这样功能的程序，都可以采用循环的办法，简洁明快，又可以随意扩充，N 位数越多优势越明显。

2. 数码管显示消隐

在 C 语言中，"/"等同于数学里的除法运算，而"%"等同于小学阶段学习的求余数运算。比如 123456 这个数字，要将个位数字正常显示在数码管上，就直接对 10 取余数，6 就显示出来了，十位数字就是先除以 10，然后再对 10 取余数，以此类推，就将 6 个数字全部显示出来了。

数码管消隐这段程序，可以利用 if-else 语句，即每 1ms 快速地刷新一个数码管，这样 6 个数码管整体刷新一遍的时间就是 6ms，视觉感官上就是 6 个数码管同时亮起来了。

对于多选一的动态刷新数码管的方式，用 switch 会有更好的效果，解决这类问题的方法有两个，其中之一是延时，延时之后肉眼就可能看不到这个"鬼影"了。但是延时是一个非常不好的习惯，且不说延时多久能看不到"鬼影"，延时后，数码管亮度会普遍降低。解决刷新问题最好的办法就是在时钟中断里设置 20ms 显示刷新标志位，返回中断后，在主程序中判别刷新标志位，进行刷新操作。

12.4.2 循环键盘输入

许多程序设计中，虽然定义了键盘数组变量，同样也没有使用循环对键盘输入的参数进行数组操作，而是对数组的各个变量分别进行了赋值。

这里，ReadKey () 函数是键盘输入函数，为了能用循环程序实现变量计算赋值，可以读取输入的 0~9 之间的数字。key_temp 变量是键盘输入的临时存储变量；key_value 是最后连续多位按键输入以后组合的数字；{ key_value*=10;key_value+=key_temp;} 语句的作用是，每次输入往左移一位进位，分别成为十、百、千……，把前面输入的数据按权重累加起来，组合成一个数 key_value。

输入几位数存入 { sum++} 变量，{key_temp!=0x11} 语句判断是否确认按键，确认后可以直接退出键盘输入过程，num_upper 是这次输入位数的上限，没有输入到达上限位数时，只要按了确认键，仍然可以退出键盘输入程序，否则达到输入位数的上限时，也会自动退出键盘输入程序。

这个程序适用于任何位数组合输入的数据，只要调整位数上限就可以了。

```
unsigned char ReadKey (char num_upper)
{
    unsigned char key_temp, sum=0;
    unsigned char key_value=0x00;
```

```
key_input:key_temp=ReadKey ();
if (key_temp==0x00){goto key_input;}
if (key_temp!=0x11){
  if (key_temp>=0x01&&key_temp<=0x0A){
  if (sum<num_upper)
   {
     key_temp--;
     key_temp=key_temp&0x00f;
     display[sum]=key_temp;
     key_value*=10;
     key_value+=key_temp;
     sum++;
   }
  goto key_input;
   }
  goto key_input;
 }
 if (sum<0x01){goto key_input;}
 return (key_value);
}
```

12.4.3　复合按键

类似于计算机里的换挡键 Shift,或键盘指示芯片 8279 的功能,在单片机里,也可以做复合键键盘。

当发现有 Shift 键按下后,重复第 2 次循环检测是否有其他键按下,若有,则构成复合键 {Shift+其他键} 功能,这样可以节省按键数量和类似于加密算法的输入功能。

比如在电子钟表中,时钟调整也就只有三个键——左右移动键、上下增减键以及确认键,但是却可以实现时、分各有 4 位数,0~10 数值加减的设置。这些都是利用了键的复合功能。

(1) SET 键,对应系统的不同工作状态具有 3 个功能。

启动时,设定时间参数(对时间或定闹钟)。

在设定时间参数状态而且不是设定最低位(即分个位)的状态下,用于结束当前位设定,当前设定位下移。

在设定最低位(分个位)的状态下,用于结束本次时间设定。

（2）+1 键,用于对当前设定位(编辑位)进行加 1 操作,根据正在编辑的当前位的含义(时十位、时个位、分十位、分个位)自动进行数据的上限和下限判断。例如,小时的十位只能是 0~2,如果当前值为 0,则按 +1 键后为 1,再按 +1 键则到 2,然后归零;同样的道理,分钟的十位只能是 0~6,分钟的个位可以是 0~9。

为了提示当前编辑位闪烁功能,设置当前编辑位闪烁功能,添加 0.5s 闪烁标志位,使时间设定编辑模块的人机环境更加友善,利用定时器 1 的每 50ms 溢出中断,实现每 0.5s 将闪烁位标志求反;在时间设定模块中根据此标志的状态,分别显示当前时间参数或关闭显示,达到每 0.5s 亮—灭交替的效果,即闪烁。

同样的道理,在许多智能仪表终端,使用前,需要对参数进行设置或者标定,这些也都是利用了简洁键盘或者复合键的功能。

12.4.4 中断利用

在同样一个中断程序中,按照不同函数功能要求的周期,计算出时间后,分别在时钟中断程序里设置不同的标志位,比如显示刷新位(F_fresh)表示为 20ms,参数设置某一位闪烁时的标志位(F_blink)为 0.5s 的指示,参数更新时的每一秒等的更新标志位(F_update)等等。

```
uchar bdata uflag;              //通用标志字节
sbit F_fresh=uflag^0;          //显示刷新标志
sbit F_blink=uflag^1;          //位闪烁标志
sbit F_update=uflag^2;         //秒指示标志
sbit F_warning=uflag^3;        //闹铃标志
sbit F_tfix=uflag^4;           //报警标志
```

在使用中断标志位时,注意要在中断程序里设置,退出中断后,主程序与各功能程序使用完相应标志位后,要重新复位,等到下一个循环周期在中断里才能重新置位。

采用这种办法,可以充分发挥中断的作用,同时又充分利用一个中断实现了多个过程控制的功能。

编程时,与中断相关的问题还有:安排大段大段的数据处理的相关运算,极大地占用了宝贵的中断资源;在外部信号采用电平形式中断,完成中断处理程序返回主程序后,没有及时撤销外部电平中断输入,始终反复进入中断程序,造成误操作。

12.4.5 长短按键应用

在单片机系统中应用按键时,如果只需要按下一次按键加 1 或减 1,这种操作就很简单;但如果想连续加很多数字的时候,要一次次按下这个按键确实会有一些不方便,这时我们就会希望持续按住按键,数字就能自动持续增加或减小,或加速增加或减小,这就是所谓的长短按键应用。

当检测到一个按键产生按下动作后,立即执行一次相应的操作,同时在程序里记录按键按下的持续时间,该时间超过 1s 后(主要是为了区别短按和长按这两个动作,因为短按的时间通常都只有几百 ms),每隔 200ms(如果操作更快就用更短的时间,反之亦然)就自动再执行一次该按键对应的操作,这就是一个典型的长按键效果。

程序运行后,数码管显示数字 0,按向上的按键数字加 1,按向下的按键数字减 1,长按向上按键 1s 后,数字会持续增加,长按向下按键 1s 后,数字会持续减小,设定好数字后,按下回车键,设置好的参数就会保存起来。

长短按键的作用类似于键的复合功能键,复合功能是把一个键的两个甚至多个功能作用由程序控制,长短按键则是利用了按键的持续时间参数来产生影响。

12.4.6　编程中经常遇到的问题

程序员在用单片机 C 语言编程的过程中可能会遇到的问题整理如下。

全局变量:要尽量少用或不用。可以在全局变量前加"g_"来表示,以区别于局部变量。

函数:程序要模块化,当一个函数较长时就要考虑将其分解,将函数中的功能模块提取出来,单独作为一个函数,函数命名和变量命名一样,这样一来,读程序时就会很清晰。

文件:与函数类似,要将同类函数写在一个文件里,这样容易阅读,也容易移植。例如公共文件,如果在其他工程中要使用该文件,简单复制、修改就可以了。

注释:写程序时要写注释,包括文件注释、函数注释、变量注释、宏定义注释和函数内部注释等。不要写别人看不懂、不想看的程序,要写便于交流、合作或者自己一段时间后进行阅读和修改的程序。

中断函数:中断函数尽量不要占用太多的时间,能在主函数或其他地方处理的,就不在中断函数中处理。

1. 头文件与包含

main.c 头文件除了要包含 main.c 所要使用的宏定义外,还要对 main.c 文件中所定义的全局变量进行 extern 声明,便于其他的 *.c 文件使用,还要对 main.c 内的自定义类型进行声明,以及对提供给其他文件调用的全局函数进行声明。对于函数的外部声明,extern 是可以省略的,但是对于外部变量的声明是不能省略的。

在程序编写过程中,经常会遇到头文件包含头文件的用法。假设 a.h 包含了 main.c 文件,b.h 文件同样也包含了 main.c 文件,如果现在有一个 c 文件 Lcd_drv.c,它既包含了 a.h,又包含了 b.h,这样就会出现头文件的重复包含,从而会发生变量函数等的重复声明,这时可以采用 C 语言的条件编译来解决。

2. 变量、指针与注释

变量是指在程序运行过程中其值可以改变的量。在 C51 中,在使用前变量必须对其进行定义,指出变量的数据类型、存储类别和所在的存储器类型,以便编译系统为它分配相应的存储单元。C51 中,变量定义的完整格式如下:

[存储类别] 数据类型 [存储器类型] 变量名 [= 初值] [_at_ 地址常数];

其中,"存储类别""存储器类型""初值" 和 "_at_ 地址常数" 是可选项。

（1）变量的数据类型

在定义变量时,必须通过数据类型说明符指明变量的数据类型,可以是基本数据类型说明符,也可以是构造数据类型说明符,还可以是用 typedef 定义的类型别名。

在 C51 中,为了增加程序的可读性,允许用户使用 typedef 为系统已有的数据类型说明符定义别名,格式如下:

typedef C51 已有的数据类型说明符别名;

例如:typedef unsigned int WORD;

```
WORD   a2=0xffff;                    //等价于unsigned int a2=0xffff
```

变量绝对定位的说明如下。

① 绝对地址变量在定义时不能初始化,因此不能对 code 型变量绝对定位;

② 绝对地址变量只能是全局变量,不能在函数中对变量绝对定位;

③ 绝对地址变量多用于 I/O 端口,一般情况下不对普通变量绝对定位;

④ 位变量不能使用 _at_ 绝对定位。

编程时,还有一些需要设置的常数或位变量操作,要放在程序初始位置,以便于阅读程序和修改变量,比如:

```
# define  Timer_gap 100          //宏定义间隔
# define  T0_H (65536-4000)/256   //给T0装初值
# define  T0_L (65536-4000)%256
```

（2）变量的作用域

从声明这个变量开始往后所有的程序,可以使用该变量。如果程序中的变量在函数中都加了 static（extern）关键字,变成静态（外部）变量,每次函数被调用时,它们的值都维持不变,有利于静态变量概念的理解。

（3）指针的运算

两个指针变量在一定条件下可以进行减法运算,如 p=&number[9];q=&number[0];那么 p-q 的结果就是 9。注意,这个 9 代表的是元素的个数,而不是真正的地址差值。如果 number 的变量类型是 unsigned int 型,占两个字节,p-q 的结果依然是 9,代表数组元素的个数。

还有一种数组元素指针,即数组名字代表了数组元素的首地址,就是说 p=&number[0] 与 A=number 两种表达方式是等价的,因此,以下几种表达形式和内容需要格外注意。

根据指针的运算规则,p+x 代表的是 number[x] 的地址,那么 number+x 代表的也是 number[x] 的地址。或者说,它们指向的都是 number 数组的第 x 个元素,*(p+x) 和 &(number+x) 都表示 number[x]。

指向数组元素的指针也可以表示成数组的形式,也就是说,允许指针变量带下标,即 *(p+i) 和 p[i] 是等价的,为规范起见,建议采用前者的写法,而不要写成后者的形式。

一般函数调用,普通变量传递只能是单向的,也就是说,主函数传递给子程序的值,子程序只能使用,但不能改变。而现在通过指针变量,子程序不仅可以使用主函数中的值,还可以对主函数中的数值进行修改。

3. 不同数据类型间的相互转换

在 C 语言中,不同数据类型之间是可以混合运算的。当表达式中的数据类型不一致时,首先将数据转换为同一种类型,然后再进行计算。C 语言有两种方法实现类型转换,一种是自动类型转换,另外一种是强制类型转换。这部分内容是比较繁杂的,因此,该部分内容根据常用的编程应用来进行讲解。常用格式转换符如表 12-1 所示。

表12-1 常用格式转换符

格式转换符	说 明	格式转换符	说 明
%oc	单个字符	%s	字符串
%bd、%d、%ld	有符号十进制整数(char、int、long)	%bu、%u、%lu	无符号十进制整数(char、int、long)
%bx、%x、%lx	十六进制整数(char、int、long), 字母小写	%bX、%X、%lX	十六进制整数(char、int、long), 字母大写
%f	浮点数, 形式为[-]dddd.dddd	%e	浮点数, 形式为[-]d.ddddde±dd

当不同数据类型之间混合运算时,不同类型的数据首先会转换为同一类型,转换的主要原则是:短字节的数据向长字节数据转换。比如:

```
unsigned char a;
unsigned int b;
unsigned int c; c=a*b;
```

在运算的过程中,程序会自动全部按照 unsigned int 型来计算。比如 a=50,b=40,c 的结果就是 2000。那么当 a=100,b=700 时,c 是多少呢? 这里要注意每个变量类型的取值范围,c 的数据类型是 unsigned int 型,取值范围是 0~65535,而 c 的数值 70000,超过 65535 了,其结果会溢出,因此,c 最终的结果是:70000-65535=4465。

例如：unsigned char a,b;

```
if ( (a-b)<0){; }
```

同样,循环语句是永远无法满足判别条件停止循环的,因此要根据输入变量运算的范围去设置变量类型,把 c 定义为 unsigned long 型,得到正确运算结果,这是因为 C 语言不同类型运算时数值会转换成同一类型运算。

另有如：字符变量取值超过取值范围,应该是 255,实际取了 300,或有正负判别,如整形变量 int 有符号以及无符号型变量等,中断号取错,或选择寄存器组冲突,时钟为 1、3,内外中断为 0、2,中断内死循环无法跳出等现象,均可能造成程序运行出错。

编程中,经常使用下面的循环语句：

① for(i=0;i<180;i++)　　　{ ;}

或：

② for(i=200;i<0;i--)　　　{ ;}

这两种形式本身都是正常的 ,不存在问题,但是不能把循环变量数据类型设置成这样：

① signed char

② unsigned char

因为循环语句①的循环变量 i 是有符号字符变量(signed char),取值范围是 –128~127,上界 180 超出了有符号字符变量范围,判别条件无法满足；循环语句②的循环变量 i 为无符号字符变量(unsigned char),判别条件要求其小于 0,超出了无符号字符变量取值范围 0~255,也无法满足判别条件,从而无法进入后面的语句 {;},因此,这两个循环语句是永远无法满足判别条件停止循环的。

又如：printf("%s\n", "Welcome");

"g%sln" 是格式控制串,表示输出字符串并换行；双引号后是输出项表,但 C51 规定字符串必须用双引号括起来。执行上述语句后,实际输出为 Welcome。

4. 函数与调用

函数调用应注意以下几点。

（1）函数调用的时候,不需要加函数类型,如 void 等。

（2）在函数末尾,可能会有很多 return x,这个返回值也是函数本身的类型。若函数只执行操作,不需要返回任何值,那么这个时候它的类型就是空类型 void,也不能省略,否则 Keil 编译软件会发出警告。

（3）对于调用函数与被调用函数的位置关系,C 语言规定：函数在被调用之前,必须先被定义或声明。这个规定的是：在一个文件中,一个函数应该先被定义,然后才能被调用,也就是调用函数应位于被调用函数的下方。但是作为一种通常的编程规范,一般推荐将 main 函数写在最前面,其后再定义各个功能函数,而中断函数则写在文件的最后。那么如果主函数要调用定义在它之后的函数要怎么办呢? 可以在文件开头(所有函数定义之前)开辟一块区域,这块区域叫作函数声明区,用于把被调用的函数做一下声明,如此,该函数就可以被随意调用了。

(4)函数声明的时候必须加函数类型、函数的形式参数,最后加上一个分号表示结束。函数声明行与函数定义行的唯一区别就是最后的分号,其他部分都必须保持一致。

12.5　课内程序实验与调试

《单片机 C 语言与 Proteus 应用》是一门实践性很强的课程,需要学习者强化对应用程序的设计和调试能力,加强对单片机知识的理解,培养实践操作技能,提高分析和解决实际问题的能力。

本节针对课程内容安排了 12 个课内实验,要求学生在 Keil 仿真环境下完成实验代码的编写、链接、调试和运行,并撰写实验报告。

1. 实验的步骤

在上位机 Proteus 和 Keil 联合或独立工作方式下,实验步骤如下。

(1)了解程序工作原理,预先在恰当的位置设置断点或者测试语句,完成系统设置。

(2)启动 Keil 软件,在 Keil C51 环境下进行源程序文件代码的编辑和目标文件生成。

(3)编译、链接,形成目标文件(.ABS 或 HEX),若程序无误,信息窗口提示 NO ERROR。否则,双击信息窗口中出错所在行,回到源程序文件编辑窗口查错,直至编译通过。

(4)利用 Keil 调试功能,在软件主窗口中装入源程序文件,单击调试工具栏中的"调试"按钮,进入程序编辑窗口,变量、寄存器窗口及反汇编窗口进行调试。

(5)在变量改变、状态转移的地方,设置断点或结束地址,以单步方式运行,同时进入变量、寄存器观察窗口,查看结果是否满意,进行检查、修改等。

(6)全速运行程序,当程序运行到断点时会自动停下来,进入变量、寄存器观察窗口查看。

2. 实验报告内容要求

(1)简单叙述实验工作原理。

(2)画出实验程序流程图。

(3)使用 Protel 或其他软件画出实验原理图。

(4)写出实验调试通过的 C 语言程序代码,程序部分要有简单的注释说明,如主程序、子程序的功能,关键语句、变量、存储器功能等。

(5)运行程序。可以选择调试工具栏中的单步、全速、断点运行等按钮运行程序。

（6）记录实验结果或实验现象，进行相关分析。

【实验12-1】码制转换运行仿真

程序参见例3-12。

Keil C51软件调试：按照第4章所述步骤，编译链接，语法纠错，并进入调试状态。程序运行结果可分别在变量观察窗口Watch#1标签页（图4-58）和Serial#1窗口（图4-61）中观察，可有断点、单步和全速运行3种程序运行方式。首先，打开变量窗口，在Watch#1（图4-58）编辑框中分别输入"i，temp，ascii，Ascii_Hex，Bcd_7seg"变量标识符。右击其中任一单元，在右键菜单中选择Decimal（十进制）。

（1）断点运行。

① 断点设置。光标移至跳转命令行以后，单击断点设置图标，该行语句前会出现一个红色小方块的标记，表示此处被设置为断点。用同样的方法分别在判断跳转命令行前设置断点。

② 断点调试。单击全速运行图标，由于预先设置了断点，因此当程序运行至断点时，就暂停下来。若程序运行之初，单击图4-58相应位（下面一行），可设置或改变temp的状态，在屏幕下方变量观察窗口Watch#1标签页中，依次观察ascii、Ascii_Hex和Bcd_7seg等变量的变化过程。

（2）单步运行。单步运行需要先去除原来设置的断点，单击左键删除断点图标，标志断点的红色小方块标记会全部消失，表示断点被删除。

（3）全速运行，暂停图标变成红色，观察Serial#1窗口、Watch#1窗口相应变量单元会显示对应的数据。

【实验12-2】流水灯LED显示运行仿真

程序参见例5-1。

Keil C51软件调试：按实验12-1所述步骤，编译链接，语法纠错，并进入调试状态。程序运行结果可分别在变量观察窗口Watch#1标签页（图4-58）和P1对话框窗口（图4-60）中观察，可有断点、单步和全速运行3种程序运行方式。

（1）断点运行。

① 断点设置。光标移至跳转P1=tab[]赋值语句后，单击断点设置图标，该行语句前会出现一个红色小方块标记，表示此处被设置为断点。用同样的方法分别在判断跳转命令行前设置断点。

② 断点调试。单击全速运行图标，由于预先设置了断点，因此，当程序运行至断点时，就暂停下来。若在程序运行之初，P1的状态已被设置为FE（LED0亮，其他灯灭），则P1口P1.7~P1.0的状态为1111，1110表示LED0亮，其余灯灭。单击图4-60相应位（下面一行）可设置或改变P1.7~P1.0的状态，并再次单击全速运行图标，则P1.7~P1.0的状态会变成10111111 → 01111111，即分别表示LED6亮（其余灯灭）和LED7亮（其余灯灭）。

与此同时，屏幕下方的变量观察窗口Watch#1标签页中，P1口输出值依次为0xFE、0xFD、0xFB……0x7F，该值对应了LED0~LED7灯的亮、灭状态，表明发光二极管LED0 ~ LED7循环点亮。单击屏幕左上角红色暂停图标按钮，可观察该十六进制数值与P1对话框中的十六进制数值一致。

（2）单步运行。单步运行需要先去除原来设置的断点，单击删除断点图标⊛，标志断点的红色小方块标记会全部消失，表示断点被删除。

然后设置 P1.7~P1.0 的状态，鼠标不断单击单步运行图标⑰，从 P1 口或 Watch#1 标签页都可以看到程序运行的结果，P1.7~P1.0 设置不同，进入循环后的程序运行与运行路径也不同。

（3）全速运行。全速运行也要先去除原来设置的断点，然后依次设置 4 种不同的 P1.7~P1.0 状态，全速运行后，从 P1 口或 Watch#1 标签页都可以看到程序运行的结果。

在 Keil C51 软件的 P1 对话框中，为观察"空白"（亮灯）移动循环，可修改、延长延时时间，程序中"delay（1000）"改为"delay（20000）"。然后重新编译链接、调试运行。

【实验 12-3】七段 LED 数码管循环显示

程序参见例 5-5。

Keil C51 软件调试：编译链接并进入调试状态后，全速运行，暂停图标 ◎ 变为红色，打开 P0、P2 对话框窗口（图 4-60）和 Watch#1 标签页（参阅图 4-58），在 Watch#1 标签页（图 4-58）编辑框分别键入"i, j, code , 7_SEG[]"变量标识符，在程序的 P2=7_SEG[] 语句前后设置断点，观察结果。

在屏幕下方的变量观察窗口 Watch#1 标签页中，P0、P2 口输出值依次为段码和位码，表明七段码发光二极管 a~f（dp）循环按照序列点亮。单击屏幕左上角红色暂停图标按钮 ◎，可以观察该十六进制数值与 P0、P2 对话框中的七段码数值是否一致。

【实验 12-4】4×4 矩阵式键盘

程序参见例 5-12。

Keil C51 软件调试：由于本题涉及外围动态输入键盘，在 Keil 调试中无法反映写入和读出数据状态。因此，Keil 调试的主要作用是：按实验 12-1 所述步骤，编译链接，语法纠错，自动生成 Hex 文件。

扫描过程，P1 口的 P1.0 ~ P1.7 连接 4×4 矩阵键盘，P0 口控制七段数码管显示，采用逐行扫描。先驱动行 P1.0=0，然后依次读入各列的状态，第 1 列对应的 i=0，第 2 列对应的 i=1，第 3 列对应的 i=2，第 4 列对应的 i=3。假设 4 号键按下，此时第 2 列对应的 i=1，又 row2=0，执行语句"if（row2==0）P0=7_SEG[i×4+1]"后，i×4+1=5，从而查找到字形码数组 7_SEG[] 中的第 5 个元素，即显示"4"的段码"0x99"，把段码"0x99"送 P0 口驱动数码管显示"4"。

调试时，可以人工输入，模拟程序运行中行、列线输入数据的状态，C51 程序还可以在变量观察窗口 Locals 页中获得数组 row1、row2 和数组 7_SEG[] 变量的数值。

【实验 12-5】中断 INT 运行仿真

程序参见例 6-1。

Keil C51 软件调试：编译链接并进入调试状态后，全速运行，暂停图标 ◎ 变为红色，打开 Watch#1 标签页（参阅图 4-58）和中断、标志位对话框窗口（图 4-61），在 Watch#1 标签页（图 4-58）编辑框中分别输入"i, Total_weight"变量标识符，在主程序单步或者断点运行时，可以随意设置开启外部中断,然后再执行单步时,程序就自然而然地转入中断子程序内部,可以在中断子程序内的 Total_weight=+5 语句前后设置断点,观察运行结果。

定义计数器 Total_weight 的 C51 程序 Keil 调试时,可以打开观察窗口,双击 P3 对话窗口中的 P3.2(产生一个下跳脉冲),Watch#1 标签页中的里程计数器变量 Total_weight 开始计数,Total_weight 的数据不断累加刷新,表明计数器 Total_weight 实时记录重量,每次加 5。

【实验 12-6】脉冲宽度 width 计数运行仿真

程序参见例 7-4。

Keil C51 调试,编译链接并进入调试状态后:① C51 程序打开变量观察窗口(参阅图 4-57),Locals 页中局部变量 width 显示 0;②打开 P0、P2、P3 和 T0 对话窗口(参阅图 4-59 和图 4-61);③左键连续单击单步运行按钮,遇到断点暂停,等待 P3.2 出现低电平;④单击 P3 对话窗口之 P3.2,钩形(代表高电平)变为空白(代表低电平),然后程序才能继续运行;⑤两次单击单步运行按钮,再次暂停等待 P3.2 出现高电平;⑥单击 P3.2,使其变为高电平(即正脉冲前沿);单击单步运行按钮,至第 3 处暂停,等待 P3.2 出现低电平(即正脉冲后沿);⑦单击全速运行按钮,T0 快速计数,暂停图标变为红色,C51 程序 width 显示;⑧单击 P3.2,使其变为低电平,T0 停止计数;⑨单击红色暂停图标,图标恢复为灰色,C51 程序 width 显示脉冲宽度数值,与 T0 计数值相同。

【实验 12-7】数字时钟运行仿真

程序参见例 7-6。

Keil C51 软件调试:编译链接并进入调试状态后,全速运行,暂停图标 ◎ 变为红色,打开 Watch#1 标签页(参阅图 4-58)和 T0 中断、标志位对话框窗口(图 4-61),在 Watch#1 标签页(图 4-58)编辑框中分别输入"timer、second 、7_SEGN"变量标识符,在主程序单步或者断点运行时,可以随意设置开启外部中断,然后再执行单步时,程序就自然而然地转入中断子程序内部,可以在中断子程序内的 timer 和 second 赋值语句前后设置断点,观察运行结果。

C51 程序 Keil 调试时,可打开观察窗口,设置 Interrupt 对话窗口中的 TF0、IT0 位变量,启动时钟 T0 中断,Watch#1 标签页中的变量 timer、second 开始计数,其中变量 timer 循环 20 次复位,变量 second 的数据不断累加刷新,满量程为 60s,表明计数器"秒"计时的变化,每次加 1。

【实验 12-8】串行口 SERIAL 通信运行仿真

程序参见例 8-6。

Keil 调试:双机串行通信涉及两片 80C51,发送和接收应分别编译调试,查看是否有语法错误,若无错,分别生成发送和接收的 Hex 文件。

(1)甲机发送程序

①按实验 12-1 所述步骤,编译链接,语法纠错,并进入调试状态。

②打开 P1 对话窗口(主菜单 Peripherals → I/O Port → Port1);打开定时 / 计数器 T1 对话窗口(主菜单 Peripherals → Timer → Timer1);打开串行口对话窗口(主菜单 Peripherals → I/O → Serial)。

③在串行发送 I/O 帧数据"SBUF=c[i];"语句行设置断点。

④ 全速运行,至断点处暂停,继续全速运行。串行口对话窗口 SBUF 中存入了串行发送的第一个数据"0"的共阳字段码"0xc0";同时 P1 对话窗口中 8 位数据变为 11000000("√"表示 1,"空白"表示 0),左边数据框中显示"0xc0",表示 P1 口输出显示第一个数据 0。

⑤ 不断重复④中"断点暂停"→"全速运行"过程,甲机依次发送和显示 16 个数据。

（2）乙机接收程序

乙机接收程序 Keil 调试,因无法设置模拟串行接收缓冲寄存器 SBUF 中的数据,无法调试,仅按实验 12-1 所述步骤,编译链接,语法纠错,自动生成 Hex 文件。

【实验 12-9】并行扩展 RAM 6264 运行仿真

程序参见例 9-3。

Keil C51 软件调试:编译链接并进入调试状态后,打开 Memory#1 存储器窗口,在 Address 编辑框内输入"d: 0x200"。再切换到 Memory#2,在该窗口的 Address 编辑框内输入"x: 0xD000",并将数据类型设置为 unsigned char,单击最下面一条"Modify Memory at 0xD000"(参见图 4-57),输入 0xa1 后,确认。再按此法依次输入 0x200~0x20a 中的原始数据:0xa1,0xb2……0x18,0x29,0x3a,0x4b。全速运行后,打开 Memory#1 存储器窗口,可以看到程序运行后结果:片内 RAM 0x200~0x21f 中的 20 组数据分别为 01、0A、02、0B、03、0C、04、0D、05、0E……

【实验 12-10】数模转换 D/A 输出信号运行仿真

程序参见例 10-2。

D/A 可观察 P0 口相应的数字输出信号和锯齿波微观小平台的时间。

按实验 12-1 所述步骤,编译链接,语法纠错,进入调试状态后,打开存储器窗口,在 Memory#2 页 Address 编辑框内输入 0832 口地址"0x7fff";在"XBYTE[0x7fff]=(0x80-i)"命令行设置断点。然后鼠标左键不断单击全速运行图标,可以看到存储器窗口在 Memory#2 页"0x7fff"存储单元内的数据从峰值逐一递减:80 → 7F → 7E → 7D →……→ 02 → 01 → 00。同时,观察寄存器窗口中 sec 值的变化,人为调整间隔时间。

【实验 12-11】模数转换 A/D 采样运行仿真

程序参见例 10-5。

需要说明的是,在显示数转换为显示数字子程序中,满量程 A-D 值 FFH（255）对应 U_{REF+}（5V）,显示时需将 A-D 值按比例变换:255 → 500。变换方法为:（（A-D）值 ÷255）× 500=（（A-D 值）÷51）× 100V。在变换过程中,数值会超出一字节（>255）。因此,C51 程序先将原来定义于字符型变量的 A-D 值转换为整型变量,以免出错。

【实验 12-12】串行存储器 AT24C02 读、写运行仿真

程序参见例 11-1。

1. Keil调试

由于本题涉及外围元件 AT24C02,在 Keil 调试中无法反映写入和读出数据。因此,Keil 调试的主要作用是：按实验 12-1 所述步骤,编译链接(注意输入源程序时需插入引用的各子程序,否则会出错),语法纠错,自动生成 Hex 文件。

C51 程序还可以在变量观察窗口 Locals 页中获得数组 a 和数组 b 的存储单元首地址,以便在 Proteus 虚拟内 RAM 中观察。

此外,也可以分别在 Keil 中调试前述 I²C 各子程序,观察程序运行过程能否达到预期效果。

2. Proteus虚拟仿真

(1)按第 4 章 Proteus 仿真步骤,画出 Proteus 仿真电路图。

(2)双击 Proteus 仿真电路中 AT89C51,装入 Keil 调试后自动生成的 Hex 文件。

(3)单击全速运行按钮后,仅看到各连接断点出现红色或蓝色小方块,表示其高、低电平,也表示仿真电路正在按程序运行,至于运行结果,没有呈现。

(4)按暂停钮按,打开 80C51 片内 RAM(主菜单 Debug → 80C51 CPU → Internal (IDATA)Memory → U1)和 AT24C02 片内 Memory(主菜单 Debug → I2C Memory → Internal Memory → U2),看到在 80C51 片内 RAM 0x08~0x0f 和 0x10~0x17 区域分别显示数组 a 和数组 b 的数据。其中,数组 a 的数据是 Keil C51 编译后生成的,数组 b 的数据是从 AT24C02 读出后存进去的,同时可以看到 AT24C02 片内 Memory 0x50~0x57 区域已被写入数组 a 数据。

需要说明的是,Proteus 中虚拟存储器的数据在刷新后会显示黄色。80C51 片内 RAM 每次重新运行复位,每次均会显示黄色。而 AT24C02 是 ROM,写入后能保持不变,并不因重新运行而复位为"FF"。因此,若重新运行后写入的数据与以前写入的相同,则不会显示黄色。这样,就分不清是以前写入还是本次写入。为清楚观察 AT24C02 片内数据是否是新写入的,可单击主菜单 Debug → Reset Persistent Model Data,弹出对话框:Reset all Persistent Model Data to initial values? 单击 OK 按钮,即可清除 AT24C02 片内原数据为"FF",重新运行后的写入数据显示黄色。

本章小结

本章介绍了在利用单片机检测、显示、控制等方面的一些常用功能子程序,如键盘输入、LED 循环显示等,以及开关回滞特性、饱和开关特性的功能程序等。

附　录

附录A：单片机网上资料

1. 中国单片机公共实验室：http://www.bol-system.com
2. 中国单片机综合服务网：http://www.emcic.com
3. 中国电子网：http://www.21ic.com
4. 51 单片机世界：http://www.mcu51.com
5. 世界单片机论坛大全：http://www.etown168.com
6. 单片机爱好者：http://www.mcufan.com
7. 广州立功科技股份有限公司首页：http://www.zlgmcu.com
8. 单片机联盟：http://zxgmcu.myrice.com
9. 老古开发网：http://www.laogu.com
10. 我要 51 单片机：http://mcu51.hothome.net
11. 单片机技术开发网：http://www.mcu-tech.com
12. 单片机之家：http://homemcu.51.net
13. 单片机技术网：http://mcutime.51.net
14. 武汉力源电子：http://www.p8s.com
15. 世界电子元器件：http://www.gecmag.com
16. 宏晶科技官网：http://www.stcmcu.com

附录B：Keil C中常用的头文件

absacc.hd：包含允许直接访问 8051 不同存储区的宏定义。

asscert.h：文件定义 asscert 宏，用来建立程序的测试条件。

ctype.h：常用的转换和分类库函数。

intrins.h：文件包含只是编译器产生嵌入原有代码的程序的原型。

math.h：数学库函数。

reg51.h：51 系列单片机相应的特殊功能寄存器。

setjmp.h：定义 jmp_buf 类型以及 setjmp 和 longjmp 程序的原型。

stdarg.h：可变长度参数列表库函数。

stdlib.h：存储区分配库函数。

stdio.h：输入和输出函数。

string.h：字符串操作程序和缓冲区操作库函数。

附录C：Keil C中常见编译错误

Keil C51 编译器识别三种错误类型。

1. 致命错误

伪指令控制行有错，访问不存在的源文件或头文件等。

2. 语法及语义错误

语法和语义错误都发生在源文件中。有这类错误时，给出提示但不产生目标文件，错误超过一定数量才终止编译。

3. 警告

警告出现并不影响目标文件的产生，但执行时有可能发生问题。程序员应斟酌处理。这里列出一些常见的错误。

error1：Out of memory　内存溢出

error2：Identifier expected　缺标识符

error3：Unknown identifier　未定义的标识符

error4：Duplicate identifier　重复定义的标识符

error5：Syntax error　语法错误

error6：Error in real constant　实型常量错误

error7：Error in integer constant　整型常量错误

error8：String constant exceeds line　字符串常量超过一行

error9：Unexpected end of file　文件非正常结束

error10：Line too long　行太长

error11: Type identifier expe 缺类型标识符

error12: Too many open files 打开文件太多

error13: Invalid file name 无效的文件名

error14: File not found 文件未找到

error15: Invalid compiler directive 无效的编译命令

error16: Too many files 文件太多

error17: Undefined type in pointer def 指针定义中未定义类型

error18: Variable identifier expected 缺变量标识符

error19: Error in type 类型错误

error20: Structure too large 结构类型太长

error21: Set base type out of range 集合基类型越界

error22: File components may not be files or objects file 分量不能是文件或对象

error23: Invalid string length 无效的字符串长度

error24: Type mismatch 类型不匹配

error25: Invalid subrange base type 无效的子界基类型

error26: Lower bound greater than upper bound 下界超过上界

error27: Ordinal type expected 缺有序类型

error28: Integer constant expected 缺整型常量

error29: Constant expected 缺常量

error30: Integer or real constant expected 缺整型或实型常量

error31: Pointer Type identifier expected 缺指针类型标识符

error32: Invalid function result type 无效的函数结果类型

error33: Label identifier expected 缺标号标识符

error34: BEGIN expected 缺 BEGIN

error35: END expected 缺 END

error36: Integer expression expected 缺整型表达式

error37: Ordinal expression expected 缺有序类型表达式

error38: Boolean expression expected 缺布尔表达式

error39: Operand types do not match 操作数类型不匹配

error40: Error in expression 表达式错误

error41: Illegal assignment 非法赋值

error42: Field identifier expected 缺域标识符

error43: Object file too large 目标文件太大

error44: Undefined external 未定义的外部过程与函数

error45：Invalid object file　无效的目标文件

error46：Code segment too large　代码段太长

error47：Data segment too large　数据段太长

error48：DO expected　缺 DO

error49：Invalid PUBLIC definition　无效的 PUBLIC 定义

error50：Invalid EXTRN definition　无效的 EXTRN 定义

error51：Too many EXTRN definitions　太多的 EXTRN 定义

error52：OF expected　缺 OF

error53：INTERFACE expected　缺 INTERFACE

error54：Invalid relocatable reference　无效的可重定位引用

error55：THEN expected　缺 THEN

error56：TO or DOWNTO expected　缺 TO 或 DOWNTO

error57：Undefined forward　提前引用未经定义的说明

error58：Invalid typecast　无效的类型转换

error59：Division by zero　被零除

error60：Invalid file type　无效的文件类型

error61：Cannot read or write variables of this type　不能读写此类型变量

error62：Pointer variable expected　缺指针类型变量

error63：String variable expected　缺字符串变量

error64：String expression expected　缺字符串表达式

error65：Circular unit reference　单元 UNIT 部件循环引用

error66：Unit name mismatch　单元名不匹配

error67：Unit version mismatch　单元版本不匹配

error68：Internal stack overflow　内部堆栈溢出

error69：Unit file format error　单元文件格式错误

error70：IMPLEMENTATION expected　缺 IMPLEMENTATION

error71：Constant and case types do not match　常量和 CASE 类型不匹配

error72：Record or object variable expected　缺记录或对象变量

error73：Constant out of range　常量越限

error74：File variable expected　缺文件变量

error75：Pointer expression expected　缺指针表达式

error76：Integer or real expression expected　缺整型或实型表达式

error77：Label not within current block　标号不在当前块内

error78：Label already defined　标号已定义

error79：Undefined label in preceding statement part 前面未定义标号

error80：Invalid @ argument 无效的 @ 参数

error81："；" expected 缺"；"

error82："："expected 缺"："

error83："，"expected 缺"，"

error84："(" expected 缺 "("

error85：")"expected 缺 ")"

error86："="expected 缺 "="

error87："：=" expected 缺"：="

error88："["or"(" expected 缺"[" 或"("

error89："]"or")" expected 缺"]" 或")"

error90："." expected 缺"."

error91：".." expected 缺".."

error92：Too many variables 变量太多

error93：Invalid FOR control variable 无效的 FOR 循环控制变量

error94：Integer variable expected 缺整型变量

error95：Files and procedure types are not allowed here 该处不允许文件和过程类型

error96：String length mismatch 字符串长度不匹配

error97：Invalid ordering of fields 无效域顺序

error98：String constant expected 缺字符串常量

error99：Integer or real variable expected 缺整型或实型变量

error100：Ordinal variable expected 缺有序类型变量

error101：INLINE error INLINE 错误

error102：Character expression expected 缺字符表达式

error103：Too many relocation items 重定位项太多

error104：Overflow in arithmetic operation 算术运算溢出

error105：CASE constant out of range CASE 常量越限

error106：Error in statement 表达式错误

error107：Cannot call an interrupt procedure 不能调用中断过程

error108：Target address not found 找不到目标地址

error109：Include files are not allowed here 该处不允许 INCLUDE 文件

error110：No inherited methods are accessible here 该处继承方法不可访问

error111：Invalid qualifier 无效的限定符

参考文献

［1］楼然苗,李光飞,等.单片机课程设计指导 [M].北京:北京航空航天大学出版社,2007.

［2］刘波.51 单片机应用开发典型范例——基于 Proteus 仿真 [M].北京:电子工业出版社,2016.

［3］林凌,李刚.单片机与嵌入式系统 600 问 [M].北京:电子工业出版社,2016.

［4］张志良.8051 单片机实用教程——基于 Keil C 和 Proteus [M].北京:高等教育出版社,2016.

［5］赵德安.单片机与嵌入式系统原理及应用 [M].北京:机械工业出版社,2016.

［6］宋雪松,李冬明,等.手把手教你学 51 单片机 [M].北京:清华大学出版社,2017.

［7］范立南,李荃高,李雪飞,等.单片机原理及应用教程 [M].2 版.北京:北京大学出版社,2013.

［8］汪毓释,梅丽风,王艳秋,等.单片机原理及接口技术 [M].北京:清华大学出版社,2017.

［9］马忠梅.单片机 C 语言应用程序设计 [M].3 版.北京:北京航空航天大学出版社,2018.

［10］张毅刚,刘旺,邓立宝,等.单片机原理及接口技术 (C51 编程)[M].2 版.北京:人民邮电出版社,2016.

［11］陈龙三.8051 单片机 C 语言控制与应用 [M].北京:清华大学出版社,1999.

［12］姜志海.单片机原理及应用 [M].3 版.北京:电子工业出版社,2018.

［13］曹巧媛.单片机原理及应用 [M].2 版.北京:电子工业出版社,2002.

［14］陈立周,陈宇,等.单片机原理及其应用 [M].2 版.北京:机械工业出版社,2008.

［15］朱文忠,蒋华龙,等.单片机原理及接口技术 [M].北京:电子工业出版社,2017.

［16］周兴华.单片机智能化产品:C 语言设计实例详解 [M].北京:北京航空航天大学出版社,2006.

［17］邓胡滨.单片机原理及应用技术——基于 Keil C 和 Proteus 仿真 [M].北京:人民邮电出版社,2014.

［18］张欣,孙宏旨,尹霞,等.单片机原理与 C51 程序设计基础教程 [M].北京:清华大学出版社,2010.

［19］江贵平,李登峰,龚贤武,等.新编单片机原理及应用 [M].北京:机械工业出版社,2009.

［20］杭和平,杨芳,谢飞,等.单片机原理与应用 [M].北京:机械工业出版社,2008.

［21］张迎新.单片微型计算机原理、应用及接口技术 [M].北京:国防工业出版社,2009.